"十二五"职业教育国家规划教材

经全国职业教育教材审定委员会审定

# 冶金过程检测与控制

## （第3版）

主　编　郭爱民

副主编　李勇刚　郭亚清　孔祥彪

北　京

冶金工业出版社

2018

# 内 容 提 要

本书为高等职业院校钢铁冶金、有色金属冶金、金属压力加工、冶金工程、材料科学与工程等专业的教学用书。

全书共 4 篇 15 章。第 1、2 篇为自动检测内容,包括温度测量、压力(压差)测量、流量测量、物料称量和物位检测,零件应力应变与扭矩测量、轧制力与张力测量、厚度与宽度测量;第 3、4 篇为冶金生产过程控制内容,包括过程控制原理及系统,冶金过程仪表检测和控制,单回路控制与简单计算机控制,计算机控制在工业生产中的典型应用,冶金生产计算机分级控制,冶金生产监控与操作。

本书"检测"、"控制"内容,各成体系,可分两门课两学期进行教学。本书还可供从事冶金自动化和冶金工程等专业相关人员参考使用。

本书配套提供数字教育资源,微信扫描封面二维码即可获得。

## 图书在版编目(CIP)数据

冶金过程检测与控制/郭爱民主编 . —3 版 . —北京:冶金工业出版社,2016.2 (2018.1 重印)
"十二五"职业教育国家规划教材
经全国职业教育教材审定委员会审定
ISBN 978-7-5024-6640-4

Ⅰ.①冶… Ⅱ.①郭… Ⅲ.①冶金过程—自动检测—高等职业教育—教材 ②冶金过程—过程控制—高等职业教育—教材 Ⅳ.①TF01

中国版本图书馆 CIP 数据核字(2014) 第 153305 号

出 版 人 苏长永
地　　址 北京市东城区嵩祝院北巷 39 号　邮编　100009　电话　(010)64027926
网　　址 www.cnmip.com.cn　电子信箱 yjcbs@cnmip.com.cn
责任编辑 俞跃春 贾怡雯 美术编辑 吕欣童 版式设计 葛新霞
责任校对 卿文春 责任印制 李玉山
ISBN 978-7-5024-6640-4
冶金工业出版社出版发行;各地新华书店经销;三河市双峰印刷装订有限公司印刷
2004 年 9 月第 1 版,2010 年 6 月第 2 版,2016 年 2 月第 3 版,2018 年 1 月第 2 次印刷
787mm×1092mm　1/16;20.75 印张;497 千字;314 页
**48.00** 元

冶金工业出版社　投稿电话　(010)64027932　投稿信箱　tougao@cnmip.com.cn
冶金工业出版社营销中心　电话　(010)64044283　传真　(010)64027893
冶金工业出版社天猫旗舰店　yjgycbs.tmall.com
(本书如有印装质量问题,本社营销中心负责退换)

# 第 3 版前言

本书自 2004 年第 1 版出版后，曾于 2010 年进行了修订再版。为了提高教材质量，更好地适应冶金职业教育的教学要求，我们在总结多年教学经验，广泛征求意见的基础上，再次对本教材进行了修订。

本次修订的主要内容：删除了"多功能感应炉炼钢"内容；结合生产工艺，增加了高炉炼铁、转炉炼钢、RH 法、LF 法炉外精炼和连铸生产过程中的计算机分级控制内容；在第 2 版高炉炼铁、转炉炼钢生产计算机监控和操作基础上，补充了 RH 法、LF 法炉外精炼和连铸生产计算机监控和操作内容。修订后本书教学内容更加贴近生产过程，体现了职业教育的特点。

本次修订还增加了数字教学资源，包括课件、题库、知识点体系、教学大纲、每章教学指南等内容，读者可通过扫描封面二维码获得。

本书第 4 篇"计算机监控与操作"，能系统反映计算机控制技术在冶金企业现代生产过程中的应用，可作为相关院校开设"冶金生产计算机控制"课程的教材使用。

本次修订由郭爱民任主编，李勇刚、郭亚清、孔祥彪任副主编。参加本次修订工作的有：山西工程职业技术学院郭爱民（编写第 0~11 章），山西太钢不锈钢股份有限公司任昌、晋西集团有限责任公司孔祥彪（编写第 12 章），太钢集团临汾钢铁有限公司景东亮、国家开发银行山西分行郭亚清（编写第 13 章），山西工程职业技术学院胡锐、薛方、郝赳赳（编写第 14 章），山西太钢不锈钢股份有限公司李勇刚、王国华、韩永生、焦剑、杨瑞军（编写第 15 章）。本书配套数字教育资源中课件等内容的编写整理工作由山西工程职业技术学院的郭爱民、栗聖凯、王晓鸽完成。

编写过程中，我们引用了国内部分专家学者的研究成果，在此向所引用参考文献的编著者表示衷心感谢。

由于编者水平所限，书中存在不妥之处，敬请广大读者批评指正。

编 者
2015 年 10 月

# 第2版前言

为了适应人才培养以及教学改革的需要及根据职业教育发展与教育改革的要求，编者在总结多年教学实践经验的基础上，对本书进行了修订。本次修订的主要内容包括：增加了煤粉喷吹、多功能非真空感应炉炼钢的计算机应用内容，删减了可编程调节器的结构、功能等部分内容；为了兼顾金属压力加工专业的需要，还增加了轧制测试技术的内容。

全书由郭爱民担任主编，李勇刚、王国华、孔祥彪担任副主编。本书由山西工程职业技术学院郭爱民编写概述、第1～11章，山西太钢不锈钢股份有限公司李勇刚、王国华、高志岗编写第12章，晋西集团有限责任公司孔祥彪、太钢集团临汾钢铁有限公司景东亮编写第13章，山西太钢不锈钢股份有限公司李勇刚、王国华、任昌、杨瑞军、赵鸿燕、侯建忠合编第14章。

北京科技大学黎景全教授对本书进行了审稿，编者在此表示衷心的感谢并向所引用参考文献的编著者表示感谢。

由于编写水平所限，书中还存在不足之处，恳请读者批评指正。

编　者
2010 年 3 月

# 第1版前言

本书是为适应职业教育的需要，根据职业技术学院的教学要求编写的，为钢铁冶炼专业教学用书。

本书以适应我国冶金生产操作的需要为前提，以提高职业教育教学质量为目的，结合生产过程，介绍了工艺参数的检测和控制的基本知识。全书按自动检测、过程控制和计算机应用三个方面进行了编写，适于炼铁、炼钢、轧钢、有色冶金等专业使用。

通过对本书的学习，可使学生熟悉冶金生产过程中主要工艺参数的检测原理和方法；初步掌握选择仪表、使用仪表的基本知识；熟悉生产过程中自动控制的基本原理和方法；了解过程控制技术在冶金生产中的具体应用；为学生在工作岗位上组织正常的冶炼操作，打下必备的基础。

本书由郭爱民任主编。参加该书编写工作的有山西工程职业技术学院郭爱民（编写概述、第1、2、3、4、5章）、曹秀敏（编写第7、8章），太钢杨莉、李勇刚和晋机厂孔祥彪（编写第6、9、10章）。在编写过程中，我们引用了国内部分专家学者的研究成果，在此谨表感谢。

由于编者水平所限，书中不妥之处，敬请读者批评指正。

编　者
2004 年 5 月

# 目　　录

## 第1篇　参　数　检　测

# 第 2 篇　轧制测试技术

# 第 3 篇　过　程　控　制

# 第 4 篇　计算机监控与操作

# 0 概　述

在冶金、电力、化工等工业生产过程中，为了有效地进行生产操作，就需要对生产过程中的工艺参数（温度、压力、流量等）进行自动的检测与控制。比如，在高炉炼铁生产中，透气性指数是判断炉况顺行与否的一个重要参数。

$$透气性指数 = 风量^2 / (热风压力 - 炉顶压力)$$

它的值在某一范围，表示炉况顺行；小于某一数值，表示炉况难行，更小时就表明炉子悬料了。如果没有仪表检测，就不能及早发现并有效操作。当高炉恶性悬料时，会给生产带来严重的后果。要检测生产过程中的工艺参数，就要选择合适的测量仪表，采用正确的检测方法进行测量。下面将有关测量仪表的一些基本知识作简略介绍。

## 0.1　测量仪表的测量误差

测量（检测）是指人们借助于专门设备通过实验的方法，对客观事物取得数值观念的认识过程。生产中我们使用仪表将被测参数与该参数已知测量单位相比较，得出被测参数数值的这一过程，就是仪表测量。

测量过程中，由于测量仪表的准确性、观测者的主观性、外界环境条件的变化以及某些偶然因素等的影响，使得测量结果与被测量的真值之间存在一定的差值，这一差值称为测量误差。测量误差为

$$\gamma = x - x_0 \tag{0-1}$$

式中　$\gamma$——绝对误差；

　　　$x$——测量值；

　　　$x_0$——真实值。

真实值 $x_0$ 指所测参数的理论值或定义值，其数值难以得到，在常规测量中，真实值常用比所用测量仪表更精确的标准仪表的测量值 $A$ 代替，$A$ 称为实际值。这样测量绝对误差通常表示为

$$\gamma = x - A$$

除了绝对误差表示形式之外，测量误差还可以用相对误差表示。

相对误差是指测量的绝对误差与约定值之百分比，是一个无量纲的值。随着采用的约定值不同，相对误差常见有三种表示方式：

（1）实际相对误差，表示测量的绝对误差与被测量的实际值之百分比。

（2）标称相对误差，表示测量的绝对误差与仪表示值之百分比。

（3）引用相对误差，它是指测量的绝对误差与仪表的量程之百分比。所谓仪表的量程，是指仪表测量范围的上限值与下限值之差。引用相对误差 $\delta$ 表示为

$$\delta = \frac{x - x_0}{a - b} \times 100\% \tag{0-2}$$

式中　$x_0$，$x$——被测量的真实值和仪表的测量值；

　　　$a$，$b$——仪表测量范围的（标尺）上限值和下限值。

## 0.2　测量仪表的品质指标

　　一台测量仪表的好坏，是由它的品质指标来衡量的，常用来评价仪表的品质指标有精度、变差和灵敏度。

### 0.2.1　精度（精确度、准确度）

　　仪表的精度是指仪表的允许误差与仪表量程之百分比，表示为

$$精度 = \frac{仪表允许误差}{仪表的量程} \times 100\% = \frac{(x - x_0)_{\max}}{a - b} \times 100\% \tag{0-3}$$

式中符号意义同式（0-2）。

　　例如，一台测温仪表，测量范围为 0 ~ 1200℃，如果允许误差为 ±12℃，则这台测温仪表的精度为 ±1.0%，精度等级为 1.0 级。按仪表工业的规定，精度去掉"%"，并把所得数值圆整到国家规定的精度等级系列值上，此数值就是该仪表的精度等级。国家规定精度等级有 0.1、0.2、0.5、1.0、1.5、2.5、4.0 级等。如一台测温仪表，测量范围为 0 ~ 1100℃，如果在这个标尺范围内，绝对误差最大不超过 14℃，则这台测温仪表的精度为 ±1.3%，精度等级为 1.5 级。每块仪表的精度通常都用符号〇或△标志在仪表标尺面板上，以方便识别。如上例中 1.5 级的仪表，在标尺面板上，以⑮或△标志。一般工业上所用仪表的精度等级为 0.5 ~ 4.0 级。

### 0.2.2　变差

　　在外界条件不变的情况下，使用同一仪表对某一被测参数进行正反行程（即逐渐由小到大和逐渐由大到小）测量时，相同的被测参数所得到的仪表指示值不相等，二者之差即为变差。变差的大小，用同一仪表测量同一个量时，正、反行程测量的指示值之间绝对误差的最大值与仪表量程之百分比表示，如图 0-1 所示。

$$变差 = \frac{(x_{正} - x_{反})_{\max}}{a - b} \times 100\% \tag{0-4}$$

式中，$x_{正}$、$x_{反}$ 分别为正行程和反行程测量的示值；$a$ 和 $b$ 符号的意义与式（0-2）相同。

　　变差用来衡量测量仪表的恒定程度（不一定程度）。造成变差的原因很多，例如传动机构的间隙、运动部件的摩擦、弹性组件的弹性滞后的影响等。通常要求仪表的变差不超过仪表精度允许的误差。需要指出，随着仪表制造技术的不断改进，特别是微电子技术的引入，许多仪表已电子化，无可动部件，模拟仪表也改为数字仪表，所以变差这个指标在智能型仪表中显得不那么重要和突出了。

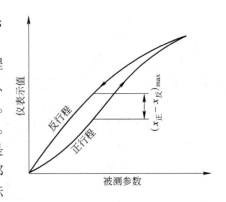

图 0-1　测量仪表的变差

### 0.2.3 灵敏度

测量仪表的灵敏度反映了仪表示值对被测参数变化的灵敏程度，一般用仪表输出变化量（例如指针的线位移或角位移）$\Delta\alpha$ 与引起此变化的被测参数的变化量 $\Delta x$ 之比来表示，即

$$灵敏度 = \frac{\Delta\alpha}{\Delta x} \tag{0-5}$$

测量仪表的灵敏度可以用增大放大系统（机械的或电子）放大倍数的办法来提高。但必须指出仪表的性能主要取决于仪表的基本误差，如果单纯地从加大仪表灵敏度来企图达到更准确读数，这是不合理的。反而会出现灵敏度看似很高，但精度实际上却下降的虚假现象。为了防止这种虚假灵敏度，常规定仪表标尺上的分格值不能小于仪表允许误差的绝对值。

## 0.3 测量仪表的选择原则

选用测量仪表时，原则上应满足两个条件：
（1）满足工艺要求；
（2）所选仪表量程上限应尽量接近于要测参数的上限值（弹性压力计除外）。

[**例 0-1**] 某加热炉最高温度为 1000℃，工艺要求仪表测量的最大绝对误差不大于 10℃，问怎样选表？如果选择 1.5 级或选择 0.5 级仪表行不行？

**解：** 根据测量仪表的选择原则，选量程为 0～1000℃ 的温度表，由

$$精度 = \frac{\pm 10}{1000 - 0} \times 100\% = \pm 1.0\%$$

确定所选仪表的精度等级为 1.0 级。

如果选择 1.5 级仪表，测量中的最大绝对误差大于 10℃，不能满足工艺要求，所以不行。如果选择 0.5 级仪表，测量中的绝对误差不大于 5℃，虽然能满足工艺要求，但是测量精度高的仪表，价格也高，且维护技术也要求高，所以也不选用。也就是说，在选择仪表精度等级时，应根据工艺上的实际需要，在满足测量的前提下，不能片面追求高精度，以免造成浪费（弹性压力计的量程选择，在第 2 章压力测量中说明）。

## 0.4 测量仪表的分类

在钢铁生产中使用的仪表种类很多，分类方法也不相同，这里介绍几种常见的分类方法：

（1）按所测参数的不同，分为温度、压力、流量、液位、成分分析等测量（检测）仪表。

（2）按显示方式的不同，分为指示式、记录式、累积式、远传式、信号式等仪表。

（3）按工作原理的不同，分为模拟式、数字式、图像式等仪表。

（4）按作用的不同，分为实用型、范型和标准型仪表。实用型仪表是供实际使用的测量仪表，包括工业生产现场和实验室用的各种仪表。范型仪表用来复现和保持计量单位，

或者用来对实用仪表进行校验或刻度。而具有更高准确度的范型仪表称为标准仪表，这种仪表一般在具有良好工作环境的标准计量室内使用，用来定期检定范型仪表。

## 复习思考题

0-1 常用来评价仪表质量的品质指标有哪些？它们是如何定义的？

0-2 现有两台测温仪表，其测量范围分别是 $0 \sim 800\,℃$ 和 $600 \sim 1100\,℃$，已知其绝对误差的最大值均为 $\pm 6\,℃$，试求它们的精度等级。

0-3 现有一台测量范围为 $0 \sim 160\,kPa$ 的压力表，其校验结果如下：

| 被校表刻度值/kPa | 0 | 40 | 80 | 120 | 160 |
|---|---|---|---|---|---|
| 正行程示值/kPa | 0 | 39 | 80 | 120 | 159 |
| 反行程示值/kPa | 1 | 41 | 81 | 121 | 160 |

试计算此被校表的变差。此表表盘上的标志为 1.0 级，问该表是否合格？根据校验结果计算，你认为应该定为哪一精度级？

0-4 阅读冶金过程仪表检测与控制内容（见第 11 章）。

# 第1篇 参 数 检 测

# 1  温度测量

温度是工业生产、科学实验中最普遍、最重要的物理量之一。温度的测量和控制都直接和安全生产、保证产品质量、提高生产效率、节约能源等重大技术经济指标相联系。比如，在炼钢生产中，钢水温度的数值就是衡量钢水质量的主要参数之一。

## 1.1  温度和温标

温度是表征物体冷热程度的物理量。用来衡量物体温度高低的标尺叫温度标尺，简称"温标"。它使用数值表示温度的一种方法或一套规则。它规定了温度的始点（即零点）和测量温度的基本单位，现在使用的温度计，温度测量仪表的刻度数值均由温标来确定。下面介绍几种常用温标。

### 1.1.1  摄氏温标与热力学温标

摄氏温标是根据水银受热后体积膨胀，并认为体积膨胀随温度的变化是线性的而建立起来的。它规定标准大气压下纯水的冰点为 0 摄氏度，水的沸点为 100 摄氏度，中间线性等分为 100 格，每格为 1 摄氏度，符号为℃。

热力学温标又称开氏温标，它以热力学第二定律为基础，规定分子运动停止（即没有热存在）时的温度为绝对零度（0K）。热力学温标是一种纯理论的、与物体任何物理性质无关的温标，存在实验上的困难，不便于实际应用。因此，应当建立一种既符合热力学温标原理，使用上又方便的温标，这就是已在世界通行的国际实用温标。

### 1.1.2  国际实用温标

国际实用温标是国际协议性的温标。它是 1927 年国际权度大会提出并采用的（简称ITS—27），国际温标多年来经多次修改（1948 年，1960 年，1968 年），一直使用至今。我国从 1973 年起正式采用了这种温标，现行的国际温标是 1990 年国际实用温标 ITS— 90。

在 1990 年国际实用温标中指出，热力学温度是基本温度，用符号 $T$ 表示。温度的单位是开尔文，用符号 K 表示，它规定水的三相点热力学温度为 273.16K，定义开尔文一度等于水三相点热力学温度的 1/273.16。

在 1990 年国际实用温标中，同时使用国际实用开尔文温度（$T_{90}$）和国际实用摄氏温度（$t_{90}$），作为计量温度的标准。

$T_{90}$ 与 $t_{90}$ 间的关系为

$$t_{90}(℃) = T_{90}(K) - 273.15(K)$$

$T_{90}$和$t_{90}$的单位与热力学温度$T$和摄氏温度$t$一样，仍然用开尔文（K）和摄氏度（℃）。在实际使用中，为了简单，一般用$T$和$t$表示温度，不必另加"90"角码。即

$$t = T - 273.15 \tag{1-1}$$

当表示温度差和温度间隔时，1℃ = 1K。

## 1.2 热电偶

热电偶是工业上应用最广泛的一种测温组件，通常与显示仪表和连接导线（补偿导线）组成测温系统。如图1-1所示。

图1-1中1为热电偶，它由A、B两种不同材质的导体在端点处焊接而成。焊接的一端称为工作端（又称热端或测量端），此接点置于被测对象中，温度用$t$表示；未焊接的另一端与导线连接，称为自由端（又称冷端或参考端），温度用$t_0$表示。导体A、B称为热电极。热电偶将被测温度$t$变换成热电势$E_t$，经连接导线传递给显示仪表进行测量，指示或记录相应的温度。

### 1.2.1 测温原理

热电偶是利用热电效应进行测温的，其原理如图1-2所示。

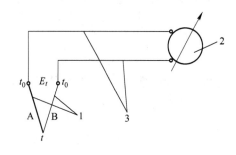

图1-1　热电偶测温系统
1—热电偶；2—测量仪表；3—连接导线

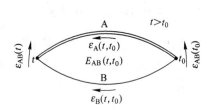

图1-2　热电偶回路电势

A、B两种不同材质的导体，在两个端点处连接起来，构成闭合回路，设两接点处的温度为$t$和$t_0$。当$t$与$t_0$不相等且假定$t > t_0$时，回路中有电动势$E_{AB}(t, t_0)$产生。这个现象称为热电效应现象，这个电动势称为热电势。

回路热电势值的大小，与A、B材质有关，与两接点的温度$t$、$t_0$有关，当热电偶选定（A、B材质确定）后，固定冷端温度$t_0$，那么回路热电势$E_{AB}(t, t_0)$与热端温度$t$成单值函数关系。测出这个回路热电势的大小即可对应反映热端温度$t$的高低。

为了更好地理解回路热电势$E_{AB}(t, t_0)$，下面介绍接触电势和温差电势以及它们与回路热电势的关系。

#### 1.2.1.1 接触电势

两种不同材质的导体A、B相接触时产生的电动势叫接触电势。在图1-2中，设A导体电子密度为$N_A$，设B导体电子密度为$N_B$，且假定$N_A > N_B$。在温度为$t$与$t_0$的两个接点上，从A导体扩散到B导体的自由电子数目要比从B到A的多，从而在接触界面上形成

一个 A 侧为正，B 侧为负的电场。该电场将阻碍自由电子扩散作用的继续进行，且促使其向相反方向转移。当 A 与 B 间的电子转移数目达到动态平衡时，在两者的界面上形成一个电位差，称为接触电势，对应于接点温度 $t$ 和 $t_0$，接触电势记为 $\varepsilon_{AB}(t)$ 和 $\varepsilon_{AB}(t_0)$。

#### 1.2.1.2　温差电势

同一导体两端温度不同而产生的电势称为温差电势。在图 1-2 中，设 $t > t_0$，A 导体（或 B 导体）高温端自由电子的能量大于低温端自由电子的能量，因而从高温端迁移到低温端的电子数目将多于反方向迁移的数目。与接触电势的道理相同，在导体上将有一个电位差，称之为温差电势。对应于导体 A 和 B，温差电势记为 $\varepsilon_A(t,t_0)$ 和 $\varepsilon_B(t,t_0)$。

#### 1.2.1.3　回路热电势

回路热电势 $E_{AB}(t,t_0)$ 是两个接触电势和两个温差电势的代数和，即

$$E_{AB}(t,t_0) = \varepsilon_{AB}(t) - \varepsilon_A(t,t_0) - \varepsilon_{AB}(t_0) + \varepsilon_B(t,t_0) \tag{1-2}$$

在热电偶回路热电势中（图 1-2），温差电势很小，接触电势起主导作用。由于 $t > t_0$，且 $N_A > N_B$，故总热电势 $E_{AB}(t,t_0)$ 的方向取决于 $t$ 端（热端）的接触电势 $\varepsilon_{AB}(t)$ 的方向。脚码的 A、B 排序表示 A 为正极，B 为负极。热电偶回路热电势可采用更简明的表达式：

$$E_{AB}(t,t_0) = e_{AB}(t) - e_{AB}(t_0) \tag{1-3}$$

式中　$e_{AB}(t)$——对应热端温度 $t$ 的热电势。数值相当于冷端温度为 0℃，而热端温度为 $t$℃的回路热电势 $E_{AB}(t,0)$；

$e_{AB}(t_0)$——对应冷端温度 $t_0$ 的热电势。数值相当于冷端温度为 0℃，而热端温度为 $t_0$℃的回路热电势 $E_{AB}(t_0,0)$。

如果固定冷端温度 $t_0$，$e_{AB}(t_0) = C$（常数），则：

$$E_{AB}(t,t_0) = e_{AB}(t) - C = \varPhi(t)$$

即回路热电势与热端（测量端）温度 $t$ 成单值函数关系。只要仪表测出热电势 $E_{AB}(t,t_0)$ 的数值，就能求得被测温度 $t$，这就是热电偶测温的原理。必须强调指出：冷端温度 $t_0$ 要保持不变，否则会带来测量误差，这是使用热电偶测温的一个特殊问题。

如果固定冷端温度 $t_0$ 为 0℃，则热电偶回路热电势为 $E_{AB}(t,0)$。关于回路热电势 $E_{AB}(t,0)$ 与热端温度 $t$ 的单值对应关系，分别见表 1-2 ~ 表 1-4。

### 1.2.2　中间导体定律

用热电偶测温时，必须把图 1-2 所示的热电偶从某点断开，并接入显示仪表，如图 1-1 所示。而接入回路的导线和仪表的材料与热电极 A、B 的材质可能是不同的。那么这些导线材料的引入，对热电偶输出的热电势有没有影响？中间导体定律就是用来回答这个问题的。

该定律是指，在热电偶回路中插入第三、四……种导体，只要插入导体的两端温度相等，且导体是均质的，则无论插入导体的温度分布如何，都不会影响原来热电偶热电势的大小。如图 1-3 所示，热电偶回路中插入均质导体 C，则整个回路的热电势为

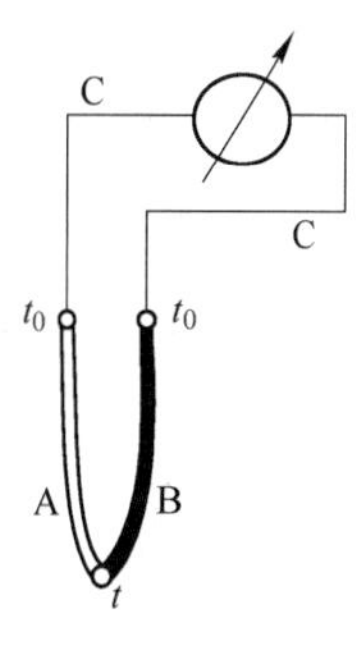

$$E_{ABC}(t,t_0) = \varepsilon_{AB}(t) + \varepsilon_{CA}(t_0) + \varepsilon_{BC}(t_0) -$$
$$\varepsilon_A(t,t_0) + \varepsilon_C(t_0,t_0) + \varepsilon_B(t,t_0) \tag{1-4}$$

其中　　$\varepsilon_{CA}(t_0) + \varepsilon_{BC}(t_0) = \varepsilon_{BA}(t_0) = -\varepsilon_{AB}(t_0)$

图 1-3　接入中间导体的热电偶回路

$$\varepsilon_C(t_0, t_0) = 0$$

代入式（1-4）并参见式（1-2）得

$$E_{ABC}(t, t_0) = \varepsilon_{AB}(t) - \varepsilon_{AB}(t_0) - \varepsilon_A(t, t_0) + \varepsilon_B(t, t_0) = E_{AB}(t, t_0) \qquad (1\text{-}5)$$

故证得中间导体定律。

根据中间导体定律，只要接入热电偶回路的显示仪表和连接导线两端温度相同，那么它们对热电偶回路的热电势就没有影响。另外，热电偶的焊接点也相当于中间导体，只要整个焊点温度一致，也不影响热电势的大小。这个原理为热电势的测量成为可能提供了依据。

### 1.2.3 常用热电偶

#### 1.2.3.1 基本结构

图1-4是普通热电偶的基本结构，它由热电极、绝缘套管、保护套管和接线盒等部分组成。

（1）热电极。热电极的直径由材料价格、机械强度、电导率以及热电偶的用途和测量范围来决定。贵金属热电偶的热电极大多采用直径为0.3～0.65mm的细丝。普通金属热电偶热电极的直径一般为0.5～3.22mm。热电偶的长度由工作端在介质中的插入深度来决定。

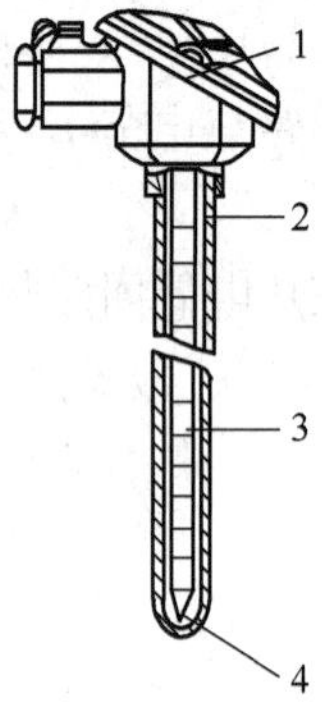

（2）绝缘套管。它的作用是防止两个热电极短路。

（3）保护套管。为使热电极免受化学侵蚀和机械损伤，以得到较长的使用寿命和测温准确性，加保护套管保护。

图1-4 普通热电偶结构图
1—接线盒；2—保护管；
3—绝缘套管；4—热电极

（4）接线盒。它主要是供连接热电偶和补偿导线使用，一般由铝合金制成。

#### 1.2.3.2 主要种类

近年来国际电工委员会（IEC）推荐的标准热电偶已有7种，见表1-1。

表1-1 标准热电偶的分度号

| 热电偶名称 | IEC 分度号 | 国家分度号 | | 测温范围 |
|---|---|---|---|---|
| | | 新 | 旧 | |
| 铂铑$_{10}$-铂 | S | S | LB-3 | 长期最高使用温度为1300℃，短期最高使用温度为1600℃ |
| 铂铑$_{30}$-铂铑$_6$ | B | B | LL-2 | 长期最高使用温度为1600℃，短期最高使用温度为1800℃ |
| 镍铬-镍硅 | K | K | EU-2 | 长期最高使用温度为1000℃，短期最高使用温度为1300℃ |
| 铜-铜镍（康铜） | T | T | CK | 适于200～400℃范围内测温 |
| 镍铬-铜镍（康铜） | E | E | — | 按其偶丝直径不同，测温范围为350～900℃ |
| 铁-铜镍（康铜） | J | J | — | 按其偶丝直径不同，测温范围为400～750℃ |
| 铂铑$_{13}$-铂 | R | R | 长期最高使用温度为1300℃，短期最高使用温度为1600℃ |

其中最常用的是 S、B、K 三种热电偶。

（1）铂铑$_{10}$-铂热电偶。该热电偶正极为含铑 10% 的铂铑合金，负极为纯铂，属贵金属热电偶。热电极直径通常为 0.5mm，宜在氧化性和中性气体中使用，在真空中也可短期使用。至于铂铑$_{13}$-铂热电偶，它的性能与铂铑$_{10}$-铂热电偶基本相同，只是它的温度灵敏度稍高些，我国过去基本上不生产这种热电偶，所以目前使用也很少。

（2）铂铑$_{30}$-铂铑$_6$热电偶。该热电偶正极为含铑 30% 的铂铑合金，负极为含铑 6% 的铂铑合金，属贵金属热电偶。它的测温范围最高，宜在氧化性和中性气体中使用，具有铂铑$_{10}$-铂的各种优点，且抗污染能力强。主要缺点是灵敏度低，热电势小。冷端温度在 40℃以下，可不必进行冷端温度补偿。

（3）镍铬-镍硅（镍铬-镍铝）热电偶。该热电偶正极为镍铬合金，负极为镍硅合金，由于正负极热电极都含镍，故抗氧化性腐蚀性好，适合在氧化性和中性气体中使用。由于其热电特性线性好，价格便宜，所以应用广泛。

关于 S、K、B 热电偶的分度表分别见表 1-2 ~ 表 1-4。

**表 1-2　铂铑$_{10}$-铂热电偶分度表**

分度号：S　　　　　　　　　　　　　　　　　　　　　　　　　　　　　　（自由端温度为 0℃）

| 工作端温度/℃ | 0 | 10 | 20 | 30 | 40 | 50 | 60 | 70 | 80 | 90 |
|---|---|---|---|---|---|---|---|---|---|---|
| | 热电动势/mV | | | | | | | | | |
| 0 | 0.000 | 0.656 | 0.113 | 0.173 | 0.235 | 0.299 | 0.365 | 0.432 | 0.502 | 0.573 |
| 100 | 0.645 | 0.719 | 0.795 | 0.872 | 0.950 | 1.020 | 1.109 | 1.190 | 1.273 | 1.366 |
| 200 | 1.440 | 1.525 | 1.611 | 1.698 | 1.785 | 1.873 | 1.902 | 2.051 | 2.141 | 2.232 |
| 300 | 2.383 | 2.414 | 2.506 | 2.599 | 2.692 | 2.786 | 2.880 | 2.974 | 3.069 | 3.164 |
| 400 | 3.260 | 3.356 | 3.452 | 3.549 | 3.645 | 3.743 | 3.840 | 3.938 | 4.035 | 4.135 |
| 500 | 4.234 | 4.333 | 4.432 | 4.532 | 4.632 | 4.732 | 4.832 | 4.933 | 5.024 | 5.136 |
| 600 | 5.237 | 5.339 | 5.442 | 5.541 | 5.648 | 5.751 | 5.855 | 5.960 | 6.084 | 6.169 |
| 700 | 6.274 | 6.380 | 6.486 | 6.592 | 6.699 | 6.805 | 6.913 | 7.020 | 7.128 | 7.236 |
| 800 | 7.345 | 7.454 | 7.563 | 7.672 | 7.782 | 7.898 | 8.003 | 8.114 | 8.225 | 8.338 |
| 900 | 8.448 | 8.560 | 8.073 | 8.786 | 8.899 | 9.012 | 9.126 | 9.210 | 9.355 | 9.470 |
| 1000 | 9.585 | 9.700 | 9.816 | 9.932 | 10.048 | 10.165 | 10.882 | 10.400 | 10.517 | 10.035 |
| 1100 | 10.745 | 10.872 | 10.991 | 11.110 | 11.229 | 11.348 | 11.467 | 11.587 | 11.707 | 11.827 |
| 1200 | 11.947 | 12.057 | 12.188 | 12.308 | 12.429 | 12.560 | 12.671 | 18.792 | 12.913 | 13.034 |
| 1300 | 13.155 | 13.276 | 13.397 | 13.619 | 13.640 | 13.761 | 13.883 | 14.004 | 14.125 | 14.247 |
| 1400 | 14.368 | 14.489 | 14.610 | 14.731 | 14.852 | 14.973 | 15.094 | 15.215 | 15.336 | 15.456 |
| 1500 | 15.576 | 15.697 | 15.817 | 15.937 | 15.957 | 16.176 | 16.295 | 16.415 | 18.534 | 16.653 |
| 1600 | 16.771 | 15.890 | 17.008 | 17.125 | 17.243 | 17.300 | 17.477 | 17.594 | 17.711 | 17.826 |
| 1700 | 17.942 | 18.050 | 18.170 | 18.282 | 18.394 | 18.504 | 18.612 | | | |

## 表 1-3　镍铬-镍硅（镍铝）热电偶分度表

分度号：K                                      （自由端温度为 0℃）

| 工作端温度/℃ | 0 | 10 | 20 | 30 | 40 | 50 | 60 | 70 | 80 | 90 |
|---|---|---|---|---|---|---|---|---|---|---|
| | 热电动势/mV | | | | | | | | | |
| −0 | −0.000 | −0.392 | −0.777 | −1.156 | −1.527 | −1.889 | −2.243 | −2.586 | −2.920 | −3.242 |
| +0 | 0.000 | 0.397 | 0.798 | 1.203 | 1.611 | 2.022 | 2.436 | 2.850 | 3.266 | 3.681 |
| 100 | 4.095 | 4.508 | 4.919 | 5.327 | 5.733 | 6.137 | 6.539 | 6.939 | 7.338 | 7.737 |
| 200 | 8.137 | 8.537 | 8.938 | 9.341 | 9.745 | 10.151 | 10.560 | 10.969 | 11.381 | 11.793 |
| 300 | 12.207 | 12.623 | 13.039 | 13.456 | 13.874 | 14.292 | 14.712 | 15.132 | 15.552 | 15.974 |
| 400 | 16.395 | 16.818 | 17.241 | 17.664 | 18.088 | 18.513 | 18.938 | 19.363 | 19.788 | 20.214 |
| 500 | 20.640 | 21.066 | 21.493 | 21.919 | 22.346 | 22.772 | 23.198 | 23.624 | 24.050 | 24.476 |
| 600 | 24.902 | 25.327 | 25.751 | 26.176 | 26.599 | 27.022 | 27.445 | 27.867 | 28.288 | 28.709 |
| 700 | 29.128 | 29.547 | 29.965 | 30.383 | 30.799 | 31.214 | 31.629 | 32.042 | 32.455 | 32.866 |
| 800 | 33.277 | 33.686 | 34.095 | 34.502 | 34.909 | 35.314 | 35.718 | 36.121 | 36.524 | 36.925 |
| 900 | 37.325 | 37.724 | 38.122 | 38.519 | 38.915 | 39.310 | 39.703 | 40.096 | 40.488 | 40.897 |
| 1000 | 41.264 | 41.657 | 42.045 | 42.432 | 42.817 | 43.202 | 43.585 | 43.968 | 44.349 | 44.729 |
| 1100 | 45.108 | 45.486 | 45.863 | 46.238 | 46.612 | 46.985 | 47.356 | 47.726 | 48.095 | 48.462 |
| 1200 | 48.828 | 49.192 | 49.555 | 49.916 | 50.276 | 50.663 | 50.990 | 51.344 | 51.697 | 52.049 |
| 1300 | 52.398 | 52.747 | 53.093 | 53.439 | 53.782 | 54.125 | 54.466 | 54.807 | | |

## 表 1-4　铂铑$_{30}$-铂铑$_6$ 热电偶分度表

分度号：B                                      （自由端温度为 0℃）

| 工作端温度/℃ | 0 | 10 | 20 | 30 | 40 | 50 | 60 | 70 | 80 | 90 |
|---|---|---|---|---|---|---|---|---|---|---|
| | 热电动势/mV | | | | | | | | | |
| 0 | −0.000 | −0.002 | −0.003 | −0.002 | −0.000 | 0.002 | 0.006 | 0.011 | 0.017 | 0.025 |
| 100 | 0.033 | 0.043 | 0.053 | 0.065 | 0.078 | 0.092 | 0.107 | 0.123 | 0.140 | 0.159 |
| 200 | 0.178 | 0.199 | 0.220 | 0.243 | 0.266 | 0.291 | 0.317 | 0.344 | 0.372 | 0.401 |
| 300 | 0.431 | 0.462 | 0.494 | 0.527 | 0.561 | 0.596 | 0.632 | 0.669 | 0.707 | 0.746 |
| 400 | 0.786 | 0.827 | 0.870 | 0.913 | 0.957 | 1.002 | 1.048 | 1.095 | 1.143 | 1.192 |
| 500 | 1.241 | 1.292 | 1.344 | 1.397 | 1.450 | 1.505 | 1.560 | 1.617 | 1.674 | 1.732 |
| 600 | 1.791 | 1.851 | 1.912 | 1.974 | 2.036 | 2.100 | 2.164 | 2.230 | 2.296 | 2.366 |
| 700 | 2.430 | 2.499 | 2.569 | 2.639 | 2.710 | 2.782 | 2.855 | 2.928 | 3.003 | 3.078 |
| 800 | 3.154 | 3.231 | 3.308 | 3.387 | 3.466 | 3.546 | 3.626 | 3.708 | 3.790 | 3.873 |
| 900 | 3.957 | 4.041 | 4.126 | 4.212 | 4.298 | 4.386 | 4.474 | 4.562 | 4.652 | 4.742 |
| 1000 | 4.833 | 4.924 | 5.016 | 5.109 | 5.202 | 5.297 | 5.391 | 5.487 | 5.583 | 5.680 |
| 1100 | 5.777 | 5.875 | 5.973 | 6.073 | 6.172 | 6.273 | 6.374 | 6.475 | 6.577 | 6.680 |
| 1200 | 6.783 | 6.887 | 6.991 | 7.096 | 7.202 | 7.308 | 7.414 | 7.521 | 7.628 | 7.736 |
| 1300 | 7.845 | 7.935 | 8.063 | 8.172 | 8.283 | 8.393 | 8.504 | 8.616 | 8.727 | 8.839 |

| 工作端温度/℃ | 0 | 10 | 20 | 30 | 40 | 50 | 60 | 70 | 80 | 90 |
|---|---|---|---|---|---|---|---|---|---|---|
| | 热电动势/mV | | | | | | | | | |
| 1400 | 8.952 | 9.065 | 9.178 | 9.291 | 9.405 | 9.519 | 9.634 | 9.748 | 9.863 | 9.979 |
| 1500 | 10.094 | 10.210 | 10.325 | 10.441 | 10.558 | 10.674 | 10.790 | 10.907 | 10.024 | 11.141 |
| 1600 | 11.257 | 11.374 | 11.491 | 11.608 | 11.725 | 11.842 | 11.959 | 12.076 | 12.193 | 12.310 |
| 1700 | 12.426 | 12.543 | 12.659 | 12.776 | 12.892 | 13.008 | 13.124 | 12.239 | 13.354 | 13.470 |
| 1800 | 13.585 | 13.699 | 13.814 | | | | | | | |

### 1.2.4　快速微型热电偶

这是一种用来测量钢水、铁水或其他熔融金属温度的热电偶，其结构如图1-5所示。

金属保护帽起保护U形石英管不被碰伤的作用。U形石英管内穿直径0.05~0.1mm、长25~40mm的一对热电极（通常为铂铑-铂或双铂铑），通过相应的补偿导线接到塑料插件上的接触点上，热电势由此引出，经测温枪内导线接至快速电子电位差计（记录仪表）或数字显示仪表上。

测温时，操作者通过测温枪把热电偶插入钢水中，金属保护帽迅速熔化，U形石英管和热电极暴露于熔体中，瞬时也被烧毁。但这时已把钢水温度产生的热电势信号输送到快速电子电位差计上指示并记录下了钢水温度。

因为一个热电偶只使用一次，故又称消耗式热电偶。由于这种热电偶所有材料大多廉价，即使是贵金属热电偶，但由于铂铑-铂丝极细，用量不大，总的来说价格还是便宜的，这就是钢厂广泛使用的原因。

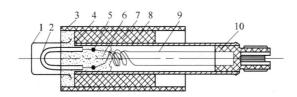

图1-5　快速微型热电偶

1—外保护帽；2—U形石英管；3—外纸管；4—绝热水泥；5—热电偶冷端；
6—棉花；7—绝热纸管；8—小纸管；9—补偿导线；10—塑料插件

### 1.2.5　冷端温度补偿

由热电偶测温的基本原理知道，只有当热电偶的冷端温度保持不变时，热电势才与被测温度成单值对应关系。在实际测量中，热电偶安装在现场设备上，其冷端暴露于空气中，且又离热端（测量端）很近，冷端温度难以保持恒定。为此必须采取冷端温度补偿的措施。

#### 1.2.5.1　补偿导线法

要使热电偶冷端温度保持稳定，需令热电偶的冷端远离被测温设备（如把热电极加长），延伸至温度稳定的地方（如仪表室）。如果采用与热电极材料相同的导线来延伸，对于贵金属热电偶就意味着要消耗许多贵金属材料，从经济角度考虑不允许这样做。通常是以一些价格便宜的，且在一定温度范围内（-20~100℃）其热电性能与所接电极相一致的某些金属导线来代替所接电极远移冷端至温度稳定的地方，从而使冷端温度 $t_0$ 为常数。如图1-6所示。

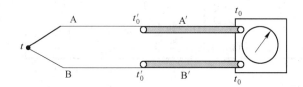

图1-6　补偿导线连接图

A，B—热电偶；A′，B′—补偿导线；$t'_0$—原冷端温度；$t_0$—新冷端温度

这种代替热电极远移冷端的导线称为补偿导线，采用补偿导线 A′、B′使冷端温度为常数的方法叫补偿导线法。

常用热电偶的补偿导线见表1-5。

表1-5　常用热电偶的补偿导线

| 补偿导线型号 | 配用热电偶的分度号 | 补偿导线合金丝 | | 绝缘层着色 | |
|---|---|---|---|---|---|
| | | 正　极 | 负　极 | 正　极 | 负　极 |
| SC | S | SPC(铜) | SNC(铜镍) | 红 | 绿 |
| KC | K | KPC(铜) | KNC(铜镍) | 红 | 蓝 |
| KX | K | KPX(镍铬) | KNX(镍硅) | 红 | 黑 |
| EX | E | EPX(镍铬) | ENX(铜镍) | 红 | 棕 |
| JX | J | JPX(铁) | JNX(铜镍) | 红 | 紫 |
| TX | T | TPX(铜) | TNX(铜镍) | 红 | 白 |

国际电工委 IEC 对补偿导线也制定了相应的国际标准。补偿导线分为补偿型补偿导线（用符号 C 表示）和延伸型补偿导线（用符号 X 表示）两类。一般补偿型补偿导线的材料与工作热电偶材料不同，常用在贵金属热电偶中；延伸型补偿导线基本是用与工作热电偶相同的材料制成的导线，适用于廉价金属热电偶。

例如，SC 表示适用于铂铑$_{10}$-铂热电偶（S）的补偿型补偿导线（C）；KX 表示镍铬-镍硅热电偶（K）的延伸型补偿导线（X）。补偿导线合金丝一栏中的"P"和"N"分别表示相应补偿导线的正、负极。在使用补偿导线时应注意：热电偶和补偿导线的两个接点保持同样温度 $t'_0$；新冷端温度 $t_0$ 应基本稳定；热电偶和补偿导线必须配套使用；正负极不可接错。

### 1.2.5.2　计算校正法

当热电偶用毫伏刻度的显示仪表测温时，如果热电偶冷端温度为常数 $t_0$，且 $t_0$ 不等于0℃，可按下式对仪表示值加以修正。

$$E_{AB}(t,0) = E_{AB}(t,t_0) + E_{AB}(t_0,0) \tag{1-6}$$

式中　　　　　　　$t$——工作端温度；

$t_0$——实际的冷端温度；

$E_{AB}(t,t_0)$——热电偶工作在两端温度 $t$ 与 $t_0$ 时仪表测出的热电势值；

$E_{AB}(t,0)$，$E_{AB}(t_0,0)$——该热电偶保持冷端温度为 0℃，而工作端温度分别取 $t$、$t_0$ 时的热电势值，此值可以从相应的热电偶分度表中查到。

**[例1-1]**　用一分度号为 K 的镍铬-镍硅热电偶及毫伏刻度的显示仪表测量炉温，在冷端温度 $t_0 = 30$℃时，测得回路电势为 39.17mV，问炉温是多少度？

**解：**根据题意可知：$E_{AB}(t,30) = 39.17$mV

由热电偶分度表（见表1-3）可查出：$E_{AB}(30,0) = 1.203$mV

代入式（1-6），则有：

$$E_{AB}(t,0) = E_{AB}(t,30) + E_{AB}(30,0) = 39.17 + 1.203 = 40.373\text{mV}$$

再查分度表（见表1-3）可知，工作端温度 $t$ 应为 977℃。

### 1.2.5.3　冰浴法

在实验室条件下可采用冰浴法，此方法是将热电偶的冷端置于冰点槽中，而冰点槽的温度保持在 0℃，从而补偿冷端温度为 0℃。这样测得热电势后，查相应的分度表即可得被测温度。冰点槽的结构如图1-7所示。

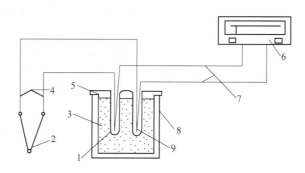

图1-7　冰点槽

1—试管；2—热电偶；3—冰水混合物；4—补偿导线；5—盖；
6—显示仪表；7—铜导线；8—恒温槽；9—变压器油

在恒温槽中盛有冰水混合物，在一个大气压下，冰水混合物的平衡温度是 0℃，试管中的变压器油是为了传热性能良好。

这个方法一般用于实验室，或精确测量的计量部门，工业生产中一般不用。

### 1.2.5.4　补偿电桥法

补偿电桥法是在热电偶测温系统中，串联一个补偿电桥，如图1-8所示。

由式（1-3）知，热电偶的热电势随冷端温度的升高而减小，如果有这样一种装置，其输出电势随温度的升高而增大，且增大的数值和热电偶的热电势由于冷端温度升高而减小的数值恰好相等，这样就起到补偿作用。补偿电桥（不平衡电桥）就是根据这个原理设计的。

在带有补偿电桥的热电偶测温回路中，$R_1 = R_2 = R_3 = 1\Omega$，是用锰铜丝绕制的电阻。

$R_{Cu}$是铜导线绕制的补偿电阻，其阻值随温度的变化而变化，$R_5$是限流电阻，由图1-8可知，显示仪表的输入电势$U_{AB}=E_x+U_{ab}$。一般当冷端温度为20℃时，$R_{Cu}^{20}=1\Omega$，此时补偿电桥平衡，即其输出$U_{ab}=0\text{mV}$。当冷端温度偏离20℃，例如升高时，$R_{Cu}$增大，$U_{ab}$也随着增大，此时热电偶$E_x$减小，若补偿导线电桥参数选择合适的话，$U_{ab}$的增大，正好补偿$E_x$的减小，从而起到温度补偿作用。

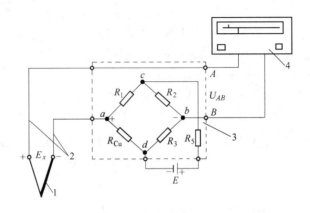

图1-8  带有补偿电桥的热电偶测温回路

1—热电偶；2—补偿导线；3—补偿电桥；4—显示仪表

补偿电桥法装置已形成产品，简称补偿器，选用补偿器时应与使用的热电偶型号对应。在与动圈仪表连接时，若补偿器是在20℃平衡的话，需把动圈指示仪表的机械零位调到20℃处；若在0℃时平衡，则动圈指示仪表的机械零位应调在0℃处。

上述冷端温度补偿方法中，补偿导线是最基本的，它常被单独使用或与其他方法一起使用。

### 1.2.6  热电偶测温线路

#### 1.2.6.1  典型线图

如图1-9所示是热电偶测温的典型线路。左图是动圈表与冷端补偿器配套使用的线路，右图为自动电子电位差计与其配套使用的线路（注意，自动电子电位差计内部有补偿桥路）。

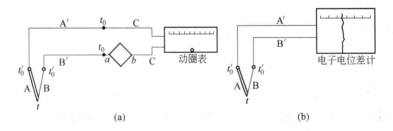

(a)　　　　　　　　　　　　(b)

图1-9  热电偶测温的典型线路

（a）动圈表与冷端补偿器配套使用的线路；（b）自动电子电位差计与冷端补偿器配套使用的线路

$t_0{}'$—热电偶原冷端温度；$t_0$—用补偿导线延伸后的冷端温度；

A，B—热电偶；A′，B′—补偿导线；C—铜导线

### 1.2.6.2　正向串接

图 1-10 所示为热电偶正向串联连接，它是各个同型号热电偶的正、负极串联连接而成的。图中显示仪表总的输入热电势为

$$E = E_{AB}(t_1,t_0) + E_{AB}(t_2,t_0)$$

可见，用正向串联线路去测同一温度 $t$，则显示仪表的总输入热电势 $E = 2E_{AB}(t,t_0)$，这样可以提高仪表的灵敏度。用多个同型号热电偶正向串联组成的热电偶称之为热电堆，它可应用在辐射式高温计中，以测量微小温度变化并获得较大的热电势输出。

### 1.2.6.3　反向串接

如图 1-11 所示，将同型号热电偶的同名极（负或正极）相联，这就是热电偶的反向串联。这样组成的热电偶称为微差热电偶。它的输出热电势为

$$\Delta E = E(t_1,t_0) - E(t_2,t_0) = E(t_1,t_2)$$

因此，$\Delta E$ 反映了两个测温点（$t_1$，$t_2$）的温度差。这里要求，使用热电偶的型号及冷端温度 $t_0$ 必须相同，且其热电偶的热电特性为线性。如镍铬-镍硅热电偶。

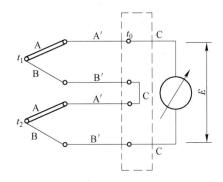

图 1-10　热电偶正向串联
A，B—热电偶；A′，B′—补偿导线，C—铜线

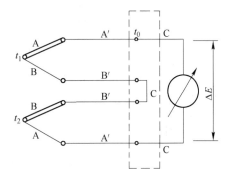

图 1-11　热电偶反向串联
A，B—热电偶；A′，B′—补偿导线，C—铜线

## 1.2.7　常见故障及处理

热电偶使用中可能出现的故障，产生故障的原因及处理方法见表 1-6。

表 1-6　热电偶常见故障及其原因与处理方法

| 故障现象 | 故障原因 | 处理方法 |
|---|---|---|
| 热电势比实际值小（显示仪表指示值偏低） | 1. 热电极短路； | 1. 找出短路原因：如因潮湿所致，则需进行干燥；如因绝缘子损坏所致，则需要换绝缘子； |
| | 2. 热电偶的接线柱处积灰，造成短路； | 2. 清扫积灰； |
| | 3. 补偿导线线间短路； | 3. 找出短路点，加强绝缘或更换补偿导线； |
| | 4. 热电偶热电极变质； | 4. 在长度允许的情况下，剪去变质段重新焊接，或更换新热电偶； |
| | 5. 补偿导线与热电偶极性接反； | 5. 重新接正确； |
| | 6. 补偿导线与热电偶不配套； | 6. 更换相配套的补偿导线； |

| 故障现象 | 故障原因 | 处理方法 |
|---|---|---|
| 热电势比实际值小<br>（显示仪表指示值偏低） | 7. 热电偶安装位置不当或插入深度不符合要求；<br>8. 热电偶冷端温度补偿不符合要求；<br>9. 热电偶与显示仪表不配套 | 7. 重新按规定安装；<br><br>8. 调整冷端补偿器；<br>9. 更换热电偶或显示仪表使之相配套 |
| 热电势比实际值高<br>（显示仪表指示值偏高） | 1. 热电偶与显示仪表不配套；<br>2. 补偿导线与热电偶不配套；<br>3. 有直流干扰信号进入 | 1. 更换热电偶或显示仪表使之相配套；<br>2. 更换补偿导线使之相配套；<br>3. 排除直流干扰 |
| 热电势输出不稳定 | 1. 热电偶接线柱与热电极接触不良；<br>2. 热电偶测量线路绝缘破损，引起断续短路或接地；<br>3. 热电偶安装不牢或外部震动；<br>4. 热电极将断未断；<br>5. 外界干扰（交流漏电，电磁场感应等） | 1. 将接线柱螺丝拧紧；<br>2. 找出故障点，修复绝缘；<br>3. 紧固热电偶，消除震动或采取减震措施；<br>4. 修复或更换热电偶；<br>5. 查出干扰源，采取屏蔽措施 |
| 热电偶热电势误差大 | 1. 热电极变质；<br>2. 热电偶安装位置不当；<br>3. 保护管表面积灰 | 1. 更换热电极；<br>2. 改变安装位置；<br>3. 清除积灰 |

## 1.3　热电阻

在温度检测仪表中，热电阻的测量准确度高，在低温范围（300℃以下）测量，与热电偶相比有较高的灵敏度，因此在中低温（－200～650℃）测量中常采用热电阻测量温度。

### 1.3.1　热电阻结构

普通型热电阻由电阻体、绝缘体、保护套管及接线盒组成。其中电阻体是在骨架上缠绕相应的电阻丝制成，如图1-12、图1-13所示。

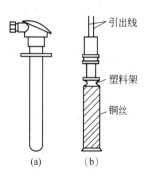

图1-12　铜热电阻
（a）外形；（b）铜电阻体

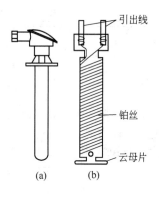

图1-13　铂热电阻
（a）外形；（b）铂电阻体

铜电阻体一般在塑料骨架上缠绕铜电阻丝制成；铂电阻体则是以石英玻璃或云母作骨架，缠绕铂电阻丝制成。

热电阻的外形，与热电偶相似，且安装方法也与热电偶一致，但是它们的测温原理和测温范围都不相同，要注意区别。

### 1.3.2 测温原理

热电阻是根据金属导体或半导体的电阻值随温度变化的特征来进行测温的。金属导体或半导体的电阻与温度的函数关系一旦确定后，就可以通过测量置于测温对象之中并与测温对象达到热平衡的热电阻的阻值来求得对象的温度。

目前比较适合做热电阻的材料有铂、铜、铁、镍和一些半导体材料。由于铁、镍不易做得很纯净，电阻间的关系曲线不很平滑，因此使用很少。目前工业上常用的是铂和铜。

#### 1.3.2.1 铂热电阻

铂在氧化性介质中，甚至在高温下，其物理及化学性质均稳定，测量精度高。它不仅用作工业上的测温元件，还作为复现温标的基准。铂热电阻的电阻值与温度之间的关系：

在 0～850℃ 范围内

$$R_t = R_0 \left[ 1 + At + Bt^2 \right] \tag{1-7}$$

在 −200～0℃ 范围内

$$R_t = R_0 \left[ 1 + At + Bt^2 + C(t - 100℃)t^3 \right] \tag{1-8}$$

式中　$R_t$——温度为 $t$℃时的电阻值；

　　　$R_0$——温度为 0℃时的电阻值；

$A$，$B$，$C$——常数，其中 $A = 3.90802 \times 10^{-3}$℃$^{-1}$，$B = 5.802 \times 10^{-7}$℃$^{-2}$，$C = 4.27350 \times 10^{-12}$℃$^{-1}$。

标准型铂热电阻，分度号为 Pt100，$R_0$ 的阻值为 100Ω，分度表见表 1-7。

**表 1-7　工业铂热电阻分度表**

分度号 Pt100　　　　　　　　　　　$R_0 = 100Ω$　　　　　　　　　　　$\alpha = 0.003850$

| 温度/℃ | 0 | 10 | 20 | 30 | 40 | 50 | 60 | 70 | 80 | 90 |
|---|---|---|---|---|---|---|---|---|---|---|
| | 电阻值/Ω | | | | | | | | | |
| −200 | 18.49 | — | — | — | — | — | — | — | — | — |
| −100 | 60.25 | 56.19 | 52.11 | 48.00 | 43.87 | 39.71 | 35.53 | 31.32 | 27.08 | 22.80 |
| −0 | 100.00 | 96.09 | 92.16 | 88.22 | 84.27 | 80.31 | 76.33 | 72.33 | 68.33 | 64.30 |
| 0 | 100.00 | 103.90 | 107.79 | 111.67 | 115.54 | 119.40 | 123.24 | 127.07 | 130.89 | 134.70 |
| 100 | 138.50 | 142.29 | 146.06 | 149.82 | 153.58 | 157.31 | 161.04 | 164.76 | 168.46 | 172.16 |
| 200 | 175.84 | 179.51 | 183.17 | 186.32 | 190.45 | 194.07 | 197.69 | 201.29 | 204.88 | 208.45 |
| 300 | 212.02 | 215.57 | 219.12 | 222.65 | 226.17 | 229.67 | 233.17 | 236.65 | 240.13 | 243.59 |
| 400 | 247.04 | 250.48 | 253.90 | 257.32 | 260.72 | 264.11 | 267.49 | 270.86 | 272.22 | 277.56 |
| 500 | 280.90 | 284.22 | 287.53 | 290.83 | 294.11 | 297.39 | 300.65 | 303.91 | 307.15 | 310.38 |
| 600 | 313.59 | 316.80 | 319.99 | 323.18 | 326.35 | 329.51 | 332.66 | 335.79 | 338.92 | 342.03 |
| 700 | 345.13 | 348.22 | 351.30 | 354.37 | 357.42 | 360.47 | 363.50 | 366.52 | 369.53 | 372.52 |
| 800 | 375.51 | 378.48 | 381.45 | 384.40 | 387.34 | 390.26 | — | — | — | — |

#### 1.3.2.2 铜热电阻

铂电阻的性能虽优越，但铂是贵金属，所以，在一些温度较低的场合，铜热电阻得到广泛应用，常用于 – 50 ~ 150℃间温度的测量。铜容易提纯，价格便宜，它的电阻值与温度呈线性关系，可由下式表示：

$$R_t = R_0(1 + \alpha t) \tag{1-9}$$

式中　$R_t$，$R_0$——温度 $t$℃和0℃时的电阻值；

　　　　$\alpha$——铜电阻温度系数，$\alpha = (4.25 \sim 4.28) \times 10^{-3}$℃$^{-1}$。

标准型铜热电阻有两种：分度号为 Cu50，$R_0$ 的阻值为 50Ω，它的分度表见表1-8；分度号为 Cu100，$R_0$ 的阻值为 100Ω，它的分度表见表1-9。

**表1-8　工业铜热电阻分度表**

| 分度号 Cu50 | | | | | $R_0 = 50\Omega$ | | | | $\alpha = 0.004280$ | |
|---|---|---|---|---|---|---|---|---|---|---|
| 温度/℃ | 0 | 10 | 20 | 30 | 40 | 50 | 60 | 70 | 80 | 90 |
| | 电阻值/Ω | | | | | | | | | |
| – 50 | 39.24 | — | — | — | — | — | | | | |
| – 0 | 50.00 | 47.85 | 45.70 | 43.55 | 41.40 | 39.24 | | | | |
| 0 | 50.00 | 52.14 | 54.28 | 56.42 | 58.56 | 60.70 | 62.84 | 64.98 | 67.12 | 69.26 |
| 100 | 71.40 | 73.54 | 75.68 | 77.83 | 79.98 | 82.13 | — | — | — | — |

**表1-9　工业铜热电阻分度表**

| 分度号 Cu100 | | | | | $R_0 = 100\Omega$ | | | | $\alpha = 0.004280$ | |
|---|---|---|---|---|---|---|---|---|---|---|
| 温度/℃ | 0 | 10 | 20 | 30 | 40 | 50 | 60 | 70 | 80 | 90 |
| | 电阻值/Ω | | | | | | | | | |
| – 50 | 78.49 | — | — | — | — | — | | | | |
| – 0 | 100.00 | 95.70 | 91.40 | 87.10 | 82.80 | 78.49 | | | | |
| 0 | 100.00 | 104.28 | 108.56 | 112.84 | 117.12 | 121.40 | 125.68 | 129.96 | 134.24 | 138.52 |
| 100 | 142.80 | 147.08 | 151.36 | 155.66 | 159.96 | 164.27 | — | — | — | — |

热电阻测温系统一般由热电阻、连接导线和显示仪表等组成。可测量布袋荒煤气温度、喷枪冷却水温等，使用时注意以下两点：

（1）热电阻和显示仪表的分度号必须一致。

（2）为了消除连接导线电阻对测量的影响，必须采用三线制接法。

### 1.3.3　使用中的故障处理

热电阻使用中可能出现故障，出现故障的原因及处理方法见表1-10。

**表1-10　热电阻常见故障及其原因与处理方法**

| 序　号 | 故障现象 | 故障原因 | 处理方法 |
|---|---|---|---|
| 1 | 显示仪表指示值比实际值低或示值不稳定 | 1. 保护管内有水或接线盒上有金属屑、灰尘；<br>2. 热电阻短路 | 1. 倒出水或清除灰尘，并将潮湿部分加以干燥处理，提高绝缘（不能用火烤）；<br>2. 用万用电表检查短路或接地的部位，并消除之。如系热敏感元件短路，应检修或更换 |

| 序　号 | 故障现象 | 故障原因 | 处理方法 |
|---|---|---|---|
| 2 | 显示仪表指示值无限大 | 热电阻断路 | 用万用电表检查断路部位，确定是连接导线还是热敏感元件断路；如系连接导线断路，可予以更换或修复；如系热敏感元件断路，应更换 |
| 3 | 显示仪表指针反向标尺下限值 | 1. 热电阻短路；<br>2. 显示仪表接线接错 | 1. 用万用电表检查确定短路部位，如系热敏感元件短路，应修复或更换；<br>2. 重新连接导线 |
| 4 | 阻值与温度关系有变化 | 热电阻材料受蚀变质 | 更换热电阻体 |

## 1.4　温度显示仪表

显示仪表，就是接受测温元件的输出信号，将测量值显示（指示、记录等）出来以供观察的仪表。显示仪表已逐步形成一套完整的体系，大致可以分为模拟式、数字式和图像显示三大类。

模拟式显示仪表，是指用指针与标尺间的相对位移量或偏转角来模拟显示被测参数的连续变化的数值。采用这一显示方法的仪表结构简单、工作可靠、价格低廉、易于反映被测参数的变化趋势，因此目前生产中仍大量被应用。

数字式显示仪表，是以数字的形式直接显示出被测数值，因其具有速度快、准确度高、读数直观、便于与计算机等数字装置联用等特点，正在迅速发展。

图像显示仪表，就是直接把工艺参数的变化量以图形、字符、曲线及数字等形式在荧光屏上进行显示的仪器。它是随着电子计算机的应用相继发展起来的一种新型显示设备。它兼有模拟式和数字式两种显示功能，并具有计算机大存储量的记忆功能与快速性功能，是现代计算机不可缺少的终端设备，常与计算机联用，作为计算机集中控制不可缺少的显示装置。

### 1.4.1　动圈式仪表

动圈式仪表是一种已经广泛使用的模拟式显示仪表，按其具有的功能分指示型（XCZ）和调节型（XCT）两类，可与热电偶、热电阻以及其他的能把被测参数变换成直流毫伏信号的装置相配合，实现对温度等参数的指示和调节。下面以指示型（XCZ）为例讨论。

#### 1.4.1.1　工作原理

动圈式仪表是一种磁电式仪表，如图 1-14 所示。其中动圈是漆包细铜线绕制成的矩形框，用张丝把它吊置在永久磁铁的磁场之中。当测量信号（直流毫伏）输入动圈时，便有一微安级电流通过动圈。此时载流动圈将受磁场力作用而转动，与此同时，张丝随动圈转动而扭转，张丝就产生反抗动圈转动的力矩，这个反力矩也随着张丝扭转角的增大而增大。当两力矩平衡时，动圈就停转在某一位置上。这时，装在动圈上的指针，就在刻度面板上指示出相应的读数。

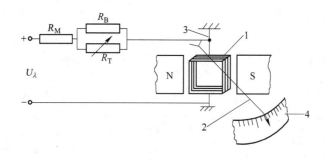

图 1-14　动圈仪表工作原理
1—动圈；2—指针；3—张丝；4—面板

动圈偏转角 $\alpha$ 的大小，与流过动圈的电流 $I$ 成正比，表示为

$$\alpha = CI$$

式中　$C$——仪表常数，决定于动圈匝数和尺寸、磁感应强度、张丝的材料和尺寸等因素。

动圈仪表配热电偶测温，外加测量信号为热电偶热电势 $E_{AB}(t, t_0)$，设测量回路中的总电阻为 $R_\Sigma$，则动圈仪表的偏转角 $\alpha$ 为

$$\alpha = CI = C\frac{E_{AB}(t, t_0)}{R_\Sigma} \tag{1-10}$$

如果测量回路总电阻为常数，则仪表偏转角与待测热电势 $E_{AB}(t, t_0)$ 成正比。这时，装在动圈上的指针，就在刻度面板上指示出相应的读数。测量回路电阻 $R_\Sigma$ 包括表内电阻 $R_内$ 和表外电阻 $R_外$ 两部分，在测量过程中，$R_\Sigma$ 数值应保持不变，否则流过动圈的电流就不同，被测热电势 $E_{AB}(t, t_0)$ 未变，则测量指示值将偏大或偏小，造成测量误差。

#### 1.4.1.2　动圈电阻的温度补偿

动圈本身电阻是由铜导线绕制的，当环境温度升高时，电阻就增大。在相同的毫伏信号输入下，流过动圈的电流将减小，则仪表的指示值将偏低。因此，就需要对动圈的电阻进行温度补偿。一般在线路中串联热敏电阻 $R_T$（见图 1-14），它的阻值随温度的升高而下降，且成指数规律变化。但是，由于两者的阻值随温度变化规律不相同，容易补偿过头。因此，就再用一个锰铜电阻 $R_B$（50Ω）与 $R_T$（20℃时68Ω）并联。并联后的阻值变化接近于线性，能够在环境温度 0 ~ 50℃ 范围内满足动圈电阻的温度补偿。

#### 1.4.1.3　量程电阻

在动圈仪表设计时，要求统一表头组件去适应不同的测量范围，当测量大小不同的信号时，只要适当调整表头中的量程电阻 $R_M$（见图 1-14），就可以改变测量仪表的量程。$R_M$ 通常用锰铜丝绕制而成。

#### 1.4.1.4　表外电阻的匹配

动圈仪表在实际应用时，由于所采用的热电偶和连接导线的类型、线径大小和长短的不同，表外电阻 $R_外$ 的数值也不相同。为此，在动圈仪表进行刻度时，采用规定外电阻为定值的办法解决这个问题。配用热电偶的动圈仪表统一规定 $R_外$ 为 15Ω，此值标注在仪表面板上，制造厂对每一动圈仪表均附一个可调电阻。若表 $R_外$ 电阻值不足 15Ω，则把 $R_调$

串入测量回路中，调整 $R_{调}$ 的阻值使 $R_{外}=15\Omega$ 即可。

1.4.1.5　配热电偶动圈仪表的测量线路

仪表型号：XCZ-101，测量线路如图 1-15 所示。

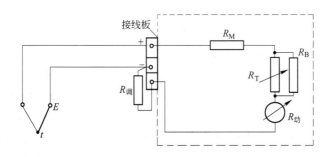

图 1-15　配热电偶动圈仪表测量线路

仪表使用时注意：

（1）配套使用，仪表面板上标有与热电偶配套的分度号。如 S 分度号的仪表只能与 S 型热电偶配用；

（2）表外电阻应符合规定值，$R_{外}$ 电阻值不足 $15\Omega$ 时调 $R_{调}$ 凑足；

（3）热电偶冷端温度不是 0℃且基本稳定时，要调整仪表指针的机械零位，使其预先指示在冷端实际温度上；

（4）定期校验，以保证仪表测量可靠、准确。

1.4.1.6　配热电阻动圈仪表测量线路

仪表型号：XCZ-102，测量线路如图 1-16 所示。

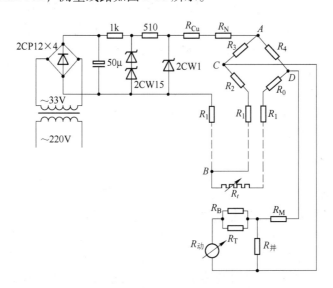

图 1-16　配热电阻动圈仪表测量线路

配热电阻测温的动圈仪表，表内增加了一个不平衡电桥。把热电阻作为电桥中的一个桥臂，其阻值变化将引起电桥输出端不平衡电压的改变，并将该电压输入动圈表头，进行测量并指出相应温度。

测量线路（图1-16）中，$R_3$、$R_4$、$(R_0 + R_t + R_1)$ 和 $(R_2 + R_1)$ 组成不平衡电桥的四个臂，且一般都使 $R_3 = R_4$，$R_1 + R_2 = R_{t0} + R_1 + R_0$。其中 $R_1$ 是热电阻接到动圈表的连接导线电阻，$R_{t0}$ 是仪表标尺始点温度（通常为0℃）时的热电阻值。$R_2$、$R_3$、$R_4$、$R_0$ 均为锰铜丝电阻。电桥的 $A$、$B$ 两点接到二级稳压的直流电源上，$C$、$D$ 两点为电桥的不平衡电压输出端，与动圈表头相接。当被测温度为标尺刻度始点，即热电阻值为 $R_{t0}$ 时，电桥平衡，$C$、$D$ 两点无电位差，动圈中无电流流过，指针指向标尺始点。被测温度如升高，热电阻值由 $R_{t0}$ 升至 $R_t$，电桥失去平衡，$C$、$D$ 两点将产生电位差，动圈中有电流通过，仪表指针指出相应的温度数值。被测温度越高，$R_t$ 变化越大，电桥输出的不平衡电压越高，指针也将示出较高的温度值。不平衡电桥对角线 $CD$ 两端的输出电压，不仅与桥臂电阻的变化有关，而且受供桥电压的影响，因而采用二级稳压直流电源供电，并引进铜电阻 $R_{Cu}$，目的是补偿环境温度对供桥电压的影响。桥臂电阻 $R_0$ 用以调整仪表量程起始值，$R_M$ 用以调整仪表量程范围，$R_并$ 则可改变仪表动圈运动的阻尼特性。采用三根导线（阻值均为 $R_1$）将热电阻 $R_t$ 接入测量线路，是为了抵消环境温度变化对测量结果的影响。如果采用图1-17所示的接法，用两根导线将热电阻接入桥路，导线的电阻 $R_1$ 完全加到一个桥臂中。假如热电阻所感受的温度未变，但导线所处的环境温度变化了，其电阻值 $R_1$ 将改变，使电桥输出的电压改变，动圈表将接受一个附加的不平衡电压，指针指到另一温度数值，造成测温误差。如果按图1-16所示的三线制接法，一根导线接到电桥电源的负端，另两根导线分别接到电桥相邻的两个臂。导线电阻变化可以互相抵消一部分，从而减少对仪表示值的影响。在规定的导线电阻值（$R_1 = 5\Omega$）及环境温度（$0 \sim 50℃$）下使用，仪表的最大附加误差不超过 $\pm 0.5\%$。同样，仪表使用时应当注意：

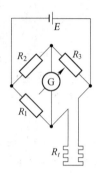

图1-17　连接导线于同一桥臂

（1）配套使用，仪表面板上注明与热电阻配套的分度号。例：Pt100 分度号的仪表，只能与Pt100型热电阻配用；

（2）热电阻的连线，要求采用三线制接法；

（3）连线电阻的阻值应符合规定值，即 $R_1$ 不足5Ω，凑足5Ω；

（4）要做到定期校验。

### 1.4.2　电子电位差计

#### 1.4.2.1　概述

动圈式仪表实际是一种测量电流的仪表，测量中能引起动圈电流变化的每一种干扰因素都会导致误差。自动平衡显示仪表的测量原理优于动圈仪表，具有较高的准确度，在生产过程和科学研究中已得到普遍的应用。这一类仪表有两个基本的系列：电子电位差计和电子自动平衡电桥。电子电位差计与热电偶及其他测量元件（或变送器）配套后，可以显示和记录温度、压力、流量、物位等参数。

#### 1.4.2.2　工作原理

电子电位差计是基于电压平衡原理进行工作的。如图1-18所示。

图中 $E_t$ 是被测热电势（未知量），电源 $E$ 与滑线电阻 $R_P$ 构成工作电流回路，产生已知电位差。当工作电流 $I$ 一定时，滑动触点 $A$ 与 $B$ 点之间电位差 $U_{AB}$ 的大小，仅与触点 $A$ 的位置有关，因而是一个大小可以调整的已知数值。检流计 G 接在 $E_t$ 与 $U_{AB}$ 之间的回路上，三者构成测量回路。只要 $U_{AB} \neq E_t$，检流计 G 两端就有电位差，其线圈中将有电流 $I_0$ 通过，指针不指零位；调整滑动触点 $A$ 的位置，改变 $U_{AB}$ 的数值，当检流计 G 的指针指向零位时，这时，$I_0 = 0$，$U_{AB} = E_t$，称电压平衡。电压平衡时，该滑动触点 $A$ 在标尺上所指示的 $U_{AB}$ 的数值，就是被测电势 $E_t$ 的值。

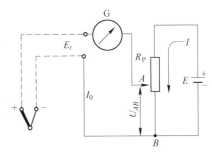

图 1-18　电位差测量原理

　　手动改变触点进行电压平衡的电位差计叫手动电位差计。手动电位计的测量过程自始至终需要人参与，不适合于生产过程的连续测量，于是出现了自动测量的电子电位差计。

　　自动测量的电子电位差计，是采用测量桥路产生已知电位差，而不像手动电位差那样采用简单回路。它用放大器代替检流计 G，用可逆电机及传动机构代替人手的操作，实现测量过程的自动平衡、指示及记录。图 1-19 为电子电位差计的原理方框图。

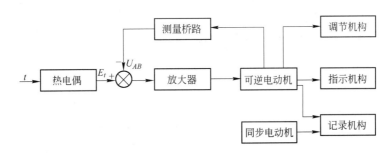

图 1-19　电子电位差计原理方框图

　　热电偶的热电势 $E_t$ 与测量桥路产生的直流电压 $U_{AB}$（即已知电位差）比较，所得差值电压由放大器放大，驱动可逆电机。根据不平衡电压极性的正或负，可逆电机相应地正转或反转，通过传动系统移动测量桥路中滑线电阻上的滑动触点 $A$，改变测量桥路的输出电压 $U_{AB}$ 直至与被测电势 $E_t$ 相等，差值电压为零时，可逆电机停止转动。滑动触点 $A$ 停在一定位置上，同时指示机构的指针，也就在刻度标尺上指出被测温度的数值。同步电动机带动记录纸以一定的速度转动，与指示指针同步运动的记录装置在记录纸上画线或打印出被测温度随时间变化的曲线。这就是电子电位差计自动测量、指示及记录被测电势（温度）的主要过程。

### 1.4.2.3　测量桥路

　　我国统一设计的电子电位差计（XW 系列）测量桥路原理线路如图 1-20 所示。

　　测量桥路的电源电压 $E$ 为 1V，设上支路电流为 $I_1$，规定 $I_1 = 4\text{mA}$，设下支路电流为 $I_2$，规定 $I_2 = 2\text{mA}$。因此，上支路总电阻为 $250\Omega$，下支路总电阻为 $500\Omega$。测量桥路中各电阻的作用如下：图中 $R_P$、$R_B$、$R_M$ 三个电阻并联，三个电阻并联的原因在于，滑线电阻 $R_P$ 是电子电位差计中的一个重要元件，滑动触点在其上移动，产生已知电位差，它对仪

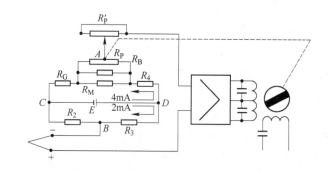

图 1-20    XW 系列电子电位差计测量桥路原理

表的准确度、灵敏度及运行的平滑性等都有影响。因此对滑线电阻材料的耐磨性、抗氧化性、接触的可靠性等方面都有较高的要求，尤其是对其线性度，在 0.5 级的仪表中，希望非线性误差控制在 0.2% 以内。由于工艺的原因，成批生产中 $R_P$ 很难绕制得十分准确一致。绕好后，其数值也不便增减。为此用一般的锰铜丝绕制电阻 $R_B$ 与 $R_P$ 并联，使并联后的总电阻值为一固定值，通常为 $(90 \pm 0.1)\Omega$。这样把两个电阻作为一个整体考虑，便于调整和统一规格，有利于批量生产。因此 $R_B$ 称为工艺电阻，$R_M$ 是决定仪表量程大小的电阻，其数值由仪表测量范围及配用的热电偶的分度号决定。当 $R_M$ 值较大，对应仪表量程就较大；反之，$R_M$ 值较小，对应仪表量程就较小。

$R_G$ 决定仪表刻度起始值电阻，$R_G$ 值大，对应测量的起点高。$R_4$ 是上支路限流电阻，它与 $R_{并}$（$R_P$、$R_B$ 和 $R_M$ 三个电阻并联后的等值电阻）、$R_G$ 相串联，使上支路电流 $I_1 = 4mA$。

$R_2$ 为热电偶冷端温度的补偿电阻，它是用铜漆包线绕制成的铜电阻，对热电偶冷端温度有自动补偿的作用。$R_2$ 的阻值（25℃）：配镍铬-镍硅热电偶测温，$R_2 = 5.33\Omega$；配铂铑$_{10}$-铂热电偶测温，$R_2 = 0.74\Omega$。$R_3$ 是下支路限流电阻，$R_2$ 选定后，通过选配 $R_3$ 的阻值，使下支路电流 $I_2 = 2mA$。

为了保证电阻的温度稳定性，除 $R_2$ 在仪表配用热电偶测温情况下采用铜电阻外，各电阻均采用锰铜丝绕制。

除上述桥路电阻之外，还有一个电阻 $R'_P$，$R'_P$ 是附加的滑线电阻。它与 $R_P$ 平行布置，两者形成一个轨道，便于滚轮形的滑动触点 $A$ 在其上稳定灵活运动。该电阻用与 $R_P$ 相同的材料绕制，但在电路上接成短路的形式，只起作滑动触点的引出导线的作用，而不产生电位差。此外，这种结构形式，有利于抵消滑动触点间滑线电阻之间因材质不同而产生的接触电势。

测量桥路与电子放大器、可逆电机平衡机构及指示、记录装置等相互配合，即组成一个完整的电子电位差计。电子电位差计本质是一个测量直流电势或电位差的显示仪表，可与热电偶、变送器或其他能将被测参数转换为直流电势的仪表配用。如果配用热电偶测量温度，还有相互配套的问题。两者分度号必须一致，仪表的外形尺寸、记录方式、走纸速度、测量范围等应按实际测量要求选择。

### 1.4.3　自动平衡电桥

动圈表配热电阻测温，虽可以测量及指示温度，但不能记录。自动平衡电桥与热电阻配套使用，对被测温度进行指示及记录，且测量准确度高。

自动平衡电桥的方框图如图 1-21 所示。它由测量桥路、放大器、可逆电机、同步电机等主要部分组成。

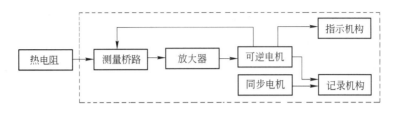

图 1-21 自动平衡电桥原理框图

自动平衡电桥与电位差计相比较，除感温元件及测量桥路外，其他组成部分几乎完全相同，甚至整个仪表的外壳、内部结构以及大部分零件都是通用的，它们的产品也一一对应，也就是说，有一种形式的电子电位差计，就有同一种形式的自动平衡电桥。因此，在工业上通常把电子电位差计和自动平衡电桥统称为自动平衡仪表。

#### 1.4.3.1 平衡电桥原理

平衡电桥的工作原理如图 1-22 所示。当 $A$ 点电位与 $B$ 点电位相等时，检流计 G 中无电流，此时

$$I_1 R_1 = I_2 R_2 \tag{1-11}$$

$$I_1 R_4 = I_2 R_3 \tag{1-12}$$

式（1-11）和式（1-12）等式两边分别相除则得

$$R_1 R_3 = R_2 R_4 \tag{1-13}$$

或

$$R_1 = \frac{R_2}{R_3} R_4 \tag{1-14}$$

由式（1-13）可知，电桥相对桥臂电阻乘积相等，则电桥平衡（检流计 G 中无电流）。如果 $R_1$ 为待测的热电阻，而且随温度而改变，以 $R_t$ 表示。电桥其他电阻为已知，便可根据式（1-14）求出任意温度下 $R_t$ 的电阻值。简单说，这就是利用平衡电桥测量待测电阻的基本原理。

图 1-23 为平衡电桥的工作简图。热电阻 $R_t$ 为其中一个桥臂，$R_p$ 为滑线电阻，触点 $A$ 可以左右移动。假设滑线电阻的刻度值为温度，移动滑动触点，使电桥达到平衡（即检流计 G 中电流为零）时，滑动触点 $A$ 所指示的温度就是被测温度。

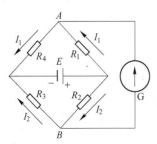

图 1-22 平衡电桥原理

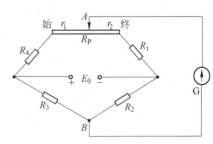

图 1-23 平衡电桥工作简图

若温度在量程起始点（即 $R_t$ 值最小时），移动滑动触点 $A$，使检流计 $G$ 指零，电桥达到平衡，这时触点 $A$ 必然处于滑线电阻的最左端。根据电桥平衡原理，则有

$$R_3(R_{t_0} + R_P) = R_2 R_4 \tag{1-15}$$

当温度升高后，由于 $R_t$ 增大，触点 $A$ 必然向右移动，使电桥重新达到平衡，这时有：

$$R_3(R_{t_0} + \Delta R_t + R_P - r_1) = R_2(R_4 + r_1) \tag{1-16}$$

由式（1-16）减去式（1-15），整理后得

$$r_1 = \frac{R_3}{R_2 + R_3} \Delta R_t \tag{1-17}$$

从式（1-17）可知，滑动触点 $A$ 的位置可以反映出热电阻的变化，也反映了温度的变化，并且它们之间是呈线性关系的。此外，该桥路的滑线电阻处于两桥臂之间，这样可以消除接触电阻的影响，提高了精度。

如果将检流计 $G$ 换成电子放大器，利用放大后的电压去驱动可逆电机，使可逆电机带动滑动触点 $A$ 以达到电桥平衡，就是自动平衡电桥的工作原理。自动平衡电桥的测量桥路如图 1-24 所示。

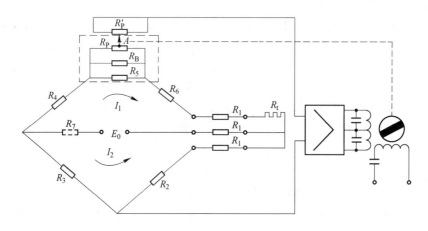

图 1-24　自动平衡电桥的测量桥路

### 1.4.3.2　测量桥路中各电阻的作用

图 1-24 所示测量桥路中，热电阻 $R_t$ 采用三线制接法，使连接导线的电阻 $R_1$ 分别加在电桥相邻的两个桥臂上，当连接导线电阻随温度变化时，可以相互抵消，从而减小对仪表测量精度的影响。三线制接法即是从热电阻引出三根导线，把其中两根导线分别接入相邻的两个桥臂，而第三根导线与电源的负极相连，并规定每根接入桥臂的导线电阻 $R_1$ 为 2.5Ω，如不足 2.5Ω，则用调整电阻（锰铜丝绕制的电阻）补足。

$R_P$ 为滑线电阻，$R_P$ 与 $R_B$ 并联后的电阻值为 90Ω。$R_5$ 为量程电阻，$R_6$ 为调整仪表零位的起始电阻。$R_4$ 为限流电阻，它决定了上支路电流 $I_1$ 的大小。

供桥电源有直流和交流两种，直流电源电压为 1V，交流电压为 6.3V。交流电桥应在电源支路中串入限流电阻 $R_7$，以保证流过热电阻及各桥臂电阻的电流不超过允许值（6mA）；直流电桥则不用 $R_7$。

1.4.3.3　与电子电位差计的比较

自动平衡电桥与电子电位差计的外形结构上十分相似，许多基本部件完全相同。但它们是不同用途的两种自动平衡仪表，其主要区别为：

（1）配用的感温元件不同。自动平衡电桥在测温时与热电阻相配用；电子电位差计则配接热电偶，如果它与能输出直流电势信号且具有低输出阻抗的传感器相配合，也可用来测量其他参数。

（2）作用原理不同。当仪表处于平衡时（此时可逆电机停转），自动平衡电桥的测量桥路也处于平衡状态，测量桥路无输出；电子电位差计的桥路本身则处于不平衡状态，桥路有不平衡电压输出，只不过这一电压值与被测电势相补偿而使仪表达到了平衡状态。

（3）感温元件与测量桥路的连接方式不同。自动平衡电桥的感温元件为热电阻，采用三线接法接至仪表的接线端子上，它是电桥的一个臂；电子电位差计的感温元件为热电偶，使用补偿导线接到测量桥路的测量对角线上，它并非测量桥路的桥臂。

（4）电子电位差计的测量桥路具有冷端温度自动补偿的功能，自动平衡电桥不存在这一问题。

## 1.4.4　数字式温度显示仪表

上文介绍的动圈式仪表及自动平衡显示仪表，都是通过指针的直线位移或角位移来显示被测温度的，称为模拟式仪表。数字显示仪表则与模拟式仪表截然不同，它直接以数字的方式显示出被测值，具有测量精度高，显示速度快以及没有读数误差等优点，在需要时，还可输出数字量与数字计算机等装置联用，因而在现代测量技术中得到了广泛应用。现以配用热电偶的数字式温度表为例，对其原理作简单说明。

配用热电偶的数字式温度表，能接受各种热电偶所给出的热电势，直接以四位或五位数字显示出相应的温度数值，同时能给出所示温度的机器编码信号，供给打印机打印记录或屏幕显示，还可以提供所示温度的 $1mV/℃$ 的模拟电压信号供温度调节器用。还配有 $20mV$，$200mV$ 档，可作数字式毫伏表使用。整机测量准确度可达 $0.3\%$。

国产数字温度显示仪表由输入非线性补偿器及数字显示表两大部分组成，如图 1-25 所示。

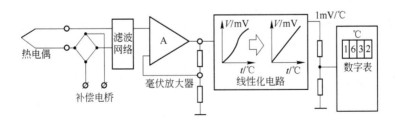

图 1-25　数字式温度显示仪表的基本组成

1.4.4.1　输入非线性补偿器

输入非线性补偿器包括了冷端温度补偿电桥、滤波网络、毫伏放大器、线性化电路四部分。它与不同系列的热电偶配用，在输出端可得到 $1mV/℃$ 的模拟电压值，供数字表测量及显示。

（1）冷端温度补偿电桥。用以补偿热电偶冷端温度偏离 0℃时所引起的误差。

（2）滤波网络。热电势经导线及补偿电桥接入电路后，可能引入干扰，尤其是 50Hz 的工频干扰更为常见。在被测电势进入毫伏放大器前，需先经滤波网络进行滤波，对窜入热电势信号中的工频干扰电压加以有效地抑制。

（3）毫伏放大器。这个放大器是一个高灵敏度的调制型直流放大器，其分辨能力可达 $1\mu V$。S 分度号（铂铑$_{10}$-铂）热电偶，温度每升高 1℃能产生约 0.01mV（即 $10\mu V$）的电势。故放大器可具有温度 0.1℃的分辨能力。

（4）线性化电路。热电偶的热电势与工作端温度之间的关系是非线性的。在通常的模拟式显示仪表中，可用非等分标尺这一类的方法加以解决，即仪表标尺的刻度是不均匀的。在数字显示仪表中，由于直接观察到的是被测参数绝对的数字值，仪表输入一个单位的被测量，输出总是增加（或减少）相应的数字，因此数值的增减是线性的，不可能得到非均匀的数字显示结果。故必须要有非线性补偿环节，即对毫伏放大器送来的表达热电势与温度间的非线性函数关系的信号，进行线性化处理，以获得输出电压与温度之间的线性关系，输出电压可达每度 1mV 输出给数字显示仪表。

### 1.4.4.2　数字显示仪表

数字温度显示仪表实质上是一台数字电压表，它将线性化电路送来的信号进行模/数转换、标度变换、计数译码等处理，以数字的形式直接显示被测温度的数值。

（1）模/数转换（A/D）。生产过程中的许多参数（温度压力、流量等）经变换后，均可转换成相应的电量，这些电量大多是模拟量。模拟量是相对于数字量而言的，两者具有完全不同的概念。表征模拟量的电信号可在其测量范围的低限与高限之间变化，且可在其间取任意的数值，即模拟量是连续变化的量。数字量则不然，表征数字量的电信号，只能取两个离散电平的一个值，即"0"和"1"这两个二进制数中的任一个状态。一定位数的二进制数可表达一个确定的被测量，它们也可以转变为人们熟知的十进制数。因而，一定的被测量，可以用足够位数的十进制数来表达其数值，即进行数字显示。例如，一个人们称之为 $3\frac{1}{2}$ 位的数字显示表，它能表达的测量范围为 0~1999，即 2000 个离散的状态，且每一瞬间的数字显示值只能是 2000 个状态中的某一个，而不可能再取其间的任一状态。即数字量是非连续的量。

而模/数转换（A/D），就是要把连续变化的模拟信号转换为非连续的数字信号。在本例中，就是要把热电势经线性化及放大处理的电压值转变为相应的温度数字值。首先是转变为易于用二进制数表达的脉冲数，这是数字显示及计算机控制生产过程必不可少的环节。实现 A/D 的方法及器件很多，限于课程的性质，这里不作介绍。

（2）标度变换。标度变换是指将数字仪表的显示值和被测量的物理量统一起来的环节，因为从放大器来的电压信号经模/数转换器后，变成了与之对应的数字量（一定的脉冲数）输出。例如，当被测温度为 650℃时，模/数转换后计数器的输出为 1000 个脉冲，如果直接显示为 1000，对操作人员而言，还要经过换算才能得到欲测的温度数值。这就是说，数字显示值和被测的物理量（温度）不一致。为了使两者统一起来，在仪表上直接显示 650℃的温度值，就必须设置标度变换环节。

标度变换可以在信号还是模拟量的时候进行，也可在被转换为数字信号后实现。现以后者为例说明这一转换。模拟量被转换成数字量后，以计数脉冲的形式输出时，不将这一计数脉冲直接送计数译码显示电路，而先经过数字运算器，乘（或除）一个 0.1 ~ 0.9 中的任意值（根据需要：也可乘/除两位小数以上的多位小数，如 0.001 ~ 0.999 中的任意值）。这之后再进行计数码显示，便可实现被测物理量的直接数字显示。例如，被测温度为 650℃ 时，送出 1000 个脉冲，将此脉冲送至运算器进行乘 0.65 的运算。此时运算器送入 1000 个脉冲，输出 650 个脉冲，再到计数译码显示电路，则仪表的显示值为 650，与被测温度值取得了一致，实现了标度变换。

（3）计数、译码和显示。与被测温度对应的热电势经输入非线性补偿器，模/数转换器及标度变换后，转变成了一定的计数脉冲。这些脉冲通常是以二进制的形式出现的，如果直接显示出来，不便于人们识别。计数、译码、显示等电路的功能，就是将此二进制数记下来，翻译成人们习惯的十进制数，并在显示器（数码管液晶显示器或发光二极管等）上显示出被测温度值。

### 1.4.5　新型显示仪表

#### 1.4.5.1　显示仪表发展趋势

新型显示仪表正朝着多样化、高精度、功能强大的方向发展。

（1）显示和记录方式。显示方式多种多样，除了传统的指针式外，有液晶（LCD）、发光二极管（LED）、荧光数码管、荧光带等，还有彩色 CRT 显示器、超薄性（Tn）VGA 彩色液晶显示器等。

记录方式有纤维记录纸上记录，有热敏头在热敏纸上记录，有彩色色带打印方式记录，还有通过 ICRAM 卡、磁盘等电子方式数据存储记录。现在一台显示记录仪上往往包含两种或两种以上的记录方式，满足不同需要。

（2）输入信号、输入通道和记录通道。输入信号通用性加强，几乎国内外所有带微处理器的显示记录仪表都能同时直接接受来自现场的检测元件（传感器）和变送器信号，如各种热电偶、热电阻信号。热电偶、热电阻信号量程范围可以任意设定；直流电压信号量程从 ±(1 ~ 100)mV，直流电流信号量程为 1 ~ 500mA。各种显示记录仪表都有输入、多记录通道供选用。

（3）测量精度和采样周期。测量精度高，采样周期快。测量精度有些已经达到 0.05 级，一般也达到 0.1 和 0.2 级。记录精度有些达到 0.1 级，一般都达到 0.25 和 0.5 级。所有通道采样一次所需时间最短为 0.1s(6 通道以内)和 1s(6 通道以上)。

（4）运算能力。普遍具有加、减、乘、除、比率、平方根、通道/分组平均、计算质量流量、蒸汽流量等几十种运算功能，还有非线性处理、自动校正、自动判别诊断功能。

（5）报警、控制功能。根据需要组态配置报警功能，有绝对值高/低、偏差、变化率增/减、数字状态等报警。报警时面板指示，记录纸上或电子数据存储器中记录报警信息；还可以附加多组继电器输出报警状态。

带微处理器的显示仪表通过软件实现控制功能。除了常规的位式控制和 PID 控制规律外，已有把程序控制、PID 整定、自适应 PID 及专家系统都放入其中，其控制功能接近于数字式控制器。

（6）电子数据存储。数据可存入磁盘以便保存或日后分析使用，也可以存入 ICRAM 卡。

（7）操作。方便的人机对话窗口，屏幕式菜单或屏幕图形界面按钮操作。同时也可以通过专门的手操器、上位机对显示记录仪进行参数设定、组态、校验等操作。

（8）虚拟显示仪表。采用多媒体技术，将个人计算机取代实际的仪表。

### 1.4.5.2　屏幕显示仪表

屏幕显示仪表是在数字仪表的基础上增加了微处理器（CPU），存储器（RAM 是读写存储器，EPROM、EEPROM 是可擦式只读存储器）显示屏以及与之配套的一些辅助设备等，如图 1-26 所示。由于加入了微处理器及显示屏，因而对信息的存储以及综合处理能力大大加强，例如可对热电偶冷端温度、非线性特性以及电路零点漂移等进行补偿，进行数字滤波，各种运算处理，设定参数的上、下限值，以及报警、数据存储、通信、传输以及趋势显示等。

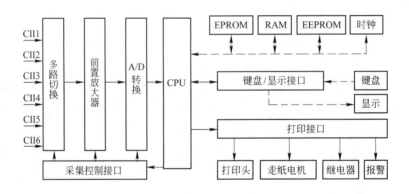

图 1-26　屏幕显示仪表的原理框图

多路切换开关可把多路输入信号，按一定时间间隔进行切换，输入仪表内，以实现多点显示；前置放大器和 A/D 转换是把输入的微小信号进行放大，而后转换为断续的数字量；CPU 的作用则是对输入的数字量信号，进行仪表功能所需的处理，如非线性补偿、标度变换、零点校正、满度设定、上下限报警、故障诊断、数据传输控制等；只读存储器是存放一些预先设置的是仪表实现各种功能的固定程序，其中 EPROM 需离线光擦除后写入，EEPROM 可在线电擦除后写入；读写存储器 RAM 是用于存储各种输入、输出数据以及中间计算结果等，它必须带自备电池，否则一旦断电，所有贮存数据将全部丢失。键盘为输入设备，打印机、显示屏幕为输出设备。

### 1.4.5.3　虚拟显示仪表

利用计算机的强大功能来完成显示仪表的所有工作。虚拟显示仪表硬件结构简单，只有原有意义上的采样、模/数转换电路通过输入通道插卡插入计算机即可。虚拟仪器的显著特点是在计算机屏幕上完全模仿实际使用中的各种仪表，如仪表盘、操作盘、接线端子等，用户通过键盘、鼠标或触摸屏进行各种操作。

由于计算机完全取代显示仪表，除受输入通道插卡性能限制外，其他各种性能如计算速度、计算的复杂性、精确度、稳定性、可靠性都大增强。此外一台计算机中可以同时实现多台虚拟仪表，可集中运行和显示。

## 1.5 温度变送器

### 1.5.1 DDZ-Ⅲ型温度变送器

变送器是指借助检测元件接受被测变量，并将它转换成标准输出信号的仪表。电动温度变送器，是电动单元组合式仪表（DDZ）中的一个主要品种，它与热电偶、热电阻等配合使用，将温度或其他直流毫伏信号转换成标准统一信号，输给显示仪表或调节器，从而实现对温度等参数的指示记录或自动调节。DDZ-Ⅲ型仪表采用 4~20mA DC 或 1~5V DC 为统一的标准信号，由于它采用集成电路和低功耗的半导体元件，提高了仪表的可靠性和稳定性，具有安全火花防爆性能，可用于危险的易燃易爆场所，故在工业上得到广泛应用。

DDZ-Ⅲ型温度变送器有三个品种：热电偶温度变送器、热电阻温度变送器和直流毫伏温度变送器。它们在线路结构上分为量程单元和放大单元。放大单元是通用的，量程单元则随品种、测量范围不同而异。这里举热电偶温度变送器为例作简要介绍。

#### 1.5.1.1 工作原理

热电偶温度变送器由量程单元和放大单元两部分组成，如图 1-27 所示。

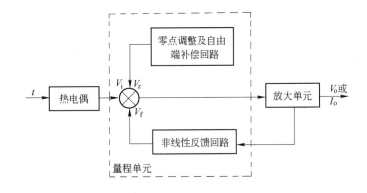

图 1-27 DDZ-Ⅲ型热电偶温度变送器方框图

从热电偶输入量程单元的热电势 $V_i$ 与零点调整回路的信号 $V_z$ 以及非线性反馈回路的信号 $V_f$ 相综合后，进入放大单元，最后获得整机的输出电流 $I_o = 4~20mA$ DC 或电压 $V_o = 1~5V$ DC。输出的电流或电压与被测温度之间呈线性关系。

#### 1.5.1.2 量程单元

量程单元包括输入回路、调零调量程回路及非线性反馈回路等部分，如图 1-28 所示。

图中 $E_t$ 为热电偶冷端温度为 0℃ 时的热电势，$A_1$ 为集成运算放大器，$V'_0$ 为非线性反馈回路的反馈电压，$V_c$ 是集成稳压电源的恒定电压，两个铜电阻 $R_{Cu}$ 是冷端温度的补偿电阻，它们与热电偶的冷端感受同一环境温度，对冷端温度起补偿作用。

A 输入回路

稳压管 $D_{101}$、$D_{102}$、限流电阻 $R_{101}$、$R_{102}$ 共同构成安全火花电路，设在仪表输入端，其

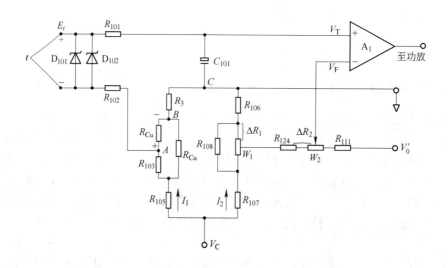

图 1-28  量程单元的几个回路

作用是将流向现场（指易燃易爆场所）的电压和电流限制在安全火花范围内。当温度变送器出现异常时，它限制了异常的电压和电流逆向传输到危险场所。双稳压管起双重保护作用。

B  冷端温度补偿电路

热电偶分度是以冷端温度为 0℃ 为基准的。为了对非 0℃ 冷端温度进行修正，Ⅲ型热电偶温度变送器采用了两个铜电阻进行室温二次系数补偿（如图 1-28 中 $R_{Cu}$）这种补偿效果较用一个铜电阻的补偿效果更好。在 0 ~ 50℃ 范围，适当选择 $R_{Cu}$、$I_1$、$R_{103}$ 的数值可使 $\Delta V_{AB} = \Delta E_t$，实现对冷端温度的自动补偿。

C  调零调量程回路

该回路的作用是当热电势在 $V_{min}$ ~ $V_{max}$（即下限至上限）范围内时，保证变送器输出对应 4 ~ 20mA DC 或 1 ~ 5V DC。图 1-28 中 $W_1$ 为调零电位器，$W_2$ 为调量程电位器。当变送器送入热电势为 $V_{min}$ 时，输出应为 4mA DC 或 1V DC，否则须调整 $W_1$ 使之达到这一要求。在变送器输入热电势为 $V_{max}$ 时，输出应为 20mA DC 或 5V DC，否则，须调整 $W_2$ 使之达到要求。

D  非线性反馈的原理

铂铑$_{10}$-铂热电偶在 0 ~ 1000℃ 时最大线性误差约为 6%，镍铬-镍硅热电偶在 0 ~ 800℃ 时最大线性误差约为 0.8%。为使温度变送器的输出信号与被测温度之间呈线性关系，可以采取非线性反馈的补偿方法，如图 1-29 所示。

线性化的方法是，在反馈网络里加一非线性函数发生器，使其输出特征相同但符号相反，这样仪表的输出就与被测温度呈线性关系。

1.5.1.3  放大单元

放大单元有集成运算放大器、功率放大器及输出回路等基本部分。量程单元（图1-28）的输出电压信号送到功率放大器放大，经输出回路整流滤波，可得到变送器要求的 4 ~ 20mA DC（或 1 ~ 5V DC）的输出电流（或电压）信号。

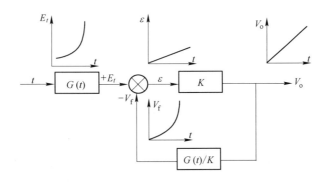

图 1-29　线性化电路

$E_t$—热电偶输出电势；$V_o$—仪表输出电压；$V_f$—反馈电压；

$G(t)$—热电偶传递函数；$G(t)/K$—反馈回路传递函数；

$K$—放大器增益（$K \to \infty$）

## 1.5.2　一体化温度变送器

　　一体化温度变送器，由测温元件和变送器模块部分构成，其结构框图如图 1-30 所示。变送器模块把测温元件的输出信号 E 或 R 转换成为统一标准信号，主要是 4～20mA 的直流电流信号，供电电压为 24V DC。

图 1-30　一体化温度变送器结构框图

　　一体化温度变送器是指将变送器模块安装在测温元件接线盒或专用接线盒内的一种温度变送器。其变送器模块和测温元件形成一个整体，可以直接安装在被测温度的工业设备上，输出为统一标准信号。这种变送器具有体积小、质量轻、现场安装方便以及输出信号抗干扰能力强，便于远距离传输等优点，对于测温元件采用热电偶的变送器，还具有不必采用昂贵的补偿导线，而节省安装费用的优点，因而一体化温度变送器在工业生产中得到广泛应用。

　　由于一体化温度变送器直接安装在现场，因此变送器模块一般采用环氧树脂浇注全固化封装，以提高对恶劣使用环境的适应性能。但由于变送器模块内部的集成电路一般情况下工作温度在 -20～80℃ 范围内，超过这一范围，电子元件性能会发生变化，变送器将不能正常工作，因此在使用中应特别注意变送器模块所处的环境温度。

　　一体化温度变送器品种较多，其变送器模块大多数以一片专用变送器芯片为主，外接少量元件构成，常用的变送器芯片有 AD693、XTR101、XTR103、IXR100 等。变送器模块也有由通用的运算放大器构成或采用微处理器构成的。

## 1.6　接触式测温仪表的选择与安装

　　热电偶及热电阻在测量温度时，必须同被测对象接触，方能感受被测温度的变化，这种测量仪表称为接触式测温仪表。这一类仪表如不注意合理选择和正确安装，则不能做到经济而有效地测量温度。本节将就此做一些原则性的介绍。

### 1.6.1　温度计的选择

温度计是指包括了感温元件、变送器、连接导线及显示仪表等在内的一个完整的测量系统。温度计的选择需要考虑的因素甚多，如测温范围、测量准确度、仪表应具备的功能（指示、记录或自动调节）、环境条件、维护技术、仪表价格等，可归纳为以下几个方面：

（1）满足生产工艺对测温提出的要求。根据被测温度范围和允许误差，确定仪表的量程及准确度等级。仪表测量范围选得过大，对提高测量的准确度不利；选得过小，不能满足温度上限的测量要求，且仪表工作时过载的机会增大，不太安全。准确度等级高的仪表，具有更可靠的测量结果，但仪表的准确度等级与其价格及维护技术是相对应的，过分的追求高准确度，可能造成不合理的经济开支。

在一些重要的测温点，需要对温度变化长期观察，以利于分析工艺状况和加强生产管理的时候，可选择自动记录式仪表。对一些只要求温度监测的一般场合，通常选择指示式仪表或数字显示仪表。如果必须自动控温，则应选择带控制装置的测温仪表或配用温度变送器，以利于组成灵活多样的自动控温系统。

（2）组成测温系统的各基本环节必须配套。感温元件、变送器、显示仪表和补偿导线都有确定的性能及规格、型号，必须配套使用。以热电偶温度计为例，当选用 K 分度号（镍铬-镍硅）的热电偶时，补偿导线的型号及显示仪表的分度号都必须是与该类热电偶相配用的，三者应当一致，否则将会得出错误的测量结果。这样的结果，不但无用，反而有害。

（3）注意仪表工作的环境。应当了解和分析生产现场的环境条件，诸如气氛的性质（氧化性、还原性等）、腐蚀性、环境温度、湿度、电磁场、振动源等，据此选择恰当的感温元件、保护管、连接导线，并采用合适的安装措施，保证仪表能可靠工作并达到应有的使用寿命。

（4）投资少且管理维护方便。温度的检测及自动控制要讲究经济效益，尽可能减少投资和维护管理费用。例如，在满足工艺要求的前提下，尽量选用结构简单、工作可靠、易于维护的测量仪表。对一个设备进行多点测温时，可考虑数个测温元件共用一个多点记录仪。

### 1.6.2　感温元件的安装

感温元件的安装应注意以下几点：

（1）必须正确选择测温点。选择安装地点时，一定要使测量点的温度具有代表性。例如测量炉温时，感温元件感受的温度应能代表工艺操作条件要求的温度，避免与火焰直接接触，保证有足够长的插入被测温空间的深度（一般约 300mm）。测量管道流体温度时，感温元件应迎着气流方向插入，工作端处于流速最大处，即管道中心位置，不应插在死角区。

（2）应避免热辐射等引起的误差。例如，在温度较高的场合，应尽量减小被测介质与设备内壁表面之间的温度差，为此感温元件应插在有保温层的设备或管道处，以减少热辐射损失所引起的测温误差。在有安装孔的地方应设法密封，避免被测介质逸出或冷空气吸入而引入误差。

（3）应防止引入干扰信号。例如，在测量电炉温度时，要防止漏电流引入感温元件；安装的时候，感温元件的接线盒的出线孔应向下方，避免雨水、灰尘等渗入造成漏电或接触不良等故障。

（4）应确保安全可靠。感温元件安装及使用中，应力求避免机械损伤、化学腐蚀和高温导致的变形，这些都会影响测温工作的正常进行。凡安装承受较大压力的感温元件时，必须保证密封。在振动强烈的环境中，感温元件必须有可靠的机械固定措施及必要的防振手段。

### 1.6.3 布线要求

接触式测温仪表的布线有以下几点要求：

（1）热电偶温度计应按规定型号配用热电偶的补偿导线，正、负极不要接错。

（2）热电阻应采用三线制接法与显示仪表相接；导线可采用普通铜导线，但其电阻值要符合仪表的要求。

（3）导线应有良好的绝缘。信号导线不能与交直流电源输电线合用一根穿线管，导线应远离电源动力线敷设，以减弱电磁感应带入的干扰。

## 1.7 带计算机的温度测量

冶金生产过程中，温度的测点很多（参见第 11 章检测与控制系统图），比如在炼铁生产过程中，高炉本体温度的检测，因高炉容积不同，温度测点也不同，但随着高炉容积的扩大，它的温度测点可多达几百个。部位包括炉顶温度、炉喉温度和炉基温度等（见图 11-1）。根据生产要求，测温系统可有各种不同的组合。以带计算机的炉基温度检测为例，图 1-31 所示为大型高炉炉基温度测量系统示意图。

系统由 K 型热电偶、铜-铜镍补偿导线、温度变送器、铜导线、数据采集站、通信电缆和计算机组成。

炉基温度由测温元件热电偶将温度高低转变为热电势，经补偿导线输入温度变送器，温度变送器将输入信号进行冷端温度补偿、放大、线性处理后，输出 4~20mA DC 标准电流（或 1~5V DC），由铜导线输入智能组件组成的数据采集站，采集站将信号进行 A/D 转换处理后，经通信电缆输入计算机。计算机根据程序对信号进行储存、显示、打印等工作。

图 1-31 炉基温度测试测量系统示意图

## 1.8 辐射测温

辐射温度计是利用物体的辐射能随温度而变化的原理制成的。应用辐射温度计测温时，只需把温度计对准被测物体，而不必与被测物体直接接触。因此，它可以测量运动物体的表面温度，而不会破坏被测对象的温度场。

### 1.8.1　热辐射测温的基本概念

#### 1.8.1.1　热辐射

温度高于绝对零度的各种物体都会向外辐射出能量。物体温度越高，则辐射到周围空间去的能量越多。辐射能以电磁波的形式传递出去，其中包括的波长范围可以从 $\gamma$ 射线一直到无线电波，如图1-32所示。

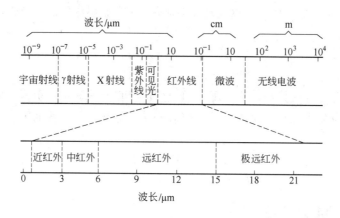

图1-32　电磁波谱

通常把电磁波携带的能量称为辐射能。对于测温来讲，主要是研究物体能吸收，并且在吸收它们的能量时又能把它转变为热能的那部分射线。

具有这种性质的射线是波长为 $0.4 \sim 0.76\mu m$ 的可见光及波长为 $0.76 \sim 40\mu m$ 的红外线。又把这种射线称为热射线，它们的传递过程称为热辐射。这部分波长的能量，称为热辐射能。

#### 1.8.1.2　黑体辐射

自然界所有物体对辐射能都有吸收、反射和透射的本领，如图1-33所示。

$Q_0$ 表示落在该物体上的总辐射能，而以 $Q_A$、$Q_R$、$Q_D$ 分别表示被吸收、被反射、被透射的能量，因此有

$$Q_A + Q_R + Q_D = Q_0$$

或

$$\frac{Q_A}{Q_0} + \frac{Q_R}{Q_0} + \frac{Q_D}{Q_0} = 1$$

或

$$A + R + D = 1 \tag{1-18}$$

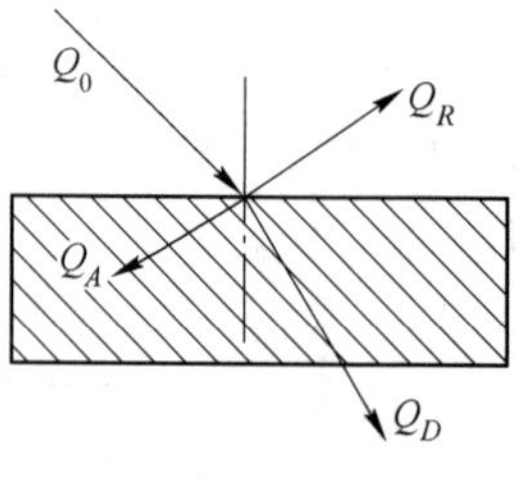

式中　$A$——物体的吸收率，$A = Q_A/Q_0$；

$R$——物体的反射率，$R = Q_R/Q_0$；

$D$——物体的透射率，$D = Q_D/Q_0$。

图1-33　物体对于辐射能的吸收、反射与透射

当 $A = 1$ 时，即落在物体上的辐射能全部被吸收，就称它为绝对黑体，或简称黑体。当 $R = 1$ 时，即辐射能全被反射，就称它为绝对白体。当 $D = 1$ 时，即辐射能全被透射，就称它为绝对透明体。

　　在自然界中并没有绝对黑体、绝对白体和绝对透明体。一般我们遇到的固体和液体，既能吸收也能反射辐射能，称为"灰体"，其 $0 < R < 1$。轧件（型材、板材、管材）均是"灰体"。

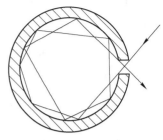

　　虽然绝对黑体在自然界中不存在，但可以制造一种模型，使其性质接近于绝对黑体，如图 1-34 所示。在内表面涂黑的空心球球壳上开一个小孔，从小孔斜射进去的辐射能要在球内经过无数次的反射后才能有机会从孔口出来，所以辐射能几乎全部被吸收，只有极微小的一部分辐射能才从小孔中反射出去。因此这种小孔的吸收系数 $A$ 就近似等于 1。工业上从炉口看炉腔内部可近似为绝对黑体。

图 1-34　黑体模型

　　根据热力学克希荷夫定律：物体的辐射能力与其吸收能力成正比。也就是说，由物体放出的热辐射能来测定它的温度，就要求该物体有百分之百的辐射能力和百分之百的吸收能力。所以，只有绝对黑体才能用热辐射能来直接测它的温度，这就是辐射式温度计的刻度必须用绝对黑体来进行仪表分度的原因。

### 1.8.1.3　全辐射能与辐射强度

　　物体在单位时间内及单位面积上所辐射出的总辐射能量称为全辐射能（或称辐射能量），即

$$E = \frac{Q}{F} \qquad (1-19)$$

式中　$Q$——辐射能；

　　　　$F$——物体的辐射面积。

　　这辐射能量包含着波长 $\lambda = 0 \sim \infty$ 的一切波长的总辐射能量。

　　如果波长在 $\lambda$ 到 $\lambda + d\lambda$ 间的全辐射能是 $dE$，那么，$dE$ 与 $d\lambda$ 之比称为辐射强度（或称单色辐射强度），即

$$E_\lambda = \frac{dE}{d\lambda} \qquad (1-20)$$

　　这就是物体在一定波长下的全辐射能，是波长和温度的函数。

## 1.8.2　热辐射的基本定律

### 1.8.2.1　普朗克定律

　　普朗克定律指出了黑体的单色辐射强度 $E_{0\lambda}$ 随波长 $\lambda$ 和绝对温度 $T(\mathrm{K})$ 变化而变化的规律，其关系式为

$$E_{0\lambda} = c_1 \lambda^{-5} (e^{c_2/\lambda T} - 1)^{-1} \qquad (1-21)$$

式中　$c_1$——普朗克第一辐射常数，$c_1 = 37413\,\mathrm{W} \cdot \mu\mathrm{m}^4/\mathrm{cm}^2$；

　　　　$c_2$——普朗克第二辐射常数，$c_2 = 14388\,\mu\mathrm{m} \cdot \mathrm{K}$；

　　　　e——自然对数的底；

　　　　$\lambda$——辐射波长，$\mu\mathrm{m}$。

### 1.8.2.2　维恩定律

普朗克公式理论上可以适用于任意高的温度，但计算很不方便。当温度低于3000K时，普朗克公式可简化为维恩公式，即

$$E_{0\lambda} = c_1 \lambda^{-5} e^{-c_2/\lambda T} \tag{1-22}$$

$E_{0\lambda}$ 与 $T$ 的关系曲线，如图 1-35 所示。

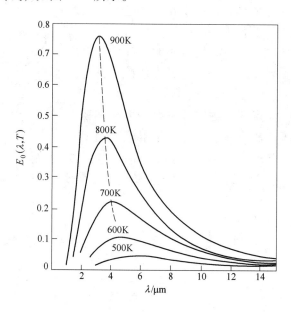

图 1-35　黑体辐射强度与波长和温度的关系

由图 1-35 及式（1-21）、式（1-22）可以看出，一定波长的辐射强度与温度之间有单值函数关系。温度越高，单色辐射强度越强。

### 1.8.2.3　斯蒂芬-玻耳兹曼定律

利用普朗克公式，对 $\lambda$ 在 $0 \sim \infty$ 区间积分，可以得到绝对黑体的全辐射能 $E_0$ 为

$$E_0 = \int_0^\infty E_{0\lambda} d\lambda = \sigma T^4 \tag{1-23}$$

式中　$\sigma$——斯蒂芬-玻耳兹曼常数，$\sigma = 5.67 \times 10^{-12} \text{W}/(\text{cm}^2 \cdot \text{K}^2)$。

此式表明，黑体的全辐射能和绝对温度的四次方成正比，所以这一定律又称为四次方定律。它是全辐射温度计测温的理论依据。

### 1.8.2.4　黑度系数

前面讲过的热辐射定律都是对黑体而言。工程上常遇到的一些物体都不是黑体，而是灰体。如何应用黑体的辐射定律来处理这一问题，则引进黑度系数（简称黑度，又称辐射率）的概念。

物体的单色辐射强度 $E_\lambda$ 与同一温度下黑体的单色辐射强度 $E_{0\lambda}$ 之比

$$\varepsilon_\lambda = \frac{E_\lambda}{E_{0\lambda}} \tag{1-24}$$

称为物体的单色辐射黑度系数。

物体的全辐射能 $E$ 与同一温度下黑体全辐射能 $E_0$ 之比

$$\varepsilon = \frac{E}{E_0} \tag{1-25}$$

称为物体的全辐射黑度系数。

于是可用物体的黑度系数和热辐射定律，求出物体的单色辐射强度和全辐射能，即

$$E_\lambda = \varepsilon_\lambda c_1 \lambda^{-5} (e^{c_2/\lambda T} - 1)^{-1} \tag{1-26}$$

$$E = \varepsilon \sigma T^4 \tag{1-27}$$

$\varepsilon_\lambda$ 和 $\varepsilon$ 值一般由实验确定。表 1-11 给出了某些物体当 $\lambda = 0.65\mu m$ 时的单色辐射黑度系数。表 1-12 为某些物体在各种不同真实温度下的全辐射黑度系数。

**表 1-11　不同物体在有效波长 $\lambda = 0.65\mu m$ 时的单色辐射黑度系数 $\varepsilon_\lambda$**

| 材 料 名 称 | 表面无氧化层 | | 有氧化层光滑表面 |
|---|---|---|---|
| | 固　态 | 液　态 | |
| 铝 | — | — | 0.22 ~ 0.4 |
| 银 | 0.07 | 0.07 | — |
| 钢 | 0.35 | 0.37 | 0.8 |
| 铸　铁 | 0.37 | 0.40 | 0.7 |
| 铜 | 0.10 | 0.16 | 0.6 ~ 0.8 |
| 康　铜 | 0.35 | — | 0.84 |
| 镍 | 0.36 | 0.37 | 0.85 ~ 0.96 |
| Ni90% Cr10% | 0.35 | — | 0.87 |
| Ni80% Cr20% | 0.35 | — | 0.90 |
| 95NiAlMnSi | 0.37 | — | — |
| 磁　器 | — | — | 0.25 ~ 0.50 |

**表 1-12　某些物体不同温度下的全辐射黑度系数 $\varepsilon$**

| 材　料 | 温度/℃ | $\varepsilon$ | 材　料 | 温度/℃ | $\varepsilon$ |
|---|---|---|---|---|---|
| 未加工的铸铁 | 925 ~ 1115 | 0.8 ~ 0.95 | 镍铬合金 | 125 ~ 1034 | 0.64 ~ 0.76 |
| 抛光的铁 | 425 ~ 1020 | 0.144 ~ 0.377 | 铂　丝 | 225 ~ 1375 | 0.073 ~ 0.182 |
| 铁 | 1000 ~ 1400 | 0.08 ~ 0.13 | 铬 | 100 ~ 1000 | 0.08 ~ 0.26 |
| 银 | 1000 | 0.035 | 硅　砖 | 1000 | 0.80 |
| 抛光的钢铸件 | 770 ~ 1040 | 0.52 ~ 0.56 | 硅　砖 | 1100 | 0.85 |
| 磨光的钢板 | 940 ~ 1100 | 0.55 ~ 0.61 | 耐火黏土砖 | 1000 ~ 1100 | 0.75 |
| 氧化铁 | 500 ~ 1200 | 0.85 ~ 0.95 | 煤 | 1100 ~ 1500 | 0.52 |
| 熔化的铜 | 1100 ~ 1300 | 0.15 ~ 0.13 | 钽 | 1300 ~ 2500 | 0.19 ~ 0.30 |
| 氧化铜 | 800 ~ 1100 | 0.66 ~ 0.54 | 钨 | 1000 ~ 3000 | 0.15 ~ 0.34 |
| 镍 | 1000 ~ 1400 | 0.056 ~ 0.069 | 生　铁 | 1300 | 0.29 |
| 氧化镍 | 600 ~ 1300 | 0.54 ~ 0.87 | 铝 | 200 ~ 600 | 0.11 ~ 0.19 |

### 1.8.3 辐射式温度计

#### 1.8.3.1 光学高温计

物体在高温状态下会发光，当温度高于700℃就会明显地发出可见光，具有一定的亮度。物体在波长 $\lambda$ 下的亮度 $B_\lambda$ 和它的单色辐射强度 $E_\lambda$ 正比。设 $C$ 为比例常数，则 $B_\lambda = CE_\lambda$ 结合式（1-22）可得黑体在波长 $\lambda$ 的亮度 $B_{0\lambda}$ 与温度 $T_S$ 的关系为

$$B_{0\lambda} = Cc_1\lambda^{-5}e^{-(c_2/\lambda T_S)} \tag{1-28}$$

实际物体在波长 $\lambda$ 的亮度 $B_\lambda$ 与温度 $T$ 的关系为

$$B_\lambda = C\varepsilon_\lambda c_1\lambda^{-5}e^{-(c_2/\lambda T)} \tag{1-29}$$

如果用一种测量亮度的光学高温计来测量单色辐射系数 $\varepsilon_\lambda$ 不同的物体温度，由式（1-29）可知，即使它们的亮度 $B_\lambda$ 相同，其实际温度也会因 $\varepsilon_\lambda$ 不同而不同。为了具有通用性，对这类高温计作了如下规定，光学高温计的刻度按黑体（$\varepsilon_\lambda = 1$）进行。用这种刻度的高温计去测量实际物体（$\varepsilon_\lambda \neq 1$）的温度，所得到的温度示值称为被测物体的"亮度温度"。亮度温度的定义是：在波长为 $\lambda$ 的单色辐射中，若物体在温度 $T$ 时的亮度 $B_\lambda$ 和黑体在温度 $T_S$ 时的亮度 $B_{0\lambda}$ 相等，则把黑体温度 $T_S$ 称为被测物体在波长 $\lambda$ 时的亮度温度。按此定义根据式（1-28）和式（1-29）可推导出被测物体实际温度 $T$ 和亮度温度 $T_S$ 之间的关系为

$$\frac{1}{T_S} - \frac{1}{T} = \frac{\lambda}{c_2}\ln\frac{1}{\varepsilon_\lambda} \tag{1-30}$$

可见使用已知波长 $\lambda$ 的光学高温计测得物体亮度温度后，必须同时知道物体在该波长下的辐射系数 $\varepsilon_\lambda$（查阅表1-11），才可知道实际温度。实际温度可用式（1-30）计算。从公式（1-30）可以看出，因为 $\varepsilon_\lambda$ 总是小于1，所以测得的亮度温度 $T_S$ 总是低于物体真实温度 $T$。

##### A 灯丝隐灭式光学高温计

灯丝隐灭式光学高温计是一种典型的单色辐射光学高温计，图1-36是隐丝式光学高温计原理示意图。

当合上按钮开关 K 时，光度标准灯4的灯丝由电池 $E$ 供电。灯丝的亮度取决于流过电流的大小，调节滑线电阻 $R$ 可以改变流过灯丝的电流，从而调节灯丝亮度。毫伏计 mV 用来测量灯丝两端的电压，该电压随流过灯丝电流的变化而变化，间接地反映出灯丝亮度的变化。因此当确定灯丝在特定波长（$0.65\mu m$ 左右）上的亮度和温度之间的对应关系后，毫伏计的读数即反映出温度的高低。所以毫伏计的标尺可按温度刻度。

由放大镜1（物镜）和5（目镜）组成的光学透镜相当于一架望远镜，它们均可调整沿轴向运动，调整目镜5的位置使观测者可清晰地看到标准灯的弧形灯丝，调整物镜1的位置使被测物体成像在灯丝平面上，在物体形成的发光背景上可以看到灯丝。观测者

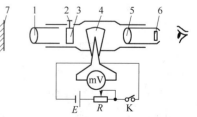

图 1-36 光学高温计原理示意图
1—物镜；2—旋钮；3—吸收玻璃；
4—光度标准灯；5—目镜；6—红色滤光片；
7—被测对象；mV—毫伏计

目视比较背景和灯丝的亮度，如果灯丝亮度比被测物体的亮度低，则灯丝在背景上显现出暗的弧线，如图 1-37（a）所示；若灯丝亮度比被测物体亮度高，则灯丝在相对较暗的背景上显现出亮的弧线，如图 1-37（c）所示；只有当灯丝亮度和被测物体亮度相等时，灯丝隐灭在物像的背景里，如图 1-37（b）所示，此时，毫伏计所指示的温度即相当于被测对象"亮度温度"的读数。利用式（1-30）或有关表格即可获得被测对象的真实温度。

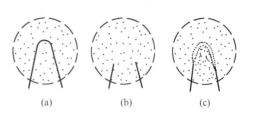

图 1-37　灯丝与亮度比较的三种情况
(a) 灯丝太暗；(b) 灯丝隐灭；(c) 灯丝太亮

工业用 WGG$_2$ 型光学高温计有 WGG$_2$-201 型和 WGG$_2$-323 型两种，每种仪表均有两个量程，其量程和允许基本误差如表 1-13 所示。

**表 1-13　WGG$_2$ 型光学高温计的特性**

| 产品型号 | 测量范围/℃ | 量 程 号 | 量程/℃ | 允许基本误差/℃ | 备　注 |
| --- | --- | --- | --- | --- | --- |
| WGG$_2$-201 | 700～2000 | 1 | <900 | ±33 | |
| | | | 900～1500 | ±22 | |
| | | 2 | 1200～2000 | ±30 | 旋入吸收玻璃 |
| WGG$_2$-323 | 1200～3200 | 1 | 1200～2000 | ±30 | |
| | | 2 | 1800～3200 | ±80 | 旋入吸收玻璃 |

**B　使用方法**

光学高温计的使用步骤如下：

（1）瞄准被测物体。可将红色滤光片和吸收玻璃移出视野，前后移动物镜及目镜，使被测物及灯丝清晰可见。

（2）比较亮度。接通电源，将红色滤光片移入视场，调节滑线电阻，使灯丝与被测物亮度相同，在视觉上似乎灯丝隐灭到被测物的背景中，这时从测量仪表指针停留的位置上读出温度数值，即表示同一亮度下被测物为绝对黑体时的温度。

（3）测温范围的选择。估计被测物的温度，转动吸收玻璃的旋钮，可以分别显示出 1、2 的数字标记，它们分别与前述的两个测量范围相对应。由于吸收玻璃的引入，温度绝对误差增大，因此能在低量限下测量的温度，最好不要用高量限。

**C　测量误差**

测量误差来自以下几个方面：

（1）黑度系数的影响。光学高温计的标尺是按绝对黑体标定的，而实际的被测物体又都不是绝对黑体，仪表的读数应当按式（1-30）引入单色黑度系数后进行修正，求出真实温度。由于黑度系数值与物体的材质、表面状况、温度范围及波长等有关，虽然一些书中列入了某些材料的 $\varepsilon_\lambda$ 值，但也只告诉了一个估值范围，实际应用中较难估计准确，所求得的修正值也难以完全修正测量误差。这是辐射式温度计应用中较难解决的一个问题。为了克服此困难，可以在测量中，让被测对象尽可能向绝对黑体接近。例如，从炉门上的小孔观测炉腔内部空间的温度，可以认为其黑度系数 $\varepsilon_\lambda$ 近似为 1，根据式（1-30）仪表示值就基本上是炉腔内的真实温度，无需加以修正。

（2）中间介质的吸收。被测物至高温计物镜之间的水蒸气、二氧化碳、灰尘等均会吸收被测物的辐射能，减弱到达高温计灯泡灯丝处的亮度，使测量结果低于实际温度，形成负的误差。因此应当尽可能在清洁的环境中测量，以克服中间介质吸收的影响。

（3）非自身辐射的影响。如果到达光学高温计镜头的辐射线不仅有被测物自身的辐射，还有其他物体发出经被测物表面反射而进入物镜的射线时，亮度平衡的结果将产生正的测量误差，应予以防止。

### 1.8.3.2　光电高温计

光电高温计的理论基础与光学高温计完全相同，工作过程也完全相同，只不过光学高温计靠人眼判断亮度差，手动调节亮度差直至等于零，最后读数。而光电高温计从判断调节亮度差直至读数整个过程都是自动化的，无须人工参与。

光电高温计是用光电元件将辐射体与标准灯泡的亮度转换成电流信号再行比较，当两电流信号之差等于零时，说明两者亮度相等，用标准灯泡的亮度对应的温度即代替辐射体的亮度温度。

光电高温计中改变标准灯泡的电流量也不再用手动，而采用类比自动平衡电子电位差计中的自动平衡机构来实现自动平衡，同时策动控制机构，实现自动控制。

图1-38是WDL型光电高温计的工作原理示意图。被测物体17发射的辐射能量由物镜1聚焦，通过光栏2和遮光板6上的窗口3，再透过装于遮光板内红色滤光片射到光电器件——硅光电池（光电器件4）上。被测物体发出的光束必须盖满窗口3。这可由瞄准透镜10，反射镜11和观察孔12所组成的瞄准系统来进行观察。

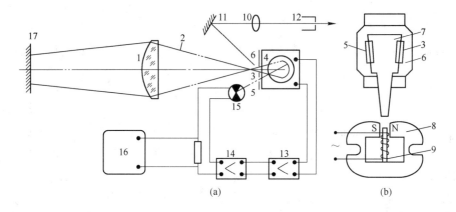

图1-38　光电高温计工作原理图

（a）工作原理示意图；（b）光调制器

1—物镜；2—光栏；3、5—窗口；4—光电器件；6—遮光板；7—调制片；8—永久磁钢；
9—激磁绕组；10—透镜；11—反射镜；12—观察孔；13—前置放大器；14—主放大器；
15—反馈灯；16—电子电位差计；17—被测物体

从反馈灯15发出的辐射能量通过遮光板6上的窗口，再透过上述的红色滤光片也投射到光电器件4上，在遮光板6前面放置着光调制器。光调制器在激磁绕组9能以50Hz交流电，所产生的交变磁场与永久磁钢8作用而使调制片7产生50Hz的机械振动，当两辐射能量不相等时，光电器件就产生一个脉冲光电流 $I$，它与这两个单色辐射能量之差成比例。脉冲光电流被送至前置放大器13和主放大器14依次放大。功放输出的直流电流$I$流过反馈灯。反馈灯的亮度决定于$I$值，当$I$的数值使反馈灯的亮度与被测物体的亮度相等时，脉冲光电流为零。电子电位差计16则用来自动指示和记录$I$的数值，其刻度为温度值。由于采用了光电负反馈，仪表的稳定性能主要取决于反馈灯的"电流-辐射强度"特性关系的稳定程度。

有些型号的光电高温计不是采用上述机械振动式光调制器，而是采用同步电动机带动一只转动圆盘作为光调制器，圆盘上开有小窗口以使被测物体和反馈灯的光束交替通过投射到光电池上，调制频率为400Hz。其他的原理同前述。

使用光电高温计时所应注意的事项和灯丝隐灭式光学高温计相同。不过，由于反馈灯和光电器件的特性有较大的分散性，使器件互换性差，因此在更换反馈灯和光电池时需要重新进行校准和分度。

### 1.8.3.3　全辐射高温计

全辐射高温计是根据绝对黑体在整个波长范围内的辐射能量与其温度之间的函数关系［见式(1-23)］而设计制造的，它的基本结构是：用辐射感温器作为一次仪表，用动圈仪表或电子电位差计作为二次仪表，另外还附有一些辅助装置。以电子电位差计作为二次仪表的全辐射高温计，也称全辐射自动平衡指示调节仪。图1-39为全辐射高温计原理示意图。

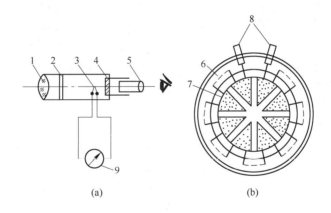

图 1-39　全辐射高温计原理示意图

(a) 结构示意图；(b) 热电堆示意图

1—物镜；2—补偿光栏；3—热电堆；4—灰色滤光片；5—目镜；
6—云母片；7—铂箔；8—热电堆接线片；9—二次仪表

被测物体波长$\lambda=0\sim\infty$的全辐射能量由物镜1聚焦经光栏2投射到热接受器（热电堆3）上（热接受器多为热电堆）。热电堆是由4~8支微型热电偶串联而成，以得到较大的热电势。热电偶的测量端在铂箔上，铂箔涂成黑色以增加热吸收系数。热电堆的输出热电势接到显示仪表或记录仪表上。热电偶的参考端贴夹在热接受器云母片中。在瞄准物体的过程中可以通过目镜5进行观察，目镜前有灰色玻璃4用来削弱光强，保护观察者的眼睛。整个高温计机壳内涂成黑色以便减少杂光干扰。

全辐射高温计是按绝对黑体对象进行分度的，用它测量辐射率为$\varepsilon$的实际温度时，其示值并非真实温度，而是被测物体的"辐射温度"。辐射温度是温度为$T$的物体全辐射能

量 $E$ 等于温度为 $T_p$ 的绝对黑体全辐射能量 $E_0$，则温度 $T_p$ 称为被测物体的辐射温度。按 $\varepsilon$ 的定义，$\varepsilon = E/E_0$，则有

$$T = T_p \sqrt[4]{1/\varepsilon} \qquad (1-31)$$

由于 $\varepsilon$ 总是小于 1，所以测到的辐射温度总是低于实际物体的真实温度。

使用全辐射高温计应注意的事项：

（1）全辐射的辐射率 $\varepsilon$ 随物体成分、表面状态、温度和辐射条件有着较大范围的变化，因此应尽可能准确地得到被测物体的 $\varepsilon$ 有关数据或者创造人工黑体条件，例如将细长封底的碳化硅管或氧化铝管插入被测对象，以形成人工黑体。

（2）高温计和被测物体之间的介质，如水蒸气、二氧化碳、尘埃等对热辐射有较强的吸收，而且不同介质对各波长的吸收率也不相同，为此高温计与被测物体之间距离不可太远。

（3）使用时环境温度不宜太高，以免引起热电堆参比端温度增高产生测量误差。虽然设计温度计时对参比端温度有一定的补偿措施，但还做不到完全补偿，例如被测物体温度为 1000℃，环境温度为 50℃ 时，高温计指示值偏低约 5℃，环境温度为 80℃ 时示值偏低 10℃，环境温度高于 100℃ 时则须加水冷气幕保护套以降温和防尘。

（4）被测物体到高温计之间距离 $L$ 和被测物体的直径 $D$ 之比（$L/D$）有一定限制。当比值太大时，被测物体在热电堆平面上成像太小，不能全部覆盖住热电堆十字形平面，使热电堆接收到辐射能减少，温度示值偏低；当比值太小时，物像过大，使热电堆附近的其他零件受热，参比端温度上升，也造成示值下降。例如 WFT-202 型高温计规定：当 $L = 0.6\text{m}$ 时，$L/D$ 为 15；$L = 0.8\text{m}$ 时，$L/D$ 为 19；当 $L > 1\text{m}$ 时，$L/D$ 为 20，如果采用 $L/D = 18$，在 900℃ 时则将增加 10℃ 误差。

### 1.8.3.4　红外测温仪

任何物体在温度较低时向外辐射的能量大部分是红外辐射。普朗克公式、维恩公式和斯蒂芬-玻耳兹曼公式同样也适用于红外辐射。通过测量物体红外辐射来确定物体温度的温度计叫做红外测温仪。它除具有前述辐射测温的特点外，还能测量极低的温度。

红外测温仪分全（红外）辐射型、单色（某一波长或波段）红外辐射型和比色型等。单色红外辐射感温器实际上是接受某一很窄波段（$\lambda_1 \sim \lambda_2$）的红外辐射线。在这波段内的辐射能可用普朗克（或维恩）公式积分求得，即

$$E_{0(\lambda_1 \sim \lambda_2)} = \int_{\lambda_1}^{\lambda_2} E_{0\lambda} \mathrm{d}\lambda = \int_{\lambda_1}^{\lambda_2} c_1 \lambda^{-5} \mathrm{e}^{-\frac{c_2}{\lambda T}} \mathrm{d}\lambda \qquad (1-32)$$

积分的结果必然会得出辐射能与温度 $T$ 之间的关系，对于灰体也要用黑度加以修正。当 $\lambda_1 \sim \lambda_2$ 包括了所有红外线波长时，式（1-32）即为全红外辐射能与温度之间的关系。这些就是制作红外测温仪的原理。

红外测温仪由红外辐射通道（光学系统）和红外变换元件（红外探测器）组成。变换元件的输出信号送到显示仪表以显示被测温度。

### 1.8.3.5　热像仪

上面介绍的都是测量一个小面积上的温度，称为点温度。现在的辐射测温中还要求测量一个大面积上的温度分布，称为红外扫描或热像仪。红外热像仪的作用是将人眼看不见

的红外热图形转变成人眼可以看见的电视图或照片。红外热图形是由被测物体温度分布不同，红外辐射能量不同而形成的热能图形。热像仪主要有两种，一种是沿着一个坐标轴扫描的，另一种是一行一行地扫描一个面积的。前者适用于扫描向前移动或转动物体的温度分布。如轧制中的钢板，沿垂直钢板前进方向的扫描。这样被测物体一边前进，同时辐射温度计横着扫描，就可以将被测物体的温度分布全部测出。同理，可检测转动物体表面温度分布。这种带一个坐标轴扫描的仪器，可以用一般的辐射温度计再装上机械装置即可扫描，比较简单。

工程上的热像图多用两个坐标轴扫描的热像仪，如图 1-40 所示。

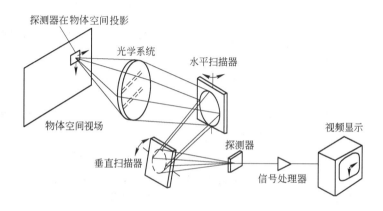

图 1-40　红外热像仪原理

光学系统将辐射线收集起来，经过滤波处理之后，将景物热图形聚集在探测器上，探测器位于光学系统的焦平面上。光学机械扫描器包括两个扫描镜组，一个垂直扫描，一个水平扫描，扫描器位于光学系统和探测器之间，扫描镜摆动达到对景物进行逐点扫描的目的，从而收集到物体温度的空间分布情况。当镜子摆动时，从物体到达探测器的光束也随之移动，形成物点与像点一一对应。然后由探测器将光学系统逐点扫描所依次搜集的景物温度空间分布信息，变为按时序排列的电信号，经过信号处理之后，由显示器显示可见图像。

热像仪在军事、空间技术、医学及工农业科技领域发挥了重大作用。在压力加工中对钢坯的凝固速度及钢板高速运动情况等可用热像仪显示，做动态连续测量。

### 1.8.3.6　辐射测温技术

辐射式温度计在原理上属于光学测量装置，在测量中常常受到光学方面的外界干扰。这些干扰可分为被测表面上的干扰和光路中的干扰。如图 1-41 所示。

在被测表面上的干扰主要包括辐射率和外来光。根据斯蒂芬-玻耳兹曼定律，物体的全辐射能为 $E = \varepsilon \sigma T^4$。对于黑体，因为黑度 $\varepsilon = 1$，用辐射温度计测出了辐射能可直接知道温度。但是对于一般物体辐射能，不仅与温度有关，而且还与表面黑度有关。黑度又与很多因素，如与物质的种类、温度、波长和表面状态等有关。只有在测量之前，已知物体表面的黑度或采取黑度温度同时测量的方法，才能正确地测出物体表面的真实温度。

外来光是指从其他光源入射到被测表面上并且被反射出来，混入到测量光中的成分。在室外测温时的太阳光，在室内测量时，从天窗射入的太阳光、照明、附近的加热炉等都

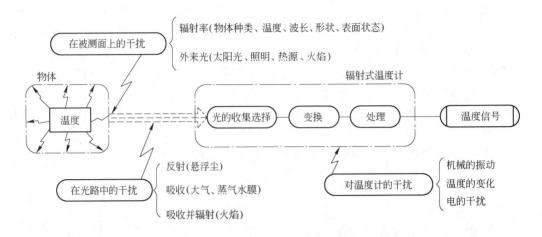

图 1-41 辐射式高温计在测量中的外来干扰

是外来光的光源。测量炉内被加热的物体温度时，炉壁就是外来光的光源。外来光的光源温度越高、非透明体表面光泽越强或黑度越低，对温度的影响越强。

如要定性地判断测量系统是否被外来光干扰，可将被测面围起来，遮蔽外来光，此时要特别注意温度计的指示是否变化。如果指示值不发生变化，那就意味着外来光对测量系统没有影响。如有影响，则应改变测量方向或设置遮光装置。

一般把被测表面和辐射式温度计之间在测量上所必需的空间距离叫做光路。在轧制生产中用红外辐射温度计测量轧件的表面温度，必须注意到轧制生产的恶劣环境给辐射式测温带来的各种影响。例如，为了冷却设备或轧件，常常在轧件表面上停留有水膜、油膜，而且其大小、厚度和位置在不断变化，在光路中存在着浓度经常变化的水蒸气。另外，在现场空气中悬浮着很多尘埃以及二氧化碳等吸收介质。有时在轧件表面上还出现鳞片状锈斑和污垢等附着物。在某些特殊场合（如炉内），在光路中还可能有火焰，火焰不仅吸收辐射能，而且还向外界射出大量能量，这将给测量带来很大误差，甚至测量难以进行。水膜、水蒸气、二氧化碳和二氧化硫等介质对辐射能的吸收是有选择性的，而尘埃对辐射能的吸收是没有选择性的，但常常伴随着散射。

上述在被测表面上和光路中的各种干扰，必然对辐射式测温带来影响，产生测量误差。故在实际测温时，要分析各种不同干扰对测量精度的影响，以获得准确的测温数据。

在选择辐射式温度计时，首先要明确使用目的。例如，用于实验研究用的辐射式温度计仪表，在选用时主要着眼于它的性能和测量精度。而作为生产上使用时，如温度监视、温度控制等，在选用时应注意在性能上能满足一般要求的基础上，主要应着眼于仪表的长期稳定性和维护运行是否方便。

压力加工生产过程中，由于产品的种类（板材、型材、管材等）不同，其测温条件也不同。要根据具体的测温条件，来分析并排除各种干扰，选择合适的辐射式测温仪表进行测温。

**复习思考题**

1-1 简述热电偶测温的基本原理。

1-2　什么是热电偶冷端温度补偿，补偿方法有哪几种？

1-3　用铂铑$_{10}$-铂热电偶测温，冷端温度 $t_0 = 30℃$ ，动圈仪表读数为985℃，所测温度的真实值应是多少？

1-4　试用热电偶原理分析：（1）补偿导线的作用；（2）如果热电偶已选择了配套的补偿导线，但连接时正负极接错了，会造成什么测量结果？

1-5　铂铑$_{10}$-铂热电偶配动圈表测温。设动圈表内阻 $R_{内} = 300\Omega$ 。在常温下外线电阻 $R_{外} = 15\Omega$ ，其中 $R_{调} = 5\Omega$ 。如果被测炉温是 1000℃ ，此时热电偶电阻比常温增加了 $3\Omega$ （即外线电阻变为 $18\Omega$ ）。问此时测量指示值产生的相对误差（相对于被测炉温）是多少，怎样消除这一影响？

1-6　试从仪表工作原理分析为什么用电位差计测量热电势（温度）比用动圈表测量要准确？

1-7　用电子电位差计配热电偶（假定其热电特性是线性的）进行温度测量，室温为 20℃ ，仪表指示为 300℃ 。问此时测量桥路输出的电压等于多少？

1-8　热电阻温度计为什么要采用三线制接法？

1-9　镍铬-镍硅热电偶与电子电位差计配套测温，热电偶冷端温度 $t_0 = 42℃$ 。如果不采用补偿线而采用普通铜线进行热电偶与仪表之间的连接，设仪表接线端子处（即冷端温度补偿电阻附近）的温度测得为 $t_0 = 28℃$ 。求电子电位差计指示在 385℃ 时，由于不用补偿导线所带来的误差是多少？

1-10　仪表信号线路为什么不能与供电线路合用一根电缆或同一根穿线管？

1-11　辐射测温方法的理论基础是什么，辐射测温仪表有几种？

# 2  压力（差压）测量

## 2.1  概述

压力（差压）是垂直均匀地作用在单位面积上的力。在冶金生产过程中，某些熔炼炉和加热炉要求恰当地控制炉膛或烟道的压力，以获得良好的热工效果。许多冶金物理化学反应，对反应空间的压力有一定的要求；某些常压下不能发生的反应，在高压或一定的真空度下则可顺利进行。某些金属材料采用可控气氛或真空热处理，可有效地改善材料的性能。有些过程的压力检测（例如煤气管道的压力测量）乃是生产安全所必需的。此外，生产过程的一些其他参数（如流量、液位等）的检测，有时也转换为压力或差压的测量。可见，压力和真空度是生产过程中一种常见而又重要的检测参数。

在国际单位制（SI）和我国法定计量单位中，压力的单位是帕斯卡（Pascal），简称帕，符号 Pa，它表示每平方米的表面上垂直作用 1 牛顿的力（N/m$^2$）。工程上惯用的单位有工程大气压、标准大气压、毫米水柱（mmH$_2$O）及毫米汞柱（mmHg）等，这些单位与我国法定计量单位的换算关系是：

$$1 \text{ 工程大气压} = 1\text{kgf/cm}^2 = 98066.5\text{Pa}$$

$$1 \text{ 标准大气压} = 760\text{mmHg} = 101325\text{Pa}$$

$$1\text{mmHg} = 13.6\text{mmH}_2\text{O} = 133.322\text{Pa}$$

$$1\text{mmH}_2\text{O} = 1\text{kgf/m}^2 = 9.80665\text{Pa}$$

压力的表示方法有：表压力、绝对压力、负压力（真空度）。它们各自的概念及相互间的关系是这样的，一个标准大气压比绝对零压（绝对真空）高 101325Pa。绝对压力是指用绝对零压作起点计算的压力。如果流体的压力比当地的大气压力（$p_大$）高，则高于大气压力的部分压力称为表压力（$p_表$），这时流体的绝对压力 $p_绝 = p_大 + p_表$，或者 $p_表 = p_绝 - p_大$；如果流体的压力低于当地的大气压力，则把低于大气压的部分称为负压力（$p_负$）。这时流体的绝对压力则为 $p_绝 = p_大 - p_负$，或者 $p_负 = p_大 - p_绝$。工业上所用的压力表指示值大多为表压力。

压力测量的方法有多种，本章仅介绍冶金工业中应用较多的弹性压力计和压力变送器。

## 2.2  弹性压力计

弹性压力计是利用弹性元件受压产生弹性变形，根据弹性元件变形量的大小，反映被测压力的仪表。

### 2.2.1  弹性元件

弹性元件是一种简单可靠的测压敏感元件。随测压范围不同，所用弹性元件也不一样。常用的几种弹性元件如图 2-1 所示。

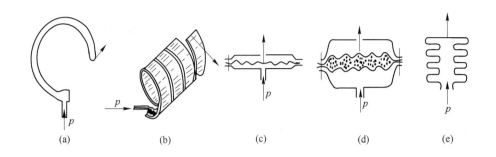

图 2-1 弹性元件示意图

（a）单圈弹簧管；（b）多圈弹簧管；（c）弹性膜片；（d）膜盒；（e）波纹管

（1）弹簧管。单圈弹簧管[见图 2-1(a)]是弯成圆弧形的金属管子，截面做成扁圆形或椭圆形。当通入压力 $P$ 后，它的自由端就会产生位移，其位移量较小。为了增加自由端的位移量以提高灵敏度，可以采用多圈弹簧管，如图 2-1(b) 所示。

（2）弹性膜片。它是由金属或非金属弹性材料做成的膜片，如图 2-1(c) 所示，在压力作用下能产生变形；有时也可以由两块金属膜片沿周口对焊起来，成为一个薄盒子，称为膜盒，如图 2-1(d) 所示。

（3）波纹管。它是一个周围为波纹状的薄壁金属筒体，如图 2-1(e) 所示，这种弹性元件易于变形，且位移可以很大。

膜片、膜盒、波纹管多用于微压、低压或负压的测量；单圈弹簧管和多圈弹簧管可以作高、中、低压及负压的测量。

根据弹性元件的不同形式，弹性压力计相应地可分为各种类型测压仪表。

### 2.2.2 弹簧管压力表

按弹簧管形式不同，有多圈及单圈弹簧管压力表，多圈弹簧管压力表灵敏度高。单圈弹簧管压力表可用于高达 $10^9 Pa$ 的高压测量，也可用于真空度测量，它是工业生产中应用最广泛的一种测压仪表，精度等级为 1.0 至 4.0 级，工业标准表可达 0.25 级。下面以单圈弹簧管压力表为例进行介绍。

弹簧管压力表的结构如图 2-2 所示。弹簧管是压力——位移转换元件，当被测压力 $p$ 由固定端通入弹簧管时，由于椭圆或扁圆截面在压力的作用下将趋向于圆形，其自由端产生挺直变形，此位移大小与被测压力 $p$ 成比例。被测压力由接头 9 通入，迫使弹簧管 1 的自由端向右上方扩张。这个弹性变形位移牵动拉杆 2，带动扇形齿轮 3 做逆时针偏转，指针 5 通过同轴中心齿轮 4 的带动做顺时针方向转动，从而在面板 6 的刻度标尺上指示出被测压力

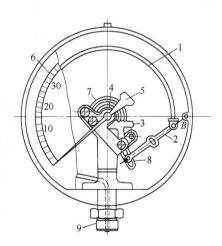

图 2-2 弹簧管压力表

1—弹簧管；2—拉杆；3—扇形齿轮；
4—中心齿轮；5—指针；6—面板；
7—游丝；8—调整螺钉；9—接头

（表压力）的数值。

被测压力被弹簧管自身的变形所产生的应力相平衡。游丝 7 的作用是用来克服扇形齿轮和中心齿轮的传动间隙所引起的仪表变差。调整螺钉 8 可以改变拉杆和扇形齿轮的连接位置，即可改变传动机构的传动比（放大系数），以调整仪表的量程。

弹簧管的材料，因被测介质的性质、被测压力的高低而不同。一般是 $p < 20\text{MPa}$ 时采用磷铜；$p > 20\text{MPa}$ 时则采用不锈钢或合金钢。在选用压力表时，还必须注意被测介质的化学性质。例如，测量氨气压力必须采用不锈钢弹簧管，而不能采用铜质材料；测量硫化氢压力必须采用 Cr18Ni12Mo2Ti 合金测量氧气压力时，则严禁沾有油脂，以免着火甚至爆炸。

### 2.2.3　电接点压力表

在生产过程中，常要求把压力控制在某一范围内，即当压力高于或低于给定的范围时，就会破坏工艺条件，甚至会发生事故。利用电接点压力表，就可简便地在压力超出规定范围时发出报警信号，提醒操作人员注意或者通过中间继电器实现自动控制。

如图 2-3 所示是电接点压力表的结构和工作原理示意图。压力表指针上有动触点 2，表盘上另有两个可调节的指针，上面有触点 1 和 4。压力上限给定值由上限给定指针上的静触点的位置确定，当压力超出上限给定值时，动触点 2 和静触点 4 接触，红灯 5 的电路接通而发红光。压力下限值由下限给定指针上的静触点位置确定，当压力低于下限规定值时，动触点 2 与静触点 1 接触，使绿灯 3 的电路接通而发出绿色信号。静触点 1，4 的位置可根据需要灵活调节。

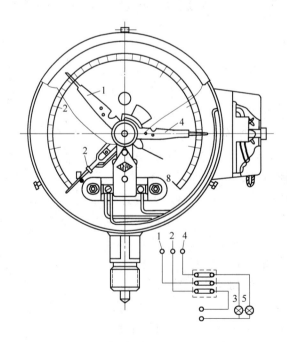

图 2-3　电接点压力表

1，4—静触点；2—动触头；3—绿灯；5—红灯

### 2.2.4 压力计选择与安装

正确地选择及安装压力计，是保证仪表在生产过程中发挥应有作用的重要环节。

#### 2.2.4.1 压力计的选择

压力计的选择应根据生产过程对压力测量的要求，结合其他方面的有关情况具体分析和全面考虑后选用。一般应注意以下一些问题：

（1）仪表类型的选用。仪表的选型必须满足生产过程的要求，例如是否要求指示值的远传或变送、自动记录或报警等；被测介质的性质及状态（如腐蚀性强弱、温度高低、黏度大小、脏污程度、易燃易爆等）是否对仪表提出了专门的要求；仪表安装的现场环境条件（如高温、电磁场、振动及安装条件等）对仪表有无特殊要求等。统筹分析这些条件后，正确选用仪表类型，是仪表正常工作及确保生产安全的重要前提。

（2）仪表的量程的选择。仪表的量程是仪表标尺刻度上、下限之差。究竟应选择多大量程的仪表，应由生产过程所需要测量的压力的大小来决定。为了避免压力计因超过负荷而被破坏，仪表的上限值应高于生产过程中可能出现的压力的最大值。对弹性式压力计而言，在被测压力比较平稳的情况下，压力计上限值应为被测最大压力的 $\frac{4}{3}$ 倍；在压力波动较大的测量场合，压力计上限值应为被测压力最大值的 $\frac{3}{2}$ 倍。为了保证测量准确度，所测压力的数值不应太接近仪表的下限；一般被测压力的最小值，应不低于仪表量程的 $\frac{1}{3}$。

根据被测压力的状态及数值确定了仪表的测量范围后，应与定型生产的仪表系列相对照，选用上下限数值与要求相近的仪表。

（3）仪表准确度级的选择。在仪表量程确定之后，应根据生产过程对压力测量所能允许的最大误差来决定仪表应有的准确度等级，据此从产品系列中选用。一般地说，所选用仪表的准确度越高，则测量结果越准确。但不应盲目追求高准确度的仪表，因为仪表准确度越高，价格也高，不易操作及维护。应在满足生产过程要求的前提下，尽可能选用价廉的仪表。

#### 2.2.4.2 压力计的安装

压力计的安装是否正确，影响到测量结果的准确性及仪表的寿命。一般应注意以下事项：

（1）取压点的设置必须有代表性。应选在能正确而及时反映被测压力实际数值的地方。例如，设置在被测介质流动平稳的部位，不应太靠近有局部阻力或其他受干扰的地方。取压管内端面与设备连接处的内壁应保持平齐，不应有凸出物或毛刺，以免影响流体的平稳流动。

（2）测量蒸汽压力时，应加装冷凝管，以避高温蒸汽与测压元件接触，如图 2-4(a)所示。对于有腐蚀性或黏度较大、有结晶、沉淀等的介质，可安装适当的隔离罐，罐中充以中性的隔离液，以防腐蚀或堵塞导压管和压力表，如图 2-4(b)所示。

（3）取压口到压力表之间应装有切断阀，如图 2-4 所示，以备检修压力表时使用。切断阀应装设在靠近取压口的地方。需要进行现场校验或经常冲洗导压管的地方，切断阀可改用二通阀。

（4）当被测压力较小，而压力表与取压口又不在同一高度上，如图2-4(c)所示，对由此液柱高度差而引起的测量误差，应按 $\Delta p = \pm H\rho_1$ 进行修正，其中 $H$ 为取压口与压力表之间的垂直距离，$\rho_1$ 为被测介质密度。

（5）当被测压力波动剧烈和频繁（如泵、压缩机的出口压力）时，应装缓冲器或阻尼器。

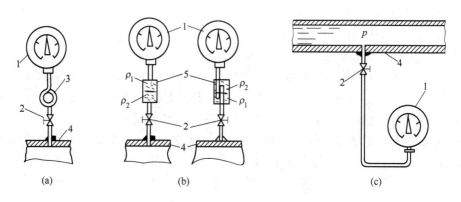

图2-4　压力表安装示意图

（a）测量蒸汽；（b）测量有腐蚀性介质；（c）压力表位于生产设备之下

1—压力表；2—切断阀；3—冷凝管；4—生产设备；5—隔离罐；

$\rho_2$，$\rho_1$—被测介质和隔离液的密度

## 2.3　压力传感器

### 2.3.1　霍尔片压力传感器

霍尔片压力传感器属于位移式压力传感器，它是利用霍尔效应，把压力作用下所产生的弹性元件的位移信号转变为电势信号，通过测量电势信号测量压力。

霍尔片式压力传感器的结构如图2-5所示。

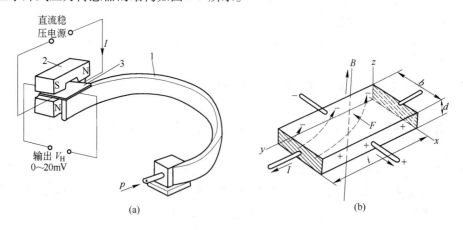

图2-5　霍尔片式压力传感器

（a）结构原理；（b）霍尔效应示意图

1—弹簧管；2—磁钢；3—霍尔片

被测压力由弹簧管的固定端引入，霍尔片固定在弹簧管的自由端，在霍尔片的上、下方垂直安放两对磁极，使霍尔片处于两对磁极形成的线性非均匀磁场中。霍尔片的四个端面引出四根导线，其中与磁钢 2 相平行的两根导线和稳压电源相连接，另外两根导线用来输出信号。

当被测压力引入后，弹簧管的自由端将会产生位移，即改变了霍尔片在非均匀磁场中的位置。这样就能完成压力-位移-霍尔电势的转换任务，以便将压力信号（直流毫伏信号）进行远传和显示。

### 2.3.1.1  霍尔电势的产生

霍尔片是由半导体材料（如锗，砷化镓等）所制成的薄片，如图 2-5(b)所示。在 $z$ 轴方向加一磁感应强度为 $B$ 的恒定磁场，在 $y$ 轴方向接入直流稳压电源，则有恒定电流 $I$ 沿 $y$ 轴方向通过。在 $x$ 轴方向相对的两个端面出现异性电荷的积累，这就在 $x$ 轴方向出现电位差，这一电位差称为霍尔电势 $V_H$，上述的物理现象称为霍尔效应。

霍尔电势 $V_H$ 的大小与半导体材料，霍尔片的几何尺寸，通过 $y$ 轴的电流（一般称为控制电流）$I$ 及 $z$ 轴方向上的磁感应强度 $B$ 等因素有关。可用如下关系式表达。

$$V_H = R_H B I \tag{2-1}$$

式中  $R_H$——霍尔常数；

  $I$——控制电流；

  $B$——磁感应强度。

由式（2-1）可知，当控制电流确定后，霍尔电势 $V_H$ 仅与霍尔片在磁场中所处位置的磁感应强度 $B$ 有关。

### 2.3.1.2  压力—霍尔电势的转换

如图 2-5(a)所示，霍尔磁场由一对马蹄形磁钢产生。右侧的一对磁极的磁场方向指向下，左侧的则指向上，构成一个差动磁场。当霍尔片居于极靴的中央平衡位置时，穿过霍尔片两侧的磁通，大小相等方向相反，而且是对称的，因此，所产生的霍尔电势的代数和为零。当传感器引入被测压力后，弹簧管自由端的位移带动霍尔片偏离平衡位置，霍尔片所产生的两个极性相反的电势大小之和不再为零。由于沿霍尔片偏移方向磁场强度的分布呈线性不均匀状态，故传感器输出的电势与被测压力呈线性关系。霍尔电势（0~20mV）输送至动圈式仪表或自动平衡记录仪表进行压力显示。

YSH-3 型霍尔片远传压力表配套的显示仪表可采用 XCZ-103 型、XCT-123 型动圈表和 XWD 型电子电位差计。还可采用 XTMA-2000 型数字显示仪。YSH-3 型精度为 1.5 级。

## 2.3.2  电容式压力传感器

电容式压力变送器是通过弹性膜片的位移引起电容量的变化从而测出压力（或差压）的。平行极板电容器的电容量为

$$C = \frac{\varepsilon S}{d} \tag{2-2}$$

式中  $C$——平行极板间的电容量；

  $\varepsilon$——平行极板间的介电常数；

$S$——极板的面积；

$d$——平行极板间的距离。

由式（2-2）可知，只要保持式中任何两个参数为常数，电容就是另一个参数的函数。故电容变换器有变间隙式、变面积式和变介电常数式三种。电容式压力（差压）变送器常采用变间隙式，图2-6为其工作原理图。

弹性膜片作为感压元件，是由弹性稳定性好的特殊合金薄片（例如哈氏合金、蒙耐尔合金等）制成，作为差动电容的活动电极。它在压差作用下，可左右移动约0.1mm的距离。在弹性膜片左右有两个用玻璃绝缘体磨成的球形凹面，采用真空镀膜法在该表面镀上一层金属薄膜，作为差动电容的固定极板。弹性膜片位于两固定极板的中央。它与固定极板构成两个小室，称为$\delta$室，两$\delta$室结构对称。金属薄膜和弹性膜片都接有输出引线。$\delta$室通过孔与自己一侧的隔离膜片腔室连通，$\delta$室和隔离腔室内都充有硅油。

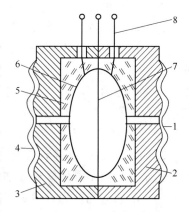

图2-6　差动式压力（差压）—电容
转换结构示意

1，4—隔离膜片；2，3—不锈钢基座；
5—玻璃绝缘层；6—固定电极；
7—弹性膜片；8—引线

当被测差压作用于左右隔离膜片时，通过内充的硅油使测量膜片产生与差压成正比的微小位移，从而引起测量膜片与两侧固定极板间的电容产生差动变化。差动变化的两电容$C_L$（低压侧电容）、$C_H$（高压侧电容）由引线接到测量电路。

电容式压力变送器的压力与电容的转换关系简单推导如下：

设测量膜片在压差$\Delta p$的作用下移动距离$\Delta d$，由于位移很小，可近似认为$\Delta d$与$\Delta p$成比例关系，即

$$\Delta d = K_1 \Delta p \tag{2-3}$$

式中　$K_1$——比例系数。

如无压差作用在测量膜片时，左右两个固定极板间的距离为$d_0$，则在压差作用下，左右两边固定极板间距离分别为$d_0 + \Delta d$和$d_0 - \Delta d$，根据平板电容公式有

$$C_1 = K_2 / (d_0 + \Delta d) \tag{2-4}$$

$$C_2 = K_2 / (d_0 - \Delta d) \tag{2-5}$$

式中　$K_2$——由电容极板面积$S$和介质介电系数$\varepsilon$决定的常数，$K_2 = \varepsilon S / 4\pi$。

联立式（2-3）、式（2-4）、式（2-5），并将$d_0^2 - \Delta d^2 \approx d_0^2$代入，可得到下式

$$\Delta C = K_3 \Delta p \tag{2-6}$$

式中　$\Delta C$——电容的变化量，$\Delta C = C_2 - C_1$；

$K_3$——比例系数，$K_3 = 2K_2 K_1 / d_0^2$。

由式（2-6）可知，压差$\Delta p$与$\Delta C$成比例关系。将电容的变化经过适当的转换电路，可把差动电容转换成二线制的4～20mA直流输出信号。这种传感器结构坚实，稳定可靠，灵敏度高；精度高，其精确度可达±（0.25%～0.05%）；量程可调，量程范围宽，由0～1270Pa到0～42MPa；过载能力强，应用广泛，尤其适用于测量高静压下的微小压差变化。

## 2.4 压力（压差）变送器

### 2.4.1 力平衡式压力变送器（Ⅲ型）

电动压力（压差）变送器，是电动单元组合仪表中的一个变送单元，用于压力、压差、液位等参数的自动检测。它将被测参数变换成统一标准信号输出，送给显示仪表或调节器，以实现对被测参数的指示、记录和控制。DDZ-Ⅱ型压力变送器输出标准信号 $0 \sim 10 \text{mA DC}$，DDZ-Ⅲ型压力变送器输出标准信号 $4 \sim 20 \text{mA DC}$。

DDZ-Ⅲ型力平衡式压力变送器结构原理如图 2-7 所示。

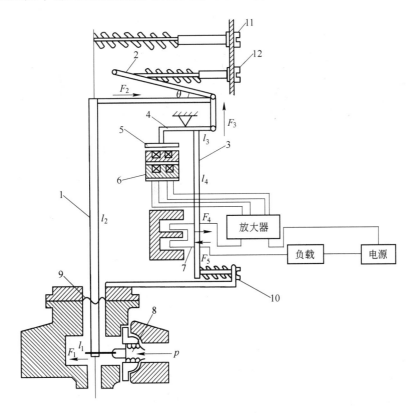

图 2-7　力平衡压力变送器结构原理

1—主杠杆；2—矢量机构；3—副杠杆；4—支杠杆；5—检测片；6—检测变压器；7—动圈；
8—感压元件；9—封膜片；10—零点调整装置；11—零点迁移装置；12—量程调整装置

压力介质输入弹性元件后，元件自由端便产生一个集中力 $F_1$，作用在主杠杆的下端。主杠杆以轴封膜片 9 为支点转动，在主杠杆上端产生力 $F_2$，作用于矢量机构，使矢量机构右端受到一个向上的分力 $F_3$，此力带动副杠杆，使其产生力 $F_4$，$F_4$ 的方向是使固定在副杠杆上的动圈 7 远离磁钢。与此同时，支杠杆 4 带动检测片 5 靠近检测变压器 6，使放大器输出电流增大。此电流流经动圈时与磁钢产生相互作用力 $F_5$，其方向与 $F_4$ 相反。当 $F_4$ 与 $F_5$ 近似相等时，力传递系统达到平衡状态。这时放大器的输出电流与被测压力成正比，从而实现了压力与电流的转换。

力的传递关系见方框图 2-8 和下列力平衡公式：

$$F_1 l_1 = \frac{l_4}{l_3} l_2 \frac{1}{\tan\theta} F_5 \tag{2-7}$$

式中 $F_1$——压力产生的作用力；

$l_1$——主杠杆的下端部分长度；

$l_2$——主杠杆的上端部分长度；

$l_3$——支杠杆长度；

$l_4$——副杠杆长度；

$\theta$——矢量角；

$F_5$——电磁力。

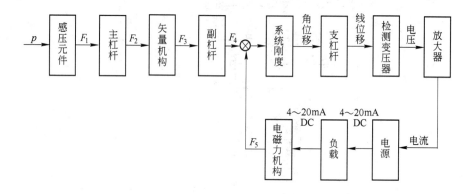

图2-8 变送器信号传递方框图

从力的传递系统和平衡关系可知：

（1）由压力产生的力 $F_1$，经杠杆传递和矢量机构的作用，最终与变送器输出电流所产生的电磁力 $F_5$ 相平衡。从平衡式可知，由于力传递机构的几何尺寸为常数，故力 $F_1$ 与力 $F_5$ 成正比例关系，即变送器的压力输入量与变送器的电量输出成比例关系。

（2）矢量机构的推板将主杠杆传来的水平力 $F_2$ 分解成垂直方向和沿矢量角 $\theta$ 方向的两个分力 $F_3$ 和 $F_3'$，如图 2-9 所示。

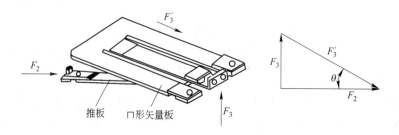

图2-9 矢量机构

由于矢量板的端部固定在基座上，所以分力 $F_3'$ 被平衡掉。分力 $F_3$ 牵动副杠杆，$F_3 = F_2 \tan\theta$，故改变矢量角 $\theta$ 便可改变力的传递比，实现量程的调整。

（3）结构中设有零点调整和迁移装置，分别装在副杠杆的下端和主杠杆的上端，在调校变送器时，可校正或调整无输入信号（$p=0$）时的输出信号，使之为4mA。零点的迁移范围为 $-10$ kPa 至满量程。零点迁移可提高测量精确度和灵敏度。

（4）位移检测变压器接在放大器的反馈回路内，构成一个变压器耦合式的低频振荡器，振荡频率约为4kHz。当检测片与磁芯之间的气隙变化时，振荡器的振荡幅度也相应改变。交流电压经整流滤波后，由放大电路转换为 4~20mA 统一信号。

### 2.4.2 电容式差压变送器

电容式差压变送器是目前工业上广泛使用的一种变送器，其检测元件是电容式压力传感器。整个变送器无机械传动、调整装置，仪表结构简单，性能稳定、可靠，抗振性好，具有较高的精度。

电容式差压变送器系统构成方框图如图2-10所示。输入差压 $\Delta p$ 作用于测量部分电容式压力传感器的感压膜片，使其产生位移，从而使感压膜片电极（即可动电极）与两固定电极所组成的差动电容之容量发生变化。此电容变化量再经电容/电流转换电路转换成电流信号 $I_d$，电流信号 $I_d$ 和调零与零迁电路产生的调零信号 $I_z$ 的代数和同反馈信号 $I_f$ 进行比较，其差值送入放大电路，经放大得到整机的输出信号 $I_o$。

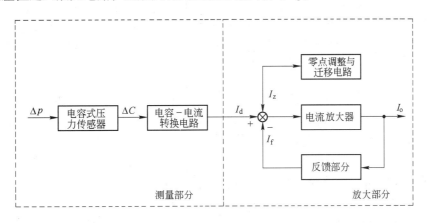

图 2-10　电容式差压变送器构成方框

变送器由测量部分和放大部分组成。测量部分的作用是把被测差压 $\Delta p$ 成比例地转换为差动电流信号 $I_d$，它包括电容式压力传感器、测量部件壳体（正、负压法兰等）。电容/电流转换电路的作用是将差动电容的相对变化值成比例地转换为差动信号 $I_d$，并实现非线性补偿功能，它由振荡器、解调器、振荡控制放大电路和线性调整电路等部分组成。

（1）电容式压力传感器。电容式压力传感器是测量部分的核心，如图2-11所示。图中中心感压膜片11（即差动电容的可动电极）分别与正压侧弧形电极12、负压侧弧形电极10（即差动电容的固定电极）以及正压侧隔离膜片14、负压侧隔离膜片8构成封闭室，室中充满灌充液（硅油或氟油），用以传送压力。正压室法兰13、负压室法兰9构成正、负压测量室。

中心感压膜片和正压侧弧形电极构成电容为 $C_{i1}$，中心感压膜片和负压侧弧形电极构成的电容为 $C_{i2}$。在输入差压为零时，$C_{i1}=C_{i2}=15$ pF。

当正、负压测量室引入的被测压力 $p_1$ 与 $p_2$ 作用于正、负压侧隔离膜片上时，通过灌

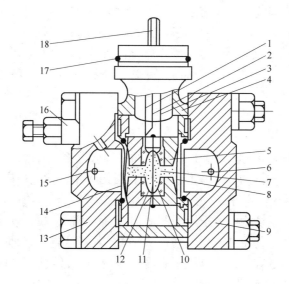

图 2-11　电容式压力传感器结构图

1，2，3—电极引线；4—差动电容膜盒座；5—差动电容膜盒；6—负压侧导压口；7—硅油；
8—负压侧隔离膜片；9—负压室法兰；10—负压侧弧形电极；11—中心感压膜片；
12—正压侧弧形电极；13—正压室法兰；14—正压侧隔离膜片；15—正压侧导压口；
16—放气排液螺钉；17—O 形密封环；18—插头

充液的传递，分别作用于中心感压膜片的两侧。$p_1$ 和 $p_2$ 之差即被测差压 $\Delta p$，使中心感压膜片产生位移 $\delta$，如图 2-12 所示。从而使中心感压膜片与两边的弧形电极的间距发生变化，结果使 $C_{i1}$ 的电容减小，$C_{i2}$ 的电容量增大。

由于中心感压膜片是在施加预张力条件下焊接的，其厚度很薄，预张力很大，致使膜片的特性趋近于绝对柔性薄膜在压力作用下的特性，因此输入差压 $\Delta p$ 与中心感压膜片位移 $\delta$ 的关系可表示为

$$\delta = K_1 \Delta p \qquad (2\text{-}8)$$

式中，$K_1$ 是由膜片预张力、材料特性和结构参数所确定的系数。在电容式压力传感器制造好之后，由于膜片预张力、材料特性和结构参数均为定值，因此 $K_1$ 为常数，即中心感压膜片位移 $\delta$ 与输入差压 $\Delta p$ 之间呈线性关系。

设中心感压膜片与两边弧形电极之间距离分别为 $S_1$、$S_2$。

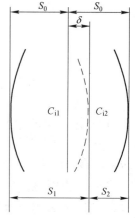

图 2-12　差动电容原理示意图

当被测差压 $\Delta p = 0$ 时，中心感压膜片与其两边弧形电极之间的距离相等，设其间距为 $S_0$，则 $S_1 = S_2 = S_0$。在被测差压 $\Delta p \neq 0$ 时，中心感压膜片在 $\Delta p$ 作用下产生位移 $\delta$，则

$$S_1 = S_0 + \delta, \quad S_2 = S_0 - \delta \qquad (2\text{-}9)$$

若不考虑边缘电场的影响，中心感压膜片与其两边弧形电极构成的电容 $C_{i1}$ 和 $C_{i2}$ 可近

似地看成是平板电容器，其电容可分别表示为

$$C_{i1} = \frac{\varepsilon_1 A_1}{S_1} = \frac{\varepsilon A}{S_0 + \delta} \tag{2-10}$$

$$C_{i2} = \frac{\varepsilon_2 A_2}{S_2} = \frac{\varepsilon A}{S_0 - \delta} \tag{2-11}$$

式中　$\varepsilon$——两个电容电极间介质的介电常数；

　　　$A$——两个弧形电极的面积。

因此，两个电容的电量之差 $\Delta C$ 为：

$$\Delta C = C_{i2} - C_{i1} = \varepsilon A \left( \frac{1}{S_0 - \varepsilon} - \frac{1}{S_0 + \varepsilon} \right) \tag{2-12}$$

可见两个电容的电量差值与中心感压膜片的位移 $\delta$ 呈非线性关系。但若取两电容量之差与两电容量之和的比值，即取差动电容的相对变化值，则有

$$\frac{C_{i2} - C_{i1}}{C_{i2} + C_{i1}} = \frac{\varepsilon A \left( \dfrac{1}{S_0 - \varepsilon} - \dfrac{1}{S_0 + \varepsilon} \right)}{\varepsilon A \left( \dfrac{1}{S_0 - \delta} + \dfrac{1}{S_0 + \delta} \right)} = \frac{\delta}{S_0} \tag{2-13}$$

将式（2-8）代入式（2-13），即得

$$\frac{C_{i2} - C_{i1}}{C_{i2} + C_{i1}} = \frac{K_1}{S_0} \Delta p = K \Delta p \tag{2-14}$$

式中　$K$——比例常数，$K = K_1 / S_0$。

由式（2-14）可得出如下结论：

1）差动电容的相对变化值 $\dfrac{C_{i2} - C_{i1}}{C_{i2} + C_{i1}}$ 与被测压差 $\Delta p$ 呈线性关系，因此把这一相对变化值作为测量部分的输出信号。

2）$\dfrac{C_{i2} - C_{i1}}{C_{i2} + C_{i1}}$ 与灌充液的介电常数 $\varepsilon$ 无关，这样从原理上消除了灌充液介电常数的变化给测量带来的误差。

3）$\dfrac{C_{i2} - C_{i1}}{C_{i2} + C_{i1}}$ 的大小与 $\delta$ 有关，$\delta$ 越小，差动电容的相对变化量越大，灵敏度越高。

（2）电容/电流转换电路。电容/电流转换电路的作用是将差动电容的相对变化成比例地转换为差动信号 $I_d$，并实现非线性补偿功能。

（3）放大部分。放大部分的作用是把测量部分输出的差动信号 $I_d$ 放大并转换成 4～20mA 的直流输出电流，并实现量程调整、零点调整和迁移、输出限幅和阻尼调整功能。它由电流放大电路、零点调整与零点迁移电路、输出限幅电路及阻尼调整电路组成。

### 2.4.3　1151 智能式差压变送器

1151 智能式差压变送器是在模拟的电容式差压变送器基础上，结合 HART 通信技术开发的一种智能式变送器，具有数字微调、数字阻尼、通信报警、工程单位转换和有关变送器信息的存储功能，同时又可传输 4～20mA 直流信号，特别适用于工业企业对模拟式 1151 差压变送器的数字化改造。其原理图如图 2-13 所示。

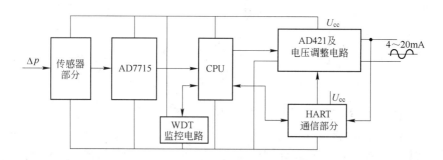

图 2-13　1151 智能式差压变送器原理框图

传感器部分的作用是将输入差压转换成 A/D 转换器所要求的 0 ~ 2.5V 电压信号。1151 智能式差压变送器检测元件采用电容式压力传感器，传感器部分的工作原理与模拟式电容差压变送器相同，此处不再赘述。

值得指出的是，由于二线制变送器的正常工作电流必须等于或小于变送器输出电流的下限值（4mA），同时 HART 通信方式是在 4 ~ 20mA 直流基础上叠加幅度为 ±0.5mA 的正弦调制波作为数字信号，因此变送器正常工作电流必须等于或小于 3.5mA，才能满足要求。为此，传感器部分采取 5V 供电且采用低功耗放大器，使其工作电流从模拟式变送器的约 3mA 降低为 0.8mA 左右；相应的，变送器的其他部分也都采用低功耗器件。

### 2. 4. 4　压力变送器主要技术性能

需要在控制室内显示压力的仪表，一般选用压力变送器或压力传感器。对于爆炸危险场所，常选用气动压力变送器、防爆型电动 Ⅱ 型或 Ⅲ 型压力变送器；对于微压力的测量，可采用微差压变送器；对黏稠、易堵、易结晶和腐蚀强的测量介质，宜选用带法兰的膜片式压力变送器；在大气腐蚀场所及强腐蚀性的介质中测量，还可选用电容式 1151 系列或振弦式 820 系列压力变送器。

压力变送器主要技术性能见表 2-1。

表 2-1　压力变送器主要技术性能

| 名称 | | | 主要技术性能 | | 精度 | 特点 | 生产厂 |
|---|---|---|---|---|---|---|---|
| 压力变送器 | 气动 | | 0 ~ 100kPa | 输出 20 ~ 100kPa | 1 级 | | 上海自动化仪表厂 天津自动化仪表厂 |
| | | | 0. 16 ~ 60MPa | | | | |
| | 电动 | Ⅱ 型 （矢量） | 0. 008 ~ 10MPa | 输出 0 ~ 10mA | 0. 5 级 | | 上海调节器厂 四川仪表七厂 大连仪表厂 西安仪表厂等厂 |
| | | Ⅱ 型 | 0. 01 ~ 60MPa | | 1 级 | | |
| | | Ⅲ 型 | 6 ~ 25kPa | 输出 4 ~ 20mA | 0. 5 级 | 有普通型和安全火花型 | 上海仪表一厂 四川仪表厂等厂 |
| | | | 0. 1 ~ 40MPa | | | | |
| 负压变送器 | 电动 | Ⅱ 型 （矢量） | - 8 ~ - 100kPa | 输出 0 ~ 10mA | 0. 5 级 | 有普通型和安全火花型 | 上海调节器厂 |
| | | Ⅱ 型 | - 10 ~ - 100kPa | | 1 级 | | |
| 绝对压力变送器 | 气动 | | 0. 25 ~ 16kPa | 输出 20 ~ 100kPa | 0. 5 级 | | 上海自动化仪表厂 |
| | 电 Ⅱ 型 | | 0. 16 ~ 16kPa | 输出 0 ~ 10mA | 0. 5 级 1 级 | | 天津自动化仪表厂 |

| 名　称 | | 主要技术性能 | | 精度 | 特　点 | 生产厂 |
|---|---|---|---|---|---|---|
| 法兰式压力变送器 | 气　动 | 10 ~ 100kPa<br>0.16 ~ 60MPa | 输出 20 ~ 100kPa | 1 级 | 有普通型和安全火花型 | 上海自动化仪表厂 |
| 1151 系列（电容式） | 压力变送器 | 1.27 ~ 190kPa<br>0.12 ~ 0.7MPa<br>正迁移为全量程的 500%<br>负迁移为全量程 600% | 输出 4 ~ 20mA | 0.25 级<br>0.5 级 | 精度高，体积小、坚固，抗振，零位、量程外部可调，防爆，防腐 | 西安仪表厂 |
| 820 系列（振弦式） | 压力变送器 | - 0.1 ~ 42MPa<br>0.07 ~ 0.35 ~ 42MPa | 4 ~ 20mA<br>10 ~ 50mA | 0.2 级 | 输出多功能，坚固耐用，无故障运行，安装简便，耐强腐蚀 | 上海福克斯有限公司 |
| | 绝对压力变送器 | 1.27 ~ 80kPa | 频率信号 | | | |

## 2.5　带计算机的压力测量系统

在生产过程中，根据生产工艺的要求，选择不同类型的压力表可组成各种不同的压力测量系统，最简单的测量就是在取压管上就地安装一块弹簧管压力表组成测量系统。比较复杂的测量系统就是带计算机的压力测量系统。图 2-14 所示是高炉气罐压力带计算机的测量系统。

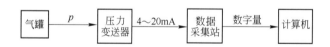

图 2-14　高炉气罐压力测量系统框图

测量系统的工作过程：取样插座与导管将气罐取压点处的压力传输到Ⅲ型压力变送器，变送器把被测压力转换为 4 ~ 20mA DC 标准信号输出，经导线传递给数据采集站，将模拟输入信号加工处理后，转换成数字信号经通信电缆传送给计算机，计算机根据预定程序，对信号进行存储、打印和屏幕显示。

关于测压取样的一般知识，简单介绍如下：

（1）测量压力的取压装置包括取压插座、取压导管和一次阀门等部件。

（2）测量流量的差压取出装置包括节流装置、取压插座、取压导管和一次阀门等部件。

（3）测孔应选择在管道的直线段处，应避开阀门、弯头挡板等对介质流速有影响或漏泻的地方。

（4）压力和温度测孔在同一地点时，压力测孔应在温度测孔之前。

（5）在同一地点的压力或温度测孔中，用于自动控制的测孔应在前面。

（6）测量、保护与自动控制用仪表的测点一般不会用一个测孔。

## 复习思考题

2-1 什么叫压力，表压力、绝对压力、负压力（真空度）之间有何关系？

2-2 常用的弹性元件有哪几种，各有何特点？

2-3 弹簧管压力计的弹簧管截面为何要做成椭圆形，可以做成圆形截面吗？

2-4 弹簧管压力计的测量范围为 0~100kPa，准确度 1.5 级。试问此压力计允许的绝对误差是多少，如果这个压力计指示在 50kPa，此时可能产生的最大绝对误差是多少？

2-5 什么叫霍尔效应？试叙述霍尔压力传感器的工作原理。

2-6 某台空气压缩机缓冲容器的工作范围为 107~156kPa，工艺要求就地观察容器压力，并要求测量误差不得大于容器内压力的 ±2.5%。试选择一台合适的压力计（注明名称、量程、精度等级）。

2-7 测量蒸汽和腐蚀性介质用的弹簧管压力计在安装时应注意何问题？

2-8 简述力平衡式压力变送器的工作原理。

2-9 简述电容式压力（差压）变送器的工作原理，它有何特点？

2-10 试述智能型压力（差压）变送器的组成和特点。

# 3　流量测量

## 3.1　概述

流量是指单位时间内流过管道横截面的流体数量，也称瞬时流量。流量可用体积流量 $Q$ 表示，它是管道某处的横截面积 $F$ 与该处流体的平均流速 $v$ 的乘积，即 $Q = Fv$，单位有 $m^3/h$、$m^3/s$ 等；也可用质量流量表示，它是由体积流量乘以流体的密度 $\rho$ 而得，即 $M = Q\rho$ 单位有 $kg/h$、$kg/s$ 等。

在某一段时间内流过管道横截面的流体的总和称为总量或累积流量。它是瞬时流量对时间的积累。体积流量总量 $Q_总 = \int_{t_1}^{t_2} Q dt$，单位为 $m^3$ 等。质量流量的总量 $M_总 = \int_{t_1}^{t_2} M dt$，单位为 $kg$ 等。习惯把测量瞬时流量的仪表称为流量计。

在冶金生产过程中，使用着大量的流体介质，比如空气、煤气、氧气、燃料油、水等，这些流体介质的使用量，通常都应进行检测和控制，以保证生产设备在负荷合理且安全的状态下运行，同时也为进行经济核算提供基本的依据。本章重点介绍冶金工厂常用的流量检测仪表，并就其原理、主要组成、特点以及安装使用等基本知识作扼要的叙述。

## 3.2　差压式流量计

差压式流量计又称节流式流量计，它是在流体流经的管道中加节流装置，当流体流过时，通过测节流装置两端的差压反映流量的流量计。差压式流量计是由节流装置、导压管及差压检测仪表组成的。节流装置结构简单、安装使用方便、且一部分已标准化，是目前冶金厂使用最多的一种流量计。常用于对水、空气、氧气、煤气等流体流量的测量。

### 3.2.1　节流装置的类型及特点

生产中常用的三种典型节流装置是孔板、喷嘴、文丘里管，其结构如图 3-1 所示。通过三种节流装置时流体的流动状况如图 3-2 所示。

由图 3-2 可以看出，孔板的流入截面是突然变小的，而流出截面是突然扩张的，流体的流动速度在孔板前后发生了很大的变化，从而形成了大量的涡流，阻碍了流体的流动，造成了很大的能量损失，所以流体流过孔板后的压力损失是较大的，但孔板的结构简单，制造方便，故得到了广泛应用。喷嘴的流入截面是逐渐变化的，所以它的流速也是逐渐变化的，这样形成的涡流就少，但喷嘴的流出面积是突然变化的，流出后的流束突然扩张，造成大量涡流，阻碍流体的流动，故流体流过喷嘴的压力损失居中。文丘里管由于表面形状和流体流线形状相似，流体流过文丘里管前后的流动速度是逐渐变化的，不会在文丘里管前后产生很多的涡流，所以流体流过文丘里管前后的压力损失比较小，但文丘里管的结构复杂，制造不方便。因此在生产中使用应根据具体情况选择。这里以孔板为例讨论。

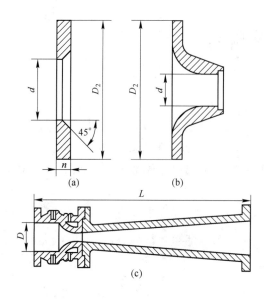

图 3-1 节流装置

（a）标准孔板；（b）标准喷嘴；（c）标准文丘里管

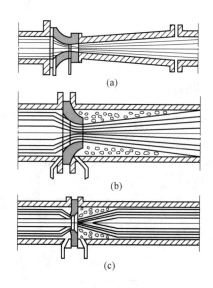

图 3-2 流体流束变化情况

（a）文丘里管；（b）喷嘴；（c）孔板

### 3.2.2 节流原理和流量方程式

图 3-3 所示为水平管道中安装节流装置——孔板，当流体连续流过节流孔板时，流束的截面将产生收缩，在截面收缩处流体的速度增加，动能增大而静压减小。在节流孔板前后由于压头转换将产生差压。

在靠近孔板管壁处，由于涡流作用，静压是增大的。

设孔板前侧面管壁处静压为 $p_1$，后侧面管壁处静压为 $p_2$，则在节流孔板前后两侧管壁处形成差压 $\Delta p$，且 $\Delta p = p_1 - p_2$。

由伯努里方程和流体连续方程，可推出流过流体的基本流量方程式：

$$Q = a\varepsilon A_d \sqrt{\frac{2\Delta p}{\rho}} \quad \text{m}^3/\text{s} \qquad (3-1)$$

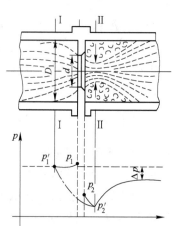

图 3-3 节流装置原理

式中　$a$——流量系数；

$\varepsilon$——流束膨胀系数；

$A_d$——孔板直径 $d$ 处的开孔面积，$\text{m}^2$；

$\rho$——流体密度，$\text{kg/m}^3$；

$\Delta p$——孔板前后的差压，Pa。

在工业生产中，流量的计量单位通常用 $\text{m}^3/\text{h}$，而不用 $\text{m}^3/\text{s}$，孔板装置的开孔直径 $d$ 和管径 $D$ 不用米而用毫米表示。基本流量方程式中的常数项 $\sqrt{2}$ 也可归并出来，对上述的基本流量方程式经过这样的处理后，可得到如下的实用流量方程式：

体积流量
$$Q = 3600 \times 10^{-6} \times \frac{3.14}{4} \times \sqrt{2} a\varepsilon d^2 \sqrt{\Delta p/\rho}$$

$$= 0.003996 a\varepsilon d^2 \sqrt{\Delta p/\rho} \quad \text{m}^3/\text{h} \tag{3-2}$$

质量流量
$$M = Q\rho = 0.003996 a\varepsilon d^2 \sqrt{\Delta p\rho} \quad \text{kg/h} \tag{3-3}$$

式中　$d$——工作状态下孔板的开孔直径，mm。

$\Delta p$ 的单位仍为 Pa。

如果 $\Delta p$ 采用 $\text{kgf/m}^2$ 表示时，以 $1\text{kgf/m}^2 = 9.81\text{Pa}$ 代入式（3-2），则实用流量方程为

$$Q = 0.01252 \alpha\varepsilon d^2 \sqrt{\Delta p/\rho} \quad \text{m}^3/\text{h} \tag{3-4}$$

$$M = 0.01252 \alpha\varepsilon d^2 \sqrt{\Delta p\rho} \quad \text{kg/h} \tag{3-5}$$

如果压差 $\Delta p$ 用 20℃时的毫米水柱 $h_{20}$ 表示（通常以在标准大气压下 20℃的水作为差压计的工作介质），这时水的密度为 $998.2\text{kg/m}^3$，则实用流量方程为

$$Q = 0.01252 \sqrt{998.2/1000} \alpha\varepsilon d^2 \sqrt{h_{20}/\rho}$$

$$= 0.01251 a\varepsilon d^2 \sqrt{h_{20}/\rho} \quad \text{m}^3/\text{h} \tag{3-6}$$

$$M = 0.01251 a\varepsilon d^2 \sqrt{h_{20}\rho} \quad \text{kg/h} \tag{3-7}$$

由此可知，当 $a$、$\varepsilon$、$\rho$、$d$ 一定时，流量 $Q$ 与差压 $\Delta p$ 的平方根成正比。测出 $\Delta p$ 可反映流量 $Q$，这便是节流装置测量流量的基本原理。

### 3.2.3　方程中系数讨论

流量系数 $a$ 是一个影响因素复杂、变化范围较大的重要系数。当节流件的类型、直径比和取压方式已定时，流量系数只随雷诺数 $Re_D$ 而变化。图 3-4 示出某一节流装置的 $a$ 与 $Re_D$ 的关系。可见，只有当 $Re_D$ 值大于某一数值（称为界限雷诺数或最小雷诺数）时，$a$ 基本上不再随 $Re_D$ 的增大而变化，可认为是一个常数。在流量测量过程中，只有 $a$ 基本上保持为常数才能保证测量准确度。这也是这种流量计准确测量的前提。

流体的密度是随被测流体的种类、成分、温度和压力状态的不同而变化的。当实际流体的密度偏离设计时给出的数值时，就会给流量测量结果带来附加误差。此时应该按实际使用的条件进行密度修正。

流束膨胀系数 $\varepsilon$。不可压缩流体的 $\varepsilon = 1$，可压缩流体的 $\varepsilon < 1$。$\varepsilon$ 值决定于直径比 $\beta$、差压比 $\Delta p/p_1$ 和流体的等熵指数 $K$。在设计时按常用流量确定的 $\varepsilon$ 值，在测量过程中受 $\Delta p$ 变化的影响较小，一般工业测量可忽略它的影响，只有在测量准确度要求较高的个别场合才予以注意。

流体工作温度下的节流件开孔直径 $d$。由于节流件材质（例如不锈钢）的热膨胀系数一般都很小，对于一个已设计确定的 $d$ 值，在测量过程中随流体温度的变化甚

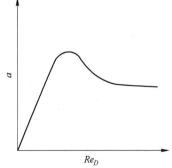

图 3-4　流量系数与雷诺数的关系

微，通常也可忽略 $d$ 变化的影响。

总之，节流装置测量流量应在设计规定的条件下使用，流量方程中各系数保持常数，才能保证测量准确度。

### 3.2.4　标准节流装置孔板

#### 3.2.4.1　孔板的结构

标准孔板是一块圆形的中间开孔的金属薄板，开孔边缘非常尖锐，而且与管道轴线是同心的。用于不同管道内径的标准孔板，其结构形式基本是几何相似的，如图 3-5 所示。标准孔板是旋转对称的，上游侧孔板端面上的任意两点间连线应垂直于轴线。孔板的开孔，在流束进入的一面做成圆柱形，而在流束排出的一面则沿着圆锥形扩散，锥面的斜角为 $\varphi$，当孔板的厚度 $E > 0.02D$（$D$ 为管道内径）时，$\varphi$ 应在 30°~45°（通常做成 45°的为多）。孔板的厚度 $E$ 一般要求在 3~10mm 范围之内。孔板的机械加工精度要求比较高。

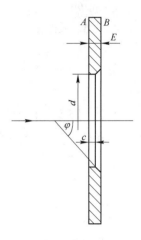

图 3-5　标准孔板

#### 3.2.4.2　孔板取压方式

标准孔板有两种取压方式，即角接取压法和法兰取压法。取压方式不同的标准孔板，其取压装置的结构、孔板的使用范围、流量系数的实验数据以及有关技术要求均有所不同，选用时应予以注意。

**A　角接取压装置**

角接取压装置有两种结构形式，如图 3-6 所示。下半部为单独钻孔取压，上半部为环室取压，孔板上、下游的压力在孔板与管臂的夹角处引出。

单独钻孔取压，在前、后夹紧环上钻孔取压，钻孔斜度不超过 3°，如图 3-6 所示，引出 $p_1$、$p_2$。取压孔直径 $b$ 的实际尺寸应为 $1mm \leqslant b \leqslant 10mm$。对于直径较大的管道，为了取得均匀的压力，允许在孔板上、下游侧规定的位置上设有几个单独钻孔的取压孔，钻孔按等角距对称配置，并分别连通起来作为孔板上、下游的取压管。

环室取压是在节流体两侧安装前后环室，并由法兰将环室、节流体和垫片紧固在一起。为取得管道圆周均匀的压力，环室取压在紧靠节流体端面开一连续环隙与管道相通。环隙宽度 $a$ 在 1~10mm。前环室的长度 $S < 0.2D$，后环室的长度 $S' < 0.5D$。环室的厚度 $f \leqslant 2a$。环室的横截面积 $h \times C$ 至少有 $50mm^2$，$h$ 或 $C$ 不应小于 6mm。连通管直径 $\phi$ 为 4~10mm。在环室上钻孔取压的优点是便于测出平均差压而有利提高测量准确度。但是加工制造和安装要求严格。所以，在现场使用时为了加工和安装方便，有时不用环室而用单独钻孔取压。对于大口径管道（$D \geqslant 400mm$）通常只采用单独钻孔取压。

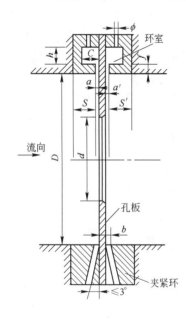

图 3-6　角接取压装置

B 法兰取压装置

标准孔板的上、下游两侧均以法兰连接，在法兰中取压，如图 3-7 所示。取压孔的轴线离孔板上、下游端面的距离 $S$ 和 $S'$ 均为 $25.4 \pm 0.8mm$，并必须垂直于管道的轴线。孔径 $b \leqslant 0.08D$，实际尺寸为 $6 \sim 12mm$。

**3.2.4.3 孔板使用条件的规定**

使用孔板时要注意：

（1）被测介质应充满全部管道截面连续地流动。

（2）管道内的流束（流动状态）应该是稳定的。

（3）被测介质在通过孔板时应不发生相变（例如：液体不发生蒸发，溶解在液体中的气体应不会释放出来），同时是单相存在的。对于成分复杂的介质，只有其性质与单一成分的介质类似时，才能使用。

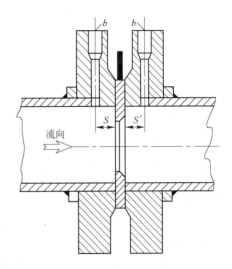

图 3-7 法兰取压装置

（4）测量气体（蒸汽）流量时所析出的冷凝液或灰尘，或测量液体流量时所析出的气体或沉淀物，既不得聚积在管道中的孔板附近，也不得聚积在连接管内。

（5）在测量能引起孔板堵塞的介质流量时，必须进行定期清洗。

（6）在离开孔板前后两端面 $2D$ 的管道内表面上，没有任何凸出物和肉眼可见的粗糙与不平现象。

对于标准喷嘴和标准文丘里管，这些条件均适用。

为了工作的方便，下面介绍一点关于标准孔板设计时工艺人员应该提的技术条件。以设计孔板孔径为例子，工艺要向孔板设计和制作单位提供：（1）被测介质；（2）常用流量；（3）最大流量和最小流量；（4）常用压力；（5）常用温度；（6）地区平均大气压；（7）允许压损；（8）相对湿度；（9）20℃时管道内径；（10）管道材料。孔板设计一般由技术科室或仪表车间承担。

孔板因为制造工艺简单，安装方便，成本低，因此被广泛应用，但在使用时特别要注意，尤其是用于测量腐蚀性介质及含有灰尘的介质的流量时，要经常观察测量结果是否准确，防止由于腐蚀和堵塞取压口而造成的测量误差过大，或根本不能测量的现象发生，每年大检修应进行孔板的清洗工作，发现腐蚀严重时，应立即更换新的孔板。

## 3.2.5 差压式流量计流量测量系统

### 3.2.5.1 差压-流量检测系统

差压-流量检测系统方框图如图 3-8 所示。系统由管道上安装的节流装置（孔板）、取压装置、导压管、差压变送器、开方器、指示记录仪、比例积算器等组成。流体流过时，孔板两端产生的差压 $\Delta p$ 通过取压装置取出，经导压管（一般采用钢管）分别把 $p_1$、$p_2$ 引入差压变送器的正、负压室。变送器将 $\Delta p$ 转换为 $4 \sim 20mA$ DC 电流 $I_{\Delta p}$。这时变送器输出的电流信号只代表被测差压并非流量。因为由流量方程可知，差压电流还要经过开方才能得到与流量呈线性关系的信号电流输出，此信号给动圈表或自动平衡仪表指示或记录流量值。

### 3.2.5.2  安装要求

流量测量的精度和流量计安装是否符合要求有很大关系，一般要求如下：

（1）安装时必须保证节流件开孔与管道同心，节流件端面与管道轴线垂直。节流件上、下游必须有一定长度的直管段。

（2）导压管尽量按最短距离敷设在 3 ~ 50m 之内，为了不在此管中聚集气体和水分，导压管应垂直安装。安装时其倾斜率不应小于 1：10，导管用直径为 10 ~ 12mm 的铜、铝或钢管制成。

（3）测量液体流量时，最好差压计安装在低于节流装置的位置，如果一定要安装在上方，在连接管路最高点要装带阀门的集气器，在最低点安装带阀门的沉降器，以便排出导管中气体及沉积物，如图 3-9 所示。

（4）测量气体流量时，最好差压计安装在高于节流装置的位置处。如一定要装在低处时，在导压管最低处要装设沉降器，以便排出冷凝液及污物，如图 3-10 所示。

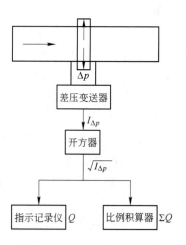

图 3-8    差压-流量检测系统方框图

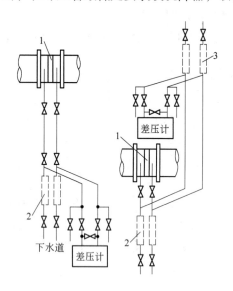

图 3-9    测量液体时差压计的安装
1—节流装置；2—沉降器；3—集气器

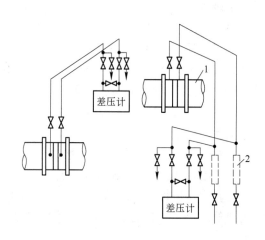

图 3-10    测量气体时差压计的安装
1—节流装置；2—沉降器

## 3.2.6  节流式流量计的选用

### 3.2.6.1  节流装置的选择

节流式流量计的主要优点是结构简单，使用方便，寿命长。标准节流装置按国家规定的技术标准设计制造，无需标定即可应用，这是其他流量计难以具备的。它的适应性广，对各种工况下的单相流体、管径在 50～1000mm 范围内都可使用。它的不足之处就是量程比较窄，一般为（3～4）:1，压力损失较大，需消耗一定的动力；对安装要求严格，需要足够长的直管段。尽管如此，至今它仍是应用最广泛的流量测量仪表。

常用节流装置是孔板，其次是喷嘴，文丘里管应用得要少一些，应针对具体情况的不同，首先要尽可能选择标准节流装置，不得已时才选择特殊节流装置。从使用角度看，对节流装置的具体选择要点，应考虑以下几方面：

（1）允许的压力损失。孔板的压头损失较大，可达最大压差的 50%～90%。喷嘴也可达 30%～80%，文丘里管可达 10%～20%。根据生产上管道输送压力及允许压力损失选定节流装置的类型，如果允许压力损失许可，应优先考虑选用孔板。

（2）加工的难易。加工制造及装配的难易程度而言，孔板最简单，喷嘴次之，文丘里管最复杂，造价也是文丘里管最高，故一般情况下均应选用孔板。

（3）被测介质的侵蚀性。如果被测介质对节流装置的侵蚀性与磨损较强，最好选用文丘里或喷嘴，孔板较不适宜，原因是孔板的尖锐进口边缘容易被磨损成圆边，将严重影响它的测量准确度。

（4）现场安装条件。直管道长度是生产条件限定的。同样，只要条件允许就应选用孔板，虽然它要求的直管段长度较长，其次是喷嘴，通常情况下选用文丘里管较少。

### 3.2.6.2 使用节流装置应注意的问题

节流式流量计广泛地用于生产过程中各种物料（水、蒸汽、空气、煤气）等的检测与计量，为工艺控制和经济核算提供数据，因此要求测量准确，工作稳定可靠。为此，该流量计不仅需要合理选型，精确设计计算和加工制造，更应注意正确安装和使用，方能获得足够的实际测量准确度。下面列举一些造成测量误差的原因，以便在使用中注意，并予以适当处理。

#### A 被测流体参数的变化

节流装置使用特点之一，是当实际使用时的流体参数（密度、温度、压力等）偏离设计的参数时，流量计的显示值与实际值之间产生偏差，此时必须对显示值进行修正。当流体参数偏离不大时，对流量方程式中系数 $C$（或 $\alpha$）、$\varepsilon$、$d$ 的影响小，可只考虑密度的变化。在相同的压差如下，密度变化的修正公式为

$$Q_2 = Q_1\sqrt{\rho_1/\rho_2} \quad 或 \quad M_2 = M_1\sqrt{\rho_2/\rho_1} \tag{3-8}$$

式中 $Q_1$，$M_1$——设计条件下的流体体积流量和质量流量，即流量计的显示值；

$Q_2$，$M_2$——实际使用条件下的流体体积流量和质量流量；

$\rho_1$，$\rho_2$——设计条件下和实际使用条件下的流体密度。

流量显示值应分别乘以密度修正系数（$\sqrt{\rho_1/\rho_2}$ 或 $\sqrt{\rho_2/\rho_1}$）后，才能得到使用条件下的实际流量。流体的密度与温度、压力有一定的函数关系。当流体密度直接测量有困难时，可用其温度、压力的变化代替密度的变化进行修正。

对于一般气体，修正公式为

$$Q_2 = Q_1\sqrt{p_1 T_2/p_2 T_1} \quad 或 \quad M_2 = M_1\sqrt{p_2 T_1/p_1 T_2} \tag{3-9}$$

式中 $p_1$, $p_2$——设计条件和使用条件下的气体绝对压力；

$T_1$, $T_2$——设计条件下和使用条件下的气体绝对温度。

被测流体的压力和温度的变化，采用人工计算方法来修正，不仅烦琐和不便，而且补偿精度低，不及时又不直观，因此，在生产过程中常采用自动补偿。方法是把节流装置、差压变送器、压力变送器、温度变送器以及计算器（开方器、乘除器与积算器等）组成流量测量系统，在显示仪表上直接指示、记录和累积流体的实际流量。

例如式（3-9）可改写成

$$Q_2 = Q_1\sqrt{p_1 T_2/p_2 T_1} = K\sqrt{\Delta p}\sqrt{T_2/p_2} \tag{3-10}$$

式中 $K$——流量计设计时的仪表常数。

采用电动单元组合仪表组成带温度和压力自动补偿的节流式流量计如图3-11所示。

严格地说，流体压力和温度的变化，还会引起其他参数如 $C$、$\alpha$、$\varepsilon$、$d$、$Re_D$ 等变化而偏离设计值。图3-11的温度与压力补偿系统，仅是一种近似的补偿方法。目前采用单片机构成的智能式质量流量计，不但能对上述所有变量进行自动修正，而且能进行多通道测量并显示，准确度高，便于集中检测控制，并能与计算机联网，应用已很普遍，一般说来应尽量选用这类智能式仪表。

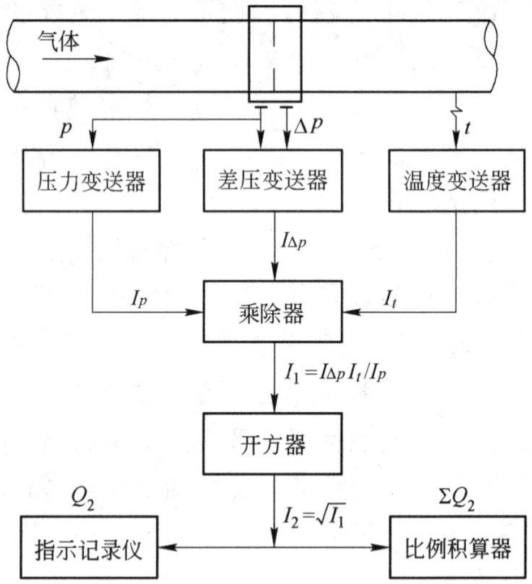

**B 原始数据不正确**

在节流装置设计计算时，必须按被测对象的实际情况提出原始数据，例如被测流体最大流量、常用流量、最小流量、流体的物理参数（温度、压力、密度与成分等）、管道实际内径、允许压头损失等。这些原始数据提供得正确与否，将影响设计出来的节流装置的测量准

图3-11 带温度与压力自动补偿的节流式流量计

确度；甚至决定能否使用的问题。例如，提供的流量测量范围过大或者过小，把管道的公称直径当作实际内径，温度和压力数值过高或过低等都是不正确的。为了提供准确的原始数据，专业人员应该相互配合，深入调查，掌握被测对象的实际资料。

**C 节流装置安装不正确**

例如节流件上下游直管段长度不够，孔板的方向倒装，节流件开孔与管道轴线不同心，垫圈凸出等都可能造成难以估计的测量误差。

**D 维护工作疏忽**

节流装置使用日久，由于受到流体的冲击、磨损和腐蚀，致使开孔边缘变钝，几何形状变化，从而引起测量误差。例如孔板入口边缘变钝，会使仪表示值偏低。此外，导压管路泄漏或阻塞，节流件附近积垢等，也会造成测量不准确。因此，应该定期维护检查，检定周期一般不超过两年，对超过国家标准规定误差的节流装置应予更换。

## 3.3 转子流量计

转子流量计是工业上和实验室中最常用的一种测量流量的仪表，它具有结构简单、直观、压力损失小，维护方便等优点。适用于直径 $D<150mm$ 管道的流体流量测量。

### 3.3.1 工作原理

转子流量计的结构如图 3-12 所示，它由一垂直放置的锥形管以及管内的转子（或称浮子）组成，当流体沿锥形圆管自下而上流过转子时，转子受到流体的冲击力而上升。流体流量越大，转子上升越高。转子上升的高度 $h$ 就代表了流体流量的大小，当流体流量为某一稳定值时，转子就在某一高度上处于平衡状态。

转子上升高度 $h$ 与流过流量 $Q$ 的关系，可表示为

$$Q = f(h)$$

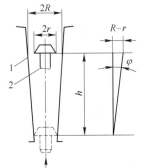

图 3-12　转子流量计原理
1—锥形管；2—转子

$Q$ 与 $h$ 之间并非线性关系，只是由于锥形管夹角 $\varphi$ 很小，可近似看成线性关系。通常在锥形管管壁上直接刻度流量标尺，可直接读出流过流量的大小。

在这里转子可视为一个节流体，在锥形管与转子之间有一个环形通道，转子的升降改变了环形通道的流通面积，从而测定流量。故转子流量计又称为变面积流量计。

转子流量计的转子可用不锈钢、铝、铜或塑料等材料制造，视被测介质的性质和量程大小而定。按照读数方式的不同，转子流量计分成直读式和远传式两种类型。直读式的锥形管用玻璃制成，流量标尺直接刻度在管壁上，在安装现场就地读取所测流量数值，通称为玻璃转子流量计；远传式的锥形管用不锈钢制造，它可将转子的位移转换成统一标准的电流或气压信号，传送至仪表室，便于集中检测与自动控制。

### 3.3.2 示值修正与安装

#### 3.3.2.1 流量示值修正

转子流量计在制造厂进行刻度时，是用水或空气在标准状态（293.15K、101.325kPa）下进行标定的。在实际使用中，如果被测介质的性质和工作状态（温度和压力）与标定时不同，会产生测量误差，因此，必须对原有流量示值加以修正，或将仪表重新刻度。

*A　液体流量的修正*

如果被测介质不是水，只考虑流体密度不同，忽略黏度变化的影响时，修正公式为

$$Q_{\mathrm{L}} = Q_{\mathrm{W}} \sqrt{\frac{(\rho_{\mathrm{S}} - \rho_{\mathrm{L}})\rho_{\mathrm{W}}}{(\rho_{\mathrm{S}} - \rho_{\mathrm{W}})\rho_{\mathrm{L}}}} \tag{3-11}$$

式中　$Q_{\mathrm{L}}$，$Q_{\mathrm{W}}$——被测液体的实际流量和按水标定的流量计示值流量；

$\rho_{\mathrm{L}}$，$\rho_{\mathrm{W}}$，$\rho_{\mathrm{S}}$——被测液体的密度、标定条件下水的密度和转子材料的密度。

B　气体流量的修正

如果被测气体在工作状态下的密度 $\rho_g$ 与标定条件下的空气密度 $\rho_a$ 不同，也可按式 (3-11) 修正。由于 $\rho_a \ll \rho_S$ 和 $\rho_g \ll \rho_S$，故式 (3-11) 可简化为：

$$Q_g = Q_a \sqrt{\rho_a / \rho_g} \tag{3-12}$$

式中　$Q_g$，$Q_a$——被测气体在工作状态下和空气在标定条件下的体积流量。

工作状态下的各种气体密度 $\rho_g$ 可按下式计算：

$$\rho_g = \rho_0 \frac{p_1 T_0}{p_0 T_1 \kappa} \tag{3-13}$$

式中　$p_0$，$T_0$——标准大气压（101.325kPa）和绝对温度（293.15K）；

　　　$p_1$，$T_1$——工作状态下气体的绝对压力和绝对温度；

　　　$\rho_0$，$\kappa$——标准状态下的气体密度和气体（工作状态下）的压缩系数。

C　量程调整

改变转子本身质量，可改变流量计的量程：增加转子质量，量程扩大；反之则量程缩小。转子改变质量后，流量指示值（流量读数）应乘以修正系数 $K$，即

$$K = \sqrt{\frac{\rho'_s - \rho}{\rho_s - \rho}} \tag{3-14}$$

式中　$\rho_s$，$\rho'_s$——转子本身质量改变前、后的密度，$kg/m^3$；

　　　$\rho$——被测介质的密度，$kg/m^3$。

须知，量程扩大后流量计灵敏度降低；反之则灵敏度提高。质量改变前后的转子形状和几何尺寸要严格保持不变，且更换转子后，流量计应重新标定。

### 3.3.2.2　安装与使用

转子流量计希望安装在振动小的地方，同时，锥形管的中心轴要垂直安装。安装时，流量计周围要留有一定的空间，以便于将来的修理和维护。如图 3-13 所示为水平配管、垂直配管的安装示意图。对于玻璃转子流量计，若被测介质温度高于 70℃，应另装保护罩，以防冷水溅于玻璃管上引起炸裂。被测介质的工作压力不应超过流量计的最大允许压力范围。

使用转子流量计时，流量计的正常流量值最好选在仪表的上限刻度的 1/3 ~ 2/3 范围内，这样可得到较高的测量精度；开启仪表前的阀门时，不可一下用力过猛、过急；转子对沾污比较敏感，应定期清洗。

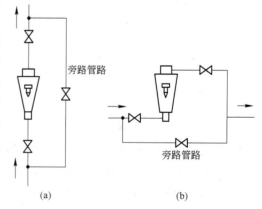

图 3-13　转子流量计的安装
（a）垂直配管；（b）水平配管

## 3.4　电磁流量计

在冶金生产过程中，有些液体具有导电性，故可以应用电磁感应的方法来测量其流量，根据电磁感应原理制成的电磁流量计能够测量酸、碱、盐溶液以及矿浆和水等的

流量。

电磁流量计是由电磁流量变送器和转换器两部分组成，如图 3-14 所示。

图 3-14　电磁流量计组成框图

被测液体的流量经变送器变换成感应电势 $E_x$，再经变换器将感应电势转换成 0 ~ 10mA DC 或 4 ~ 20mA DC 的统一标准信号输出，以便进行流量的指示、记录，或与调节器配合使用，进行流量的自动控制。

### 3.4.1　工作原理

由电磁感应定律可知，导体在磁场中运动而切割磁力线时，在导体中便会有感应电势产生，这就是发电机原理。如图 3-15 所示，设在均匀磁场中，垂直于磁场方向有一个直径为 $D$ 的管道。管道内表面衬挂绝缘衬里，当导电的液体在管道中流动时，导电液体切割磁力线，因而，在和磁场及流动方向垂直的方向上产生感应电动势。

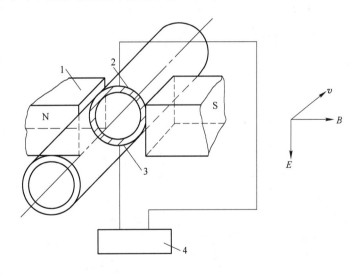

图 3-15　电磁流量计原理图
1—磁极；2—导管；3—电极；4—仪表

此感应电动势的方向可以由右手定则判断。如安装一对电极，则电极间产生和流速成比例的电位差：

$$E_x = BDv \tag{3-15}$$

式中　$E_x$——感应电动势，V；

　　　$B$——磁感应强度，T；

　　　$D$——管道直径，即垂直切割磁力线的导体长度，m；

　　　$v$——液体在管道内平均流速，m/s。

体积流量 $Q(m^3/s)$ 与流速 $v$ 的关系为

$$Q = \pi D^2 v/4 \tag{3-16}$$

综合式（3-15）和式（3-16）得

$$E_x = \frac{4B}{\pi D}Q = KQ \tag{3-17}$$

式中，$K = 4B/\pi D$ 称为仪表常数，在管道直径 $D$ 已确定并维持磁感应强度 $B$ 不变时，$K$ 就是一个常数。这时感应电势则与体积流量具有线性关系。

### 3.4.2 电磁流量变送器的结构

电磁流量变送器的结构如图 3-16 所示。它由测量管、激磁线圈和磁轭、电极、干扰信号调整机构、接线盒及外壳等组成。

测量管由一根直管与两端两个法兰组成，内衬绝缘衬里。为了使磁力线穿透测量管进入被测介质，防止磁力线被测量管短路，测量管需由非导磁材料制成。为了减少测量管的涡电流，一般应选用高电阻率材料制作测量管，并且管壁应尽量薄些。因此，测量管一般用 1Cr18Ni9Ti 耐酸不锈钢、玻璃钢等制成。

电极一般由非导磁的不锈钢制成，也有用铂、金或镀铂、镀金的不锈钢制成，电极的安装位置宜在管道的水平对称方向，以防止沉淀物堆积在电极上面而影响测量准确度。要求电极与内衬齐平，以便流体通过时不受阻碍。电极与测量管内壁必须绝缘，以防止感应电势被短路。

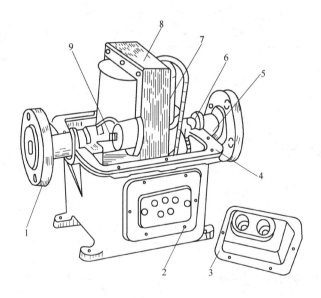

图 3-16　电磁流量变送器结构示意图

1—法兰盘；2—外壳；3—接线盒；4—密封橡皮；5—导管；6—密封垫圈；
7—励磁线圈；8—铁芯；9—调零电位器

变送器的磁场，原则上用交流磁场和直流磁场都可以。但是，直流磁场在电极上产生直流电势，可能引起被测液体电解，在电极上产生极化现象，从而破坏了原来的测量条件，因此，工业电磁流量计一般采用交流磁场。

关于电磁流量计的转换器，是将流量变送器随流量变化产生的交流毫伏信号，转换为与流量成正比的统一标准电流信号 $0 \sim 10mA$ DC 或 $4 \sim 20mA$ DC，以供流量指示、记录及控制使用，它的转换原理这里不做具体讨论。

### 3.4.3 电磁流量计的选用、安装和使用

#### 3.4.3.1 电磁流量计的选用原则

电磁流量计包括变送器和转换器两部分，它的选用主要问题是如何正确选用变送器，转换器只要与之配套使用即可。应从以下几个方面来考虑变送器的选用问题。

（1）口径与量程的选择。选用变送器时，应首先需要确定它的口径和流量测量范围，或确定变送器测量管内流体的流速范围。根据生产工艺上预计的最大流量值来选择变送器的满量程刻度，并且使用中变送器的常用流量最好能超过满量程的 50%，以期获得较高的测量精度，变送器量程确定后，口径是根据测量管内流体流速与水头损失的关系来确定的，流速以 $2 \sim 4m/s$ 为最合适。通常用的变送器的口径与管道口径相同或略小些。

（2）工作压力的选择。变送器使用时的压力必须低于规定的工作压力。目前变送器的工作压力规格有：

小于 $\phi50mm$ 口径的为 $157 \times 10^4 Pa$；

$\phi80 \sim 900mm$ 口径的为 $980 \times 10^4 Pa$；

大于 $\phi1000mm$ 口径的为 $58.9 \times 10^4 Pa$。

（3）温度的选择。被测介质的温度不能超过变送器衬里材料的允许温度，介质温度还受到电气绝缘材料、漆包线等耐温性能的限制。国产定型变送器通常工作温度为 $5 \sim 60℃$，有的可达 $120℃$。要测量高温介质，需选用特殊规格变送器。

（4）衬里材料及电极材料的选择。变送器的衬里材料及电极材料必须根据被测介质的物理化学性质来正确选择，否则变送器会由于衬里和电极的腐蚀而很快损坏。因此，必须根据生产工艺过程中具体测量介质的防腐蚀经验，正确地选用变送器的电极和衬里材料。

#### 3.4.3.2 电磁流量计的安装

变送器的安装地点要远离磁源（例如大功率电机、大型变压器等），不能有振动。最好是垂直安装，并且介质流动方向应该是自下而上，这样才能保证变送器测量管内始终充满介质。当不能垂直安装时，也可以水平安装，但要使两电极处于同一水平面上，以防止电极被沉淀沾污和被气泡吸附。水平安装时，变送器安装位置的标高应略低于管道的标高，以保证变送器测量管内充满介质。

另外，变送器应安装在干燥通风处，应避免雨淋、阳光直射及环境温度过高。转换器应安装在环境温度为 $-10 \sim 45℃$ 的场合，空气相对湿度 $\leqslant 85\%$，安装地点无强烈震动，周围气相不含腐蚀性气体。它与变送器之间的连接电缆长度一般不宜超过 30m。

#### 3.4.3.3 电磁流量计的使用

电磁流量计在使用过程中，测量管内壁可能积垢，垢层的电阻低，严重时可能使电极短路，表现为流量信号越来越小或突然下降。此外，测量管衬里也可能被腐蚀或磨损，导致出现电极短路现象，造成严重的测量误差，甚至仪表无法继续工作。因此，变送器内必须定期维护清洗，保持测量管内部清洁、电极光亮。

## 3.5　其他流量计

流量计种类繁多，下面再概略地介绍几种。

### 3.5.1　靶式流量计

靶式流量计是一种流体阻力式流量计。其结构原理图如图 3-17 所示。在管道中心迎着流速方向安装一个圆盘形的靶，当流体经过时，靶要受到流体的作用力。这个作用力可分为三部分：

（1）流体对靶的直接冲击力，即流体的动压力。

（2）由于靶对流体的节流作用，在靶前后两侧产生的静压力差。

（3）流体对靶的黏滞摩擦力。

当流量很大时，流体对靶的黏滞摩擦力，可以忽略不计。因此，流体作用在靶上的力主要取决于前两项，如果以动能形式来表示该作用力，则可写成如下形式：

$$F = KA_d\rho v^2/2 \qquad (3\text{-}18)$$

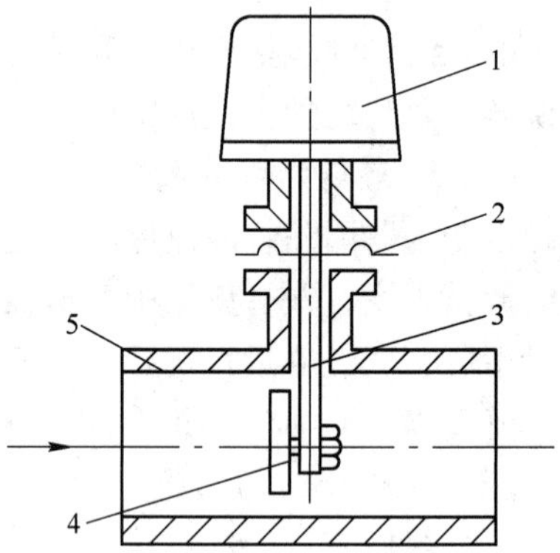

式中　$F$——流体作用在靶上的力；

$K$——靶的阻力系数；

$A_d$——靶的迎流面积，$A_d = \pi d^2/4$，$d$ 为靶直径；

$\rho$——被测流体的密度；

$v$——靶和管壁间环形流通面积中流体的平均流速。

由式（3-18）可解出 $v$ 为

$$v = \sqrt{\frac{2}{KA_d\rho}}\sqrt{F}$$

假定管道直径为 $D$，则靶与管道之间的环形通道面积为

$$A_0 = \pi(D^2 - d^2)/4$$

因此，管道中流体的体积流量 $Q$ 为

$$Q = A_0 v = \frac{\pi}{4}(D^2 - d^2)\sqrt{\frac{2}{K\frac{\pi}{4}d^2\rho}}\sqrt{F}$$

$$= K_a\frac{D^2 - d^2}{d}\sqrt{\frac{\pi}{2}}\sqrt{\frac{F}{\rho}} \qquad (3\text{-}19)$$

图 3-17　靶式流量计结构原理图

1—力平衡式变送器；2—密封膜片；
3—靶杆；4—靶；5—测量导管

式中，$K_a = \dfrac{1}{\sqrt{K}}$ 称为流量系数，它的数值可由实验确定。

将直径比 $\beta = d/D$ 代入式（3-19），则流量公式也可写成如下形式：

$$Q = K_a D\left(\frac{1}{\beta} - \beta\right)\sqrt{\frac{\pi}{2}}\sqrt{\frac{F}{\rho}}$$ （3-20）

式（3-20）为靶式流量计的流量基本方程式。可以看出，在被测流体的密度 $\rho$，管道直径 $D$，靶径 $d$ 和流量系数 $K_a$ 已知的情况下，只要测出靶上受到的作用力 $F$，便可以求出通过流体的流量 $Q$。

靶式流量计对靶受力的测量目前大多数用力平衡式测量变送方案。例如，应用电动力平衡式或气动力平衡式测量变送器。由于靶式流量计多数情况是用于生产过程流量测量之中，所以大多数做成流量变送器形式，例如电动靶式流量变送器或气动靶式流量变送器等，输出的信号为统一标准的电信号（4～20mA DC）或气压信号（0.02～0.1MPa）。

靶式流量计具有如下的优点：结构简单、安装维护方便、不宜堵塞；它除了可以测量液体、气体和蒸汽的流量外，还可以测量低雷诺数流体的流量（例如大黏度、小流量等）、含有固体颗粒的浆液（泥浆、纸浆、砂浆、矿浆等）；当靶用耐腐蚀材料制造时，它还可以用于各种腐蚀性介质中进行测量。靶式流量计的不足之处是：由于实验工作还不充分，需要进行实流标定；流量计调整零点必须旁路；测量高温、高压流体比节流装置困难。

安装靶式流量计时，仪表前应有 $8D$ 长的直管段，仪表后应有 $5D$ 长的直管段；应安装在水平管道上，并设有旁路，以便调整仪表零点以及维护仪表时不影响生产；安装时必须注意靶的中心与管道轴线同心。

### 3.5.2 均速管流量计

管道中流体流速可以用皮托（pitot）管来测量，但是，它只能测量管道截面上某一点的流体流速，此流速不一定代表流体在管道截面上的平均流速。虽然可以经过多点测量来计算平均流速值，但还不能实现自动测量，实施起来也比较麻烦。

均速管可以测取管道截面几个等面积圆环的速度平均值，即平均动压头，其结构原理如图 3-18 所示。

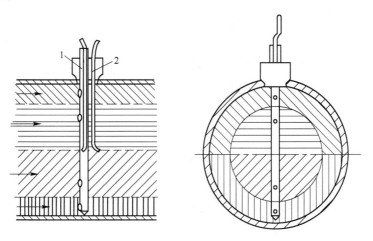

图 3-18　均速管流量计
1—总压管；2—静压管

在总压管 1 面对流体方向开有四个取压孔，每个取压孔测量的是该等面积环形截面的总压头。总压管内另插一根引压管，其开孔正好在管道的轴线，由它引出四个环形截面所测总压头的平均值，即为管道流体的平均总压头。静压管 2 装在背着流体的方向上，其开孔也正好在管道轴线上，引出流体静压头。将平均总压头和静压头接到差压计或差压变送器上，测出两者之压差，便是平均动压头，将平均动压头代入下式可算出流体的流量，公式如下：

$$Q = 0.003996KD^2 \sqrt{\Delta p / \rho}, \quad \text{m}^3/\text{h} \tag{3-21}$$

式中　$D$——管道的内径，mm；

　　　$\Delta p$——压差，即平均动压头，Pa；

　　　$K$——均速管流量系数，由生产厂标定；

　　　$\rho$——流体的密度，kg/m³。

均速管结构简单，安装使用方便，压头损失小，适于测量气体、蒸汽和液体流量，管道内径从几十毫米到几米，一般要求雷诺数 $Re_D \geqslant 10^4$，测量精度通常为 1% ~ 3%。

由于均速管尚未标准化，故制作的均速管应分别标定后使用。均速管的取压孔仅几毫米到十几毫米，因此，它不适于测量含尘多或黏度大的流体流量。

### 3.5.3　涡街流量计

涡街流量计是利用流体振动原理测量流量的新型仪表。它一般用于测量气体和液体的流量。尤其适于大管道上使用，例如煤气、烟道气和自来水等大流量的测量。这种流量计在管道内无可动部件，使用寿命长，压力损失小，精度高，约 ±（0.5% ~ 1%），量程比宽（约 30:1），并且测量几乎不受温度、压力、密度、黏度等变化的影响。仪表输出为频率信号，便于远传、便于流量的积算和与计算机配合使用。

如图 3-19 所示是涡街流量计的原理图。

在流动流体前进的路上垂直地放置一圆柱体或三角柱体，则在圆柱体的后侧就发生旋涡，形成卡门涡街（见图 3-19），它是交替出现的非对称涡街。流体形成稳定涡街必须满足的关系为 $h/l = 0.281$。根据卡门涡街原理，单列涡街产生的频率 $f$ 为

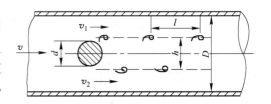

图 3-19　涡街流量计原理图

$$f = S_t \frac{v_1}{d} = S_t \frac{v}{Md} \tag{3-22}$$

$$M = v/v_1$$

式中　$v_1$，$v$——圆柱两侧流体速度和管道流体的平均流速，m/s；

　　　$d$——圆柱体直径，m；

　　　$S_t$——斯特罗哈尔系数，在雷诺数 $Re = 5 \times 10^2 ~ 15 \times 10^4$ 范围内，$S_t$ 基本上是一常数；对圆柱体 $S_t = 0.21$，对三角柱体 $S_t = 0.16$。

令 $\beta = d/D$（$D$ 管道直径），当 $\beta \leqslant 0.35$ 时，$M = 1 - 1.27\beta$，由式（3-19）得

$$v = \frac{d}{S_t}Mf = \frac{d}{S_t}(1 - 1.27\beta)f$$

则流体的体积流量为

$$Q = A_0 v = A_0 \frac{d}{S_t}(1 - 1.27\beta)f \tag{3-23}$$

式中　$A_0$——管道截面积，$m^2$。

可见，当管道内径和圆柱体几何尺寸确定后，体积流量只与涡街产生的频率成正比，而与流体的物理参数（温度、压力、密度、成分等）无关，因此可将式（3-20）写成如下形式：

$$Q = Kf \tag{3-24}$$

式中，$K = A_0(d/S_t)(1 - 1.27\beta)$，称为仪表常数。

如采用如图 3-20 所示的三角形柱体作为旋涡发生体，并设三角柱体迎流面的边长（或宽度）为 $d$，则流体的体积流量 $Q$ 为

$$Q = A_0 \frac{d}{S_t}(1 - 1.5\beta)f \tag{3-25}$$

涡街频率的检测方法有热学法、电容法和差压法等几种，图 3-21 所示是一种热学法。

它采用铂丝作为涡街频率的转换元件，圆柱形涡街发生体上有一段空腔（检测器），被隔板分成两侧；中心位置有一根铂丝，它被加热到比所测流体温度略高 10℃ 左右，并保持温度一定。在产生旋涡的一侧，流体流速降低，静压升高，于是在有旋涡的一侧和无旋涡的一侧之间产生静压差使流体从空腔

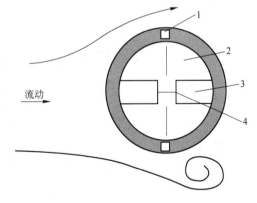

图 3-21　涡街频率的检测
1—导压孔；2—空腔；3—隔板；4—铂丝

图 3-20　三角柱体旋涡发生体

上的导压孔进入，从尚未产生旋涡的一侧流出。这样流体将铂丝上的热量带走，铂丝温度下降，其阻值变小。显然，铂丝阻值变化的频率与旋涡产生的频率相对应，故可通过测量铂丝阻值变化的频率来推算流量。

铂丝阻值的变化频率，可采用电桥将其转换成电压的变化频率，经过放大后而变换成 4~20mA DC 统一标准的电信号，远传给记录仪、显示仪或积算器进行流量显示或记录。

## 复习思考题

3-1　什么叫流量和总（流）量，有哪几种表示方法？

3-2　生产中常用的节流装置有哪几种，它们的使用特点是什么？

3-3　用标准节流装置孔板进行测量时，流体必须满足哪些条件，为什么要求在最小雷诺数（临界雷诺数）以上进行流量测量？

3-4　叙述节流装置的节流原理和取压方式。

3-5　一台 DDZ-Ⅱ型差压变送器与节流装置孔板配套测量流量。差压变送器的测量范围为 $0 \sim 10000$ Pa，对应输出信号 $0 \sim 10$ mA DC，对应流量 $0 \sim 320 \mathrm{m}^3/\mathrm{h}$。求输出信号为 6mA DC 时，差压是多少，相应的流量是多少？

3-6　一套标准孔板流量计测量空气流量，设计时空气温度为 27℃，表压力为 6.665kPa，使用时空气温度为 47℃，表压力为 26.66kPa。试问仪表指示的空气流量相对于空气实际流量的误差（%）是多少，如何进行修正或补偿？

3-7　试比较差压式流量计与转子流量计测量原理的异同。

3-8　有一在标准状态（293.15K，101.325kPa）下用空气标定的转子流量计，现用来测量氮气流量。氮气的表压力为 31.992kPa，温度为 40℃；在标准状态下空气与氮气的密度分别为 $1.205 \mathrm{kg/m}^3$ 和 $1.165 \mathrm{kg/m}^3$。试问当流量计指示值为 $10 \mathrm{m}^3/\mathrm{h}$ 时，氮气的实际流量是多少？

3-9　叙述电磁流量计的工作原理和使用方法。

# 4 物料称量

冶金生产过程所用的各种原料、材料、产品和半成品，种类很多，需要计量准确，因而广泛地采用了电子称量仪表——电子秤。它是通过荷重传感器（又称压头），把物料的质量变换成电信号，输给显示仪表或调节器，实现对物料量的指示、记录和自动控制。它具有结构简单，使用方便，测量准确度高，信号可以远传等优点，适合物料量的自动检测和控制。

电子秤按用途不同可分为皮带秤、料斗秤、吊车秤、轨道衡等。它们的基本原理是类似的，只是在结构上和应用方式上有差异。

## 4.1 电阻应变式自动称量仪表

电阻应变式称量仪表是利用电阻应变效应，将质量转换成相应的电信号，然后加以测量的仪表，它主要由电阻应变荷重传感器、显示仪表及电源等几部分组成。

### 4.1.1 电阻应变荷重传感器

电阻应变荷重传感器是电子秤中常用的一种称重传感器。它是在弹性体元件上粘贴电阻应变片，配置应变检测电桥组成的。

#### 4.1.1.1 弹性体元件

弹性体元件的形式很多，常用的有膜板式和压缩式，前者多用于称重较小的场合，后者多用于称重较大的场合。压缩式弹性体元件如图 4-1 所示。

弹性体元件是一变形元件，由于称重频率不高，所以只需要进行强度计算。

弹性体元件的直径主要由称重 $W$ 来决定。

#### 4.1.1.2 电阻应变片

电阻应变片贴在弹性体元件的内壁与外壁上，它随着弹性

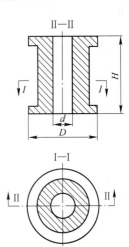

图 4-1 压缩式弹性体元件

体元件的应变而产生应变，其作用是将被称质量转换成电参数变化，以便进一步电测。

电阻应变片的电阻值由下式计算：

$$R = \rho \frac{L}{A} \tag{4-1}$$

式中 $\rho$——电阻丝材料的电阻率，$\Omega \cdot mm^2/m$；

　　$L$——电阻丝的长度，m；

　　$A$——电阻丝的截面积，$mm^2$。

贴在弹性体元件上的电阻应变片随着弹性体元件的应变而产生的应变值为

$$\varepsilon = \frac{\Delta L}{L} \tag{4-2}$$

应变片电阻变化率为 $\Delta R/R$，与应变片应变值的关系为

$$\frac{\Delta R}{R} = K \frac{\Delta L}{L} = K\varepsilon \qquad (4\text{-}3)$$

式中　$\Delta R/R$——应变片电阻变化率，正比于 $\varepsilon$；

　　　　$\varepsilon$——应变片的应变值，正比于 $W$；

　　　　$K$——应变片的灵敏度系数。

式（4-3）就是电阻应变片工作的基本原理。

荷重传感器所用的电阻应变片有丝式和箔式两种。常用应变片材料有康铜、镍铬、镍铬铁、铂铱、铂钨等合金以及硅、锗半导体。电阻应变片的形式如图 4-2 所示。应变片直线段长度 $L = 3 \sim 75\text{mm}$，丝栅宽 $S = 0.03 \sim 10\text{mm}$。

应变片的初始电阻一般为 $10 \sim 300\Omega$，常用的为 $50 \sim 300\Omega$。

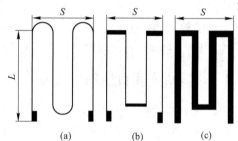

图 4-2　电阻应变片形式

（a），（b）丝式；（c）箔式

### 4.1.1.3　应变检测电桥

工业电子秤通常用 4 个（或 8 个）应变片贴在传感器弹性元件上，并将这些应变片的电阻连接成不平衡电桥，感受荷重引起的应力变化。如图 4-3 是在传感器钢质弹性元件上部对地纵向和横向粘贴应变片 $R_1$、$R_3$ 和 $R_2$、$R_4$。粘贴片的展开示意图如图 4-3 所示。

图 4-4 所示是应变片组成的等臂电桥，当荷重传感器不载荷时（$W=0$），电桥处于平衡状态，则

$$\frac{R_1}{R_2} = \frac{R_4}{R_3}$$

或

$$R_1 R_3 = R_2 R_4$$

此时电桥输出为零。

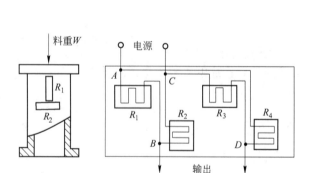

图 4-3　称重传感器贴片展开示意图

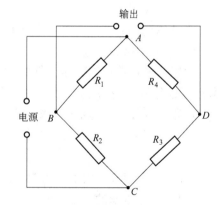

图 4-4　电桥原理图

当荷重传感器受载荷作用时，$R_1$、$R_3$ 受压缩阻值减小，而 $R_2$、$R_4$ 受拉伸阻值增大。则电桥失去平衡，这时

$$(R_1 - \Delta R)(R_3 - \Delta R) \neq (R_2 + \Delta R)(R_4 + \Delta R) \qquad (4-4)$$

电桥有信号输出，即

$$\Delta U = K \frac{\Delta R}{R} E \qquad (4-5)$$

式中    $K$——比例系数；

　　　　$E$——桥路电源。

可以证明，桥路的电源电压 $E$ 一定，桥路输出 $\Delta U$ 与被称炉料的料重 $W$ 成正比，它经过放大器后变换成同一电信号，输至显示仪表显示 $W$ 或输至计算机进行控制。

综上所述，电阻应变式自动称量仪表的工作过程，可示意如下：

料重 $W$ $\xrightarrow{\text{弹性元件}}$ 应变 $\varepsilon$ $\xrightarrow{\text{电阻应变片}}$ 电阻变化 $\Delta R$ $\xrightarrow{\text{电桥}}$ 电压变化 $\Delta U$

$\xrightarrow{\text{转换器}}$ 电流变化 $\Delta I$（4~20mA DC）$\xrightarrow{\text{电流表或数字表}}$ 料重 $W$ 显示或计算机输入信号

### 4.1.2　显示仪表

荷重传感器把非电量的输入（质量）转换成电量输出，通常输出的电压信号很小，不能直接指示，必须经过放大处理，最后显示出被称质量，这就是显示仪表的任务。因此任何一种能测量出微电量的仪表都可以作为显示仪表，如微安表、毫伏变换器、自动电子平衡式仪表，数字式电压表等。只要将仪表的指示值乘上一个比例常数就是质量了。

自动称量仪表所用的显示仪表从显示方式上分为模拟式和数字式两种。

#### 4.1.2.1　模拟式显示仪表

模拟式显示仪表是以指针行程指示质量的，由于指针行程有限，因此精度较低，而且读数有误差，但线路简单。最常用的为电子平衡式仪表，如自动电子电位差计。

#### 4.1.2.2　数字式显示仪表

指针式仪表虽然比较简单，但精度低，读数不直观。工业生产的发展对测量的要求不断提高，随着电子技术的发展，目前广泛使用数字式显示仪表。

SD-2 型电子秤原理方框图如图 4-5 所示。

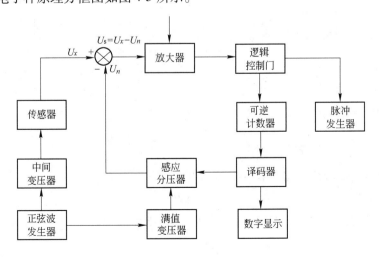

图 4-5　SD-2 型电子秤原理方框图

由传感器送至仪表的电压信号 $U_x$ 与仪表的感应分压器输出的电信号 $U_n$ 进行比较，比较结果表现为相位和幅值的不同，经放大器放大后，由相敏级即可鉴别出 $U_x > U_n$ 或 $U_x < U_n$ 或 $U_x = U_n$，通过逻辑电路发出相应的控制信号，使计数电路进行加或减计算，计算结果由译码器转换成十进制数码，进行数字显示。

当 $U_x > U_n$ 时，控制信号控制计数器进行加法运算，这时感应分压器输出的电压 $U_n$ 不断增加，显示器读数也不断增加。

当 $U_x < U_n$ 时，控制信号控制计数器进行减法运算，感应分压器的输出电压 $U_n$ 不断减小，显示器的读数也不断减小。

当 $U_x = U_n$ 时，控制信号控制计数器停止计数，感应分压器的输出电压 $U_n$ 维持不变，显示器读数也不变。

因为 $U_x$ 值与传感器所受载重成正比，所以在标定时，可以把显示器的读数直接标成质量的数值。

## 4.2　工业电子秤的应用

### 4.2.1　电子皮带秤

电子皮带秤是测量皮带运输量的仪表。瞬时输送量、累计输送总量可以产生信号供给控制器以实现上料自动化。电子皮带秤主要由秤架、荷重传感器（压头）、速度变换器、二次仪表组成。如图4-6所示。

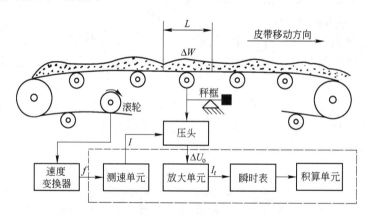

图4-6　电子皮带秤原理方框图

在皮带中间的适当位置上，设置一个专门用作称量的框架，这一段的长度 $L$ 称为有效称量段。某一瞬时 $t$ 在 $L$ 段上的物料量为 $\Delta W$，通过称量框架传给压头使之产生形变。压头上的应变检测桥路输出信号 $\Delta U_o$ 与 $\Delta W$ 成正比。

设皮带有效称量段 $L$ 的单位长度上的称重 $q_t$ 为

$$q_t = \Delta W / L \tag{4-6}$$

假定皮带的移动速度为 $v_t$，则皮带的瞬时输送量 $W_t$ 为

$$W_t = q_t v_t \tag{4-7}$$

将此式与荷重传感器输出电压 $\Delta U$ 的表达式

$$\Delta U = K \frac{\Delta R}{R} E$$

进行比较可知：电量 $\Delta R/R$ 的变化量模拟料重 $q_t$ 的变化，如以桥路的电源电压 $E$ 模拟皮带的传送速度 $v_t$，则桥路输出电压 $\Delta U$ 就代表了物料瞬时输送量 $W_t$。信号经放大单元放大后，输出代表瞬时输送量的电流 $I_t$，由模拟仪表指示瞬时输送量，并由积算单元累计输送总量。

关于皮带传送速度 $v_t$ 与桥路的电源电压上的转换过程，如图 4-6 所示，电子皮带秤采用摩擦滚轮带动速度变换器，把正比与皮带传送速度 $v_t$ 的滚轮转速，转变成电频率信号 $f$，再通过测速单元电路把 $f$ 转换成电流 $I$，供给应变检测桥路，作为桥路的电源电压 $E$。这样，检测桥路电源电压 $E$ 是随皮带传送速度变化的，它就代表了皮带的传送速度 $v_t$。对应桥路输出 $\Delta U$。就代表了物料瞬时的传送量 $W_t$。

实际生产过程中，影响电子皮带称量运行的因素复杂，采用常规仪表局限性很大。近年来已引进微处理机进行数据处理和称料控制，对提高测量准确度、可靠性以及维护水平具有显著作用。

### 4.2.2 吊车秤

这种秤的传感器是安装在吊钩或者行车的小车上的，因此，在吊运的过程中，就可直接称量出物体的质量。这种秤适于工厂、仓库、港口等，最大称量从几吨到百吨以上。

吊钩安装式的吊车秤如图 4-7(a)所示，在起吊后由重物的转动使传感器受扭力而产生误差。为了克服此扭力，在吊环与吊钩之间加了两个防扭转臂，此转臂对被测质量无影响。扭力的作用将通过吊钩、转臂而作用在吊环上，而传感器与吊环和吊钩之间是螺纹的活连接，所以扭力对传感器的作用就很小了。在安装时必须注意转臂与吊钩、吊环上的连板的配合，上、下限位螺母不能拧得太紧。固定安装式吊车秤如图 4-7(b)所示，传感器安装在定滑轮适当部位上，结构简单，但行车移动的扭力影响较大，宜在行车稳定后读记所称的质量。

### 4.2.3 料斗秤

图 4-8 所示为电子料斗秤。料斗由四个传感器支撑，在安装时要考虑冲击力对传感器

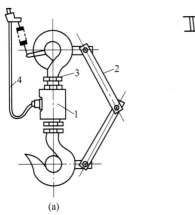
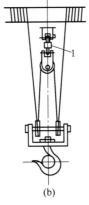
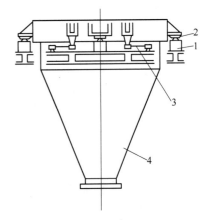

图 4-7 电子吊车秤

（a）吊钩安装方式；（b）固定安装方式

1—传感器；2—防扭转臂；3—限位螺母；4—信号电缆

图 4-8 电子料斗秤

1—传感器；2—防震垫；

3—限位杆；4—料斗

的影响，所以要求采取适当的防振措施。也要注意保持料斗位置的稳定，为此安装了四根限位杆，把料斗拉紧，使料斗在水平方向的移动受到限制。

电子汽车秤、轨道衡、台秤等结构与此相似。

## 复习思考题

4-1 电阻应变荷重传感器是怎样构成的？

4-2 叙述电阻应变式称量仪表的工作过程。

4-3 电子皮带秤由哪几部分组成，物料瞬时输送量是怎样测定的？

4-4 结合工厂实习实践，试说明现场料斗秤是如何称量炉料料重的。

# 5　物位检测

在工业生产过程中，常遇到大量的液体物料和固体物料，它们占有一定的体积，堆成一定的高度。把生产过程中塔、罐、槽等容器中存放的液体表面位置称为液位；把料斗、堆场仓库等储存的固体块、颗粒、材料等的堆积高度和表面位置称为料位；两种互不相溶的物质的界面位置称为界位。液位、料位以及相界面总称为物位。对物位进行测量的仪表被称为物位检测仪表。

物位测量的主要目的有两个：一是通过物位测量来确定容器中的原料、产品或半成品的数量，以保证连续供应生产中各个环节所需的物料或进行经济核算；二是通过物位测量，了解物位是否在规定的范围内，以便使生产过程正常进行，保证产品的质量、产量和生产安全。

## 5.1　浮力式液位计

浮力式液位计是根据浮在液面上的浮子或浮标随液位的高低而产生上下位移，或浸于液体中的浮桶随液位变化而引起浮力的变化原理而工作的。浮力式液位计有两种。一种是维持浮力不变的液位计，称为恒浮力式液位计，如浮子、浮标式等。另一种是在检测过程中浮力发生变化的，称为变浮力式液位计，如沉筒式液位计等。

浮力式液位计结构简单，造价低，维护方便，因此在工业生产中应用广泛。

### 5.1.1　恒浮力式液位计

恒浮力式液位计如浮子式液位计，它是利用浮子本身的质量和所受的浮力均为定值，使浮子始终漂浮在液面上，并跟随液面的变化而变化的原理来测量液位的。

图 5-1 为机械式就地指示的液位计示意图。浮子和液位指针直接用钢带相连，为了平衡浮子的质量，使它能准确跟随液面上下灵活移动，在指针一端还装有平衡锤，当平衡时可用下式表示：

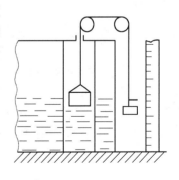

$$G - F = W$$

式中　$G$——浮子的质量；

　　　$F$——浮子所受的浮力；

　　　$W$——平衡锤的质量。

当液位上升时，浮子所受的浮力 $F$ 增大，即 $G-F$ 小于 $W$，使原有的平衡关系被破坏，平衡锤将通过钢带带动

图 5-1　机械式就地指示液位计

浮子上移；与此同时，浮力 $F$ 将减小，即 $G-F$ 将增大，到 $G-F$ 重新等于 $W$ 时，仪表又恢复了平衡，即浮子已跟随液面上移到了一个新的平衡位置。此时指针即在容器外的刻度尺上指示出变化后的液位。当液位下降时，与此相反。

式中 $G$、$W$ 均可视为常数，因此，浮子平衡在任何高度的液面上时，$F$ 的值均不变，所以把这类液位计称为恒浮力式液位计。

### 5.1.2　变浮力式液位计

　　变浮力式液位计如沉筒式液位计，它的检测元件是沉浸在液体中的沉筒。当液面变化时，沉筒被液体浸没的体积随着变化而受到不同的浮力，通过测量浮力的变化，可以测量液位，如图 5-2 所示。沉筒 1 垂直地悬挂在杠杆 2 的一端，杠杆 2 的另一端与扭力管 3、芯轴 4 的一端垂直地固定在一起，并由固定在外壳上的支点所支撑。芯轴的另一端为自由端，用来输出角位移。

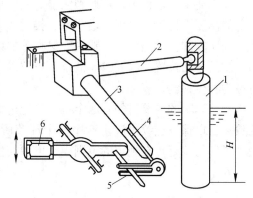

图 5-2　沉筒式液位计
1—沉筒；2—杠杆；3—扭力管；4—芯轴；
5—推杆；6—霍尔元件

　　浮力的测量是通过扭力管来实现的。当液位低于沉筒时，沉筒的全部质量作用在杠杆上，因而作用在扭力管上的扭力矩最大，扭力管带动芯轴扭转的角度最大（朝顺时针方向），这一位置就是零液位。当液面高于沉筒下端时，作用在杠杆的力为沉筒质量与其所受浮力之差，因此，随着液位升高，浮力增大而扭力矩逐渐减小，扭力管所产生的扭角也相应减小（朝逆时针方向转回一个角度）。在液位最高时，扭角最小，即转回的角度越大。这样就把液位变化转换成芯轴的角位移，再经推杆带动霍尔元件在磁场中做近似直线的位移（从下朝上），从而把液位的变化转换为相应的电动势信号输出（转换原理见 2.3.1）。输出的电动势经调制、放大后变换为 4 ~ 20mA DC 标准统一信号，作为液位的记录或控制信号。

## 5.2　差压式液位计

　　差压式液位计是利用容器内的液位变化时，液柱产生的静压也相应变化的原理而工作的。

　　差压式液位计的特点是：

　　（1）检测元件在容器中几乎不占空间，只需在容器壁上开一个或两个孔即可。

　　（2）检测元件只有一两根导压管，结构简单，安装方便，便于操作维护，工作可靠。

　　（3）采用法兰式差压变送器可以解决高黏度、易凝固、易结晶、具有腐蚀性、含有悬浮介质的液体液位测量问题。

### 5.2.1　用普通差压变送器测量液位

　　敞口容器的液位检测如图 5-3（a）所示。差压变送器（DDZ-Ⅲ型）的高压室与容器的下部取压点相连，低压室则与液位上部的空间即当地的大气压相连。差压变送器安装的位置较最低液位低 $h_1$，并低于容器底 $h_2$，需要检测的液位为 $H$。这时压差计两侧的压力分别为

$$p_1 = H\rho g + (h_1 + h_2)\rho g$$

$$p_2 = 0 \quad （表压）$$

因此，压差为

$$\Delta p = p_1 - p_2 = H\rho g + (h_1 + h_2)\rho g = H\rho g + Z_0 \tag{5-1}$$

式中　$\rho$——容器内液体的密度；

　　　$Z_0$——零点迁移量，$Z_0 = (h_1 + h_2)\rho g$；

　　　$g$——重力加速度。

由式（5-1）可见，当液位 $H = 0$ 即最低液位时，$\Delta p = Z_0$，变送器就有一个与 $Z_0$ 相应的电流信号输出。由于 $Z_0$ 的存在，变送器输出信号不能正确反映液位的高低。变送器正常使用要求是，当液位从零变化到最高位置时，变送器输出电流对应为 4~20mA DC。因此，必须设法抵消 $Z_0$ 的影响。当差压变送器安装位置固定后，$Z_0$ 便是一个固定值，这时可将变送器的零点沿 $\Delta p$ 的坐标正方向迁移一个相应的位置，图5-3(b)所示。采取的办法是，调整变送器内部设置的零点迁移弹簧（见图2-7），改变弹簧的张力来抵消 $Z_0$ 的作用力，这称为零点正迁移，从而使变送器可满足正常使用的要求。例如，按图5-3(a)安装一台 DDZ-Ⅲ 型差压变送器，测量敞口容器的液位，设该变送器测量上、下限范围为 0~4.905kPa（相当 0~500mmH₂O），即量程为 4.905kPa，输出信号为 4~20mA DC。设 $Z_0 = 1.962$kPa（相当于 200mmH₂O），如果不进行零点迁移，则当液位 $H = 0$ 时，$\Delta p = 1.962$kPa，变送器的输出信号必大于 4mA DC；当液位 $H = H_{max}$ 时，$\Delta p = 4.905 + 1.962 = 6.867$kPa，超过变送器的测量上限，输出信号大于 20mA DC。这种情况不符合变送器正常使用要求，因此，必须将变送器的零点正向迁移到 $Z_0$ 的位置，使变送器的输出信号与液位之间保持正常关系。这时，变送器测量范围的下限改变为 1.962kPa，上限改变为 6.867kPa，但量程仍是 4.905kPa，输出信号仍是 4~20mA DC。可见，零点迁移的实质是同时改变差压变送器的上限与下限（即测量范围），即相当于把测量上、下限的坐标同时平移一个位置，而不改变量程的大小，以适应现场安装变送器的条件。

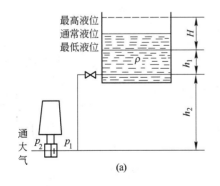
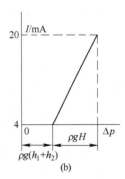

图5-3　敞口容器液位测量

（a）差压变送器的安装；（b）零点正迁移坐标图

由于差压变送器安装位置的不同，零点迁移除上述正迁移外，还有需进行负迁移的。正负迁移的基本原理相同。

### 5.2.2    用法兰式差压变送器测量液位

用普通差压变送器测量液位时，容器内的液体用导压管接到差压变送器的正压室，要
求液体是清洁的。有腐蚀性、含固体颗粒、易结晶、
易沉淀或黏度大的液体，容易堵塞导压管，此时应
采用法兰式压差变送器。这种变送器通过法兰与容
器内的液体接触，如图5-4所示。法兰测头是一个
不锈钢膜盒，膜盒内充以硅油，用毛细管引到差压
变送器的测量室。显然，差压变送器借法兰与被测
液体隔离，法兰与液体接触端面受到的压力作用于
膜盒，通过膜盒毛细管内的硅油将压力传递到差压
变送器的正负测量室内，从而测出液体的液位。法
兰测头的结构形式分为平法兰和插入式法兰两种，
如图5-4所示。

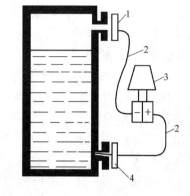

图5-4　法兰式差压变送器测量液位示意图
1—平法兰测头；2—毛细管；3—差压
变送器；4—插入式法兰测头

使用差压计测量液位时，注意两个问题：

（1）遇到含有杂质、结晶、凝聚或自聚的被测
介质，用普通的差压变送器可能引起连接管线的堵塞，此时需要法兰式差压变送器。

（2）当差压变送器与容器之间安装隔离罐时，需要进行零点迁移。

## 5.3    电容式物位计

### 5.3.1    检测原理

在平板电容器之间，充以不同的介质时，电容量大小就有所不同，因此可通过测量电
容量变化的办法来测定液位、料位或不同液体的分界面。

电容物位传感器大多是圆形电极，是一个同轴的圆筒形电容器，如图5-5所示。

电极1、2之间充以被测介质。圆筒形电容器的电容量 $C$ 为

$$C = \frac{2\pi\varepsilon L}{\ln(D/d)} \qquad (5\text{-}2)$$

式中　$L$——两极板间互相遮蔽部分的长度；

　　$d$，$D$——内、外电极的直径；

　　$\varepsilon$——极板间介质的介电系数，$\varepsilon = \varepsilon_0\varepsilon_r$。

其中 $\varepsilon_0 = 8.84 \times 10^{-12} \text{F/m}$，为真空（或干空气）近似的介
电系数，$\varepsilon_r$ 为介质的相对介电系数：水的 $\varepsilon_r = 80$，石油的 $\varepsilon_r = 2 \sim 3$，聚四氟乙烯塑料的 $\varepsilon_r = 1.8 \sim 2.2$。

所以当 $D$ 和 $d$ 一定时，电容量 $C$ 的大小与极板的长度 $L$ 和介
质的介电系数的乘积成正比。这样，将电容传感器插入被测介质
中，电极浸入介质中的深度随物位高低而变化，电极间介质的升
降，必然会改变两极板间的电容量，从而可测出液位。

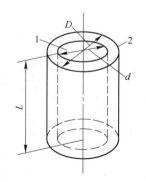

图5-5　圆筒形电容器
1—内电极；2—外电极

### 5.3.2 电容物位传感器

电容传感器（又称为探头）视用途不同，形式是多种多样的，归纳起来可以分为导电液体、非导电液体及固体粉状料三种不同用途的传感器。

#### 5.3.2.1 导电液体用电容传感器

水、酸、碱、盐及各种水溶液都是导电介质，需采用绝缘电容传感器。如图 5-6 所示。一般用直径为 $d$ 的不锈钢或紫铜棒做电极 1，外套聚四氟乙烯塑料绝缘管或涂以搪瓷绝缘层 2。电容传感器插在容器（直径为 $D_0$）内的液体中，当容器中的液体放空，液位为零时，电容传感器的内电极与容器壁之间构成的电容，为传感器的起始电容 $C_0$：

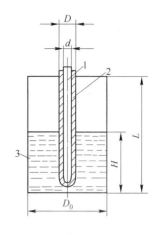

图 5-6　导电液体液位测量
1—内电极；2—绝缘套管；3—容器

$$C_0 = \frac{2\pi\varepsilon'_0 L}{\ln \dfrac{D_0}{d}} \tag{5-3}$$

式中　$\varepsilon'_0$——电极绝缘套管和容器内的空气介质共同组成的电容的等效介电系数。

当液位高度为 $H$ 时，导电液体相当于电容器的另一极板。在 $H$ 高度上，为外电极的直径变为 $D$（绝缘管直径），内电极直径为 $d$，于是，电容传感器的电容量 $C$ 为：

$$C = \frac{2\pi\varepsilon H}{\ln \dfrac{D}{d}} + \frac{2\pi\varepsilon'_0 (L - H)}{\ln \dfrac{D_0}{d}} \tag{5-4}$$

式中　$\varepsilon$——绝缘导管或陶瓷涂层的介电系数。

式（5-4）与式（5-3）相减，便得到液位高度为 $H$ 的电容变化量 $C_x$

$$C_x = C - C_0 = \frac{2\pi\varepsilon H}{\ln \dfrac{D}{d}} - \frac{2\pi\varepsilon'_0 H}{\ln \dfrac{D_0}{d}} \tag{5-5}$$

由于 $D_0 \gg d$，通常，$\varepsilon'_0 \ll \varepsilon$，则上式 $\dfrac{2\pi\varepsilon'_0 H}{\ln \dfrac{D_0}{d}}$ 一项可以忽略，于是可得电容变化量为

$$C_x = \frac{2\pi\varepsilon}{\ln \dfrac{D}{d}} H = SH \tag{5-6}$$

式中　$S$——传感器的灵敏度系数，$S = \dfrac{2\pi\varepsilon}{\ln \dfrac{D}{d}}$。

实际上对于一个具体传感器，$D$、$d$ 和 $\varepsilon$ 和是基本不变的，故测量电容变化量可知道液位的高低。$D$ 和 $d$ 越接近，$\varepsilon$ 越大，传感器灵敏度越高。如果 $\varepsilon$ 和 $\varepsilon'_0$ 在测量过程中变

化，则会使测量结果产生附加误差。

应当指出，液体黏滞性大时，会黏在电极上，严重影响测量准确度。因此这种电容传感器不适于黏度较高或者黏附力强的液体。

**5.3.2.2 非导电液体用电容传感器**

非导电液体，不要求电极表面绝缘，可以用裸电极作内电极，外套以开有液体流通孔的金属外电极，通过绝缘环装配成电容传感器，如图5-7所示。

当液位为零时，传感器的内外电极构成一个电容器，极板间的介质是空气，这时的电容量为$C_0$：

$$C_0 = \frac{2\pi\varepsilon_0 L}{\ln \dfrac{D}{d}} \tag{5-7}$$

式中  $d$——内电极的外径；

　　　$D$——外电极的内径；

　　　$\varepsilon_0$——空气的介电系数。

随着液位的上升，电极的一部分被介质淹没。设液体相对介电系数为$\varepsilon_r$，则传感器电容量$C$为：

$$C = \frac{2\pi\varepsilon_0\varepsilon_r H}{\ln \dfrac{D}{d}} + \frac{2\pi\varepsilon_0(L - H)}{\ln \dfrac{D_0}{d}} \tag{5-8}$$

式（5-8）与式（5-7）相减，得传感器的电容变化量$C_x$为

$$C_x = \frac{2\pi\varepsilon_0(\varepsilon_r - 1)}{\ln \dfrac{D}{d}} H = S'H \tag{5-9}$$

式中  $S'$——传感器的灵敏度系数。

由于$D$、$d$、$\varepsilon_0$、$\varepsilon_r$对于一个传感器而言是一定的，因此测定电容变化量$C_x$，即可测定液位$H$。

**5.3.2.3 粉状物料用电容传感器**

在测量粉状非导电介质（如干燥水泥、粮食等）的料位时，上述套筒式传感器（见图5-7）就不适用，因为粉料黏性大，填充不进套筒里去，此时可采用裸电极。电容式料位计原理如图5-8所示。图5-8(a)中金属电极插入容器中央作为内电极，金属容器壁作为外电极，粉料作为绝缘介质。如果容器为圆筒形，电容变化量可用式（5-9）计算。图5-8(b)是测量钢筋水泥料仓的料位的。钢丝绳悬在料仓中央，与仓壁中的钢筋构成电容器，粉料作为绝缘介质，电极对地也应绝缘。

电容传感器的电容变化量，经由电容物料转换器变换成0~10mA DC或4~20mA DC统一标准信号输出，便于与记录仪和调节器配合使用，实现物位的指示、记录和自动控制。

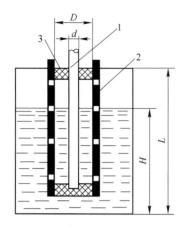

图 5-7　非导电液体液位测量图

1—内电极；2—外电极；3—绝缘环

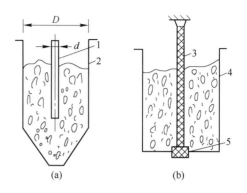

图 5-8　电容式料位计原理

（a）测量金属料仓的料位；（b）测量水泥料仓的料位

1—金属内电极；2—金属容器壁电极；3—钢丝绳

内电极；4—钢筋；5—绝缘体

## 复习思考题

5-1　为什么说浮子式液位计是恒浮力液位计，沉筒式液位计是变浮力液位计？

5-2　叙述差压式液位计的测量原理。

5-3　法兰式差压变送器适合于什么场合测量液位？

5-4　什么叫零点迁移，为何会产生零点迁移，如何进行零点迁移？

# 第2篇 轧制测试技术

## 6 轧制测试技术的电测方法

### 6.1 测试技术综述

#### 6.1.1 测试技术的基本概念

测试技术（有时也称为检测技术）是测量技术和试验技术的总称。测量就是把被测对象中的某种信息检测出来，并加以度量；试验则是把被测系统中存在的某种信息通过专门装置，以某种人为的方法激发出来，并加以测量。简言之，测试就是依靠一定的科学技术手段定量地获取某种研究对象中的原始信息的过程。这里所说的"信息"是指事物的状态或属性，如轧制力、轧制温度、轧制尺寸等即为轧制过程中的基本信息。

测试技术是从 19 世纪末、20 世纪初发展起来的一门新兴技术，迄今已发展成为一门领域相当宽广的学科。随着科学技术的发展，在工农业生产和科学研究中，各种测试技术日益广泛地应用于研究和揭示生产过程中发生的物理现象。当前，测试技术被广泛地应用于冶金、机械、建筑、航空、桥梁、化工、石油、农机、造船、水利、原子能，甚至地震预报、地质勘探、医学等各个领域，并在其中发挥着越来越重要的作用，成为推动国民经济发展和科技进步的一项必不可少的重要基础技术，测试技术的水平也已经成为衡量经济发展和科技现代化的重要标志之一。

近年来，电子技术的发展，特别是仪表和电子计算机技术的迅速发展，大大促进了测试技术的发展。过去依靠人工操作、调节、记录、处理和计算的部分，现在已用计算机的硬件和软件完成。当前，测试技术正向着数字化、自动化、智能化、集成化的方向发展。由于信号的数字处理技术日臻完善，数字测量将大量地取代模拟测量。微处理器在测试技术中的应用推动着测试手段的智能化、自动化，即把传统的测量仪器变成了智能仪器。微处理器的逻辑功能和控制功能实现了自动测量、自动调节、自诊故障，微处理器的数据处理功能则完成测试中的误差校正、数据变换和实验曲线拟合。当前的计算机辅助测试（CAT）大大提高了测量精度和试验工作效率。

#### 6.1.2 测试技术在轧制生产中的作用

在轧制生产中，多数设备是在重载、高温、多尘等恶劣环境下工作的，设备的技术性能和运转状况对生产过程和产品质量有着重要的影响。因此，在保证设备高效能和正常运转的条件下，如何安排生产工艺规程，以便达到高产、优质、低耗是现代轧制生产亟待解决的课题。虽然计算轧制工艺参数有许多理论公式和半经验公式，但这些公式都是在一定条件下推导出来的，必然带有一定的局限性。鉴于目前轧制理论的发展水平，尚不能精确地解决在各种具体生产条件下的工艺参数的计算问题。因此，比较可靠的办法还是对轧制工艺参数进行直接测定，以取得在不同生产工艺条件下的实测数据作为编制生产工艺规程的依据。可见，测试技术对轧制生产和科学研究有以下几方面的作用：

（1）利用现代的测试手段，研究和鉴别生产过程中发生的各种物理现象，对现有工艺、设备、产品质量等进行剖析，以求明确进一步改进方向和改进方案。

（2）摸清现有设备的负荷水平，在保证设备安全运转条件下，充分发挥现有设备潜力，扩大品种、增加产量、提高质量、节能降耗，达到降低成本的目的。

（3）通过大量的测试研究，得出相应的计算公式（如轧制力、力矩的计算公式等）。

（4）通过对测试结果的综合分析，可为科研人员验证现有理论和建立新理论、设计人员确定最佳设计、工艺人员拟定最佳工艺规程等提供科学依据。

（5）通过测定现有设备或新设备主要部件的受力状态、运动规律等，从而判断该设备的性能是否符合设计要求。

（6）在轧制生产的自动控制系统中，也需要对力能参数进行测定，作为系统的反馈信号对生产过程进行自动调节和控制。

总之，没有现代化的测试技术，要发展轧制生产是困难的，甚至是不可能的。实践证明，生产技术的发展是和测试技术的发展息息相关，互相渗透，互相促进的。因为生产发展推动了测试技术的发展，反过来，测试技术的发展又促进了生产技术的不断提高。因此，测试技术水平在一定程度上也标志着生产和科学技术的发展水平。

### 6.1.3　测试方法的分类

目前所用的测试方法很多，难以确切分类。根据测试方法的物理原理，大致可分为机械测量法、光测法、声测法、电测法等。

机械测量法是利用机械器具对被测物理量进行直接测量。如用杠杆应变计测量应变，用机械式测振仪测量振动参量等。

光测法是利用光学的基本理论，用实验的方法去研究物体中的应力、应变和位移等力学问题。如光弹法、云纹法。

声测法是利用声波或超声波在介质中的传播速度和波形衰减情况来估价被测物的质量。如用声波检查混凝土的质量（抗压强度和内部缺陷）等。

电测法是先将被测物理量转换成电量，再用电测仪表进行测量的方法。如用电阻应变仪测量应力应变，用热电高温计测量温度等。

在上述的测试方法中，目前应用最广的是电测法，因为它具有以下特点：

（1）灵敏度高。用应变片和应变仪目前可测到 5 个微应变（$5 \times 10^{-6}$）甚至可以精确到 1 个微应变。

（2）精度高。在一般条件下，常温静态应变测量可达到 1% 的测量精度。

（3）尺寸小、质量轻。基长最短者达 0.3mm，基宽最窄达 1.4mm，中等尺寸的应变片为 0.1 ~ 0.2g。对于测量的试件来说，可以认为它没有惯性，故把它粘贴在试件表面上之后，不影响试件的工作状态和应力分布。

（4）频率响应快。由于应变片的质量很轻，在测量运动件时，其本身的机械惯性可以忽略，故可认为对应变的反应是立刻的。可测量的应变频率范围很广，从静态到数十万赫的动态应变乃至冲击应变。

（5）测量范围广。不仅能测量应变，而且能测量力、位移、速度等。不仅能测量静止的零件，而且也能测量旋转件和运动件。

（6）能多点、远距离、连续测量和记录。它易于实现测试过程的自动化、数字化和遥测。

（7）可以将不同的被测参数转换成相同的电量，因而可以使用相同的测量仪器和记录仪器。

## 6.2 电测法的基本原理和电测装置的组成

电测装置的组成，如图6-1所示。

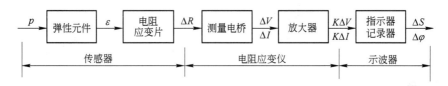

图6-1 电测装置的组成框图

电测装置由三部分组成：

（1）传感器。它的作用是将感受到的机械量（力、力矩、位移、速度、应变等）转换成电量，以便进一步放大、记录或显示。实现这种转换作用的装置称为传感器。它由两部分组成：一部分是直接承受非电量作用的机械零件或专门设计的弹性元件；另一部分是敏感元件，如电阻应变片等。

（2）电阻应变仪。它的作用是将传感器输出的微弱信号进行放大，并以电压或电流形式输出，以推动指示器或记录器工作。例如，YJ-25型静态电阻应变仪、YD-21型动态电阻应变仪等。

（3）示波器（记录器或指示器）。它的作用是记录和显示被测信号，供进一步分析和数据处理之用。它可以是数字显示，也可以是笔录仪、光线示波器、磁带记录器等。

还可以应用电子计算机及带有微处理机的数据处理仪自动地对实验数据进行采集和分析处理，直接给出高精度的试验结果。

## 6.3 电阻应变片及其测量电路

### 6.3.1 电阻应变片的构造和工作原理

电阻应变片简称为应变片或应变计。其作用是将被测试件的机械量（应变）转换成电量（电阻），以供电子仪器进行测量。因此，它是非电量电测法中最常用的一种转换元件。

#### 6.3.1.1 应变片的构造

无论何种应变片，一般均由基底、黏结层、敏感栅、覆盖层以及引线等构成，典型的纸基金属丝应变片构造如图6-2所示。

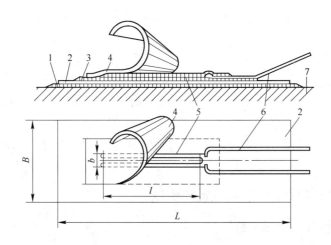

图 6-2　纸基金属丝应变片的构造

1，3—黏结层；2—基底；4—覆盖层；5—敏感栅；6—引线；7—试件

A　基底

基底的作用是固定和支撑敏感栅。在应变片的制造和储存过程中，保持其几何形状不变。当把它粘贴在试件上之后，与黏结层一起将试件的变形传递给敏感栅，同时又起到敏感栅与试件之间的电绝缘作用，避免短路。

对基底材料的要求是机械性能好、防潮性好、绝缘好、热稳定性好、线膨胀系数小、柔软便于粘贴等。

由于使用场合不同，采用的基底材料也不相同，常温应变片的基底材料有纸基和胶基两种。

纸基一般用多孔性、不含油分的薄纸（厚度约为 0.02 ~ 0.05mm），例如拷贝纸、高级香烟纸等。纸基的优点是柔软、易于粘贴、应变极限大、价廉等，缺点是防潮、绝缘和耐热性稍差。使用温度为 -50 ~ 80℃。

胶基一般用酚醛树脂、环氧树脂以及聚酰亚胺等有机聚合物薄膜（厚度约为0.03mm），其中，尤以聚酰亚胺为最佳。胶基的优点是强度高、耐热、防潮和绝缘等方面均优于纸基。使用温度为 -50 ~ 170℃，聚酰亚胺的使用温度可达 300℃。

高温应变片的基底材料为石棉、无碱玻璃布以及金属薄片（镍铬铝片或不锈钢片）等，使用温度为400℃。

B　敏感栅

敏感栅是应变片的敏感元件，其作用是感受欲测试件的机械应变，并把它转换成电阻变化。敏感栅的材料有金属（高电阻合金丝或箔）和半导体（硅、锗等）两大类。它应满足下列要求：

（1）灵敏系数大，而且为常数，能在较大的应变范围内保持线性。

（2）电阻率高，以便制造小型应变片，供测量应力集中用。

（3）电阻温度系数小，具有足够的热稳定性。

（4）加工和焊接性能好，以利于制成细丝或箔片。

（5）具有足够的机械强度，以免制片时被拉断。

目前使用最多的是铜镍合金，因为它的灵敏系数比较稳定，能在较大的应变范围内保持不变。此外，它还具有电阻率高、电阻温度系数低、易于加工、价廉等优点。

镍铬合金的主要特点是电阻率高，约为康铜的两倍，但其电阻温度系数大，常用于不能使用铜镍合金的较高温度场合。

镍铬铝合金是镍铬合金的改良型，它兼有以上两种合金的优点，既有较高的灵敏系数和电阻率，又有较低的电阻温度系数，因此也是一种较理想的敏感栅材料。然而，由于制造工艺复杂，焊接性能差，故目前主要用于制造中、高温应变片。

C  黏结层（剂）

黏结层的作用是将敏感栅固定在基底上或将应变片基底固定在被测试件的表面上。

D  覆盖层

覆盖层的作用是帮助基底维持敏感栅的几何形状，同时保护敏感栅不与外界金属物接触，以免短路或受到机械损伤，覆盖层的材料一般与基底材料相同。

E  引线

引线的作用是把敏感栅接入测量电路，以便从敏感栅引出电信号。引线材料一般用低阻值的镀锡铜丝，直径为 $\phi 0.15 \sim 0.20 \text{mm}$，长度为 $40 \sim 50 \text{mm}$。高温应变片引线用镍铬铝丝。

6.3.1.2  应变片的种类

电阻应变片的种类很多，分类方法也各异。通常是按敏感栅材料分为导体（金属）应变片和半导体应变片；此外，按敏感栅数目、形状和配置分，有单轴应变片、多轴应变片（应变花）和特殊型应变片；按基底材料分，有纸基应变片、胶基应变片和金属基应变片；按应变片的工作温度分，有常温、中温、高温、低温和超低温应变片；按粘贴方式分，有粘贴式、焊接式、喷涂式和埋入式应变片。现介绍常见的金属丝式应变片和箔式应变片。

（1）纸基金属丝式应变片（简称丝式应变片）。按金属丝的缠绕形式分，有丝绕式［如图 6-3(a) 所示］和短接式［如图 6-3(b) 所示］应变片。其敏感栅由一根直径为 $\phi 0.02 \sim 0.05 \text{mm}$ 的高电阻合金丝绕制成栅状，用黏接剂把它黏贴在绝缘的两层薄纸（基底和覆盖层）之间。

优点是制造简单、价格低廉、粘贴容易，因而目前国内还在使用。

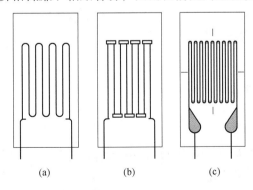

图 6-3  金属丝式应变片

（a）金属丝式应变片(丝绕式)；（b）金属丝式应变片（短接式）；

（c）金属箔式应变片

缺点是防潮性和耐热性差，只适用于室内 60℃ 以下的常温、干燥和短期测量场合，而且需采取防潮措施。此外，横向效应大，难以制成基长小于 2mm 的应变片。

（2）胶基金属箔式应变片（简称箔式应变片）。它是由非常薄（厚度为 0.001 ～ 0.010mm）的高电阻合金箔制成栅状，如图 6-3（c）所示。制片时，先在金属箔的一面涂上一层树脂，经聚合处理后形成胶膜作为基底。然后在箔的另一面涂上一层感光剂，采用光刻腐蚀技术制成所要求的敏感栅形状。

与丝式应变片相比，箔式应变片具有以下优点：

1）输出信号大（金属箔的表面积大、散热条件好，允许通过较大的电流），以致不必放大即可直接推动指示器或记录器，从而大大地简化了测量装置。

2）可制成基长很小（达 0.3mm）和各种特殊形状的应变片，以适应各种不同的测量对象和试验要求，这是丝式应变片无法比拟的。

3）横向效应小（因敏感栅端部横向部分宽），从而提高了应变测量精度。

4）绝缘和防潮性能好，因为它的基底是胶膜而不是纸。

缺点是在试件弯曲处粘贴应变片困难。

### 6.3.1.3　电阻应变片的工作原理

把电阻应变片用胶黏剂贴在需要测量物体的表面上，则应变片金属丝的电阻值会随被测物体表面的变形而改变。

现截取应变片敏感栅（金属丝）的一部分，如图 6-4 所示，以求其电阻变化率与应变量之间的关系。

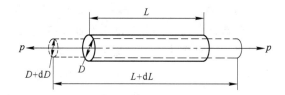

图 6-4　金属丝拉伸后几何尺寸的变化

由物理学可知，金属材料的电阻值与两个因素有关：一是几何尺寸；二是材料性质——电阻率。当金属丝未受外力作用时，其原始电阻值 $R$ 为

$$R = \rho \frac{L}{A} \tag{6-1}$$

式中　$\rho$——金属丝的电阻率，$\Omega \cdot mm^2/m$；

　　　$L$——金属丝的长度，m；

　　　$A$——金属丝的横截面积，$mm^2$。

当金属丝受到轴向力 $P$（或应变 $\varepsilon$）作用时，不仅它的几何尺寸（长度和横截面积）变化，而且电阻率 $\rho$ 也发生变化（见图 6-4），故其电阻值 $R$ 也随之发生变化。为求得电阻变化率（电阻值的相对变化），将式（6-1）两端取对数后，再进行全微分，得电阻变化率 $\dfrac{dR}{R}$ 为

$$\frac{\mathrm{d}R}{R} = \frac{\mathrm{d}\rho}{\rho} + \frac{\mathrm{d}L}{L} - \frac{\mathrm{d}A}{A} \tag{6-2}$$

当敏感栅为圆截面（金属丝），直径为 $D$ 时，其横截面积变化率 $\dfrac{\mathrm{d}A}{A}$ 为

$$\frac{\mathrm{d}A}{A} = 2\frac{\mathrm{d}D}{D} = -2\mu\frac{\mathrm{d}L}{L} = -2\mu\varepsilon \tag{6-3}$$

当敏感栅为矩形截面（金属箔），宽度为 $B$，厚度为 $H$ 时，其横截面积变化率为

$$\frac{\mathrm{d}A}{A} = \frac{\mathrm{d}B}{B} + \frac{\mathrm{d}H}{H} = -\mu\frac{\mathrm{d}L}{L} - \mu\frac{\mathrm{d}L}{L} = -2\mu\varepsilon \tag{6-4}$$

式中　$\dfrac{\mathrm{d}D}{D}$，$\dfrac{\mathrm{d}B}{B}$，$\dfrac{\mathrm{d}H}{H}$——敏感栅材料的横向应变；

$\dfrac{\mathrm{d}L}{L}$——敏感栅材料的纵向应变，$\dfrac{\mathrm{d}L}{L} = \varepsilon$；

$\mu$——敏感栅材料的泊松比，负号表示二者变化方向相反。

由式（6-3）和式（6-4）可见，不论敏感栅横截面形状如何，其结果是相同的。故将此二式之一代入式（6-2），整理后，得

$$\frac{\mathrm{d}R}{R} = (1 + 2\mu)\varepsilon + \frac{\mathrm{d}\rho}{\rho} \tag{6-5}$$

或

$$\frac{\mathrm{d}R}{R}\bigg/\varepsilon = (1 + 2\mu) + \frac{\mathrm{d}\rho}{\rho}\bigg/\varepsilon \tag{6-6}$$

令

$$K_0 = (1 + 2\mu) + \frac{\mathrm{d}\rho}{\rho}\bigg/\varepsilon \tag{6-7}$$

将式（6-7）代入式（6-6），得

$$\frac{\mathrm{d}R}{R}\bigg/\varepsilon = K_0$$

因此

$$\frac{\mathrm{d}R}{R} = K_0\varepsilon \quad \text{或} \quad \frac{\Delta R}{R} = K_0\varepsilon \tag{6-8}$$

$K_0$ 为一段敏感栅材料的应变灵敏系数或灵敏度，它仅与敏感栅材料性质有关。其物理意义是单位应变所引起敏感栅材料的电阻变化率，它表示敏感栅材料的电阻值随着机械应变而发生变化的"灵敏程度"。在同一应变 $\varepsilon$ 的条件下，$K_0$ 越大，单位应变引起的电阻变化越大。

式（6-8）是金属丝电阻变化率与应变的基本关系式。它表明，敏感栅材料的电阻变化率与应变呈线性关系。如果已知 $K_0$，再测出 $\dfrac{\Delta R}{R}$，就可求出应变 $\varepsilon$，这就是金属应变片的工作原理。

实测中，$K_0$ 和 $R$ 是已知的，只是将电阻变化量 $\Delta R$ 通过适当的变换后，在电阻应变仪上直接读出所对应的应变量 $\varepsilon$。

在电阻应变测量中，由于应变片的电阻变化量很小，用一般的测量仪表不能精确地直接测量出来，因此，必须采用一定形式的测量电路，将这微小的电阻变化量转换成电压或

电流变化，以便进行信号放大。测量电路通常采用电桥电路。

### 6.3.2  测量电路

6.3.2.1  电桥电路及其分类

最简单的电桥电路如图 6-5 所示，它是由四个电阻 $R_1$、$R_2$、$R_3$ 和 $R_4$ 作为桥臂，头尾相接而成。可取一、二或四个桥臂为应变片。当为前两种形式时，在其余桥臂中接入精密无感固定电阻。四个电阻的连接点 $A$、$B$、$C$、$D$ 称为电桥顶点，$A$、$C$ 二顶点接电源 $U_0$ 称为供桥端或输入端，$B$、$D$ 二顶点接测量仪表称为测量端或输出端。

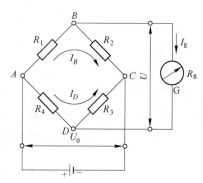

图 6-5   直流电桥

电桥可有下述几种分类方法。

A   按供桥电源分类

（1）直流电桥。即采用直流电源供桥。当电桥输出信号功率足够大，而不采用放大环节时，或采用自激调制放大环节时，可采用直流电桥。

（2）交流电桥。一般采用频率较高（音频范围）的交流电源供桥。当采用载波调制放大环节时，可采用交流电桥。

B   按电桥工作方式分类

（1）平衡电桥。测量前将电桥调整为平衡状态。测量时因桥臂阻值发生变化使电桥失去平衡，此时调节电桥的某桥臂的电阻值，使电桥回复到平衡状态即电桥输出为零。再以该桥臂电阻的调整量读出被测信号的大小。这种方法也叫"零读法"。平衡电桥的优点是测量精度高，因为读数与电源电压无关。但此法读数前要经过平衡调节，故只用于静态测量。

（2）不平衡电桥。测量前将电桥调整为平衡状态。测量时因桥臂阻值发生变化使电桥失去平衡，此时可在其测量端接指示仪表直接读出输出的电压或电流值。若测量端接示波器记录，可用于动态测量。在传感器应用中主要使用不平衡电桥。

C   按电桥输出信号分类

（1）电压输出电桥。当电桥的输出端接放大器（如应变仪的放大器）时，因放大器的输入阻抗高，远大于电桥的输出阻抗，电桥的输出端可视为开路状态，即只有电压输出，则该类电桥称为电压输出电桥。

（2）功率输出电桥。当电桥的输出端接电流表（内阻极小）时，为使电流表得到最大功率，要求电流表内阻与电桥输出电阻相匹配，该类电桥称为功率输出电桥。

D   按电桥桥臂阻值分类

（1）全等臂电桥。也称为四等臂电桥，即四个桥臂阻值均相等：$R_1 = R_2 = R_3 = R_4 = R$。

（2）半等臂电桥。$R_1 = R_2 = R_a$，$R_3 = R_4 = R_b$，$R_a \neq R_b$。

E   按外桥臂接线方式分类

在应变测量中，按外桥臂接线方式可分为全桥接线和半桥接线。

（1）全桥接线。若电桥的四个桥臂均接入应变片，在仪器外组成全桥，称为全桥接线（组全桥），如图6-6（a）所示。

（2）半桥接线。若电桥的两个桥臂接入应变片，在仪器外组成外半桥，另外两个桥臂用应变仪内的精密无感电阻组成内半桥，这种接法称为半桥接线（组半桥），如图6-6（b）所示。

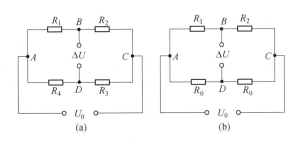

图6-6  电桥的接线方式

（a）全桥；（b）半桥

$R_1 \sim R_4$—应变片；$R_0$—固定电阻

#### 6.3.2.2  电桥的工作原理

A  直流电桥

目前使用的电阻应变仪绝大多数采用交流电桥，交流电桥与直流电桥的根本区别在于是以交流供桥还是直流供桥。但是二者的工作原理是一样的，基本公式也有相似的表达形式。

为讨论方便起见，先以直流电桥为例来讨论电桥的工作原理与特性，然后再推广到交流电桥上去。

图6-5是采用直流电源 $U_0$ 供桥的直流电桥，四个桥臂均为纯电阻形式。图中 $U$ 为电桥的输出电压，而电桥的输入信号则是指各桥臂阻值的相对变化量，即 $\dfrac{\Delta R}{R}$ 或 $\dfrac{\mathrm{d}R}{R}$。

a  直流电桥的平衡条件

电桥的平衡是指电桥在供桥电压 $U_0$ 的作用下，各桥臂阻值不发生变化（即输入信号为零）的条件下，电桥的输出电压也为零（即 $\Delta U = 0$）。

当电桥输出端 $BD$ 接入的负载（仪表或放大器）输入阻抗足够大（与桥臂阻抗相比，负载的阻抗可视为无穷大）时，输出端可视为开路状态（此时电桥只有电压输出，而电流输出为零），因此可以假设把整个电桥分为两个支路 $ABC$ 和 $ADC$，如图6-5所示。

流经 $ABC$ 支路中的电流 $I_B$ 为

$$I_B = \frac{U_0}{R_1 + R_2}$$

$B$ 点的电压 $U_B$ 为

$$U_B = I_B R_1 = \frac{R_1}{R_1 + R_2} U_0$$

同理，在 $ADC$ 支路中，$D$ 点的电位 $U_D$ 为

$$U_D = \frac{R_4}{R_3 + R_4} U_0$$

故电桥的输出电压 $U$ 为 $B$、$D$ 两点之间的电位差，计算方法如下：

$$U = U_{BD} = U_B - U_D = \left(\frac{R_1}{R_1 + R_2} - \frac{R_4}{R_3 + R_4}\right)U_0 = \frac{R_1 R_3 - R_2 R_4}{(R_1 + R_2)(R_3 + R_4)} U_0 \quad (6\text{-}9)$$

式（6-9）说明，输出电压 $U$ 是供桥电压 $U_0$ 的线性函数，它与各桥臂阻值 $R_i$ 和供桥电压 $U_0$ 有关。

由式（6-9）可见，要使电桥的输出电压 $U$ 为零，即电桥处于平衡状态，必须使其分子等于零，即

$$R_1 R_3 - R_2 R_4 = 0$$

或 
$$R_1 R_3 = R_2 R_4 \quad\quad\quad (6\text{-}10)$$

因此把 $R_1 R_3 = R_2 R_4$ 称为直流电桥的平衡条件。为了便于记忆，可理解为，当电桥相对臂的电阻乘积相等时，电桥处于平衡状态。这表明，电桥的平衡与供桥电压及电桥负载无关。如果电桥不满足平衡条件时，则电桥失去平衡，此时电桥输出端就有电压或电流输出。因此，为保证测量精度，在进行测试之前，应使电桥处于平衡状态，以使工作电桥的输出只与应变片感受应变引起的电阻变化有关。

b　电桥的输出

当电桥的输出端接入负载（例如放大器）电阻 $R_g$ 足够大（$R_g \gg R$）时，输出端可视为开路状态，此时电桥输出的是电压信号，称为输出电压。

若各桥臂的应变片 $R_i$ 感受应变产生电阻微小变化 $dR_i$ 时，电桥失去平衡，输出电压 $U$ 也有 $dU$ 变化。由于 $dR_i \ll R_i$，故此时电桥的输出电压可通过微分式（6-9）求得

$$dU = \frac{\partial U}{\partial R_1}dR_1 + \frac{\partial U}{\partial R_2}dR_2 + \frac{\partial U}{\partial R_3}dR_3 + \frac{\partial U}{\partial R_4}dR_4$$

$$= \left[\frac{R_2}{(R_1 + R_2)^2}dR_1 - \frac{R_1}{(R_1 + R_2)^2}dR_2 + \frac{R_4}{(R_3 + R_4)^2}dR_3 - \frac{R_3}{(R_3 + R_4)^2}dR_4\right]U_0$$

$$= \left[\frac{R_1 R_2}{(R_1 + R_2)^2}\left(\frac{dR_1}{R_1} - \frac{dR_2}{R_2}\right) + \frac{R_3 R_4}{(R_3 + R_4)^2}\left(\frac{dR_3}{R_3} - \frac{dR_4}{R_4}\right)\right]U_0 \quad (6\text{-}11)$$

当 $\Delta R_i \ll R$ 时，$\Delta U \approx dU$，故上式可改用增量式表示为

$$\Delta U = \left[\frac{R_1 R_2}{(R_1 + R_2)^2}\left(\frac{\Delta R_1}{R_1} - \frac{\Delta R_2}{R_2}\right) + \frac{R_3 R_4}{(R_3 + R_4)^2}\left(\frac{\Delta R_3}{R_3} - \frac{\Delta R_4}{R_4}\right)\right]U_0 \quad (6\text{-}12)$$

这是电桥的输出电压与各桥臂的电阻增量的一般关系式，称为电桥输出电压的表达式。

为了简化桥路设计，通常采用全等臂电桥，即四个桥臂阻值皆相等（$R_1 = R_2 = R_3 = R_4 = R$），式（6-12）可简化为

$$\Delta U = \frac{1}{4} U_0 \left(\frac{\Delta R_1}{R_1} - \frac{\Delta R_2}{R_2} + \frac{\Delta R_3}{R_3} - \frac{\Delta R_4}{R_4}\right) \quad (6\text{-}13)$$

根据应变片的阻值变化与应变的关系式 $\dfrac{\Delta R_i}{R_i} = K\varepsilon_i$，若各桥臂应变片的灵敏系数 $K$ 值均相等，则输出电压 $\Delta U$ 与各桥臂应变 $\varepsilon_i$ 的关系可表示为

$$\Delta U = \frac{1}{4} U_0 K (\varepsilon_1 - \varepsilon_2 + \varepsilon_3 - \varepsilon_4) \tag{6-14}$$

以上是按四臂工作时讨论的。

在测试技术应用中，常将接入应变片的电桥称为应变电桥。由于被测试件的结构不同，再加上承受多种外力作用，为了测出其中某种外力引起的变形，而排除其他外力的影响，必须合理地选择应变片的数量、粘贴位置和组桥方式。根据电桥的工作桥臂数目，应变电桥可分为半桥单臂、半桥双臂和全桥三种工作方式，如图 6-7 所示。

（1）半桥单臂。若电桥四臂中，只有一个桥臂 $R_1$ 接入应变片 $R$，其余各桥臂皆为固定电阻 $R_0$，即 $\Delta R_2 = \Delta R_3 = \Delta R_4 = 0$，如图 6-7（a）所示，这种电桥称为半桥单臂。在受到外力作用时，应变片阻值只有一微小增量 $\Delta R$，此时电桥的输出电压为

$$\Delta U = \frac{1}{4} U_0 \frac{\Delta R}{R_1} = \frac{1}{4} U_0 \frac{\Delta R}{R} = \frac{1}{4} U_0 K \varepsilon \tag{6-15}$$

（2）半桥双臂。若相邻的两个桥臂 $R_1$ 和 $R_2$ 都接入应变片，其中一枚应变片受拉，另一枚受压；其余两个桥臂 $R_3$ 和 $R_4$ 皆为固定电阻 $R_0$，即 $\Delta R_3 = \Delta R_4 = 0$。如图 6-7（b）所示，这种电桥称为半桥双臂。在受到外力作用时，应变片阻值发生变化。设桥臂 $R_1 = R_1 \pm \Delta R_1$，$R_2 = R_2 \mp \Delta R_2$，$\Delta R_1 = \Delta R_2 = \Delta R$，此时半桥双臂时电桥的输出电压为

$$\Delta U = \frac{1}{4} U_0 \left( \frac{\Delta R_1}{R_1} - \frac{\Delta R_2}{R_2} \right) = 2 \left( \frac{1}{4} U_0 \frac{\Delta R}{R} \right) = 2 \left( \frac{1}{4} U_0 K \varepsilon \right) \tag{6-16}$$

（3）全桥。若电桥四个桥臂都接入应变片，则这种电桥称为全桥。其中两枚应变片 $R_1$ 和 $R_3$ 受拉，其余两枚 $R_2$ 和 $R_4$ 受压，且使受力状态相同的两枚应变片接入电桥的相对桥臂上，如图 6-7（c）所示。在受到外力作用时，其各臂阻值都发生变化 $R_1 = R + \Delta R_1$，$R_2$

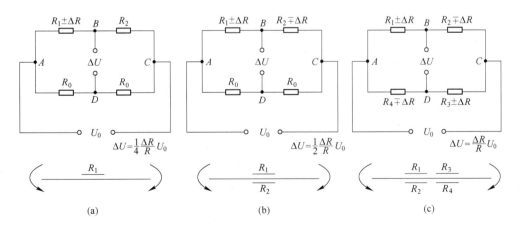

图 6-7　应变片在电桥中的接线方式
（a）半桥单臂；（b）半桥双臂；（c）全桥

$= R - \Delta R_2$，$R_3 = R + \Delta R_3$，$R_4 = R - \Delta R_4$，变化后的阻值分别为 $R_1 + \Delta R_1$，$R_2 - \Delta R_2$，$R_3 + \Delta R_3$，$R_4 - \Delta R_4$，当 $\Delta R_1 = \Delta R_2 = \Delta R_3 = \Delta R_4 = \Delta R$，此时全桥的输出电压为

$$\Delta U = \frac{1}{4} U_0 \left( \frac{\Delta R_1}{R_1} - \frac{\Delta R_2}{R_2} + \frac{\Delta R_3}{R_3} - \frac{\Delta R_4}{R_4} \right) = 4 \left( \frac{1}{4} U_0 \frac{\Delta R}{R} \right) = 4 \left( \frac{1}{4} U_0 K \varepsilon \right) \quad (6\text{-}17)$$

比较式（6-16）和式（6-15）可知，半桥双臂时的电桥输出比半桥单臂接法时的大一倍；而全桥接法时的电桥输出又是半桥单臂接法时的四倍。

综上所述，电桥输出的大小取决于电桥的接线方式，全桥接法可获得最大的输出，故在实际测试中，多用全桥，少用半桥。

B 交流电桥

采用正弦交流电压作为供桥电压的电桥称为交流电桥。由于直流放大器不仅价格高，而且零点漂移大，故目前的静动态应变仪均采用交流放大器，因而使用交流电桥，如图 6-8 所示。交流电桥的四个桥臂皆由阻抗元件 $Z$ 组成，即由电阻、分布电容或电感组合而成。在供桥端 $AC$ 接入正弦交流电源 $u_0 = U_0 \sin\omega t$，在输出端 $BD$ 接交流放大器。因此，在分析交流电桥时，必须用阻抗的方法，不仅要考虑电桥输出信号的幅值，而且要考虑输出信号的相位。

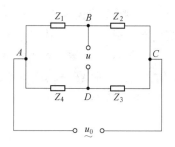

图 6-8 交流电桥

a 交流电桥的特点

（1）交流电桥的各桥臂（包括连接导线）不是纯电阻，而是由电阻、分布电容或电感构成。

（2）直流电桥只有一个平衡条件，即 $R_1 R_3 = R_2 R_4$。而交流电桥则不然，它要求同时满足两个平衡条件——电阻平衡和电容平衡。因此，在交流电桥调平衡过程中，需同时调节电阻平衡和电容平衡。

b 交流电桥的平衡条件

交流电桥与直流电桥的一般规律是相同的，它们的计算公式也相似，因此交流电桥的输出电压公式也与直流电桥相似，为

$$u = \frac{Z_1 Z_3 - Z_2 Z_4}{(Z_1 + Z_2)(Z_3 + Z_4)} u_0$$

故其平衡条件是：

$$Z_1 Z_3 = Z_2 Z_4 \quad (6\text{-}18)$$

即当交流电桥的相对臂阻抗的乘积相等时，电桥处于平衡状态。

c 交流应变电桥的输出电压

在电阻应变测量中，采用的应变电桥是通过桥臂电阻变化测量应变值的。在正常测量情况下，电桥原始状态处于平衡，分布电容比较小，且在测量过程中不允许变化。此时，用应变片构成的交流应变电桥可看作是纯电阻电桥，这样，直流电桥输出电压的基本关系式也适用于交流应变电桥。于是，式（6-13）、式（6-14）可写为

$$\left.\begin{array}{l} \Delta u = \dfrac{1}{4} \left( \dfrac{\Delta R_1}{R_1} - \dfrac{\Delta R_2}{R_2} + \dfrac{\Delta R_3}{R_3} - \dfrac{\Delta R_4}{R_4} \right) u_0 \\[3mm] \Delta u = \dfrac{1}{4} u_0 K (\varepsilon_1 - \varepsilon_2 + \varepsilon_3 - \varepsilon_4) \end{array}\right\} \quad (6\text{-}19)$$

式中　$\Delta u$——交流电桥的输出电压；

　　　$u_0$——交流电桥供桥电压的瞬时值，$u_0 = U_\mathrm{m}\sin\omega t$；

　　　$U_\mathrm{m}$——交流电桥供桥电压的最大值；

　　　$\omega$——供桥电压的角频率；

　　　$t$——时间。

## 6.4　电阻应变仪

利用电阻应变片作为传感元件来测量应变的专用电子仪器称为电阻应变仪。它的功能是将应变电桥的输出电压放大，向显示记录器输出按被测量（应变、应力、力等）变化的电信号。

### 6.4.1　应变仪的组成

如图 6-9 所示，动态电阻应变仪主要由电桥、交流放大器、相敏检波器、低通滤波器、稳压电源和载波振荡器组成。

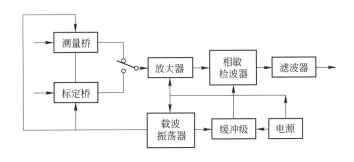

图 6-9　动态电阻应变仪原理方框图

（1）电桥。载波放大式应变仪采用交流电桥，测量电桥由贴在试件上的应变片或固定电阻组成。它的主要作用是将应变片的电阻变化按一定比例转换成电压或电流变化，同时实现应变信号的调制。它由应变仪内的振荡器供给一个振幅稳定的正弦波电压作为桥压，其频率通常比被测信号的频率高 5～10 倍，称为载波。载波信号在电桥内被缓慢变化的被测信号调制后，变成振幅随被测信号的大小而变化的调幅波，然后输至交流放大器放大。这种调幅波有利于采用频率特性要求较低的窄频带交流放大器，从而简化了仪器的结构。

（2）放大器。载波放大式应变仪多采用多级窄频带交流放大器，其作用是将电桥输出的微弱调幅波电压信号进行不失真的电压和功率放大，以便得到足够的功率去推动指示或记录仪表。经放大器放大后的调幅波的频率和相位与电桥输出的调幅波相同，只是振幅放大了。

（3）相敏检波器。相敏检波器的作用是解调，即将放大后的调幅波还原成与被测信号波形相同的波形。它与普通检波器不同之处是能够根据来自放大器的调幅波的相位辨别原来被测信号的极性，即能辨别被测信号是拉应变还是压应变。

（4）低通滤波器。相敏检波后的波形中仍带有高频载波分量和高次谐波。低通滤波器的作用就是把这些残余的载波分量和高次谐波滤掉，而让被测信号波形通过，以便在输出端得到与被测信号变化规律完全一样的、经过放大了的电信号。滤波器一般采用由电感、电容组成的 II 或 Γ 型低通滤波器。在静态应变仪中，其指零仪表本身就有低通滤波作用，因此一般无需另加滤波器。滤波器的频率特性很大程度上决定了应变仪的频率特性。

（5）振荡器。载波放大式应变仪中的振荡器是一个他激电源，用来产生一种幅值稳定的高频正弦波电压，作为电桥的供桥电压（即载波电压），同时提供相敏检波器的参考电压（即解调电压）以实现鉴相解调。静态应变仪的振荡频率（即载波频率）为 500 ~ 2000Hz，动态应变仪为 5 ~ 50kHz，视应变仪工作频率范围而定。

在多通道的动态应变仪中，从振荡器到各通道的相敏检波器之间，常增加一级称为缓冲级的放大器。此放大器一方面起功率放大作用，另一方面起隔离作用，以消除各通道间的相互影响，提高振动器的稳定性。

（6）电源。电源用以供给振荡器和放大器一个稳定的工作电压，一般采用由 220V 交流电供电的直流电子稳压器。该电压不随供电网络电压的波动而波动，也不随负载的变化而变化。

（7）指示仪表或记录器。静态应变仪中的指示器系直流微安（或毫安）表，一般仅作调零指示，也有的兼作读数用。动态应变仪中，被测信号一般是具有一定频率的交变信号，故不宜采用指针式电表，而是将滤波器输出的被测信号送到专门的记录器（如以前常用的光线示波器）进行显示记录。

### 6.4.2　应变仪的工作原理

当测量电桥工作桥臂上的应变片受机械变形而产生电阻变化时，在电桥中调制了由振荡器来的正弦载波，在电桥输出端输出一个微弱的调幅波信号。调幅波的包络线与应变信号相似，频率与载波信号频率相近。

由于电桥输出的电压一般为毫伏级，它无法产生几十毫安电流推动光线示波器振子工作，因此要把这微弱的电压信号送入交流放大器进行无失真放大。放大后的信号保持了应变信号的形状，但功率却大大增加。又由于光线示波器振子的频率响应远低于应变仪电桥电源的角频率，无法将波形记录下来；同时放大后的调幅波形可看成是上下对称的，不能辨别应变片的受力方向，因此要用相敏检波器将上下对称的调幅波形变换成对应于应变片受力方向的波形。这样应变仪输出的信号就能区别应变片是处于受拉还是受压状态。所以要把已放大了的调幅波送入相敏检波器进行解调，即将载波去掉而保留应变信号的调幅波形。

因相敏检波后输出的电流波形中仍然含有载波及其高次谐波分量，它将影响到记录仪器的正常工作，使振子发热。另外，含有载波的波形将使记录曲线模糊。所以还要通过低通滤波器将残余的高频载波及其高次谐波分量去掉，以保留应变信号波形。这个放大了的应变信号就可以推动记录装置工作，从而在记录纸上绘出一条与机械变形过程一致的电信号波形。

综上所述，电阻应变仪的工作原理可简单地概括为调制、放大和解调三个过程。即设法把缓慢变化的应变信号预先变换成频率较高的交流信号，然后送入交流放大器进行放大，最后再把放大后的交流信号输入相敏检波器和滤波器恢复为缓慢变化的电压或电流信号。

应当指出，这种交流应变仪体积庞大、耗电高、数据处理不方便，随着当今工程领域计算机采集技术的飞速发展，这种模拟应变仪已不多使用。现代测量大多使用计算机测试系统进行测量。

## 6.5　计算机测试系统的组成

现代测量充分利用计算机的存储和处理分析能力，使测量系统具有体积小、存储扩展量大、计算机软件丰富、处理能力强的数字化特点，因而具有许多模拟测量无可比拟的优点。计算机采集技术已经变得越来越重要，它也是计算机控制的基础。图 6-10 为计算机测试系统典型的组成框图。

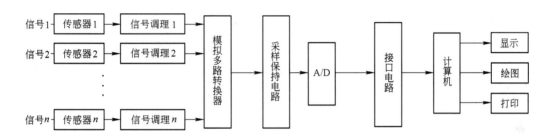

图 6-10　计算机测试系统组成框图

图 6-10 表示，各种性质不同的被测信号通过相应传感器转为电信号，这种电信号可以是电压类、电流类，也可以是阻抗类，但 A/D 转换要求是 0 ~ 5V 直流电压。因而需要通过信号调理环节使不同的输入信号变换成 0 ~ 5V 直流输出，输出大小与信号大小完全对应。信号调理环节还设置不同的滤波频率，对干扰谐波进行过滤，使信号调理输出消除杂波影响。经过信号调理的标准电压接入多路转换器，在选通后进入采样保持器和 A/D 转换芯片进行数字化转换。转换后的数字信号在接口电路里锁存，再进入计算机，存入计算机的存储区，经过运算处理后显示、绘图或打印。

**复习思考题**

6-1　叙述电测法的基本原理和电测装置。

6-2　叙述电阻应变片的构造和工作原理。

6-3　试述应变电桥的工作原理。分别写出半桥单臂、半桥双臂和全桥测量时，输出电压 $\Delta U$ 与桥臂应变 $\varepsilon$（机械应变）的关系式。

6-4　画图说明计算机测试系统的组成，并简述其工作原理。

# 7　应力应变与扭矩测量

## 7.1　零件的应力应变测量

### 7.1.1　应力应变测量的目的和方法

应力应变测量的目的是用实验手段测出零件或结构的应力大小和分布情况，确定危险截面的部位和最大应力值，以校核危险截面的强度，从而探讨合理的结构形式、截面形状和截面尺寸。

测量零件应力应变的方法很多，目前应用最广的是电测法，因为它具有很多优点。电测法是用电阻应变片测出零件的表面应变，再根据应力、应变的关系式计算出应力。

在采用电测法时，首先遇到下面几个问题：应变片按什么方向粘贴在被测零件上，应变片如何组桥连线，哪一种方案是最佳方案。本章重点介绍不同受力状态下应变测量的布片与组桥方案，应力与载荷的计算方法。

### 7.1.2　拉伸（或压缩）的应力应变测量

当主应力方向已知时，只要沿主应力方向粘贴应变片，测出应变值，代入应力-应变公式，即可求出主应力。

#### 7.1.2.1　拉（或压）应变的测量

**A　单臂测量**

选取两枚阻值 $R$ 和灵敏系数 $K$ 皆相等的应变片 $R_1$ 和 $R_2$，其中一枚 $R_1$（工作片）沿受力方向粘贴在被测零件上，如图 7-1(a) 所示；另一枚 $R_2$（补偿片）粘贴在另一块不受力的补偿块上，该补偿块的材质与被测零件相同，并置于同一温度场中，组成半桥，如图 7-1(b) 所示。

零件受到载荷 $P$ 作用后，工作片 $R_1$ 产生由载荷 $P$ 引起的机械应变 $\varepsilon_P$ 和由温度变化引起的热应变 $\varepsilon_{t1}$，即

$$\varepsilon_1 = \varepsilon_P + \varepsilon_{t1}$$

补偿片 $R_2$ 不受载荷 $P$ 作用，只产生由温度变化引起的热应变 $\varepsilon_{t2}$，即

$$\varepsilon_2 = \varepsilon_{t2}$$

因为应变片 $R_1$ 与 $R_2$ 的阻值 $R$ 和灵敏系数 $K$ 以及温度场皆相同，所以 $\varepsilon_{t1} = \varepsilon_{t2}$。

应变片 $R_1$ 和 $R_2$ 接成相邻臂，根据电

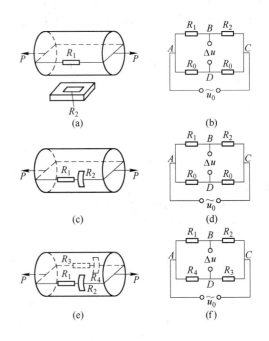

图 7-1　测量拉应变的布片与组桥图
(a) 单臂测量布片；(b) 单臂测量组桥；(c) 半桥测量布片；
(d) 半桥测量组桥；(e) 全桥测量布片；(f) 全桥测量组桥

桥加减特性可知，相邻臂应变片有等值、同号应变时，不破坏电桥平衡，故应变仪读数

$$\varepsilon_{仪} = \varepsilon_1 - \varepsilon_2 = \varepsilon_P \tag{7-1}$$

这就消除了温度的影响，应变仪读数只是由载荷 $P$ 引起的机械应变 $\varepsilon_P$。

此法不能消除偏心载荷产生的附加弯矩的影响，故很少采用。

B 半桥测量

选取两枚阻值 $R$ 和灵敏系数 $K$ 皆相等的应变片 $R_1$ 和 $R_2$，均粘贴在被测零件上，其中一枚 $R_1$ 沿受力方向粘贴，而另一枚 $R_2$ 则垂直于受力方向粘贴，如图 7-1(c)所示，组成半桥，如图 7-1(d)所示。

当零件受到载荷 $P$ 作用后，工作片 $R_1$ 产生由载荷 $P$ 引起的机械应变 $\varepsilon_P$ 和由温度变化引起的热应变 $\varepsilon_{t1}$，即

$$\varepsilon_1 = \varepsilon_P + \varepsilon_{t1}$$

补偿片 $R_2$ 产生由载荷 $P$ 引起的横向机械应变 $\varepsilon'_P$（材料的泊松比为 $\mu$）和温度变化引起的热应变 $\varepsilon_{t2}$，即

$$\varepsilon_2 = -\mu\varepsilon_P + \varepsilon_{t2}$$

因为应变片 $R_1$ 与 $R_2$ 的阻值及和灵敏系数 $K$ 以及温度场皆相同，所以 $\varepsilon_{t1} = \varepsilon_{t2}$。

应变片 $R_1$ 和 $R_2$ 接成相邻臂，应变仪读数

$$\varepsilon_{仪} = \varepsilon_1 - \varepsilon_2 = (1 + \mu)\varepsilon_P \tag{7-2}$$

可见，应变仪读数为真实应变的 $(1 + \mu)$ 倍，因此真实应变等于应变仪读数除以 $(1 + \mu)$，即

$$\varepsilon_P = \frac{\varepsilon_{仪}}{1 + \mu} \tag{7-3}$$

此方案与前一方案比较，既能消除温度的影响，又能测出纵向机械应变，而且使电桥灵敏度提高 $(1 + \mu)$ 倍，并减小了测量误差。同时补偿片粘贴在同一零件上，温度完全一样，故不必另备补偿块。

半桥测量方案虽然很简单，但实际上也很少采用，因为它不能消除偏心载荷产生的附加弯矩的影响，从而造成虚假数值。

C 全桥测量

选取四枚阻值 $R$ 和灵敏系数 $K$ 皆相等的应变片 $R_1$、$R_2$、$R_3$、$R_4$，其中 $R_1$、$R_3$ 为工作片，沿受力方向粘贴，$R_2$、$R_4$ 为补偿片，则垂直于受力方向粘贴，如图 7-1（e）所示，组成全桥，如图 7-1(f)所示。当受载荷 $P$ 作用与温度变化时，各枚应变片感受的应变分别为

$$\varepsilon_1 = \varepsilon_P + \varepsilon_{t1}$$

$$\varepsilon_2 = -\mu\varepsilon_P + \varepsilon_{t2}$$

$$\varepsilon_3 = \varepsilon_P + \varepsilon_{t3}$$

$$\varepsilon_4 = -\mu\varepsilon_P + \varepsilon_{t4}$$

因为各枚应变片的阻值 $R$ 和灵敏系数 $K$ 以及温度场皆相同，所以 $\varepsilon_{t1} = \varepsilon_{t2} = \varepsilon_{t3} = \varepsilon_{t4}$。各枚应变片组全桥，应变仪读数

$$\varepsilon_{\text{仪}} = \varepsilon_1 - \varepsilon_2 + \varepsilon_3 - \varepsilon_4$$
$$= \varepsilon_P + \mu\varepsilon_P + \varepsilon_P + \mu\varepsilon_P$$
$$= 2(1 + \mu)\varepsilon_P \tag{7-4}$$

可见，应变仪读数为真实应变 $\varepsilon_P$ 的 $2(1+\mu)$ 倍，因此真实应变 $\varepsilon_P$ 等于应变仪读数 $\varepsilon_{\text{仪}}$ 除以 $2(1+\mu)$，即

$$\varepsilon_P = \frac{\varepsilon_{\text{仪}}}{2(1+\mu)} \tag{7-5}$$

此方案既消除了温度和附加弯矩的影响，又将电桥灵敏度提高了 $2(1+\mu)$ 倍，比半桥输出大一倍，因此通常多被采用。

#### 7.1.2.2　拉（或压）力计算

由材料力学可知，在弹性变形范围内，受轴向拉（或压）的杆件，其任意单元体的应力状态均为单向应力状态。由单向应力状态下的虎克定律可知，零件横截面上的正应力 $\sigma$ 与其轴向应变 $\varepsilon$ 成正比。

$$\sigma = E\varepsilon \tag{7-6}$$

式中　$E$——拉伸弹性模量，Pa。

对于碳钢 $E = (2.0 \sim 2.2) \times 10^5 \text{MPa}$。

拉（压）力 $P$ 由下式求得

$$P = \sigma F = EF\varepsilon_P \tag{7-7}$$

单臂测量：
$$P = EF\varepsilon_P = EF\varepsilon_{\text{仪}} \tag{7-8}$$

半桥测量：
$$P = EF\varepsilon_P = \frac{EF}{1+\mu}\varepsilon_{\text{仪}} \tag{7-9}$$

全桥测量：
$$P = EF\varepsilon_P = \frac{EF}{2(1+\mu)}\varepsilon_{\text{仪}} \tag{7-10}$$

式中　$F$——被测零件的横截面面积，$\text{m}^2$。

### 7.1.3　弯矩的测量

#### 7.1.3.1　弯曲应变的测量

从前面的讨论中可知，测量方案有三种：一是单臂测量，即一片工作，外加补偿块，如图 7-2(a)所示；二是半桥测量，两片工作组成半桥，如图 7-2(b)所示；三是四片工作组成全桥，如图 7-2(c)所示。下面仅介绍半桥测量方案。

选取两枚阻值 $R$ 和灵敏系数 $K$ 皆相等的应变片 $R_1$ 和 $R_2$，对称地粘贴在受弯零件的上下两面的中心线上，组成半桥，如图 7-2(b)所示。

当零件受到弯曲力矩 $N$ 作用和温度变化时，两枚应变片感受的应变分别为

$$\varepsilon_1 = \varepsilon_N + \varepsilon_{t1}$$
$$\varepsilon_2 = -\varepsilon_N + \varepsilon_{t2}$$

因为各枚应变片的阻值 $R$ 和灵敏系数 $K$ 以及温度场皆相同，所以 $\varepsilon_{t1} = \varepsilon_{t2}$。两枚应变片 $R_1$ 和 $R_2$ 接成相邻臂，组半桥，应变仪读数：

$$\varepsilon_{仪} = \varepsilon_1 - \varepsilon_2 = 2\varepsilon_N \qquad (7\text{-}11)$$

可见，应变仪读数为真实应变的 2 倍，因此真实应变值

$$\varepsilon_N = \frac{\varepsilon_{仪}}{2} \qquad (7\text{-}12)$$

此方案不仅消除了温度影响，而且使电桥灵敏度提高一倍，同时还能排除非测量载荷的影响。

#### 7.1.3.2  弯矩的计算

测出贴片处截面的表面弯曲应变 $\varepsilon_N$ 后，就可根据单向应力状态下的虎克定律 $\sigma_N = E\varepsilon_N$ 计算出弯曲应力的大小。再根据 $\sigma_N = \dfrac{M}{W}$ 计算出贴片处截面的弯矩 $M$ 的大小：

$$M = W\sigma_N \qquad (7\text{-}13)$$

式中  $W$——抗弯截面模量，$\text{m}^4$。

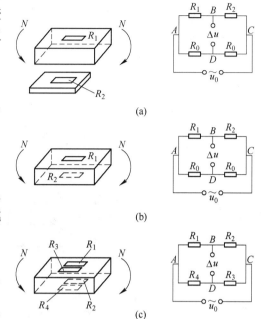

图 7-2  测量弯曲应变的布片与组桥图
(a) 单臂测量布片与组桥；(b) 半桥测量布片与组桥；
(c) 全桥测量布片与组桥

对于矩形截面，$W = \dfrac{bh^2}{6}$；对于圆形截面，$W = \dfrac{\pi d^3}{32}$。

单臂测量： $\qquad\qquad\qquad M = W\sigma_N = WE\varepsilon_{仪} \qquad\qquad\qquad\qquad (7\text{-}14)$

半桥测量： $\qquad\qquad\qquad M = W\sigma_N = WE\dfrac{\varepsilon_{仪}}{2} \qquad\qquad\qquad\qquad (7\text{-}15)$

全桥测量： $\qquad\qquad\qquad M = W\sigma_N = WE\dfrac{\varepsilon_{仪}}{4} \qquad\qquad\qquad\qquad (7\text{-}16)$

## 7.2  扭矩的测量

### 7.2.1  扭转应变的测量

由材料力学可知，在扭矩 $M_K$ 作用下，圆轴表面上的单元体处于纯剪切应力状态，如图 7-3 所示。在与圆轴轴线成 $\pm45°$ 角的斜面上产生与剪应力 $\tau$ 等值的最大（最小）主应力 $\sigma_1$ $(\sigma_2)$，它们大小相等，符号相反，即 $\sigma_1 = -\sigma_2 = \tau$。因此要测量受扭圆轴的剪应力（实际上是测量主应力），须在与圆轴轴线成 $\pm45°$ 方向粘贴应变片，即可直接测出主应变 $\varepsilon_M$。再根据有关公式计算

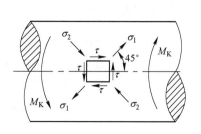

图 7-3  圆轴表面上的主应力

出扭矩。其测量方案有三种：一是单臂测量，即一枚工作片 $R_1$，另设温度补偿片 $R_2$，如图 7-4(a)所示；二是半桥测量，即两枚应变片 $R_1$ 和 $R_2$ 参加工作，不另设温度补偿片，如图 7-4(b)所示；三是全桥测量，如图 7-4(c)所示。其中第三方案较理想，故只介绍此方案。

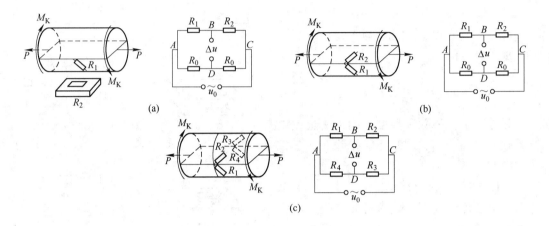

图 7-4　测量扭矩的布片和组桥图

选取四枚阻值 $R$ 和灵敏系数 $K$ 皆相等的应变片，分别沿与轴线成 ±45°方向粘贴。使应变片 $R_1$ 与 $R_2$，$R_3$ 与 $R_4$ 彼此互相垂直，并使应变片 $R_1$ 与 $R_2$ 的轴线交点和应变片 $R_3$ 与 $R_4$ 的轴线交点对称于圆轴的轴线（相距 180°），且在同一横截面上，这四枚应变片组全桥，如图 7-4(c)所示。当受扭矩 $M_K$ 作用和温度变化时，各枚应变片感受的应变分别为

$$\varepsilon_1 = \varepsilon_M + \varepsilon_{t1}$$
$$\varepsilon_2 = -\varepsilon_M + \varepsilon_{t2}$$
$$\varepsilon_3 = \varepsilon_M + \varepsilon_{t3}$$
$$\varepsilon_4 = -\varepsilon_M + \varepsilon_{t4}$$

因为各枚应变片的阻值 $R$ 和灵敏系数 $K$ 以及温度场皆相同，所以 $\varepsilon_{t1} = \varepsilon_{t2} = \varepsilon_{t3} = \varepsilon_{t4}$。各枚应变片组全桥，应变仪读数：

$$\varepsilon_{仪} = \varepsilon_1 - \varepsilon_2 + \varepsilon_3 - \varepsilon_4 = 4\varepsilon_M \tag{7-17}$$

可见，应变仪读数为真实应变的四倍，因此真实应变值：

$$\varepsilon_M = \frac{\varepsilon_{仪}}{4} \tag{7-18}$$

### 7.2.2　扭矩的计算

测出 ±45°方向的扭转应变 $\varepsilon_M$ 后，计算切应力 $\tau$，从而求出扭矩 $M_K$ 的大小。根据材料力学可知，切应变 $\gamma = 2\varepsilon_M$，$\varepsilon_M$ 为与轴线成 45°角方向上的线应变。

$$G = \frac{E}{2(1+\mu)}, \qquad \tau = G \cdot \gamma = \frac{E\varepsilon_M}{1+\mu}$$

故
$$\tau = \frac{E}{1+\mu}\varepsilon_M \tag{7-19}$$

$$M_K = W_K \tau = W_K \cdot \frac{E}{1+\mu} \varepsilon_M \tag{7-20}$$

式中　$W_K$——抗扭截面模量，$m^3$，对于实心圆轴，$W_K = \frac{1}{16}\pi D^3 \approx 0.2D^3$；

　　　　$E$——材料的弹性模量，Pa；

　　　　$G$——材料的切变模量；

　　　　$\mu$——材料的泊松比。

单臂测量：
$$M_K = \frac{0.2D^3 E}{1+\mu}\varepsilon_M = \frac{0.2D^3 E}{1+\mu}\varepsilon_仪 \tag{7-21}$$

半桥测量：
$$M_K = \frac{0.2D^3 E}{1+\mu} \cdot \frac{\varepsilon_仪}{2} \tag{7-22}$$

全桥测量：
$$M_K = \frac{0.2D^3 E}{1+\mu} \cdot \frac{\varepsilon_仪}{4} \tag{7-23}$$

## 7.3　各种载荷的布片、组桥与计算公式的列表

测量各种载荷的布片、组桥图与计算公式见表 7-1。

表 7-1　测定各种载荷的布片、组桥与计算公式

| 载荷形式 | 需测应变 | 零件的受力状态 应变片的布置与组桥方式 | | 工作臂数 | 需测应变 $\varepsilon$ 与仪器读数 $\varepsilon_仪$ 的关系 | 静力学计算公式 |
|---|---|---|---|---|---|---|
| 拉力或压力 | 拉力或压力 | 方案 1：单臂半桥，另设温度补偿片 | | 1 | $\varepsilon_P = \varepsilon_仪$ | $P = EF\varepsilon_仪$ |
| | | 方案 2：双臂半桥，不另设温度补偿片 | | 2 | $\varepsilon_P = \dfrac{\varepsilon_仪}{1+\mu}$ | $P = EF\dfrac{\varepsilon_仪}{1+\mu}$ |
| | | 方案 3：全桥，四臂工作，不另设温度补偿片 | | 4 | $\varepsilon_P = \dfrac{\varepsilon_仪}{2(1+\mu)}$ | $P = EF\dfrac{\varepsilon_仪}{2(1+\mu)}$ |

| 载荷形式 | 需测应变 | 零件的受力状态 应变片的布置与组桥方式 | | 工作臂数 | 需测应变 $\varepsilon$ 与仪器读数 $\varepsilon_{仪}$ 的关系 | 静力学计算公式 |
|---|---|---|---|---|---|---|
| 弯曲 | 弯曲应变 | 方案 1：单臂半桥，单臂工作，另设温度补偿片 | | 1 | $\varepsilon_N = \varepsilon_{仪}$ | |
| | | 方案 2：双臂半桥，双臂工作，不另设温度补偿片 | | 2 | $\varepsilon_N = \dfrac{\varepsilon_{仪}}{2}$ | |
| | | 方案 3：全桥，四臂工作，不另设温度补偿片 | | 4 | $\varepsilon_N = \dfrac{\varepsilon_{仪}}{4}$ | |
| 扭转 | 扭转主应变 | 方案 1：单臂半桥，单臂工作，另设温度补偿片 | | 1 | $\varepsilon_M = \varepsilon_{仪}$ | |
| | | 方案 2：双臂半桥，双臂工作，不另设温度补偿片 | | 2 | $\varepsilon_M = \dfrac{\varepsilon_{仪}}{2}$ | |
| | | 方案 3：全桥，四臂工作，不另设温度补偿片 | | 4 | $\varepsilon_M = \dfrac{\varepsilon_{仪}}{4}$ | |

## 复习思考题

7-1 分别叙述拉应变在单臂测量、半桥测量和全桥测量中的布片方法、组桥方法和应变仪读数。

7-2 分别写出拉（或压）力单臂测量、半桥测量和全桥测量的计算公式。

7-3 叙述半桥测量弯曲应变的布片方法、组桥方法和应变仪读数。

7-4 分别写出弯矩在单臂测量、半桥测量和全桥测量中的计算公式。

7-5 叙述扭转应变在全桥测量中的布片方法、组桥方法和应变仪读数。

7-6 分别写出扭矩在单臂测量、半桥测量和全桥测量中的计算公式。

# 8　轧制力与张力测量

## 8.1　轧制力测量

轧制力和轧制力矩的测量都有直接测量和间接测量两种测量法。直接测量法是直接采用传感器对轧制力和轧制力矩测量，间接测量是通过对二次信息的测量来达到对轧制力、轧制力矩的测量。本章仅介绍直接测量法。

在轧钢中，测力传感器也叫做测压头，简称为压头。压头的种类很多，按其测量原理可分为三大类：电容式、压磁式和电阻应变式。

### 8.1.1　电容式传感器测量法

以电容器作为敏感元件，将非电量转换为电容量变化的传感器称为电容式传感器。电容式传感器的形式很多，常用的有变极距式和变面积式电容传感器。在轧制力测量中使用的是平行板变极距式电容传感器，下面简介其工作原理。

图 8-1 是空气介质平行板变极距式电容传感器的工作原理图。它由两块互相平行的绝缘金属板组成，其中一块电极板固定不动，称为固定极板；另一块极板可上下移动，称为可动极板。由于可动极板上下移动，引起极板间距 $x$ 相应变化，从而引起电容量的变化。因此，只要测出电容变化量 $\Delta C$，便可测得极板间距的变化量，即可动极板的位移量 $\Delta x$。

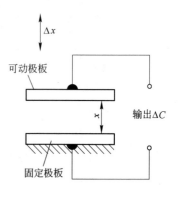

图 8-1　平行板变极距式电容传感器的工作原理示意图

由物理学可知，在忽略边缘效应的情况下，两块平行极板电容器的初始电容量 $C_0$ 为

$$C_0 = \frac{\varepsilon \varepsilon_0 S}{x_0} \tag{8-1}$$

式中　$\varepsilon$——两块极板间介质的相对介电常数；

　　　$\varepsilon_0$——两块极板间真空介电常数；

　　　$x_0$——两块极板间的初始间距；

　　　$S$——两块极板互相覆盖面积。

上式中除 $\varepsilon_0$ 之外，其余三个参数都直接影响电容的大小。当 $\varepsilon$ 和 $S$ 固定不变时，只要改变极板初始间距 $x_0$，就会使初始电容 $C_0$ 发生变化。这样，由于外力使得极板间距 $x$ 发生变化，从而引起电容变化，再通过配套的测量电路，将电容的变化转换为电信号输出，就是电容式传感器的工作原理。

在上述条件下，式（8-1）改写为

$$C_0 = \frac{\varepsilon \varepsilon_0 S}{x_0} = k \frac{1}{x_0} \tag{8-2}$$

由上式可见，在电容器中，若两块极板互相覆盖面积和极间介质不变，则电容量与极板间距为非线性关系，如图 8-2 所示。

当极板初始间距由 $x_0$ 减少 $\Delta x$ 时，则电容量相应增加 $\Delta C$

$$C_0 + \Delta C = \frac{\varepsilon \varepsilon_0 S}{x_0 - \Delta x} = \frac{C_0}{1 - \dfrac{\Delta x}{x_0}}$$

电容相对变化量 $\dfrac{\Delta C}{C_0}$ 为

$$\frac{\Delta C}{C_0} = \frac{\Delta x}{x_0} \left( 1 - \frac{\Delta x}{x_0} \right)^{-1}$$

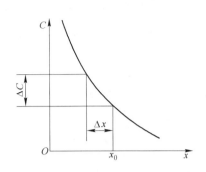

图 8-2　变极距式电容传感器的特性曲线

当极板间距 $x_0$ 的变化量很小时，由于 $\dfrac{\Delta x}{x_0} \ll 1$ 时，可近似认为

$$\frac{\Delta C}{C_0} = \frac{\Delta x}{x_0} \tag{8-3}$$

为了减小非线性误差，通常规定这种传感器在极小测量范围内（$\Delta x \ll x_0$）工作，使之获得近似线性的特性。当然，还可以采用后续电路作非线性校正，以进行范围更大的测量。

图 8-3 为测量轧制力使用的电容式传感器。在矩形的特殊钢块弹性元件上，加工有若干个贯通的圆孔，每个圆孔内固定两个端面平行的丁字形电极，每个电极上贴有铜箔，构成平板电容器，几个电容器并联成测量回路。在轧制力作用下，弹性元件产生变形，因而极板间距发生变化，从而使电容发生变化，经变换后得到轧制力。

电容式传感器的优点是：灵敏度高，结构简单，消耗能量小、误差小，国外已用于测量轧制力。缺点是：泄漏电容大，寄生电容和外电场的影响显著，测量电路复杂。

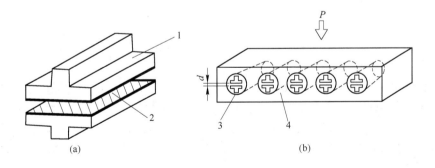

图 8-3　电容式传感器原理图

（a）电极；（b）传感器构造图

1—绝缘物（无机材料）；2—导体（铜箔）；3—电极；4—钢件

## 8.1.2　压磁式传感器测量法

压磁式传感器即压磁式测力传感器，其核心是压磁元件，它实际上是一个力-电转换

元件。压磁元件常用的材料有硅钢片、坡莫合金和一些铁氧体。坡莫合金是理想的压磁材料，具有很高的相对灵敏度，但价格昂贵；铁氧体也有很高的灵敏度，但由于它较脆而不常采用。最常用的材料是硅钢片。为了减小涡流损耗，压磁元件的铁心大都采用薄片的铁磁材料叠合而成。

大吨位轧机用压磁式测力传感器，采用多联冲压片绝缘叠制而成。具有吨位大、高度低的优点。已经成为轧制现场应用最广的测力传感器。冲压联片结构如图 8-4 所示。

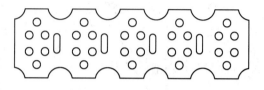

压磁式测力传感器的基本原理是利用"压磁效应"，即某些铁磁材料受到外力作用时，磁导率 $\mu$ 发生变化的物理现象。利用压磁效应制成的传感器，叫做压磁式传感器

图 8-4　压磁式多联叠片

（在轧机测量中也常称为压磁式压头），有时也称为磁弹性传感器或磁致伸缩传感器。

### 8.1.2.1　变压器型压磁式测力传感器的工作原理

压磁式测力传感器的压磁元件常由硅钢片粘叠而成，硅钢片上冲有四个对称的孔，如图 8-5 所示。

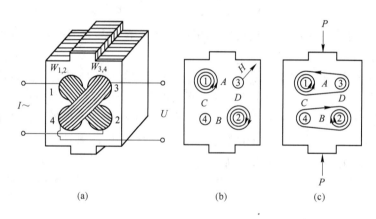

图 8-5　压磁式测力传感器原理图
(a) 无磁元件；(b) 不受外力作用；(c) 受外力 $P$ 作用

在两个对角孔 1、2 中，缠绕激磁（初级）绕组 $W_{1,2}$；在另两个对角孔 3、4 中，缠绕测量（次级）绕组 $W_{3,4}$。$W_{1,2}$ 和 $W_{3,4}$ 平面互相垂直，并与外力作用方向成 45°角。当激磁绕组 $W_{1,2}$ 通入一定的交流电流时，铁心中就产生磁场。在不受外力作用[见图 8-5(b)]时，由于铁心的磁各向同性，$A$、$B$、$C$、$D$ 四个区域的磁导率 $\mu$ 是相同的，此时磁力线呈轴对称分布，合成磁场强度 $H$ 平行于测量绕组 $W_{3,4}$ 平面，磁力线不与绕组 $W_{3,4}$ 交链，故 $W_{3,4}$ 不会感应出电势。

在外力 $P$ 作用[见图 8-5(c)]下，$A$、$B$ 区域承受很大压应力 $\sigma$，于是磁导率 $\mu$ 下降，磁阻 $R_m$ 增大。由于传感器的结构形状缘故，$C$、$D$ 区域基本上仍处于自由状态，其磁导率 $\mu$ 仍不变。由于磁力线有沿磁阻最小途径闭合的特性，此时，有一部分磁力线不再通过磁阻较大的 $A$、$B$ 区域，而通过磁阻较小的 $C$、$D$ 区域而闭合。于是原来呈现轴对称分布的磁力线被扭曲变形，合成磁场强度 $H$ 不再与 $W_{3,4}$ 平面平行，磁力线与绕组 $W_{3,4}$ 交链，故在

测量绕组 $W_{3,4}$ 中感应出电势 $E$。$P$ 值越大，应力 $\sigma$ 越大，磁通转移越多，$E$ 值也越大。将此感应电势 $E$ 经过一系列变换后，就可建立压力 $P$ 与电压 $U$（或电流 $I$）的线性关系，即可由输出 $U$（或 $I$）表示出被测力 $P$ 的大小。

测量绕组的输出电压 $U$ 可按式（8-4）计算：

$$U = \frac{N_1}{N_2}KU_0P \tag{8-4}$$

式中    $N_1$——激磁绕组的匝数；

         $N_2$——测量绕组的匝数；

         $K$——与激磁电流的幅值和频率有关的系数；

         $U_0$——激磁电压；

         $P$——被测负荷。

由式（8-4）可见，当 $N_1$、$N_2$、$K$、$U_0$ 一定时，输出电压 $U$ 与被测力 $P$ 成正比。

#### 8.1.2.2   压磁式测力传感器结构

为了保证良好的重复性和长期稳定性，传感器必须有合理的机械结构。图 8-6 为一种典型的压磁式测力传感器的结构。它主要由压磁元件、弹性支架和传力元件（钢球）组成。弹性支架一般由弹簧钢制成，它基本不吸收力，只是保证给压磁元件施加一定的预压力，并保证在长期使用过程中压磁元件受力作用点不变。传力元件能保证被测力垂直集中地作用于传感器上。

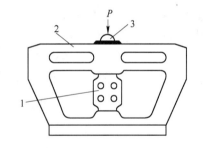

图 8-6   压磁式测力传感器结构简图
1—压磁元件；2—弹性支架；3—传力钢球

#### 8.1.2.3   压磁式测力传感器的测量电路

压磁式测力传感器的输出信号较大，一般不需要放大。所以测量电路主要由激磁电源、滤波电路、相敏整流和显示器等组成，基本电路如图 8-7 所示。

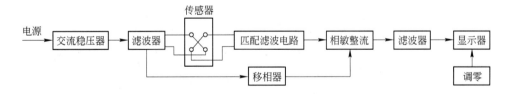

图 8-7   压磁式传感器电路原理框图

交流电源的频率按传感器响应速度的要求选择。一般测量可以用工频电源；响应速度较高时，可选用中频电源。为了保证测量精度，应采取交流稳压措施。

加入滤波电路也可以提高测量精度。传感器前的滤波器用于保证电源频率的单一性。传感器后的匹配滤波电路由匹配变压器与滤波器组成，其中滤波器用来消除传感器输出的高次谐波（主要是三次谐波），匹配变压器的作用是使传感器的输出阻抗与后级电路的输入阻抗相匹配，保证输出功率最大，同时也可将信号电压升高，以满足整流、滤波所需。

滤除谐波的信号再经相敏整流、滤波后送入模拟或数字仪表显示或记录。如果需要也可在电路中增加放大电路和运算电路；或输出控制信号、报警信号以满足监控的需要。

压磁式测力传感器具有输出功率大、抗干扰能力强，过载能力强，寿命长，防尘、防油、防水等优点。因此，目前已成功地用于矿山、冶金、运输等部门，特别是在轧机自动化系统中，广泛用于轧制力、带钢张力等参数的测定。

### 8.1.3　电阻应变式传感器测量法

电阻应变式传感器是轧制生产和科学实验中广泛使用的传感器，主要由弹性元件、应变片、测量电路以及外壳等组成。

按照变形方式，电阻应变式传感器可分为压缩式、剪切式和弯曲式三种，其中使用最多的是压缩式传感器，其弹性元件有柱形和环形（筒形）等。

现以柱形弹性元件为例，介绍电阻应变式传感器的工作原理。如图 8-8 所示，在一个钢质圆柱形的弹性元件的侧面上，用黏结剂牢牢地粘贴有轴向（垂直）和径向（水平）相间的电阻应变片 $R_1$、$R_2$、$R_3$、$R_4$ 并组成电桥电路。在弹性元件受到外力作用时，产生弹性变形（轴向受压缩、径向受拉伸），而粘贴在弹性元件侧面上的应变片也随着变形而改变其电阻值（应变片 $R_1$ 和 $R_3$ 受压缩，阻值减小；而 $R_2$ 和 $R_4$ 受拉伸，阻值增加）。再利用电桥将电阻变化转换成电压变化，然后送入放大器放大，由记录器记录。最后利用标定曲线将测得的应变值推算出外力大小，或直接由测力计上的刻度盘读出力的大小。由于电阻应变技术的发展，这种传感器已成为主流。它特别适合于现场条件下的短期测量，故目前测量轧制力大多数采用电阻应变式传感器。

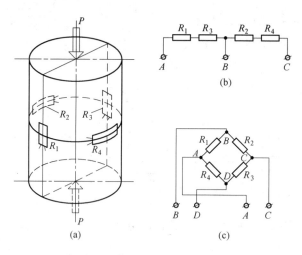

图 8-8　柱形弹性元件的贴片及接线图
（a）布片图；（b）半桥接线图；（c）全桥接线图

电阻应变式测力传感器的工作原理：由材料力学可知，在外力 $P$ 作用下，粘贴应变片处弹性元件产生的轴向应变 $\varepsilon$ 为

$$\varepsilon = \frac{\Delta l}{l}$$

因为 $$\sigma = \varepsilon E, \sigma = \frac{P}{F}$$

所以 $$\varepsilon = \frac{P}{EF} \tag{8-5}$$

式中　$\Delta l$——应变片的总变形量；

　　　$l$——应变片的基长；

　　　$\sigma$——弹性元件产生的工作应力；

　　　$\varepsilon$——弹性元件产生的应变；

　　　$E$——弹性元件材料的弹性模量；

　　　$P$——被测力（作用在弹性元件上的集中力）。

若应变片的电阻变化率为$\frac{\Delta R}{R}$，则它的灵敏系数 $K$ 为

$$K = \frac{\Delta R/R}{\Delta l/l} = \frac{\Delta R/R}{\varepsilon}$$

式中　$R$——应变片的原始电阻值；

　　　$\Delta R$——应变片电阻的总变化量。

此时应变片 $R_1$ 和 $R_3$ 的电阻变化率：

$$\frac{\Delta R_1}{R_1} = \frac{\Delta R_3}{R_3} = K\varepsilon = K\frac{P}{EF} \tag{8-6}$$

同理，应变片 $R_2$ 和 $R_4$ 的电阻变化率：

$$\frac{\Delta R_2}{R_2} = \frac{\Delta R_4}{R_4} = -\mu K\frac{P}{EF} \tag{8-7}$$

式中　$\mu$——弹性元件材料的泊松比。

由此可见，应变片 $R_1 \sim R_4$ 的电阻变化率皆与被测力 $P$ 成正比。若把应变片 $R_1 \sim R_4$ 组成等臂电桥，则电桥的输出也与被测力 $P$ 成正比。

若电桥的输出信号以应变量 $\varepsilon_0$ 来表示，则：

$$\varepsilon_0 = \varepsilon_1 - \varepsilon_2 + \varepsilon_3 - \varepsilon_4$$

$$= \frac{1}{K}\left(\frac{\Delta R_1}{R_1} - \frac{\Delta R_2}{R_2} + \frac{\Delta R_3}{R_3} - \frac{\Delta R_4}{R_4}\right)$$

$$= \frac{2(1+\mu)}{EF} \cdot P \tag{8-8}$$

由此可见，电桥输出应变 $\varepsilon_0$ 与被测力 $P$ 成正比。

若电桥的输出信号以电压 $\Delta U$ 来表示

$$\Delta U = \frac{U_0 K}{4}\varepsilon_0 = \frac{1+\mu}{2}\frac{U_0 K}{EF} \cdot P \tag{8-9}$$

式中　$U_0$——电桥供桥电压，V。

由此可见，电桥输出电压 $\Delta U$ 与所施加在弹性元件上的被测力 $P$ 成正比。

把式（8-9）改写成

$$S_U = \frac{\Delta U}{U_0} = \frac{1+\mu}{2}\frac{K}{EF}P = \frac{K}{4}\varepsilon_0 \qquad (8\text{-}10)$$

式中　$S_U$——传感器的电压灵敏度（在额定载荷作用下，供桥电压为1V时传感器输出电压的毫伏数），mV/V，通常取$0.5\sim2.5$mV/V。

传感器的典型结构如图8-9所示。

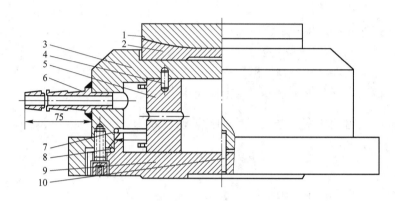

图8-9　一般传感器的典型结构形式

1，2—球面垫；3—上盖；4—销钉；5—弹性元件；6—波纹管；

7，8—橡胶密封圈；9—底盘；10—定位销

传感器承受的载荷是通过球面垫2、上盖3和底盘9作用在弹性元件5上。为了对偏心载荷和歪斜载荷起调节作用，以及保证把全部载荷都加到弹性元件上，采用了球面垫2。为了防止水、油等介质进入传感器内部，采用一个倒置的碗状上盖3。同时在上盖3与底盘9之间用两道O形橡胶密封圈7和8密封。装配时，在其间填充流质密封剂。为使引线处密封良好，用特制波纹管6连接橡皮管将导线引出。导线引出波纹管后，用密封剂将管口封住。圆筒形弹性元件的内外表面贴有应变片，在其上再涂以各种密封剂。为了防止弹性元件转动而扭断导线，在上盖3和弹性元件5之间用两个销钉4固定。为了装配方便，采用两个定位销10。球面垫1是标定传感器时用的，又称为标定垫。

上述三种测量方法中，三种压头都可以做成圆形、方形或环形。三种压头特性的比较见表8-1。

表8-1　三种压头特性的比较

| 分　类 | 测量上限/N | 特　　点 | 应　用 |
|---|---|---|---|
| 电阻应变式 | $(5\sim10)\times10^6$ | 精度高，响应快，结构强度高，测量范围宽，侧向力对测量精度影响小；<br>输出信号小，过载能力较差，不均匀载荷对测量精度影响较大 | 应用于称重及轧制力、张力测量 |
| 磁弹性式 | $(5\sim10)\times10^6$ | 输出信号大，内阻低，抗干扰性好，过载能力好，不均匀载荷对测量精度影响小，能在恶劣的环境条件下工作；<br>测量精度一般，安装时要注意防止侧向力作用，反应速度较低 | 广泛应用于轧制力、张力测量 |
| 电容式 | $(2\sim250)\times10^6$ | 结构强度高，过载能力好，测量精度较高，不均匀载荷影响小；<br>测量电路较复杂，温度对测量精度影响较大 | 用于轧制力测量 |

### 8.1.4  传感器的标定

在正式测定之前，通常是在材料试验机或专用压力机上对传感器进行标定。标定，是用已知的一系列标准载荷（输入量）作用在传感器上，以便确定出传感器输出量（仪表读数或示波图形高度）与输入量之间的对应关系，反过来依此关系来确定传感器所承受的未知载荷大小。输出量与输入量的对应关系常以曲线或数学式来表示，前者称为标定曲线，后者称为标定方程。对于输出量与输入量之间成比例关系的，则以一常数来表示，称为标定系数。因此，标定也就是确定标定曲线、标定方程和标定系数的过程。

根据标定时输入到传感器中的已知量（输入量）是静态量还是动态量，标定分成静态标定和动态标定两类。对于测量静态或缓慢变化的参数，传感器一般只做静态标定。对于测量动态的或频率很高的参数，除做静态标定外，还应做动态标定。

#### 8.1.4.1  静态标定

静态标定的目的之一是用试验方法确定传感器的静态特性指标（灵敏度、线性度、滞后等）。其二是确定传感器的输出量与输入量之间的对应关系，即给传感器输入一系列已知的标准载荷（静态输入量），并测出其对应的输出量的大小，从而得出标定曲线、标定方程和标定系数。

**A  标定步骤**

具体的标定步骤为：

（1）将要标定的传感器安装在标定装置（如材料试验机）上，接入测量装置（如应变仪和记录仪器），调其平衡，使初始读数为零或打出零线。

（2）开始标定时，首先应在零载和满载（额定载荷）之间反复加载、卸载数次（至少三次），以消除传感器各部件之间的间隙和滞后，改善其线性特性。

（3）根据传感器的量程分级加载，一般分为 6~10 级，然后从零载开始逐级加载至额定载荷为止，记录下各级载荷量 $P_i$ 以及与其对应的输出值（示波图形高度 $h_i$，或应变量 $\varepsilon_i$）。接着按同样的级差卸载，并再次记录，如图 8-10(a)所示。如此重复 3~5 次，求出各级标定载荷 $P_i$ 所对应的平均输出值 $\overline{h_i}$ 或 $\overline{\varepsilon_i}$ 作为标定数据。

（4）根据所得到的标定数据，绘出标定曲线。通常以各级载荷 $P_i$ 为横坐标，对应的

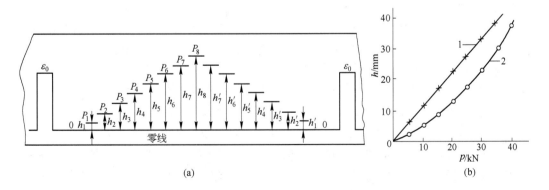

(a)                               (b)

图 8-10  传感器的标定示波图和标定曲线

（a）标定示波图；（b）标定曲线

1—直线；2—曲线

平均输出值$\overline{h_i}$或$\overline{\varepsilon_i}$为纵坐标，先在坐标纸上标出各数据点的位置，然后通过多数点描绘出平滑曲线，且使曲线两侧的点数相同，则此曲线称为标定曲线。若标准载荷与输出值之间呈现直线变化关系则称为线性，如图8-10(b)中的直线1所示；反之，呈现曲线变化关系的，称为非线性，如图8-10(b)中的曲线2所示。标定曲线的斜率即为传感器的灵敏度$K$，其倒数$k_h = \dfrac{1}{K}$或$k_\varepsilon = \dfrac{1}{K}$就是传感器的标定系数。在精度要求高的场合，可用最小二乘法的原理计算出标定系数，即传感器的标定系数$k_h$或$k_\varepsilon$可根据标定数据由下式确定：

$$k_h = \frac{\sum\limits_{i=1}^{n} P_i^2}{\sum\limits_{i=1}^{n} P_i \cdot h_i} \quad 或 \quad k_\varepsilon = \frac{\sum\limits_{i=1}^{n} P_i^2}{\sum\limits_{i=1}^{n} P_i \cdot \varepsilon_i} \tag{8-11}$$

式中　$P_i$——标准的被测值，即对应于输出值$h_i(\varepsilon_i)$施加的标准载荷值；

$\quad\quad h_i$——记录曲线对应的每一次加载的阶跃高度。

（5）根据标定数据或标定曲线确定标定方程。首先根据已知的方程和曲线的对应关系或者已经确定了的标定曲线，选取某一方程式，而后进行验证。验证后再确定方程中的系数。

（6）估算标定误差（$k$值的标准误差）

$$\sigma = \pm \sqrt{\frac{1}{n-1} \sum_{i=1}^{n} \left( \frac{P_i}{h_i} - k_h \right)^2} \quad 或 \quad \sigma = \pm \sqrt{\frac{1}{n-1} \sum_{i=1}^{n} \left( \frac{P_i}{\varepsilon_i} - k_\varepsilon \right)^2} \tag{8-12}$$

式中　$n$——标定级数，即标定过程中加载的总次数。

传感器标定后，即可用于实际测量。若在测量中得到其输出量$h_x$或$\varepsilon_x$，则与此对应的被测量$P$由下式确定

$$P_x = k_h h_x \quad 或 \quad P_x = k_\varepsilon \varepsilon_x \tag{8-13}$$

静态标定不仅适用于静态测试系统，在一定条件下也适用于动态测试系统。条件就是动态测试系统一定是线性的，传感器的固有频率$\omega_0$大于被测信号频率$\Omega_{max}$通常取$\omega_0 > (5 \sim 10)\Omega_{max}$，应变仪和示波器的工作频带与被测信号的频率范围相适应。此时就可把静态标定用于动态测量中，否则就需要进行动态标定。

B　标定时的注意事项

（1）在传感器标定之前和之后，应该打电标定，即用仪器上的电标定装置把应变仪的放大率记录在示波图上，以便实测时随时校核仪器的工作状态，使其保持在与标定时相同的工作状态下进行测量。

（2）传感器的标定条件力求和实测条件一致。将实测时用到的全部附件（例如球面垫等）都要加上再进行标定，最好用一个与压下螺丝端头形状一致的标定垫模拟压下螺丝。

（3）仪器工作状态力求和标定时相同。这一点对于使用动态电阻应变仪测量时尤为重要。要求标定和实测时使用同一套仪器，例如，应变仪的通道号数、放大倍数（衰减挡、灵敏度）、示波器振动子号数、连接导线、供桥电压等都应相同，否则标定结果无效。

（4）加载方法。正式记录前应反复加载（至额定载荷）、卸载$3 \sim 5$次。标定时应将额定载荷分成若干个梯度，每一个梯度载荷要稳定$1 \sim 2min$，以便读取和拍摄输出值。

（5）在相同环境和加载条件下，将传感器旋转几个角度，以测量其重复性。

### 8.1.4.2　动态标定

动态标定的目的是用实验方法确定传感器的动态响应特性——幅频特性和相频特性，从而确定传感器的固有频率、工作频带、阻尼度和相位差等。当被测信号的频率范围大于传感器的工作频带时，可根据幅频特性求出其测量误差，并对试验结果进行修正。

动态标定的方法可用正弦激励法和瞬变激励法。正弦激励法就是用正弦激振器对传感器施加一个幅值不变的正弦载荷，从而获得正弦响应。它的优点是数据处理简单，缺点是试验比较费时间。

瞬变激励法，又称冲击法，它将传感器固定在一个质量较大的底座上，后者安装在刚度系数较小的弹性垫上。然后对传感器施加一个标准冲击载荷，同时记录下冲击载荷和传感器输出应变曲线。对这种曲线进行傅氏变换，得到相频特性。它的优点是试验时间短，缺点是计算工作量大。

## 8.2　轧件张力测量

张力测量首先是通过张力辊和导向辊将张力转换成对张力辊的压力，然后由张力传感器测出，最后按力三角形计算出张力大小。

### 8.2.1　单机座可逆式冷轧机张力测量

由图 8-11 可见，带钢 1 经过张力辊 3 时，由于带钢转向形成包角 $2\alpha$（其大小取决于导向辊 4 和张力辊 3 之间的相对位置，而与卷筒 5 的卷取直径变化无关），于是就有一个张力的合力 $Q$ 作用在张力辊上。因此，在张力辊轴承座（或支架）下面安装张力传感器 6，即可测出 $Q$ 值，再由 $Q$ 值推算出张力 $T$ 值。

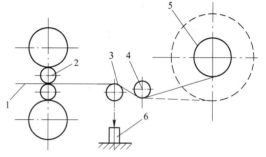

图 8-11　张力测量示意图
1—带钢；2—轧辊；3—张力辊；4—导向辊；
5—卷筒；6—张力传感器

#### 8.2.1.1　用一个张力传感器测量张力

如图 8-12（a）所示，在张力辊支架 7 的下面安装一个张力传感器 6。

若张力传感器 4 倾斜安装，如图 8-12（b）所示，由张力传感器测出压力 $Q$，则得张力

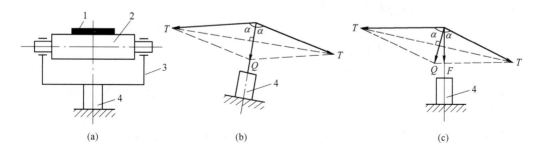

（a）　　　　　　　　（b）　　　　　　　　（c）

图 8-12　张力辊受力分析之一
（a）张力测量示意图；（b）传感器倾斜安装；（c）传感器垂直安装
1—带钢；2—张力辊；3—支架；4—张力传感器

$T$ 为：

$$T = \frac{Q}{2\cos\alpha} \tag{8-14}$$

若张力传感器4垂直安装，如图8-12(c)所示，由张力传感器测出压力 $F$，则得张力 $T$ 为：

$$T = \frac{F}{\sin 2\alpha} \tag{8-15}$$

例如，多辊轧机就是利用一根杠杆和张力传感器测量张力的。如图8-13所示，张力辊轴承装在杠杆6上，由式（8-15）可得：

$$F = T\sin 2\alpha$$

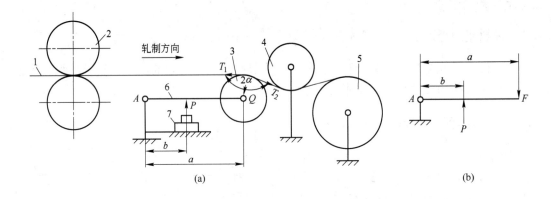

图8-13　多辊轧机测量张力示意图

（a）张力示意图；（b）受力分析图

1—带钢；2—工作辊；3—张力辊；4—导向辊；5—卷筒；6—杠杆；7—测力器

由图8-13(b)可知，$F \cdot a = P \cdot b$，则张力 $T$ 与力 $P$ 之间的关系为

$$T = \frac{b}{a} \cdot \frac{P}{\sin 2\alpha} \tag{8-16}$$

式中　$a$——张力辊3的轴线到 $A$ 点的距离，mm；

　　　$b$——张力传感器的中心线到 $A$ 点的距离，mm；

　　　$P$——由张力传感器测得的压力，kN。

此法优点是通过改变传感器位置（调整 $b$），用一个传感器可测出大小不同的张力，以达到扩大传感器量程和提高测量精度之目的。

8.2.1.2　用两个张力传感器测量张力

在张力辊2左右两端轴承座下面各装一个张力传感器3，两个传感器测得的压力分别为 $Q_{左}$ 和 $Q_{右}$。

若两个张力传感器倾斜安装，如图8-14(b)所示，则得张力 $T$ 为

$$T = T_{左} + T_{右} = \frac{Q_{左} + Q_{右}}{2\cos\alpha} \tag{8-17}$$

若两个张力传感器垂直安装，如图8-14(c)所示，则得张力 $T$ 为

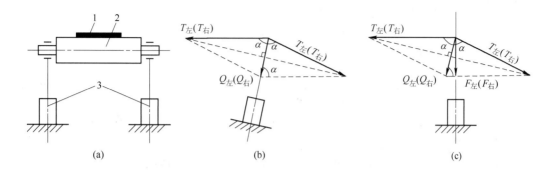

图 8-14　张力辊受力分析之二

（a）张力测量示意图；（b）传感器倾斜安装；（c）传感器垂直安装

1—带钢；2—张力辊；3—张力传感器

$$T = T_{左} + T_{右} = \frac{F_{左} + F_{右}}{\sin 2\alpha} \tag{8-18}$$

## 8.2.2　连轧机张力测量

### 8.2.2.1　用三辊式张力测量装置测量张力

在工业轧机上，常采用三辊式张力测量装置，如图 8-15 所示。为了使张力方向固定，需使轧件抬高，脱离轧制线，并保持一定的斜度。为此采用三个辊子，在张力辊 1 的轴承座下面安装张力传感器 4，导向辊 2 和 3 保持 $\alpha$ 角不变。由张力传感器 4 测出轧件对张力辊的压力，然后再换算出张力。

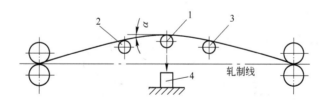

图 8-15　三辊式张力测量装置示意图

1—张力辊；2，3—导向辊；4—张力传感器

### 8.2.2.2　由活套支撑器连杆转角测量张力

对于热轧带钢连轧机，两架连轧机之间的活套支撑器把带钢挑起来，并与轧制线形成 $\psi$ 和 $\theta$ 角（见图 8-16）：

$$\left.\begin{aligned}\psi &= \arctan \frac{l \sin \beta}{a + l \cos \beta} \\ \theta &= \arctan \frac{l \sin \beta}{b - l \cos \beta}\end{aligned}\right\} \tag{8-19}$$

式中　$\beta$——活套支撑器连杆与水平线夹角。

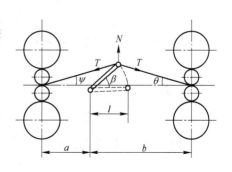

图 8-16　活套支撑器受力简图

连杆轴上的扭矩 $M$ 为

$$M = N \cdot l\cos\beta = Tl(\sin\psi + \sin\theta)\cos\beta \qquad (8\text{-}20)$$

所以带钢张力 $T$ 为

$$T = \frac{M}{(\sin\psi + \sin\theta)l\cos\beta} \qquad (8\text{-}21)$$

将式（8-19）代入式（8-21）得：$T = f(M, \beta)$。由于支撑器电机是在堵转状态下工作的，因此，当稳定时，转动力矩等于堵转力矩（$M$ = 常数），所以 $T$ 只决定于 $\beta$，即可用支撑器转角大小来测量张力大小。转角大小可用电位器或自整角机测量。

### 8.2.2.3    用张力传感器测量张力

在型钢连轧机组中，由于型钢横截面积较大，一般不允许产生活套，因此只能用测量轧辊水平分力的方法测量张力。通常是在上辊轴承座（或下辊轴承座）与牌坊立柱之间的入口侧和出口侧安装张力传感器。

## 8.2.3    挤压力测量

挤压力可以用液压法、机械法和电测法测量。液压法利用液体传递压力，按液压表上读数算出总压力。机械法是直接用百分表读出测力传感器的微小弹性变形。以上两种方法只能读出挤压力的最大值，而不能显示出挤压过程中的压力变化。为了研究挤压过程中的压力变化，通常采用电测法。

（1）应力法。在挤压机立柱上直接粘贴应变片，组成电桥测量。

（2）传感器法。如图 8-17(a) 所示，在挤压模 3 和模座 1 之间，或者在挤压杆 6 和活塞 8 之间安装传感器 2 或 9。传感器结构见图 8-17(b)。

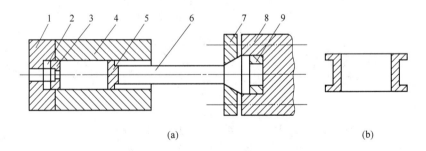

(a)                                    (b)

图 8-17    用传感器法测量挤压力示意图

(a) 传感器法；(b) 传感器结构

1—模座；2, 9—传感器；3—挤压模；4—挤压筒，5—挤压垫，6—挤压杆，7—锥形环；8—活塞

## 8.2.4    拉拔力测量

管棒型线材的拉拔力测量有两种方法：

（1）应力法。在拉拔小车的钳子上粘贴应变片，组成电桥测量。

（2）传感器法。在拉模 3 和模座 4 之间安装传感器 2 测量，如图 8-18(a) 所示。

拔管时芯棒轴向力通常是在芯棒尾部和芯棒座 6 之间安装传感器 7 进行测量，如图

8-17(a)所示。传感器的结构如图8-18(b)所示。

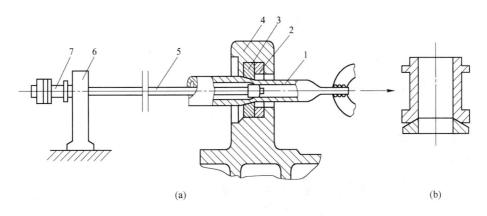

(a)　　　　　　　　　　　　　　　　(b)

图8-18　用传感器法测量拉拔力示意图

（a）传感器测量；（b）传感器结构

1—钢管；2，7—传感器；3—拉模；4—模座；5—芯棒；6—芯棒座

### 复习思考题

8-1　分别叙述电容式传感器、压磁式传感器的工作原理。

8-2　叙述电阻应变式传感器的工作原理。试推导电桥输出应变 $\varepsilon_0$ 与被测轧制力 $P$ 的关系式。

8-3　试比较电容式、压磁式、电阻应变式三种传感器的测量特点和应用场合。

8-4　叙述单机座可逆式冷轧机用两个传感器测量张力的方法。

8-5　简述连轧机分别采用三辊式、活套支撑器连杆转角测量张力的方法。

# 9　厚度与宽度测量

## 9.1　板带材厚度的在线测量

随着板带材轧制技术的发展，板带材厚度在线测量多用非接触式仪表，对薄带材也有用接触式的。非接触式仪表种类繁多，有激光式、超声波式、射线式、电感式和微波式等；接触式有差动变压器式等。

### 9.1.1　用放射性元素仪表对板带材厚度在线测量

9.1.1.1　放射性元素测厚的基础知识

A　放射性元素

放射性元素是由原子核不稳定，能自发地放出 α 射线，β 射线或 γ 射线；而且具有不受外界作用能连续放射射线的能力，这些射线能穿透物质使其电离。

放射性元素有天然放射性元素和人工放射性元素两种，一切铀化合物，钍、钋、镭元素都具有天然放射性，这些元素也称为天然放射性元素。由原子反应堆生产出的放射性元素，称为人工放射性元素。

α 射线是由原子核放射出来的带有正电的粒子流，动能可达几兆电子伏特。但由于 α 粒子质量比电子大得多，通过物质时极易使其中原子电离而损失能量，所以它穿透物质的本领比 β 射线弱得多，厚度为 0.1mm 的纸就能把 α 粒子全部吸收。β 射线是由原子核所发出的电子流。电子的动能可达几兆电子伏特以上，由于电子质量小，速度快，通过物质时不易使其中原子电离，所以它的能量损失较慢，可以穿透 1.2 ~ 1.5mm 的钢板。γ 射线是从原子核内部放出的不带电的光子流，速度为每秒 $3 \times 10^5 km$，能量可达几十万电子伏特，穿透物质的能力最强，可以穿透几十厘米厚的钢板。

B　穿透式测厚仪表原理

穿透式测厚仪表的放射源和检测器分别置于被测板带材上、下方，其工作原理如图9-1所示。

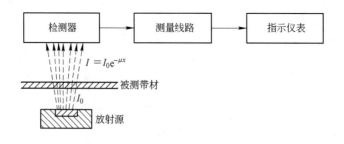

图9-1　穿透式测厚仪工作原理图

当射线穿过被测材料时，一部分射线被材料吸收，另一部分则透过材料进入检测器，为检测器所接收。

对于窄束入射线，在其穿透被测材料后，射线强度的衰减规律，可用下式表示，即

$$I = I_0 e^{-\mu x} \tag{9-1}$$

式中　$I$——穿过被测材料后的射线强度；

　　　$I_0$——入射射线强度；

　　　$x$——被测材料的几何厚度；

　　　$\mu$——吸收系数。

当 $I_0$ 和 $\mu$ 一定时，$I$ 仅仅是 $x$ 的函数，所以，如果测出 $I$ 就可以知道材料厚度 $x$ 值。但是由于被测材料不同，对于相同厚度的材料，其吸收能力也不相同。为此要利用不同检测器来检测穿透过来的射线，将其转换成电流量，经过放大变换后用专用仪表指示。

C　反射式测厚仪表原理

反射式测厚仪的放射源和检测器置于被测材料的同一方，其工作原理如图9-2所示。

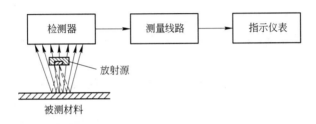

图 9-2　反射式测厚仪工作原理图

当射线与被测材料相互作用时，使得其中的一部分射线被反向散射而折回，并进入检测器。射入检测器的反向散射射线强度，除与被测物质的厚度有关外，还与放射源及其能量强度、放射源与被测材料之间的距离，被测物质的成分，密度以及表面状态等因素有关。因此，当这些量确定不变时，检测到的反射线强度就仅与厚度有关。

这种检测方法适用于不便于采用穿透式测厚仪的场合，用来进行单面检测材料厚度，覆盖层和涂层厚度，如管材管壁厚度测量、镀锌线和镀锡线上镀层厚度检测等等，都广泛采用反射式测厚仪。

D　放射源的选择

放射源的选择主要是根据其特性、射线种类、射线能量和半衰期，按待测物的厚度来选择合适的射线种类和能量。

由于 α 射线通过物质时极易使其中原子电离而损失能量，几乎穿不透一张纸，所以在轧制生产上不能作为放射源。β 射线可以穿透 1.2 ~ 1.5mm 厚的钢板，故 β 射线常用于薄带金属厚度的测量，如钷$^{147}$（Pm$^{147}$）发射的 β 射线，可以测量 0.08 ~ 0.8mm 厚的金属箔材。而 γ 射线的能量较强，可测的厚度范围较大，如镅$^{241}$（Am$^{241}$）发射的 γ 射线能量为 60keV，可以测量 0.1 ~ 3mm 厚的钢板，铯$^{137}$（Cs$^{137}$）发射的 γ 射线能量为 0.661MeV，可以测量几毫米至几百毫米厚的钢板，适用中厚板的在线连续测量。

X 射线和 γ 射线一样，均显电磁波，从产生机构上来说，γ 射线是从原子核内部放出的射线，而 X 射线则是由原子核外产生的。X 射线强度的大小可以靠改变加在 X 射线管上的高电压来选择。所以 X 射线和 γ 射线一样，可以测量厚度较厚的钢板及带钢，而且 X 射线的防护问题比 γ 射线也简单得多。

各种穿透式射线测厚仪的特征及使用范围见表 9-1。

表 9-1　各种穿透式射线测厚仪的特征及使用范围

| 射线种类<br><br>项目 | β 射线测厚仪 | γ 射线测厚仪 | X 射线测厚仪 |
|---|---|---|---|
| 辐射射线 | β 射线 | γ 射线 | X 射线 |
| 射线产生的方法 | 核衰变 | 核衰变 | X 射线管施加高电压 |
| 能谱形式 | 连续谱 | 线状谱 | 连续谱 |
| 对钢板的测量范围 | 0~1.2mm | 5~100mm | 0.5~12mm |
| 应用举例 | 中低速薄板的连续测量 | 冷轧薄板、热轧中厚板的连续测量 | 冷热轧薄、中板的连续测量 |

射线测厚仪有 X 射线测厚仪、β 射线测厚仪、γ 射线测厚仪。下面介绍 X 射线测厚仪、γ 射线测厚仪的组成。

**9.1.1.2　X 射线测厚仪的组成和原理**

X 射线测厚仪都是穿透式的,用来测量板材的厚度。它在射线测厚仪中占有较大的比重。它的检测系统的核心是 X 射线源与 X 射线检测器。

X 射线测厚仪主要由检测系统、电气线路及机械装置三部分构成。其中检测系统的任务是将厚度信息转换为电信息,电气线路的任务是对电信息进行处理并显示被测厚度值,机械装置的任务是合理配置检测系统及电气线路,并保证被测板带从合适的位置通过,使厚度信息输入检测系统。

图 9-3 为单光束 X 射线测厚仪的组成示意图。X 射线源配置在 C 形架的下部,而 X 射线检测器与前置放大电路配置在 C 形架的上部。C 形架靠电动机拖动进出生产工艺线。被测板材从 C 形架中间通过。射线测厚仪一般都采用偏差显示。测量前先进行校正操作,即启动校正板的拖动装置,使它进入测量位置,对它进行测量,同时调整厚度给定电路,输入与校正板厚度相应的厚度给定信号,此时偏差指示应为零。如不为零,应进行调整。校正操作结束后退出校正板,引入被测板进行测量。校正板应是厚度准确的标准板,主要由

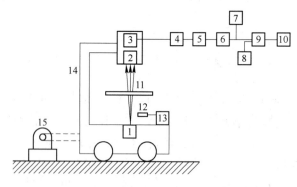

图 9-3　单光束 X 射线测厚仪的组成示意图

1—X 射线源（包括 X 射线管及其电源）；2—X 射线检测器（闪烁计数器）；3—前置放大电路；
4—脉冲幅度甄别电路；5—脉冲-模拟转换电路；6—对数转换电路；
7—材质及温度补偿电路；8—厚度给定电路；9—偏差放大电路；
10—显示记录器；11—被测板；12—校正板；13—校正板的
拖动装置；14—C 形架；15—C 形架拖动电机

它决定厚度给定的准确性。

当 X 射线检测器采用闪烁计数器时，输出为电流脉冲信号，先经过前置放大，然后用电缆将信号送出 C 形架，进入电气柜。被放大的脉冲信号经过脉冲幅度甄别电路，检出有用信号，消去杂散干扰信号。被甄别后的脉冲信号经过脉冲-模拟转换电路（或称积分电路）变成模拟信号，然后将模拟信号进行对数转换、材质与温度补偿及偏差放大等处理，最后由显示记录器显示与记录厚度偏差值。X 射线检测器也可采用电离室，这时它输出的不是数字信号，而是模拟信号。该信号经过前置放大后可直接进入对数转换电路。现代的 X 射线测厚仪几乎都采用微型计算机进行数据处理及操作控制。

为了保证单光束 X 射线测厚仪的精度及长时稳定性，要求 X 射线管发出的 X 射线的粒子流密度必须十分稳定。为此必须为单光束 X 射线测厚仪配置高精度的稳压及稳流电源。当被测板厚度改变时，一般不对单光束 X 射线测厚仪的 X 射线管的电压及电流进行调整。为了弥补这一点，在信息处理中采用对数转换电路，使显示器的输出对厚度偏差的灵敏度变为均匀。

采用双光束测量方式可放宽对 X 射线管的电压与电流稳定度的要求。图 9-4 为双光束 X 射线测厚仪的组成示意图。从特制的双光束 X 射线管发出两束 X 射线，一束穿过被测板射向测量电离室，叫测量光束；另一束穿过给定楔射向参比电离室，叫参比光束。测量电离室输出电流方向与参比电离室输出电流方向相反，两者汇合后进入前置放大电路，经过放大后的信号用电缆送至偏差放大电路。偏差放大电路带有线性补偿与材质补偿网路。线性补偿是用来补偿因厚度不同而

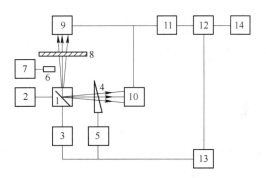

图 9-4　双光束 X 射线测厚仪的组成示意图
1—X 射线管；2—稳流电源；3—稳压电源及控制电路；
4—给定楔；5—给定楔拖动装置及控制电路；6—校正板；
7—校正板拖动装置；8—被测板；9—测量电离室；
10—参比电离室；11—前置放大电路；12—偏差
放大电路（带有线性补偿与材质补偿网路）；
13—厚度给定与材质补偿给定；14—显示记录器

形成的偏差灵敏度的非线性。厚度偏差经放大后送入显示记录器。操作时要先给定厚度值及材质（包括温度）补偿值。厚度与补偿值给定后，通过给定楔拖动装置及控制电路使给定楔移动到与给定值相应的位置，同时通过稳压电源的控制电路将 X 射线管电压调整到与厚度给定值相应的值。

采用双光束测量方式可补偿由于 X 射线管的电压与电流波动而引起的 X 射线粒子流密度不稳定，从而提高测厚仪的稳定性，这是双光束测量方式的主要优点。它的主要缺点是结构复杂。

近年来，由于电子技术的发展，已可制造高精度的高压稳压电源，可以保证 X 射线源的长时稳定性。双光束测量方式由于 X 射线分成两束，减小了测量光束的粒子流，因此对提高检测系统的灵敏度和降低统计误差不利。

### 9.1.1.3　γ 射线测厚仪的组成和原理

当测量的带钢厚度较大时，不能采用 β 射线测厚仪，而要用穿透能力较强的 X 射线和 γ 射线。目前，在热轧厂测量较厚的热轧带钢厚度时，就必须选用穿透能力较强的 γ 射线

穿透式测厚仪。

现以 HHF-212 型热轧用 γ 射线测厚仪为例，将其工作原理作简要介绍。图 9-5 为其方框图。从方框图可以看出，整个仪表可以分成四个部分：射线源、闪烁计数器（探头）、电子转换部分及数字显示部分。

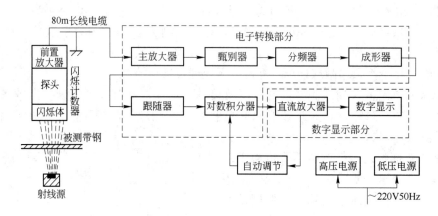

图 9-5　HHF-212 热轧 γ 射线测厚仪方框图

仪器的工作原理是由放射源放出来强度为 $I_0$ 的 γ 射线，在穿过被测带钢后，一部分 γ 射线被物质吸收，余下来的到达闪烁体，其到达闪烁体的强度 $I$ 按公式（9-1）衰减。

强度为 $I$ 的 γ 射线作用在闪烁体上，使闪烁体在单位时间里作 $N$ 次闪光，$I$ 越大，$N$ 也越大，即 $N$ 和 $I$ 成正比。光电倍增管把闪光次数放大，并且把放大的闪光次数变成电压脉冲数。这脉冲电压经过前置放大器放大后，作为闪烁计数器的脉冲信号输出。因此闪烁计数器把射线强度 $I$ 按比例转换成一定大小的脉冲数，即输出脉冲频率 $f$ 与强度 $I$ 成正比。

电子转换部分包括主放大器、甄别器、分频器、成形器、跟随器和对数积分器。主放大器把脉冲电压放大。甄别器只让高度超过一定数值的脉冲通过，而把高度低于这个数值的脉冲截住。分频器只让一定范围频率的脉冲通过，其他干扰信号通不过。成形器是把形状不规则的脉冲信号整形成较规则的脉冲信号。跟随器的特点是输出能够"跟随"输入的波形，而且有功率放大的作用。跟随器有高的输入阻抗和低的输出阻抗，对前后级起缓冲作用，对数积分器的作用是使输出信号与输入信号的对数成正比。因为根据公式（9-1），即

$$I = I_0 \mathrm{e}^{-\mu x}$$

则
$$\ln I = \ln I_0 - \mu x$$

因 $I$ 与脉冲频率 $f$ 成正比，即 $I = Kf$，则

$$\ln I = \ln Kf = \ln K + \ln f$$

所以
$$\ln f = \ln I_0 - \ln K - \mu x$$

令对数积分器输入脉冲频率为 $f$，对数积分器输出电压为 $U$，则

$$U = \ln f$$

再令 $a = \ln I_0 - \ln K$，$I_0$ 和 $K$ 都是常数，因此 $a$ 也是常数。

所以
$$U = a - \mu x \qquad (9\text{-}2)$$

即对数积分器的输出电压与被测材料的几何厚度 $x$ 呈线性关系。

显示部分是把被测厚度显示出来。

### 9.1.2　用激光测厚仪对板带材厚度的在线测量

激光是 20 世纪 60 年代取得的最重大科学成就之一，目前已广泛应用于工业、农业、医学、国防和科学技术各个领域。

激光是一种处于粒子数反转分布状态的工作物质原子，受符合特定条件的外来光子激发而辐射的强光。它有三个特点：

（1）高方向性。激光可以集中在很窄的范围内，向特定的方向发射。

（2）高单色性。激光的频带宽度是普通光的 1/10 以下。

（3）高亮度。一台水平较高的红宝石激光器在激光束会聚后，能产生几百万度的高温。

激光器是一种能产生强大受激辐射光的装置，它一般由激光工作物质、激励能源和谐振腔三部分组成。激光器的种类很多，按工作物质的不同分为四种：

（1）固体激光器，如红宝石激光器等，它的特点是小而坚固，功率高。

（2）气体激光器，如氦氖激光器等，它的特点是单色性好。

（3）液体激光器，如有机染料激光器等，它的特点是发出的激光波长可在一般范围内连续调节，而且效率不会降低。

（4）半导体激光器，如砷化镓激光器等，它的特点是体积小，质量轻、效率高。

激光测厚仪可用于热轧生产线板材厚度的非接触式在线连续测量。它与射线法、微波法、超声法等相比具有安全可靠、测量精度高、测量范围大，无辐射危害等优点。适用于轧制生产较恶劣的工作环境，为厚度控制提供准确信息，提高产品质量和生产效率。

JGC-Ⅰ 型激光测厚仪的基本工作原理如图 9-6 所示。

该设备采用上下两套基本相似的激光发射机与信号接收系统，提取待测板材的厚度信

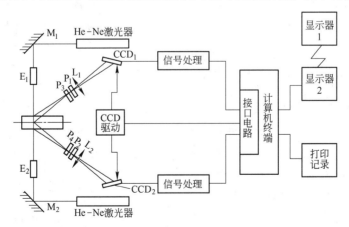

图 9-6　JGC-Ⅰ 型激光测厚仪的基本工作原理简图

$M_1$，$M_2$—上、下光路的反射镜；$E_1$，$E_2$—激光压缩器；
$L_1$，$L_2$—接收镜头；$P_1$，$P_2$—滤光片；$P_3$，$P_4$—高温窗片

号。经光电变换、信号处理后送入计算机进行综合处理，得出板材的实际厚度值。然后在显示器上实时显示测量值，并由宽行打印机将测量结果记录下来。

激光器发出的激光束，由反射镜 $M_1$、$M_2$ 折转 90°，通过光束压缩器 $E_1$、$E_2$ 形成上下两束垂直水平面互相重合的测量光束，并分别投射在被测物体的上、下两表面上，形成激光照射点。为提高测量准确度，上下两束激光束基本保持共线重合，以保证对钢板进行共点测量。

激光测厚仪测量车的外形是一"C"形架子，它直接安装在生产线上，如图9-7所示。测量车主要包括激光发射、信号接收、光电转换、信号处理系统、测量车运行定位装置和通风散热设施等。

在测量车上、下两臂的两个光机板上分别装有两套信号接收系统，完成厚度信号的光学识别和杂波滤除。激光束在被测物体表面形成反映厚度的光信号，经接收系统传送到内部光电转换部件。光电转换是由 CCD 器件及外围电子线路完成。CCD 是一种能够将光信号转换成电信号的光敏器件。信号处理系统是将 CCD 的输出信号处理成可供计算机处理的信号。

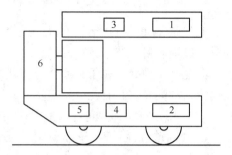

图 9-7   测量车整体结构示意图

1—上光机板；2—下光机板；3—上信号处理器；
4—下信号处理器；5—驱动电机；6—尾部箱体

激光器及处理电路分别安装在测量车的上下臂内，在长期工作过程中，热积累的存在，会影响激光器及处理电路的正常工作。因此，在测量车内需要安装通风散热设备。

控制终端是测厚仪的数据处理终端。它主要包括控制操作板、数据处理单板机、显示器、打印机等。测厚仪提取的厚度信号被传到控制终端，由控制终端内部的计算机完成进一步的数据处理，并通过显示器和打印机等输出处理结果。

在板材以一定的线速度通过测量车时，系统以一定的频率在板材纵向测量约 130 点/s，在每一采样点上，系统都能得到一个测量值。系统将采集到的大量测量数据，经统计处理后求出每块板材的最大值、最小值和统计值。指示的最大值、最小值不是根据某一测量点最大最小判断的，而是在大量的原始数据中，去除过失误差，经过统计平滑处理后取得的。这样就保证了测量数据的准确性和可靠性，大大降低了随机误差的影响。

激光测厚仪也可用于管材的厚度测量。

## 9.2   板带材宽度的在线测量

在板带材生产过程中，板带宽度是一个重要几何参数。为了测量板带宽度，通常是在带钢连轧机粗轧机组和精轧机组的末架轧机出口侧安装光电测宽仪。它通过光学系统对运动着的带钢宽度和带钢对于工作辊的横向位移进行非接触、连续地测量，并指示和记录其偏差值，同时向计算机送出测量信号。

板带测宽仪依据使用的检测介质（光、超声波）和检测装置进行分类。依据使用的车间，也可对测宽仪进行分类。例如，热轧带钢车间使用光电测宽仪，冷轧车间使用伺服式冷轧测宽仪和 CCD 测宽仪。广义说来，冷轧伺服式测宽仪也包含在光电测宽仪中。

### 9.2.1　光电测宽仪

光电测宽仪有两种，一种是带钢温度较高（约900℃以上）的情况。如粗轧时，使用在长波区域具有光谱灵敏度的光电倍增管，直接通过从被测物体射来的红外线进行宽度测量。另一种是带钢温度较低的情况。如精轧时，因带钢薄，其边缘附近的温度显著下降，则放置光源，由带钢的影子来测量。

采用计算机控制的轧机光电测宽仪的原理，如图9-8所示。在检测部分有用来扫描带钢边缘部分的像，以测定宽度变化的两个扫描器。两个扫描器的中心放在轧机的中心线上。用电动机正反转动带动精密的正反扣丝杠，使扫描器从中心向相反方向移动，以此来调整两个扫描器之间的距离。扫描器之间的距离用自整角机发出信号，宽度的给定值在指示仪上可表示出来。

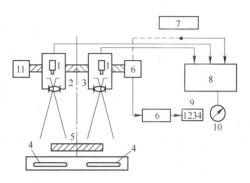

图9-8　光电测宽仪的原理

1—光电管；2—左侧扫描器；3—右侧扫描器；4—下部光源；5—带钢；6—自整角机；7—标准宽度给定；8—测定部分（放大、检波、调制）；9—宽度指示仪；10—偏差指示仪；11—电动机

在扫描器中装有透镜、转动窄缝机构、光电倍增管、前置放大器、校正零点用的内部校正器。其工作原理如图9-9所示。测量时先把两个扫描器之间的距离按带钢的规格来给定。把带钢的边缘部分的像，用透镜聚焦在窄缝机构的窄缝通过面上。在精轧时大多用下部光源，从带钢的下面照射上来，在成像面上得到一个在光亮背景上的被测物暗影像。由于带钢的宽度变化，使成像面上的明暗的边界移动。而圆筒形的窄缝面开有很多很细的窄缝，此圆筒做恒速转动（称之为转动窄缝机构）。当窄缝落在带钢像的明区时，将有光线通过窄缝到达光电倍增管，使其有一个大的光电流 $I_1$ 产生。反之，当窄缝落在带钢像的暗区时，没有光线通过窄缝，使光电倍增管输出极小的暗电流 $I_0$。因此，当窄缝做恒速转动时，在光电倍增管上将获得一个矩形的脉冲波，如图9-10所示。这样，在带钢宽度变化时，明暗区的界线要移动，即当带钢变窄时，明区变大，暗区变小。光电倍增管的输出矩形波的宽度的变化，就反映了带钢的宽度变化。

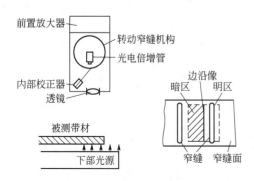

图9-9　扫描器工作原理图

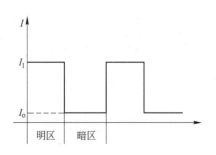

图9-10　矩形脉冲波

从两个扫描器获得的矩形脉冲波信号，送入控制器，首先将两侧所获得的脉冲宽度信

号分别变为直流电压信号。其方法是将矩形脉冲放大，整形，再把脉冲宽度变成脉冲幅值，用峰值检波器再变成直流电压送出。然后，用加法器把两侧获得的直流电压相加，当被测带钢的宽度等于给定值时，加法器输出为零，表示带钢的宽度与给定值的偏差值为零。若此时发生横向平移，则一侧的扫描器的像的明区加大（输出电压加大），而另一侧的暗区加大（输出电压减小）。因此加法器相加后相互抵消，而使偏差值输出电压不变。

在控制器中还设有一减法器，把两侧的扫描器所获得的电压相减，其差值反映了带钢中心线与轧机中心线之间的横向平移量的大小。如果带钢中心线与轧机中心线不重合，两侧的扫描器将有不相等的输出电压，则相减的结果不为零。此时输出的信号称为横向平移量，用指示仪表的"＋""－"来表示带钢的平移方向。

在精轧时要采用下部光源照射，下部光源由两支 2kW 的棒状灯泡组成，用耐热玻璃将其密闭，在中间通过干净的空气进行空冷。在测量时，下部光源在轧机辊道的下面从被测物的下面照射，这时从下部光源旁边安装的冷却水管道中喷出高压水来清洗污垢。

### 9.2.2　线型 CCD 测宽仪

线型 CCD 测宽仪与光电测宽仪的原理相同，但 CCD 图像传感器本身是线状分布。因此与光电测宽仪相比，该传感器的特点是不使用移动机械。

#### 9.2.2.1　CCD 图像传感器

电荷耦合器件图像传感器是一种大规模集成电路光电器件，简称 CCD 器件。CCD 是在 MOS（Metal-Oxide-Semiconductor 金属-氧化物-半导体）集成电路技术基础上发展起来的新型半导体传感器。由于 CCD 图像传感器具有光电信号转换、信息存储、转移（传输）、输出、处理以及电子快门等一系列功能，而且尺寸小，工作电压低（DC：7～12V）、寿命长、坚固耐冲击以及可电子自扫描，这些优点促进了各种视频装置普及和微型化。目前的应用已遍及航天、遥感、工业、农业、天文、通信等军用及民用领域。

CCD 是一种高性能光电图像传感器件，由若干个电荷耦合单元组成，其基本单元是 MOS 电容器结构，如图 9-11（a）所示，它是以 P 型（或 N 型）半导体为衬底，在其上覆盖一定厚度的 $SiO_2$ 层，再在 $SiO_2$ 表面依一定次序沉积一层金属电极而构成 MOS 的电容式转移器件。人们把这样一个 MOS 结构称为光敏元或一个像素。根据不同应用要求将 MOS 阵列加上输入、输出结构就构成了 CCD 器件。

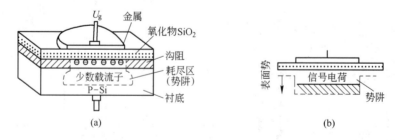

图 9-11　CCD 单元结构

（a）MOS 电容器剖面图；（b）有信号电荷势阱图

#### 9.2.2.2　板材宽度尺寸测量实例

板材宽度尺寸很大，可用如图 9-12 所示的办法，由两套光学成像系统和两个 CCD 器件，分别对被测板材两边进行测量，然后算出尺寸。图 9-12（a）以连轧钢板的宽度测量为例，在被测板材左右边缘下方设置光源，经过各自的透镜将边缘部分成像在各自的 CCD 器件上，两器件间的距离是固定的。设两个 CCD 的像素数都是 $N_0$，由于两个 CCD 相距较远，其间必有某一范围 $L_3$ 是两个 CCD 都监视不到的盲区。不过这个盲区 $L_3$ 的数值是已知的，安装光学系统之后就被确定下来不再改变，与 $L_3$ 对应的等效像素数 $N_3$ 也就已知并且确定了。在扫描过程结束后，$CCD_1$ 输出的脉冲数是 $N_1$，$CCD_2$ 输出的脉冲数是 $N_2$，如图 9-12（b）所示。其中 $CCD_1$ 测出的是被测板材的一部分尺寸，即 $L_1$。根据上述关系可写出类似的关系式为

$$\frac{L_1}{L_0} = \frac{N_0 - N_1}{N_0}$$

即
$$L_1 = \frac{N_0 - N_1}{N_0} L_0 \tag{9-3}$$

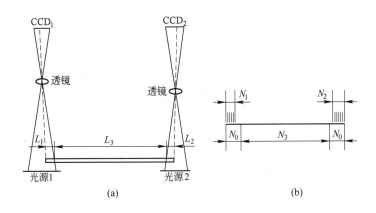

图 9-12　板材宽度测定示意图

（a）测定示意图；（b）辅助说明

同理，$CCD_2$ 测出的另外一部分尺寸是 $L_2$：
$$L_2 = \frac{N_0 - N_2}{N_0} L_0 \tag{9-4}$$

被测物的总尺寸是 $L_x = L_1 + L_2 + L_3$，即

$$L_x = \left[ (N_0 - N_1) + (N_0 - N_2) \right] \frac{L_0}{N_0} + L_3$$

$$= \left[ 2N_0 - (N_1 + N_2) \right] \frac{L_0}{N_0} + L_3 \tag{9-5}$$

将 $CCD_1$ 和 $CCD_2$ 所输出的脉冲送入同一个累加器，再按上式运算，便可得出被测尺寸 $L_x$。

## 9.3　管、棒、线材和型材直径在线测量

### 9.3.1　管、棒、线材的直径测量

测径仪可分为接触式的卡尺、千分尺等，非接触式的激光扫描仪、光电摄像仪等。生

产过程中的直径测量多用非接触式的测径仪。

#### 9.3.1.1　激光测径仪

激光测径仪工作原理如图 9-13 所示。

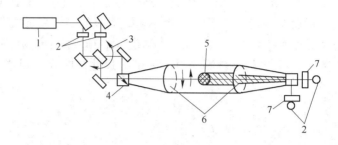

图 9-13　激光测径仪工作原理图

1—激光发生器；2—偏光板；3—旋转镜；4—光束分离器；
5—被测物体；6—透镜；7—受光器

它可以测量运动中的棒材、线材、管材的直径。由激光源发出的激光束经光学系统调制成扫描光束，并经透镜变成平行光束，垂直地照射在被测物体上，被测物体会遮断相对应部分的光束。用仪器测出由于物体自身遮断的光束，经过运算即可求得直径值。应注意的是被测物体在扫描方向上有振动时，在数据处理中必须加以修正。在结构上，全套光学测量系统必须放置在暗箱中，以防止外界光对测量值的干扰。

#### 9.3.1.2　线型 CCD 测径仪

图 9-14 是用线型 CCD 传感器测量线、棒材尺寸的基本原理示意图。

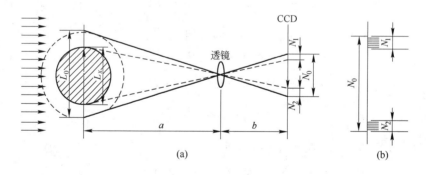

图 9-14　用 CCD 测较小尺寸基本原理

（a）CCD 原理；（b）局部放大

首先借助光学成像法将被测物的未知长度 $L_x$，投影到 CCD 线型传感器上，根据总像素数目和被物像遮掩的像素数目，可以计算出尺寸 $L_x$。

图 9-14(a)表示在透镜前方距离 $a$ 处置有被测物，其未知尺寸为 $L_x$，透镜后方距离 $b$ 处置有 CCD 传感器，该传感器总像素数目为 $N_0$。若照明光源由被测物左方向右方发射，在整个视野范围 $L_0$ 之中，将有 $L_x$ 部分被遮挡。与此相应，在 CCD 上只有 $N_1$ 和 $N_2$ 两部分接受光照，如图 9-14(b)所示。于是可以写出

$$\frac{L_x}{L_0} = \frac{N_0 - (N_1 + N_2)}{N_0} \tag{9-6}$$

此处 $N_1$ 为上端受光照的像素数，$N_2$ 为下端受光照的像素数，由测得的 $N_1$ 和 $N_2$ 的值，从而算得被测尺寸 $L_x$。

用 CCD 为接受元件的测径仪，测量范围小于 $\phi75mm$ 时，其测量精度达 $\pm20\mu m$。测量 $\phi350mm$ 管径时，精度达到 $\pm0.1mm$。

**9.3.1.3　英国 IPL 公司的 ORBIS 测量仪**

英国 IPL 公司的测量仪由测头、计算机信号处理装置和显示器 3 个主要部分组成。测头的光路图如图 9-15 所示，光源 1 所发出的光经反射到平行光透镜 2 后变成平行光。当轧件 3 穿过中间是空腔的测头时，挡住了一部分平行光，摄像机检测到被遮挡的光束之后，将信号送至计算机，转换成轧件尺寸的数据，然后送至显示器上进行实测数据的数字显示和图形显示。为了能够测量不同方位上的轧件尺寸，ORBIS 测头以 100r/min

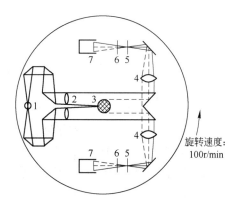

图 9-15　ORBIS 测量仪
1—光源；2—平行光透镜；3—轧件；4—物镜；
5—光栏；6—滤光器；7—摄像机

的速度绕其中心旋转。每隔 2° 进行 1 次测量，将测得的最大、最小尺寸和其他任意 4 个部位的尺寸（如圆钢的垂直尺寸，水平尺寸及 2 个肩部尺寸）在显示器上显示出来，显示的内容由测头每转半圈刷新一次。这种测头的优点是，除了可以测量任意方位的轧件尺寸之外，还可以根据轧件肩部尺寸出现的方位来判断轧件在出成品机架到测量仪之间的扭转。

表 9-2 给出了 ORBIS 测量仪的型号和主要参数。

**表 9-2　ORBIS 测量仪的型号和主要参数**

| 型　号 | $OR_1$ | $OR_1A$ | $OR_1B$ |
|---|---|---|---|
| 测量范围/mm | 13 | 30 | 75 |
| 测量精度/mm | $\pm0.02$ | $\pm0.04$ | $\pm0.04$ |
| 测头 CCD 列阵 | 2048 | 2048 | $2048\times2$ |
| 测量间隔/(°) | 2 | 2 | 2 |
| 显示刷新时间/s | 0.15 | 0.15 | 0.3 |

ORBIS 测量仪除了适用于圆钢之外，也可用于方钢、六角钢和扁钢的轧制。为了补偿温度对测量值的影响，ORBIS 测量仪还配备了光学高温计，根据实测的温度和材料的热膨胀系数来计算轧件的冷尺寸。

**9.3.1.4　德国 EBG 公司的激光测径仪**

这种测径仪与 ORBIS 测量仪的工作原理基本相同，区别在于 EBG 公司的产品用功率为 10mW 的 He-Ne 激光器代替普通光源，抗干扰能力和寿命都有明显改进。此外，其计算机处理软件也更加丰富，除了有圆钢、方钢、扁钢、六角钢等测量程序之外，还有 SPC 统计过程控制程序，可以进行计算机辅助质量控制，以大量实测数据为基础来建立质量保证系统。其技术参数如表 9-3 所示。

**表9-3　几种型号激光测径仪及其技术参数**

| 型 号 | D010 | D040 | D0100 | D0200 | D0500 |
|---|---|---|---|---|---|
| 测量范围/mm | 0.05~10 | 1~35 | 1~75 | 5~180 | 20~475 |
| 分辨力/mm | 0.001 | 0.005 | 0.005 | | |
| 可选值/mm | 0.002 | 0.002 | 0.0020 | 0.01 | 0.02 |
| 测量精度±(%+mm) | 0.1+0.001 | 0.05+0.05 | 0.05+0.005 | 0.05+0.01 | 0.05+0.05 |
| 扫描次数/次·s⁻¹ | 100 | 100 | 100 | 100 | 100 |
| 测头转速/r·min⁻¹ | | 20 | 20 | 12 | 12 |
| 两次扫描间隔时间/s | 0.36 | 0.36 | 0.18 | 0.09 | 0.09 |

采用上述轧件尺寸在线测量装置可以节省换规格时的试轧时间，提高成材率，有利于生产高精度产品。ORBIS测量仪已在欧洲的线棒材轧机上广泛应用，近来ABB公司将OR-BIS测量仪用于线材轧机的自动尺寸控制系统ADC做反馈控制，使$\phi5.5$mm线材的尺寸精度由±0.2mm提高到±0.1mm。

#### 9.3.1.5　国产固定式测径仪

前述两种测径仪测量头工作时需要旋转，沿线材螺旋轨迹测量直径，电源与信号全靠滑环出入，要求加工制作精度极高。实际使用中，线材断面的关键尺寸是垂直高度、直径和辊缝处尺寸。天津兆瑞公司研制了JDC-JGX系列八头固定式激光扫描测径仪，可以同时刻、同断面显示线材八处外轮廓尺寸。通过智能软件处理，不但有直径参数，也能有耳子参数，基本反映了圆断面形状，测量误差0.02mm。由于没有复杂的滑环，寿命长，占用距离短（400mm宽）。

该测径仪装置由测径仪，大屏幕板和工控机组成。其售价为进口产品的五分之一。

### 9.3.2　型材尺寸测量

#### 9.3.2.1　H型钢测厚仪

H型钢测厚的要求与钢板不同，它既要测出腰部厚度，也要同时测出两侧的腿部厚度。日本富士电机株式会社为此开发了一种射线测厚仪。它采用1个射线源、3个传感器，可同时测量出H型钢腰中部和两侧腿部的厚度尺寸，如图9-16所示。

新日铁公司与富士通公司也合作开发了类似的H型钢γ射线厚度计，这两种测厚仪都

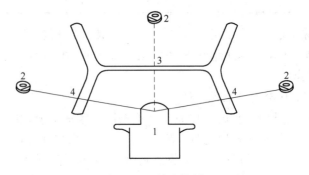

图9-16　型钢测厚仪

1—射线源；2—传感器；3—轧件腰部；4—轧件腿部

已在生产中获得应用。

另外，已有 H 型钢复合激光厚度计上市，这种方法更安全，在线体积也小很多，这是一种很有潜力的检测方式。

### 9.3.2.2 H 型钢测宽仪

像 H 型钢、钢板桩一类大型钢材，宽向尺寸较大，又有一定的公差要求。为了加强其宽向尺寸的管理和控制，研制出型钢测宽仪。其中钢板桩测宽仪安装在辊式矫直机的后部。其工作原理是：由光源发出的光束，利用摄像头测出被钢板桩遮挡的部分，信号送至计算机换算出轧件宽度。H 型钢腿部测宽仪安装在中轧机组或精轧机的后面，其测头可以利用高温轧件放射出的红外线来测量 H 型钢腿部尺寸。为了使其适用于更宽的尺寸范围，采用了两个可以上下、前后移动的扫描式测头，根据计算机设定的基准值进行测量。由东京光学机械株式会社制作，安装在新日铁君津大型厂的 H 型钢腿部测宽仪可以测量腿宽达 115～550mm、腰高达 100～1000mm 的 H 型钢，测量精度为 ±0.5mm。

## 复习思考题

9-1 叙述射线测厚仪分别采用穿透式测厚仪和反射式测厚仪的测厚原理。

9-2 分别叙述单光束和双光束 X 射线测厚仪的组成和原理。

9-3 叙述 γ 射线测厚仪的组成和原理。

9-4 叙述激光测厚仪的组成和原理。

9-5 叙述光电测宽仪的组成和原理。

# 第3篇 过 程 控 制

# 10 过程控制原理及系统

## 10.1 过程控制概述

### 10.1.1 自动控制系统的组成

自动控制系统是模仿人工控制来实现的。我们以控制加热炉的温度为例说明。图 10-1 (a)是一通过控制燃料的流量以达控制炉温的人工控制示意图。人工控制的过程是：观察当前的温度 $t$ 并与要求的温度 $T$ 进行比较，如果 $t > T$，将减小阀门开度，使燃料减少，炉温下降，直到 $t = T$ 为止；如果 $t < T$，将增加阀门的开度，使燃料增加，炉温上升，直到 $t = T$ 为止。阀门的控制过程是很有学问的，有经验的操作工人如发现当前温度 $t$ 与要求温度 $T$ 相差较大，将大幅度改变阀门开度；如发现温度急剧变化如下降，将快速控制阀门开度等。

归纳上述人工控制过程是：

（1）观察当前温度 $t$；

（2）与要求温度 $T$ 作比较，求偏差值（$t - T$）；

（3）根据偏差按一定的控制方式改变阀门开度；

（4）当 $t = T$ 时，停止操作，保持阀位不变。上述操作过程，完全可以通过控制仪表自动完成。如图 10-1(b)所示。

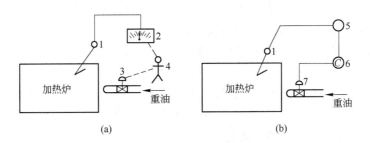

图 10-1 人工控制与自动控制示意图

（a）人工控制；（b）自动控制

1—热电偶；2—显示仪表；3，7—调节阀；4—操作人员；

5—变送器；6—调节器

被控制的加热炉，加上一些自动控制仪表（变送器、调节器、执行器）就构成了一个自动控制系统。由图 10-1 可以看出，自动控制与人工控制的区别在于，用测温组件热电偶及变送器代替人的眼睛，起检测信号的作用，用调节器代替人的大脑，判断偏差，根据偏差输出调节信号，用执行机构代替人手，输出位移量，去控制阀门的开度。从而可使被控的加热炉温度自动稳定在预先规定的数值上。

简单的自动控制系统的组成可用方框图 10-2 所示。

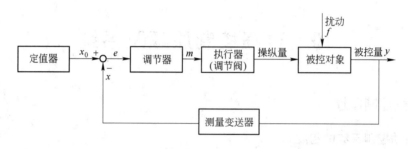

图 10-2　单回路控制系统方框图

图中每一个方框表示一个设备或装置，各个设备装置之间的关系，则用它们之间的连线表示。

习惯上将被控制的装置或设备（如图 10-1 中的加热炉）称为被控对象或对象；将所控制的参数（如温度）称为被控量；将作用于对象的物料或能量（如图 10-1 中的重油）称为操纵量。将引起被控量变化的外界因素（如管道漏油或电压波动等）称为干扰或称为扰动。由此来表示广义的单回路控制系统。

检测元件及变送器：感受被控量的大小，变换成调节器所需要的信号形式，例如电动调节器所需要的电信号。$x$ 称为检测信号（测量值）。

定值器：定值器是把被控量设定值（或称给定值即生产要求的数值）的大小，以调节器要求的信号形式（例如电信号），输送给调节器。$x_0$ 称为设定或给定信号，设定值与测量值之差称为偏差，用 $e$ 表示。

调节器：将设定值 $x_0$ 与测量值 $x$ 进行比较，将二者的差值 $e$ 进行运算，然后输出使执行机构动作的控制信号 $m$。执行机构接受调节器发出的控制信号并放大到足够的功率，推动调节阀门开度变化，改变操纵量控制被控量。

图 10-2 所示的方框图中，方框之间连线的箭头，只是代表施加作用的方向，并不代表物料之间的联系。施加作用方向形成闭合回路的叫闭环控制系统，不形成闭合回路的叫开环控制系统。图中下支路称反馈通道，这种把系统的输出信号又引回到输入端的做法，就叫做反馈。由于反馈信号 $x$ 送到输入端后，调节器按偏差信号进行控制，这种方式叫负反馈控制方式。这种系统又称为单回路闭环负反馈控制系统。它的控制特点是根据偏差进行控制。

### 10.1.2　自动控制系统的分类

在闭环控制系统中，为了便于分析自动控制系统的性质，按照设定值的情况不同，又可分类为三种类型。

#### 10.1.2.1　定值控制系统

所谓定值控制系统，是指这类控制系统的设定值 $x_0$ 是恒定不变的。生产过程中往往要求控制系统的被控量保持在某一定值不变，当被控量波动时调节器动作，使被控量回复至设定值（或接近设定数值）。大多数生产过程的自动控制，都是定值控制系统。上述加热炉温度的自动控制，就是一种定值控制系统。在定值控制系统中，有简单的控制系统，又有复杂的控制系统。一般来说，简单控制系统只包含一个由基本的自动控制装置组成的闭合回路，如图 10-2 所示。如果影响被控量波动的因素较多，采用一个回路不能满足工艺要求时，就需要采用两个以上的回路，就组成了复杂的控制系统。

### 10.1.2.2　程序控制系统

程序控制系统也称顺序控制系统。这类控制系统的设定值是变化的，但它是时间的已知函数，即设定值 $x_0$ 按一定的时间程序变化。例如某些热处理炉温度的自动控制，需要采用程序控制系统，因为工艺要求有一定的升温、保温、降温时间。

图 10-3 所示曲线就是热处理炉工艺要求的温度变化规律实例，其中 0-1-2 线段是升温曲线，2-3 线段是保温时间，3-4-5 线段是降温曲线。通过系统中的程序设定装置，可使设定值按工艺要求的预定程序变化，从而使被控量也跟随设定值的程序变化。

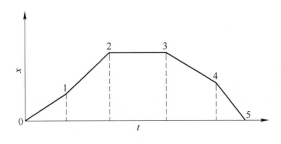

图 10-3　时间程序曲线

### 10.1.2.3　随动控制系统

随动控制系统也称为自动跟踪系统，这类系统的设定值是一个未知的变化量。这类控制系统的主要任务是使被控量能尽快地准确无误地跟踪设定值的变化，而不考虑扰动对被控量的影响。

在冶金生产过程中，如燃料燃烧过程，空气与燃料量之间的比值是有一定要求的，但是燃料量需要多少，则随生产情况而定，而且预先不知道它的变化规律。在这里燃料需要量相当于设定值，它随温度的变化而变化，故这样的系统称为随动控制系统。在这样的随动控制系统中，由于空气量的变化必须随着燃料量按一定比值而变，因此又称为比值控制系统，比值控制系统是工业中较常见的随动系统形式。

## 10.2　控制系统过渡过程及品质指标

### 10.2.1　自动控制系统的过渡过程

一个处于平衡状态的自动控制系统，在受到扰动作用后，被控量发生变化。与此同时，控制系统的控制作用将被控量重新稳定下来，并力图使其回到设定值或设定值附近。一个控制系统在外界干扰或给定干扰作用下，从原有稳定状态过渡到新的稳定状态的整个过程，称为控制系统的过渡过程。控制系统的过渡过程是衡量控制系统品质优劣的重要依据。

　　在阶跃干扰作用下，控制系统的过渡过程有如图 10-4 所示的几种形式。

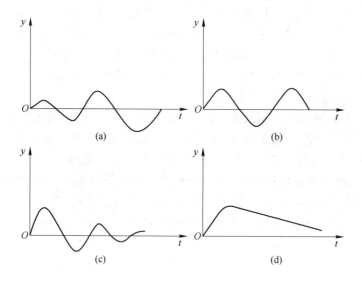

图 10-4　过渡过程的几种基本形式

（a）发散振荡；（b）等幅振荡；（c）衰减振荡；（d）单调衰减

　　图 10-4(a)为发散振荡过程，它表明这个控制系统在受到阶跃干扰作用后，非但不能使被控量回到设定值，反而使它越来越剧烈地振荡起来。显然，这类过渡过程的控制系统是不能满足生产要求的。图 10-4(b)为等幅振荡过程，它表示系统受到阶跃干扰后，被控量将做振幅恒定的振荡而不能稳下来。因此，除了简单的位式控制外，这类过渡过程一般也是不允许的。图 10-4(c)为衰减振荡过程，它表明被控量经过一段时间的衰减振荡后，最终能重新稳定下来。图 10-4(d)为单调衰减过程，它表明被控量最终也能稳定下来，但由于被控量达到新的稳定值的过程太缓慢，而且被控量长期偏离设定值一边，一般情况下工艺上也是不允许的，而只有工艺允许被控变量不能振荡时才采用。

### 10.2.2　过渡过程的品质指标

　　从以上几种过渡过程情况可知，一个合格的、稳定的控制系统，当受到外界干扰以后，被控量的变化应是一条衰减的曲线。图 10-5 表示了一个定值控制系统受到外界阶跃干扰以后的过渡过程曲线，对此曲线，用过渡过程品质指标来衡量控制系统的好坏时，常

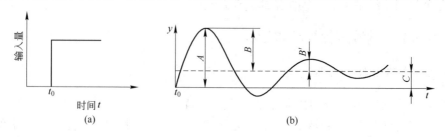

图 10-5　阶跃扰动作用时过渡过程品质指标示意图

（a）阶跃扰动；（b）过渡过程曲线

采用以下几个指标。

（1）衰减比。它是表征系统受到干扰以后，被控变量衰减程度的指标。其值为前后两个相邻峰值之比，即图中的 $B/B'$，一般希望它能在 $4:1$ 到 $10:1$ 之间。

（2）静差（余差）。它是指控制系统受到干扰后，过渡过程结束时被控变量的残余偏差，即图中的 $C$。$C$ 值也就是被控变量在扰动后的稳态值与设定值之差。控制系统的静差要满足工艺要求，有的控制系统工艺上不允许有静差，即要求 $C=0$。

（3）最大偏差。它表示被控量偏离设定值的最大程度。对于一个衰减的过渡过程，最大偏差就是第一个波的峰值，即图中 $A$ 值。$A$ 值就是被控量所产生的最大动态偏差。对于一个没有静差的过渡过程来说，$A=B$。

（4）过渡过程时间。又称调节时间，它表示从干扰产生的时刻起，直至被控量建立起新的平衡状态为止的这一段时间。过渡过程时间越短越好。

（5）振荡周期。被控量相邻两个波峰之间的时间叫振荡周期。在衰减比相同的条件下，振荡周期与过渡时间成正比，因此一般希望周期也是越短越好。

影响系统过渡过程品质的因素很多，这些因素概括起来不外三个方面。一是被控制对象本身，也就是对象的性质，影响对象性质的因素主要有对象负荷的大小、对象的结构尺寸及其材质等。二是自动控制装置的性能与运行时的调整等。三是干扰（扰动）作用的形式。前面已经谈到，扰动是随机的，形式也不一定，设计运行时均以对系统影响最大的阶跃扰动来考虑，则影响系统品质的因素主要取决于对象的特性及自动控制装置的性能、投运与正确调整。

## 10.3　被控对象的动态特性

被控对象的动态特性是通过以输入量和输出量为变化量的微分方程加以描述的，换句话说，被控对象的动态特性的基本表达式是微分方程式。实际上某些被控对象的动态特性往往是十分复杂的高阶微分方程式，求解和分析都比较复杂。还有一些复杂的被控对象，由于其中物理过程的机理不清，无法列出动态的微分方程式，而只得借助于实验来获得动态特性。

工程上常用飞升曲线法来分析被控对象的几个动态特性。

以加热炉温度为例，当煤气或重油阀门突然开大一定开度后，炉膛温度必然要上升，起始温度上升速度较快，后来逐渐变慢，当上升到一定温度值后就不再变化了。煤气或重油阀门 $U$ 突然开大一定开度，实质就是输入量做阶跃式变化，如图 10-6(a) 所示，此时输出量即炉膛温度随时间变化曲线称为飞升曲线，如图 10-6(b) 所示。

从飞升曲线可以看出，调节阀在 $t_0$ 时突然开大了 $\Delta U$，即调节机构的输出信号使流体流入

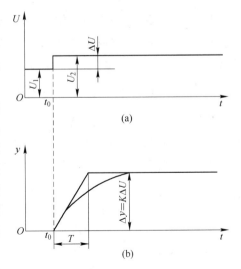

图 10-6　温度飞升曲线
(a) 输入量的阶跃式变化；(b) 输出量的飞升曲线

量改变，加热炉温度则慢慢上升，即被控量 $y$ 缓慢变化，最后达到稳态值不再变化。下面从飞升曲线上作特性参数来分析被控对象的动态特性。

### 10.3.1 放大系数

我们把加热炉看做一个环节，当它的输入量改变 $\Delta U$ 时，它的输出量改变了 $\Delta y$，其关系为

$$\Delta y = K \Delta U \tag{10-1}$$

这就好像经过加热炉这个环节后，输入量最后放大了 $K$ 倍而输出，因此把 $K$ 叫做放大系数。从以上分析可知，放大系数 $K$ 与温度变化过程无关，而只与过程初始两点状态有关，所以放大系数实质上是一个静态特性。利用放大系数可以获得任何扰动 $\Delta U$ 对输出的静态影响。对同样大小的扰动 $\Delta U$，如果放大系数 $K$ 大，温度最终变化也大；如果放大系数 $K$ 小，温度最终变化也小。放大系数 $K$ 大的被控对象，调节起来比较灵敏，但稳定性差，而放大系数 $K$ 小的对象调节起来不灵敏但稳定性好。一般希望对象的放大系数 $K$ 小一些，而灵敏度往往靠提高调节器的放大倍数来满足。

### 10.3.2 时间常数

从图 10-6 可以看出，输出量的变化速度在起始点处最大，以后逐渐下降，最后为零。过渡过程飞升曲线可以用下式表示

$$\Delta y = 1 - \exp\left(-\frac{t}{T}\right) \tag{10-2}$$

式 (10-2) 是一个指数方程，图 10-6 所示的飞升曲线为一指数曲线，e 为常数，等于 2.718，$T$ 是被控对象的特性参数，称做时间常数。

由式 (10-2) 可知，当 $t = 0$ 时，$\Delta y = 0$；当 $t = T$ 时，$\Delta y = 0.623 = 62.3\%$；当 $t = 3T$ 时，$\Delta y = 95\%$；当 $t = \infty$ 时，$\Delta y = 100\%$。

从飞升曲线的起始点作一切线，该切线与新的稳定值相交，该点对应的时间 $T$ 即为时间常数。它表示被控量以最快速度变化到新的稳定值所需的时间。实际上由于 $y$ 的变化速度越来越慢，即该切线的斜率越来越小，所以 $y$ 变化到新稳定值所需的时间要长得多。从理论上说，只有当 $t = \infty$ 时，$\exp\left(-\frac{t}{T}\right) = 0$，$\Delta y = 100\%$，即 $\Delta y = K\Delta U$ 才到达新的稳定值。

实际上，当 $t = 3T$ 时，$\Delta y = 95\%$，即被控参数 $y$ 的变化已接近结束。因此时间常数 $T$ 越大，切线的斜率越小，被控量变化过程也越长，这表明被控对象惯性越大，可见时间常数 $T$ 是表示被控对象惯性大小的一个参数。

### 10.3.3 滞后时间

对某些被控对象，当输入量变化后，输出量并不立即改变，而须等待一段时间后才变化，这种对象被控量的变化落后于扰动的现象称为被控对象的滞后现象。

根据滞后的性质，滞后可分为两类：传递滞后和容量滞后。如前面介绍的加热炉温度自动控制系统，首先用热电偶测出温度，经温度变送器，最后到执行机构启动，需要经过

一段时间，这一段时间称为传递滞后时间。显然，传递滞后一方面与传递距离有关，另一方面与介质流动速度有关。传递滞后对控制过程非常有害，它使调节器不能立即发出信号进行控制，这就降低了控制质量。因此设计控制系统时，应配备适当设备竭力把它减至最小。

传递滞后（纯滞后）时间$\tau_0$可用下式表示

$$\tau_0 = L/w \tag{10-3}$$

式中　$L$——信号传送距离；

　　　$w$——信号传送速度。

图 10-7 为传递滞后的示意图。图中$\tau_0$为传递滞后时间，$T$为时间常数。

有的对象有一种与传递滞后相似的滞后性质，称做容量滞后，它几乎与对象的负荷和扰动无关，仅取决于工艺设备的结构及运行条件。传递滞后与容量滞后的区别在于传递滞后延迟被控量开始变化的时间，而容量滞后影响被控量变化的速度。

图 10-8 为一个存在传递滞后多容量对象的飞升曲线。在分析工作中一种近似处理多容量飞升曲线的方法是，在曲线拐点 $C$ 处作一切线，并与横轴交于 $B$ 点，如图 10-8 中的 $BC$ 段。这样就可以将多容量对象飞升曲线 $OACD$ 近似地看做是一个传递滞后 $OA$ 和一个单容量对象飞升曲线 $BCD$ 所组成。图中 $OA$ 为传递滞后，用$\tau_0$表示，$AB$ 为容量滞后，用$\tau_c$表示，总滞后时间用$\tau$表示

$$\tau = \tau_0 + \tau_c \tag{10-4}$$

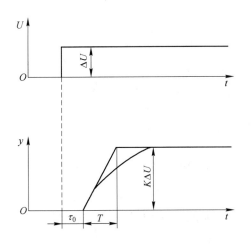

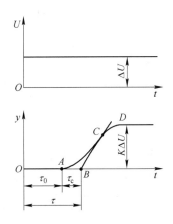

图 10-7　存在传递滞后时的飞升曲线　　　图 10-8　存在传递滞后与容量滞后时的飞升曲线

滞后时间是设计自动控制系统、选择仪表必须注意的重要问题。对一些环节的时间滞后可采取适当措施来解决：对一些测量组件，如热电偶，热电阻、流量计、差压信号等应合理选择测量组件的位置、选择快速测量组件，并使用微分单元以克服时间滞后。对变送器、调节器应尽力缩短信号传递管线。对执行环节应加强维护、润滑、使用阀门定位器等。

综上所述，对象的特性可以用放大系数 $K$、时间常数 $T$ 及滞后时间$\tau$三个动态特性参数来表征。

## 10.4　调节器的控制作用

我们已经知道了被控对象的特性,就要选择出合适的调节器的控制作用与之配合达到控制目的。不论是人工控制还是自动控制,其目的都是为了纠正被控量的偏差,偏差的存在是产生控制作用的根本原因。偏差是调节器的输入,控制动作是调节器的输出。所谓调节器的控制作用,就是指调节器的输出信号与输入(即被控量出现的偏差)之间随时间变化的规律,也称为调节器的调节规律,即调节器的动态特性。其基本的控制作用有双位、比例(P)、积分(I)、微分(D)及其组合。

### 10.4.1　双位控制作用

双位控制的特点是调节机构只有两个位置,也就是说调节阀不是全开就是全关,它不能停留在两者中间任何位置上,因此它是设备上最简单,投资最少的一种控制方式。

图10-9 是一个电加热炉温度的双位控制系统,被控对象是电加热炉,为控制炉温,用热电偶测量炉温,并把温度信号送至电动温度调节器,然后由调节器根据温度的变化情况来切断或接通电加热器的电源。当炉温升至上限时,调节器切断电源停止加热;当温度降至下限时,调节器接通电源进行加热。对双位式温度控制系统,它的被控参数 $T$ 是在定值上下波动,如图10-10 所示。

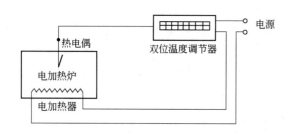

图 10-9　电加热炉温度双位控制系统

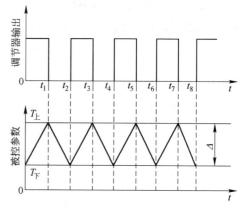

图 10-10　电加热炉温度双位控制原理

当时间 $t=0\sim t_1$ 时,由于 $T<T_{上}$,电加热器一直通电,温度一直是上升的。

当时间 $t=t_1$ 时,由于 $T=T_{上}$,电动双位调节器动作,切断电源停止加热,温度从 $T_{上}$ 开始下降。

当时间 $t=t_2$ 时,由于 $T=T_{下}$,电动双位调节器动作,接通电源又开始加热,温度从 $T_{下}$ 开始逐渐上升。

当时间 $t=t_3$ 时,$T=T_{上}$,电动双位调节器又一次切断电源停止加热,如此又开始了一个循环动作。

衡量一个双位控制过程的品质指标,用振幅和周期表示。在图10-10 中,振幅为 $T_{上}-T_{下}$,$\Delta$ 为失灵区。对同一双位控制系统来说,过渡过程的振幅与周期是相互矛盾的,实际上用失灵区 $\Delta$ 可以概括说明振幅与周期的关系。很明显,失灵区 $\Delta$ 越小,振幅就越小,但周期短,振荡频率大,选择合适的失灵区 $\Delta$,使振幅在允许范围内,尽可能使周期短些。影响双位控制系统品质指标的因素主要是被控对象的滞后。

双位控制一般应用在生产过程允许被控参数经常以一定振幅上下波动，被控对象的时间常数很大，而延迟时间又很小的情况，如常用的电烘箱，管式电炉，箱式电炉，恒温箱等。

### 10.4.2 比例、积分、微分控制作用

工业生产中的被控对象是复杂多样的，当它受到扰动作用之后，一般均要求控制系统能迅速连续地进行控制，使能量或物料量达到新的平衡状态，被控参数也能稳定在某一定值或回落到设定值上。显然，双位控制无法满足这一要求。为了使控制过程得以稳定，并保证达到一定的控制指标，就必须采用带有比例（P）、积分（I）和微分（D）控制作用的连续调节器。

#### 10.4.2.1 比例控制作用

比例调节器输出的调节信号 $m$ 与输入的偏差信号 $e$ 成比例。若用一个数学式表示，可以表示为

$$m = K_p e \qquad (10\text{-}5)$$

式中　$K_p$——调节器的放大系数。

上式表明，比例控制作用的规律是：偏差值 $e$ 变化越大，调节机构的位移量 $m$ 变换也越大，并且 $e$ 与 $m$ 之间存在一定的比例关系；另外，偏差值 $e$ 的变化速度（$de/dt$）快，调节机构的移动速度（$dm/dt$）也快。这是比例调节器的一个显著特点。

在阶跃输入 $e$ 作用下，比例调节器的动态特性可由图 10-11 所示。

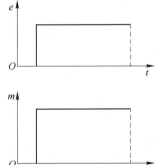

图 10-11　比例调节器的动态特性

由于比例控制的调节器输出与输入有一一对应的关系，故当被控对象负荷发生变化后，调节机构必须移动到某一个与负荷相适应的位置才能使能量再度平衡，使系统重新稳定。因此控制的结果不可避免地存在静差，这是它的最大缺点。并且被控对象的负荷变化越大，调节机构的位移量 $m$ 也越大，故静差也就越大。这里静差是指扰动作用下，被控量变化，经过调节作用被控量重新稳定下来的数值与原来稳定值（给定值）之间的差值。

如加热炉温度自动控制中，当系统处于平衡状态时，被控量（炉温）维持不变。系统受到扰动后（负荷加大），被控量（炉温）发生变化，开始下降。通过比例调节器使调节阀开度开大，煤气或重油量增加，使被控量（炉温）下降速度逐渐缓慢下来，经过一段时间，又建立了新的平衡，此时被控量（炉温）达到新的稳定值，这时调节过程结束。但此时被控量（炉温）的新的稳定值与给定值不相等，它们之间的这个差值叫静差。这个静差的大小，与调节器放大系数 $K_p$ 有关，$K_p$ 大，对应静差小。反之，$K_p$ 小，对应静差大。

比例调节作用的整定参数是放大系数 $K_p$，它决定比例作用的强弱。$K_p$ 大，比例作用强。但在一般的调节器中，比例作用都不用放大系数 $K_p$ 作为刻度，而用比例带 $P_\delta$ 来刻度。比例带 $P_\delta$ 与放大系数 $K_p$ 的关系，对于电动单元组合仪表讲，比例带 $P_\delta$ 与放大系数

$K_P$ 互为倒数关系，常以百分数表示。即：

$$P_\delta = \frac{1}{K_P} \times 100\% \qquad (10\text{-}6)$$

不难理解，选择比例带 $P_\delta$ 越小，比例作用越强；$P_\delta$ 越大，比例作用越弱。若 $P_\delta$ 选择过小，会造成调节系统不稳振荡；$P_\delta$ 过大，比例作用小，静差大。因此要根据静差特点选取合适的 $P_\delta$ 值。一般来说，若对象时间常数较大以及放大系数较小时，调节器的比例带可选得小一些，以提高整个系统的灵敏度，使反应加快一些，这样就可得到较理想的控制过程。反之，若对象时间常数较小以及放大系数较大时，比例带就必须选得大些，否则系统就难以稳定。

10.4.2.2　比例积分控制作用

为了能消除静差，提高控制质量，必须在比例控制的基础上，引入能自动消除静差的积分控制作用。

A　积分（I）控制作用

积分控制作用是指调节器输出的调节信号 $m$ 与输入偏差 $e$ 的积分成正比，即

$$m = K_I \int e \, dt \qquad (10\text{-}7)$$

或

$$m = \frac{1}{T_I} \int e \, dt \qquad (10\text{-}8)$$

式中　$K_I$——积分速度；

　　　$T_I$——积分时间。

在阶跃输入 $e$ 作用下，积分调节器的动态特性如图 10-12 所示。

由图可以看出，只要有偏差存在，调节器的输出信号将随时间不断增长（或减小）。只有输入偏差等于零时，输出信号才停止变化，稳定在某一数值上。

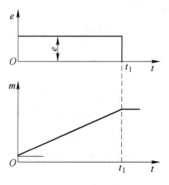

图 10-12　积分调节器的动态特性

由上可知，积分控制作用可以消除静差，但因积分作用是随着时间积累而逐渐加强，所以控制作用缓慢，在时间上总是落后于偏差信号的变化，不能及时控制。当对象的惯性较大时，被控参数将出现较大的超调量，控制时间也较长，严重时甚至使系统难以稳定。因此积分控制作用不宜单独使用，往往是将比例和积分组合起来，构成比例积分（PI）控制作用，这样控制既及时，又能消除静差。

B　比例积分（PI）控制作用

比例积分控制作用是比例和积分两种控制作用的组合。调节器表达式可用下式表示：

$$m = K_P \left( e + \frac{1}{T_I} \int e \, dt \right) \qquad (10\text{-}9)$$

或

$$m = \frac{1}{P_\delta} \left( e + \frac{1}{T_I} \int e \, dt \right) \qquad (10\text{-}10)$$

比例积分调节器的特性，就是比例调节器和积分调节器两者特性之和。当输入偏差作一阶跃变化时，比例积分调节器的输出响应特性如图 10-13 所示。

调节器的输出信号 $m$ 是比例和积分作用之和，从偏差作用的瞬间开始是一阶跃变化 $K_{\mathrm{P}}e$（比例作用），然后随时间等速上升 $\left(\dfrac{K_{\mathrm{P}}}{T_{\mathrm{I}}}\right)et$（积分作用）。

为了适应不同情况的需要，比例积分调节器的比例带 $P_\delta$ 和积分时间 $T_{\mathrm{I}}$，按照被控对象的特性进行调整。由于比例积分调节器兼有比例调节器和积分调节器的优点，因此，在工业生产过程控制上得到了较广泛的应用。

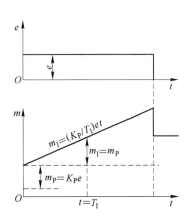

图 10-13　比例积分调节器的动态特性

### 10.4.2.3　比例微分（PD）控制作用

生产过程中多数热工对象均有一定的滞后，即调节机构改变操纵量之后，并不能立即引起被控量的改变。因此，常常希望能根据被控量变化的趋势，即偏差变化的速度来进行控制。例如看到偏差变化的速度很大，就预计到即将出现很大的偏差，此时就首先过量地打开（或关小）调节阀，以后再逐渐减小（或开大），这样就能迅速克服扰动的影响。这种根据偏差变化的速度来操纵阀门的开度，就是微分控制作用。

#### A　微分（D）控制作用

具有微分控制作用的调节器，其输出信号 $m$ 与偏差信号 $e$ 的变化速度成正比，即

$$m = T_{\mathrm{D}} \frac{\mathrm{d}e}{\mathrm{d}t} \tag{10-11}$$

式中　　$T_{\mathrm{D}}$——微分时间；

$\dfrac{\mathrm{d}e}{\mathrm{d}t}$——偏差信号变化速度。

当输入端出现阶跃信号的瞬间（$t = t_0$），相当于偏差信号变化速度为无穷大，从理论上讲，输出也应达无穷大，其动态特性如图 10-14(a) 所示。这种特性称为理想的微分作用特性，但实际上是不可能的。实际微分作用的动态特性如图 10-14(b) 所示。在输入作用阶

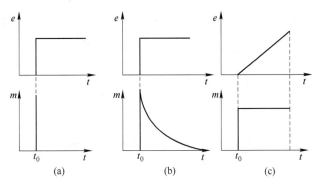

图 10-14　微分调节器的动态特性

（a）理想微分作用特性；（b）实际微分作用特性；（c）等速偏差时微分作用特性

跃变化的瞬间，调节器的输出为一个有限值，然后微分作用逐渐下降，最后为零。对于一个固定偏差来说，不管这个偏差有多大，因为它的变化速度为零，故微分输出亦为零。对于一个等速上升的偏差来说，即 $de/dt = C$（常数），则微分输出亦为常数 $m = T_D C$，如图 10-14(c)所示。这就是微分作用的特点。

可见，这种调节器使用在控制系统中，即使偏差很小，但只要出现变化趋势，即可马上进行控制，故微分作用也被称为"超前"控制作用。但它的输出只与偏差信号的变化速度有关。如有偏差存在但不变化，则微分输出为零，故微分控制不能消除静差。所以微分调节器不能单独使用，它常与比例或比例积分控制作用组合，构成比例微分（PD）或比例积分微分（PID）调节器。

B　比例微分（PD）控制作用

对于容量滞后较大的对象，在比例作用的基础上引入微分作用，可以改善控制的质量。理想的比例微分调节器的控制作用为

$$m = K_P \left( e + T_D \frac{de}{dt} \right) \tag{10-12}$$

从上式可看出，比例微分调节器是在比例作用的基础上再加上微分作用，其输出 $m$ 为两部分作用之和。理想的比例微分控制作用的动态特性如图 10-15(a)所示。由图可见，当输入信号 $e$ 为一阶跃变化时，输出信号 $m$ 立即升至无限大并瞬时消失，余下便为比例作用的输出。

为了更明显地看出微分成分的作用，设输入为一等速上升的偏差信号 $de/dt = V_0$。当调节器只有比例作用时，其动态特性如图 10-15(b)中 P 曲线，当加入微分作用后，则理想的调节器输出动态特性如图 10-15(b)中 PD 曲线。

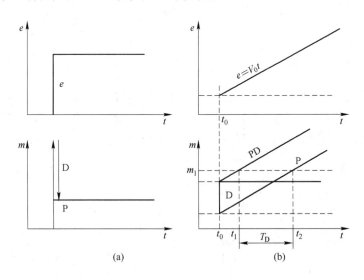

图 10-15　比例微分调节器的动态特性
(a) 理想特性；(b) 实际特性

比较图 10-15(b)中 P 和 PD 两条动态特性曲线可以看出，当偏差 $e$ 以等速变化时，如果没有微分作用而只有纯比例作用，则输出就是图 10-15(b)中 P 曲线；如果没有比例作用

而只有微分作用，则输出就是一个阶跃变化 D 曲线；由于输入以等速变化，故微分输出也一直维持某一数值不变。从图还可看出，在同样输入作用下，单纯比例作用的输出要较比例加微分的小。由于有了微分作用，当 $t=t_1$ 时，输出可以达到 $m_1$ 位置；而单靠比例作用，要使 $m=m_1$，就要等到 $t=t_2$ 时。可见加上微分之后，总的输出加大了，相当于控制作用超前了，超前的时间为 $t_2-t_1=T_D$，超前时间即微分时间 $T_D$。

比例微分调节器有两个整定参数，即比例带 $P_\delta$ 和微分时间 $T_D$。

在生产实际中，一般温度控制系统，惯性比较大，常需加微分作用，可提高系统的控制质量。而在压力、流量等控制系统中，则多不加微分作用。

### 10.4.2.4　比例积分微分（PID）控制作用

比例微分控制作用因不能消除静差，故系统的控制质量仍然不够理想。为了消除静差，常将比例、积分、微分三种作用结合起来，构成比例积分微分（PID）三作用调节器，从而可以得到比较满意的控制质量。PID 控制作用的特性方程可由下式表示：

$$m = K_P\left(e + \frac{1}{T_I}\int e\,dt + T_D\frac{de}{dt}\right) \tag{10-13}$$

当有一个阶跃偏差信号输入时，PID 调节器的输出信号等于比例、积分和微分作用三部分输出之和，如图 10-16 所示。在输入阶跃信号后，微分作用和比例作用同时发生，PID 调节器的输出 $m$ 突然发生大幅度的变化，产生一个较强的控制作用，这是比例基础上的微分控制作用，然后逐渐向比例作用下降，接着又随时间上升，这是积分作用，直到偏差完全消失为止。所以，对于一般的自动控制系统，常常将比例、积分和微分三种作用结合起来，可以得到较满意的控制质量。

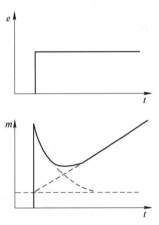

PID 调节器的整定参数有：比例带（$P_\delta$），积分时间（$T_I$）和微分时间（$T_D$）。根据被控对象的特性，三者配合适当，即可既能避免过分振荡，又能获得消除静差的结果，

图 10-16　PID 调节动态特性

并且还能在控制过程中加强控制作用，减少动态偏差。所以三作用调节器是一种被广泛应用的较为完善的调节器。

## 10.5　单回路控制系统

单回路控制系统如方框图 10-17 所示，它由被控对象、测量组件、变送器、调节器和

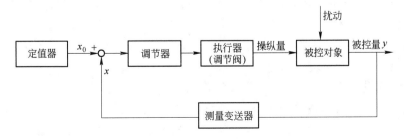

图 10-17　单回路控制方框图

执行器（调节阀）组成，是最基本的而且在冶金生产中使用最为广泛的一种控制系统。

常见于温度、流量、压力和液位等参数的控制。在选择控制方案时，只有在简单控制系统不能满足生产过程控制要求时，才考虑采用两个回路以上组成的复杂控制系统。

### 10.5.1　被控量与操纵量的选择

在图 10-17 中，操纵（变）量是被控对象的输入信号，被控（变）量是其输出信号。一旦被控量和操纵量被选定后，控制通道的对象特性就定了下来。选择什么参数作为被控量和操纵量，这是设计控制方案首先要解决的问题。如果选择不当，不管配备多么精确的自动化仪表，也得不到好的效果。

#### 10.5.1.1　被控量的选择

被控量的选择是十分重要的，应该从生产过程对自动控制的要求出发，合理选择。生产过程中影响正常操作的因素很多，但并非所有影响的因素都要进行控制。应该选择那些与生产工艺关系密切的参数作为被控量，它们应是对产品质量、产量和安全具有决定性作用，而人工操作又难以满足要求或者劳动强度很大的变量。为此，必须熟悉工艺过程，从对自动控制的要求出发，合理选择被控量，这里提出几个选择的基本原则。

（1）以工艺控制指标（温度、压力、流量等）作为被控量。工艺控制指标是能够最好地反映工艺所需状态变化的参数，通常可按工艺操作的要求直接选定，因为它们为工艺某一目的服务是清楚的，大多数单回路控制系统就是这样，例如换热器温度控制，泵的流量控制等。

（2）以产品质量指标作为被控量。这是最直接也是最有效的控制，例如硫酸工厂的沸腾焙烧炉烟气中二氧化硫的含量，加热炉燃料燃烧后炉气中氧的含量等，都是反映工艺或热工过程的质量指标。然而，对于某些质量指标，目前尚缺乏在线的检测或分析工具，往往无法获得直接信号或者滞后很大。这时只好采用间接指标作为被控量。在选择间接指标时，要注意它与直接指标之间必须有单值的函数关系，例如锌精矿沸腾焙烧炉的炉温控制，它是反映焙砂质量的一个间接指标。沸腾层温度稳定在 $870 \pm 10 \, ^\circ\!C$ 时，焙砂中可溶锌含量达 94% ~95%，因此它是沸腾炉工艺操作和控制的主要参数。

另外，作为被控量，必须能够获得检测信号并有足够大的灵敏度，且滞后要小，否则无法得到高精度的控制质量。选择被控量时，还必须考虑工艺流程的合理性和国内仪表生产的现状。

#### 10.5.1.2　操纵变量的选择

当对象的被控量确定后，接着就是如何选择操纵量的问题。在自动控制系统中，扰动是影响系统正常平稳运行的破坏因素，使被控量偏离设定值；操纵量是克服扰动影响、使系统重新平稳运行的积极因素，起校正作用，使被控量回复到设定值或稳定在新值上。这是一对矛盾的变量。为此必须分析扰动因素，了解对象特性，以便合理选择操纵量，组成一个可控性良好的控制系统。

一般操纵变量的选择，原则上可以归纳为以下几点：

（1）选择操纵变量应以克服主要扰动最有效为原则考虑。

（2）在选择操纵变量时，应使扰动通道的时间常数大些；而使控制通道的时间常数适当地小些。控制通道的纯滞后时间越小越好。

（3）被选上的操纵变量的控制通道，放大系数要大，这样对克服扰动较为有利。

（4）应尽量使扰动作用点靠近调节阀处，靠近调节阀处或远离检测组件，可减小对被控量的影响。

（5）被选上的操纵变量应对装置中其他控制系统的影响和关联较小，不会对其他控制系统的运行产生较大的扰动等。

（6）操纵量的选择不能单纯从自动控制角度出发，还必须考虑生产过程的合理性等。

另外要组成一个好的控制系统，除了正确选择被控变量和操作变量外，还应注意测量信号在传递过程中的滞后，主要是指气动仪表的气压信号在气路中传递滞后。电信号传递的滞后可忽略不计。

一般工厂大多数采用电动控制系统，但也有一部分采用电-气混合系统，即测量变送器和调节器采用电动仪表，执行器采用气动调节阀，在调节器与调节阀之间设置电-气转换器。为了减小气压信号的传递滞后，应尽量缩短气压信号管线的长度。将电-气转换器靠近调节阀安装或采用电气阀门定位器。

### 10.5.2　调节器控制作用的选择

调节器控制作用必须根据控制系统的特性和工艺要求选择，还应考虑节约投资和操作方便。实践证明，相同的一个控制系统使用于不同的生产过程，其控制质量往往差别较大，这种情况与调节器控制作用的选取是否合理有重要关系，下面简单介绍调节器控制作用选择时参考的一些原则：

（1）位式调节器是一种价廉和性能简单的调节器，它适用于控制质量要求不高的场合，以及对象的容量滞后或时间常数较大，纯滞后小，负荷变化不大也不剧烈的场合，例如恒温箱、电阻炉等的温度控制。

（2）比例调节器适用于负荷变化较小，纯滞后不太大、时间常数较大、被控量允许有静差的系统，例如贮液罐的液位、气体和蒸汽总管的压力控制等。

（3）比例积分调节器适用于控制通道纯滞后较小、负荷变化不大、时间常数不太大、被控量不允许有静差的系统，例如流量、压力以及要求严格的液位控制系统。对于纯滞后和容量滞后都比较大的对象，或者负荷变化特别强烈的对象，由于积分作用的迟缓性质，往往使得控制作用不及时，使过渡时间较长，且超调量也较大，在这种情况下就应考虑增加微分作用。

（4）比例积分微分调节器用于容量滞后较大的对象，或负荷变化大且不允许有静差的系统，可获得满意的控制质量，例如温度控制系统。但微分作用对大的纯滞后并无效果，因为在纯滞后时间内，调节器的输入偏差变化速度为零，微分控制部分不起作用。如果对象控制通道纯滞后大且负荷变化也大，而单回路控制系统无法满足要求时，就要采用复杂的控制系统来进一步加强抗干扰能力，以满足生产工艺的需要。

### 10.5.3　调节器参数的工程整定

当控制系统组成后，对象各通道的静态和动态特性就决定了，控制质量就主要取决于调节器参数的整定。调节器参数的工程整定，就是按照已定的控制回路，适当选择调节器的比例带 $P_\delta$、积分时间 $T_1$ 和微分时间 $T_D$，以获得满意的过渡过程，即过渡过程要有较好的稳定性与快速性。一般希望过渡过程具有较大的衰减比，超调量要小些，调节时间越短越好，又要没有静差。对于定值控制系统，一般希望有 4∶1 的衰减比，即过程曲线振动一个半波就大致稳定。如对象时间常数太大，调整时间太长时，可采用 10∶1 衰减。有了以上最佳标准，就可整定控制器参数在最佳值上。

最常用的工程整定方法有临界比例带法、衰减曲线法、经验法和反应曲线法等。

### 10.5.3.1　临界比例带法

临界比例带法是应用较广的一种整定调节器参数的方法。它的特点是不需要求得被控对象的特性，而直接在闭环情况下进行参数整定。具体整定方法如下：先在纯比例作用下，即将控制器的 $T_I$ 放到最大，$T_D$ 置于零，逐步地减小比例带 $P_\delta$，直至系统出现等幅振荡为止，记下此时的比例带和振荡周期，分别称作临界比例带 $P_K$ 和临界振荡周期 $T_K$，如图 10-18 所示。$P_K$ 和 $T_K$ 就是控制器参数整定的依据。然后可按表 10-1 中所列的经验算式，分别求出三种不同情况下的控制器最佳参数值。

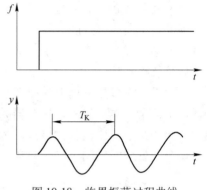

图 10-18　临界振荡过程曲线

表 10-1　临界比例带法参数计算表

| 控制作用 | $P_\delta/\%$ | $T_I/\text{min}$ | $T_D/\text{min}$ |
| --- | --- | --- | --- |
| 比　　例 | $2P_K$ | | |
| 比例积分 | $2.2P_K$ | $0.85T_K$ | |
| 比例积分微分 | $1.7P_K$ | $0.5T_K$ | $0.125T_K$ |

采用本法应注意以下几点：

（1）在寻求临界状态时，应格外小心。因当比例带小于临界值 $P_K$ 时，会出现发散振荡，可能使被控量超出工艺要求的范围，造成不应有的损失。

（2）对于工艺上约束严格，不允许等幅振荡的场合，不宜采用此法。

（3）当比例带过小时，纯比例控制接近于双位控制，对于某些生产工艺不利，也不宜采用此法。例如，一个用燃料油加热的炉子，如果比例带很小，接近了双位控制，将一会儿熄火，一会儿烟囱冒浓烟。

### 10.5.3.2　衰减曲线法

临界比例带法是要使系统产生等幅振荡，还要多次试凑，而用衰减曲线法较为简单，而且可直接求得调节器比例带。衰减曲线法分为 4∶1 和 10∶1 两种。

#### A　4∶1 衰减曲线法

使系统处于纯比例作用下，在达到稳定时，用给定值改变的方法加入阶跃干扰，观察被控变量记录曲线的衰减比，然后逐渐从大到小改变比例带，使其出现 4∶1 的衰减比为止，如图 10-19（a）所示。记下此时的比例带 $P_S$（4∶1

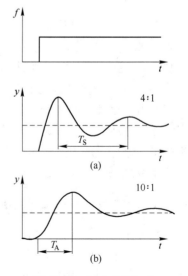

图 10-19　4∶1 和 10∶1
衰减过程曲线

衰减比例带）和它的衰减周期 $T_S$。然后按表10-2的经验公式确定三种不同规律控制下的调节器的最佳参数值。

B　10∶1 衰减曲线法

有的生产过程，由于采用4∶1的衰减仍嫌振荡太强，则可采用10∶1衰减曲线法。方法同上，使被控变量记录曲线得到10∶1的衰减时，记下这时的比例带 $P'_S$ 和上升时间 $T_A$，如图10-19（b）所示。然后再按表10-3的经验公式来确定调节器的最佳参数值。

用衰减曲线法时必须注意以下几点：

（1）加给定干扰不能太大，要根据工艺操作要求来定，一般为5%左右（全量程），但也有特殊的情况。

（2）必须在工况稳定的情况下才能加给定干扰，否则得不到较正确的 $P_S$、$T_S$ 和 $P'_S$、$T_A$ 值。

（3）对于快速反应的系统，如流量、管道压力等控制系统，想在记录纸上得到理想的4∶1曲线是不可能的。此时，通常以被控量来回波动两次而达到稳定，就近似地认为是4∶1的衰减过程。

**表 10-2　4∶1 法调节器参数计算表**

| 控 制 作 用 | $P_\delta/\%$ | $T_I/min$ | $T_D/min$ |
|---|---|---|---|
| 比　　例 | $P_S$ | | |
| 比例积分 | $1.2P_S$ | $0.5T_S$ | |
| 比例积分微分 | $0.8P_S$ | $0.3T_S$ | $0.1T_S$ |

**表 10-3　10∶1 法调节器参数计算表**

| 控 制 作 用 | $P_\delta/\%$ | $T_I/min$ | $T_D/min$ |
|---|---|---|---|
| 比　　例 | $P'_S$ | | |
| 比例积分 | $1.2P'_S$ | $2T_A$ | |
| 比例积分微分 | $0.8P'_S$ | $1.2T_A$ | $0.4T_A$ |

#### 10.5.3.3　经验试凑法

经验法是根据参数整定的实际经验，对生产上最常见的温度、流量、压力和液位四大控制系统进行调节。将调节器参数预先放置在常见范围（见表10-4）的某些数值上，然后改变设定值，观察控制系统的过渡过程曲线。如过渡过程曲线不够理想，则按一定的程序改变调节器参数，这样反复试凑，直到获得满意的控制质量为止。

**表 10-4　调节器经验数据**

| 调 节 系 统 | $P_\delta/\%$ | $T_I/min$ | $T_D/min$ |
|---|---|---|---|
| 温　度 | $20 \sim 60$ | $3 \sim 10$ | $0.5 \sim 3$ |
| 流　量 | $40 \sim 100$ | $0.1 \sim 1$ | |
| 压　力 | $30 \sim 70$ | $0.4 \sim 3$ | |
| 液　位 | $20 \sim 80$ | $1 \sim 5$ | |

经验试凑法的程序有两种。应用较多的一种是先试凑比例带，再加积分，最后引入

微分。

这种试凑法的程序为：先将 $T_I$ 置于最大，$T_D$ 放在零，比例带 $P_\delta$ 取表10-4中常见范围内的某一数值后，把控制系统投入自动。若过渡过程时间太长，则应减小比例带；若振荡过于剧烈，则应加大比例带，直到取得较满意的过渡过程曲线为止。

引入积分作用时，需将已调好的比例带适当放大10%～20%，然后将积分时间 $T_I$ 由大到小不断试凑，直到获得满意的过渡过程。

微分作用最后加入，这时 $P_\delta$ 可放得比纯比例作用时更小些，积分时间 $T_I$ 也可相应地减小些。微分时间 $T_D$ 一般取 $(1/3～1/4)T_I$，但也需不断地试凑，使过渡过程时间最短，超调量最小。

另一种试凑法的程序是：先选定某一 $T_I$ 和 $T_D$，$T_I$ 取表10-4中所列范围内的某个数值，$T_D$ 取 $(1/3～1/4)T_I$，然后对比例带 $P_\delta$ 进行试凑。若过渡过程不够理想，则可对 $T_I$ 和 $T_D$ 作适当调整。实践证明，对许多被控对象来说，要达到相近的控制质量，$P_\delta$、$T_I$ 和 $T_D$ 不同数值的组合有很多，因此，这种试凑程序也是可行的。

经验试凑法的几点说明如下：

（1）表10-4中所列的数据是各类控制系统控制器参数的常见范围，但也有特殊情况。例如有的温度控制系统的积分时间长达15min以上，有的流量系统的比例带 $P_\delta$ 可大到200%左右等。

（2）凡是 $P_\delta$ 太大，或 $T_I$ 过大时，都会使被控变量变化缓慢，不能使系统很快地达到稳定状态。

（3）凡是 $P_\delta$ 过小，$T_I$ 过小或 $T_D$ 过大，都会使系统剧烈振荡，甚至产生等幅振荡。

（4）等幅振荡不一定都是由于参数整定不当所引起的。例如，阀门定位器、控制器或变送器调校不良，调节阀的传动部分存在间隙，往复泵出口管线的流量等，都会使被控量表现为等幅振荡。因此，整定参数时必须联系上面这些情况，作出正确判断。

经验法的实质是：看曲线，作分析，调参数，寻最佳。方法简单可靠，对外界干扰比较频繁的控制系统，尤为合适，因此，在实际生产中也得到了广泛的应用。

## 10.6　系统投运和故障判别

### 10.6.1　投运步骤

自动控制系统的投运，是控制系统投入生产实现自动控制的最后一步工作。如果没把组成系统各环节的仪表性能调节好，正确地做好投运的各项准备工作，那么再好的控制方案也将无法实现。控制系统由各种电动或气动仪表组成，各种仪表的原理、安装和使用方法不尽相同，但无论选用什么样的仪表装置，大致的投运步骤如下。

#### 10.6.1.1　准备工作

准备得越充分，事前考虑越全面，则在投运时越主动。准备工作大体上分几个方面：

（1）熟悉工艺过程，了解主要工艺流程及主要设备的功能、控制指标和要求，以及各种工艺参数之间的关系。

（2）熟悉控制方案，全面掌握设计意图，对检测组件和调节阀的安装位置、管线走向、测量参数和操纵量的性质等都要心中有数。

（3）熟悉自动化仪表的工作原理和结构，掌握调校技术。

（4）检测组件、变送器、调节器、调节阀和其他仪表装置，电源、气源、管路和线路也要进行全面检查。仪表虽在安装前已校验合格，投运前仍应在现场校验一次。

#### 10.6.1.2 手动遥控

准备工作完毕，先投运测量仪表，观察测量指示是否正确，再看被控量读数变化，用手动遥控使被控量在设定值附近稳定下来。

#### 10.6.1.3 自动操作

待工况稳定后，放置好调节器参数 $P_\delta$、$T_\mathrm{I}$、$T_\mathrm{D}$ 的预定值（关于整定参数的选择在前一节已讨论），由手动切换到自动，实现自动操作，同时观察被控量记录曲线是否合乎工艺要求。若曲线出现两次波动后就稳定下来（4∶1 衰减曲线），便认为可以了，若曲线波动太大，再按上一节叙述的整定参数方法，调整调节器的各参数值，直到获得满意的过程曲线为止。

### 10.6.2 系统运行中的故障判别

控制系统顺利投运之后，说明控制方案设计合理，仪表及管线安装正确，工作正常。但在长期运行中，仪表或工艺有时都会出现故障，使记录曲线发生变化。到底是工艺问题还是仪表自动装置的原因而造成曲线变化，这要进行判别，操作人员要有所了解。简单判别方法如下。

#### 10.6.2.1 比较记录曲线的前后变化

通常工艺参数的变化是比较缓慢的、有规律的，各个工艺参数之间往往又是互相关联的，一个参数大幅度变化，一般总要引起其他参数的明显变化。因此，如果观察记录曲线突然大幅度变化，且其他相关参数并无什么变化时，则该记录仪表或有关装置可能有故障。

目前生产中所用的仪表，其灵敏度都比较高，对工艺参数的微小变化，或多或少的总能反映一些出来。若是记录曲线在较长时间内呈现一条直线，或者原来有波动的曲线突然变成直线形状，则可能是仪表有了故障。这时可以人为地改变一下工艺条件，看仪表有无反应，如果仍然无反应，则肯定是仪表有故障。

#### 10.6.2.2 比较控制室与现场同位号仪表的指示值

如对控制室仪表的指示值发生怀疑时，操作人员可到现场生产岗位上，直接观察同位号（或相近位号）就地安装的各种仪表（如弹簧管压力计、玻璃温度计等）的指示，比较两者指示值是否相近。若是两者差别很大，则仪表肯定有了故障。

#### 10.6.2.3 比较相同仪表之间的指示值

有些工厂的中心调度室里或车间控制室里，对一些重要的工艺参数，往往采用两台仪表同时进行检测显示。如果这两台仪表不能同时发生变化，就说明其中有一台仪表出现了故障。

总之，当记录曲线发生异常波动时，要从仪表和工艺两方面去找原因，不能只从一个角度去查问题。工艺操作和仪表操作的人员要密切合作，正确地迅速地作出故障判断后，再采取相应的措施。

如果问题出现在仪表自动化装置方向，首先就要特别注意检测组件和调节阀是否正常工作，特性有无变化，例如热电偶保护管被腐蚀或被熔体包裹，压差计导压管被堵塞等。这些因素会使测量滞后变大，调节质量下降，记录曲线波动就要变大。又如调节阀因受介质的冲击和腐蚀，阀芯、阀座变形，造成流通面积变大，使控制系统不能稳定地工作。

如果问题出现在工艺方面，就应考虑对象特性有无变化，例如换热器管壁结垢而增大热阻，降低传热系数，对象的时间常数和滞后都会增大，致使控制质量变坏。这时，可重新整定调节器参数，一般仍可获得较好的过渡过程。工艺操作不正常，会给控制系统带来很大影响，情况严重时，只能转入手动遥控。

## 复习思考题

10-1　什么叫反馈，单回路闭环负反馈控制系统是如何组成的，它的控制特点是什么？

10-2　什么叫定值控制，什么叫程序控制，什么叫随动控制？试举例说明它们在生产中的应用。

10-3　为什么要研究控制系统的过渡过程，衰减振荡形式过渡过程的品质指标有哪些，这些指标对生产有何影响？

10-4　什么叫对象的特性，为什么要研究对象特性？

10-5　反应对象的特性参数有哪些，它们各说明什么问题？

10-6　试画出存在传递滞后单容对象的飞升曲线和存在传递滞后、容量滞后双容对象的飞升曲线，并做出时间常数 $T$。

10-7　调节器在控制系统中起何作用，有哪些基本的控制作用？

10-8　双位控制作用有何特点，适用什么场合？

10-9　什么是比例控制作用，为什么说比例控制会产生静差？

10-10　为什么说积分控制作用具有"滞后特性"，微分控制作用具有"超前特性"？

10-11　试比较调节器参数工程整定几种方法的特点和适用场合。

10-12　叙述仪表故障的简单判别方法。

# 11  冶金过程仪表检测和控制

## 11.1  炼铁生产过程仪表检测和控制

目前，我国比较先进的大中型高炉炼铁生产过程工艺参数检测与控制，采用了计算机集散控制系统（见13、14章）。本章仅讨论常规仪表在生产过程中，对工艺参数进行的检测与控制。

高炉炼铁生产过程工艺参数检测与控制系统如图11-1所示。这些工艺参数的检测与控制仪表大部分安装在高炉值班室内，供高炉值班人员操作使用，有一些安装在热风炉值班室，供热风炉值班人员操作使用，还有些安装在现场、上料系统及其他场合。

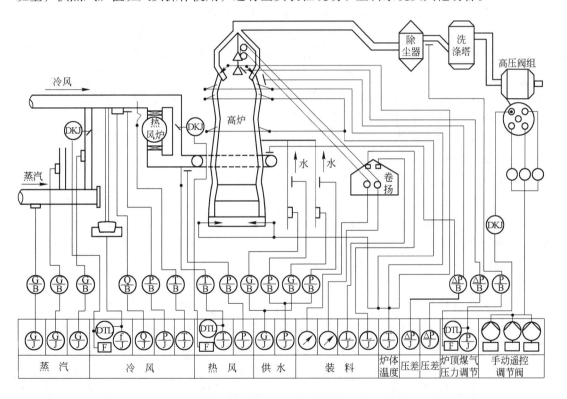

图 11-1  炼铁生产过程工艺参数检测与控制系统图

图 11-1 中各符号代表意义如下：

$\dfrac{P}{B}$——压力变送器；  $\dfrac{\Delta P}{B}$——差压变送器；  $\dfrac{G}{B}$——流量变送器；

$\dfrac{Q}{B}$——流量变送器；  $\dfrac{T}{B}$——温度变送器；  $\dfrac{P}{J}$——压力记录仪表；

$\dfrac{\Delta P}{J}$——差压记录仪表；  $\dfrac{G}{J}$——流量记录仪表；  $\dfrac{Q}{J}$——流量记录仪表；

$\dfrac{T}{J}$——温度记录仪表；　　　$\dfrac{f}{J}$——湿度记录仪表；　　　$\dfrac{L}{J}$——料尺记录仪表；

↗——料尺显示仪表；　　　DTL——调节器；　　　DKJ——电动执行器；

F——操作器

有的控制系统图中还会出现下列符号：分流器 DGF，磁放大器 C，电-气转换器 DZD，开方器 $\sqrt{\phantom{xxx}}$ 。

### 11.1.1　高炉本体检测和控制

为了提高判断炉况的准确性和及时性，必须检测高炉内各部位的温度、压力等参数，通过它们来观察和控制生产过程的变化，检测项目大致有下面几方面：

（1）炉顶温度。炉顶温度系煤气与料柱作用的最终温度，它说明了煤气热能与化学能利用的程度，在很大程度上能监视下料情况。测量炉顶温度，是将热电偶安装在四个或两个煤气上升管内，并由多点式自动电子电位差计指示和记录。

（2）炉喉温度。炉喉温度能准确地指出煤气流沿炉子周围工作的均匀性。炉喉温度的测量是将热电偶安装在炉喉耐火砖内，并由多点式自动电子电位差计指示和记录。

（3）炉身温度。炉身温度可以监视炉衬侵蚀和变化情况，炉衬结瘤和过薄时，都可以通过炉身温度反映出来。炉身温度测量是在炉身上下层各装一排热电偶，每排四点或更多点，用多点式自动电子电位差计指示和记录。

（4）炉基温度。炉基温度主要用于监视炉底侵蚀情况，一般在炉基四周装有四支热电偶，并在炉底中心装一支热电偶，用多点式自动电子电位差计指示和记录。

（5）大小料钟间的差压。炉喉压力提高后，在料钟开启时，必须注意压力平衡，降大钟之前应开启大钟均压阀，使大小钟间的差压接近于炉喉压力，降小钟之前应开启小钟均压阀使大小钟之间的差压接近于大气压力。倘若其差压过大，则料钟及料车的运转应立即停止的电气装置，否则传动系统负荷太大，易受损失，所以在大小料钟之间应测其差压。它是由差压变送器将被测差压转换为 4～20mA DC 电流信号，送至显示仪表指示和记录。

（6）热风环管与炉顶间的差压。炉顶煤气压力是判断炉况的重要参数之一，但炉顶煤气压力是反映煤气逸出料面后的压力，不能具体指出煤气流上升过程中某些方向或某一水平上的变化，国内采用最多的是测量热风环管和炉顶间的差压。它是由差压变送器将被测差压转换成 4～20mA DC 电流，送至显示仪表指示和记录。

（7）炉顶煤气压力检测与自动控制。大多数高炉都采取高压操作。高压操作可以改善高炉工作状况、提高生产率、降低燃料消耗。高压操作使炉内煤气压力增加，煤气内还原气体的浓度增加，有利于强化矿石的还原过程。同时煤气通过料层的速度相应地降低，有利于增加鼓风量，改善煤气流分布。高压操作，炉喉煤气压力约为 $(0.5～1.5)×101.325$ kPa。在高炉工作前半期，一般可保持较高压力，因这时料钟的密闭性较好，而在高炉工作后半期，由于料钟磨损，密闭性较差，炉顶煤气压力要降低一些。

取压管安装在除尘器后面洗涤塔之前。通常不是直接在炉喉处测量煤气压力，因为此处煤气中含有的灰尘较多，取压管易堵塞，不能持久工作。在除尘器后面测量煤气压力，虽然是间接地反映炉喉煤气压力，但反映比较可靠。

在除尘器后测出的煤气压力，经压力变送器转换成 4～20mA DC 电流信号，由显示仪表指示和记录出煤气压力，同时作为调节信号送至调节器与煤气压力给定值进行比较，根据偏差的大小和极性，发出调节信号给电动执行器，调节洗涤塔后面煤气出口处阀门开度，即改变局部阻力损失，保持高炉炉喉处的煤气压力为给定数值。

调节阀组共有五个煤气通道，其中三个通道直径为 750mm，一个通道直径为 400mm，居中的通道直径为 350mm，且是常通的。在直径为 400mm 的管道上安装有煤气压力自动调节装置，在直径为 750mm 的管道上装有煤气压力手动操作装置。

当高炉由高压操作改为常压操作或由常压操作改为高压操作时，炉内压力会有较大的波动，都需要用手动操作。操作手动遥控调节阀，把炉顶煤气压力控制到给定值附近作为粗控制。

当高压操作已恢复正常生产状况时，炉顶煤气压力就可以进行自动控制。此时三个直径为 750mm 管道上的阀门都已全关或其中一个开到一定位置。安装在直径为 400mm 管道上的自动控制装置在自动位置上进行炉顶煤气压力自动控制。

## 11.1.2　送风系统检测和控制

### 11.1.2.1　鼓风温度检测与控制

鼓风温度是鼓风质量的一个重要参数之一，它将影响到高炉顺行、生产率、产品质量和高炉使用寿命。目前广泛采用的高炉鼓风温度自动控制系统如图 11-1 所示。冷风通过冷风阀进入热风炉被加热，同时冷风还通过混风阀进入混风管，与经过加热的热风在混风管内混合成规定的鼓风温度，再进入环形风管。

为了控制鼓风温度，要用热电偶测定进入环形风管前的温度，经温度变送器把它转换成 4～20mA DC 的电流信号，一方面送至显示仪表指示和记录，另一方面送至调节器与规定的鼓风温度相比较，将偏差信号按 PID 规律驱动电动执行器 DKJ，调节混风阀的开度，即控制进入混风管的冷风量，使之和由热风炉来的热风相混合，保持规定的鼓风温度。

### 11.1.2.2　鼓风湿度检测与控制

鼓风湿度是鼓风质量的另一重要参数，和鼓风温度一样，鼓风湿度直接影响高炉的生产过程。测量湿度的方法很多，通常采用干湿温度计法较为方便。就是一个温度计为干的，另一温度计为湿的，当鼓风通过两温度计时，由于湿温度计水分蒸发，温度将低于干温度计的温度。鼓风湿度越大，则蒸发越慢，吸热较少，因而湿温度计的温度越接近干温度计的温度，也就是说，干湿温度计的温度差可以反映出鼓风湿度的大小，这就是干湿温度计法测量鼓风湿度的基本原理。在冷风管道上取出冷风，通过两只一干一湿的热电阻，经温度变送器转换成 4～20mA DC 的电流信号，一方面送至显示仪表指示和记录，另一方面送至调节器与湿度的规定值相比较，将偏差信号按 PID 调节规律驱动电动执行器 DKJ，控制蒸汽阀的开度，改变进入鼓风中的蒸汽量，从而使鼓风湿度保持在规定值上。

## 11.1.3　热风炉煤气燃烧自动控制

根据炼铁生产工艺的要求，希望热风炉能以最快的速度升温并且要求煤气燃烧过程稳定，为此多采用如图 11-2 所示的煤气燃烧自动控制系统。

为了保证热风炉能以最快的速度升温，这就要求煤气与空气能按合理的配比进行燃

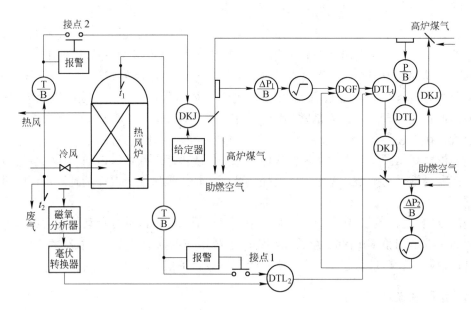

图 11-2　热风炉煤气燃烧自动控制系统

烧，既要保证煤气中可燃成分完全燃烧，又要减小过剩空气，这个煤气与空气的比例由人为确定，通过自动控制系统来实现，并保证在任何条件下煤气与空气的比例始终保持在规定的数值上。如果控制质量要求不高，比值控制系统基本上可以满足要求。

炼铁生产是一个经常变化的过程，供给热风炉燃烧的煤气成分也是经常变化的，煤气成分的波动，将引起煤气与空气的比例也应随之变化，如果固定煤气与空气的比例，则会因为煤气成分波动产生空气过剩或不足。如高炉煤气中可燃成分减少，这时空气就会显得过剩，烟道废气中含氧量增加；如果高炉煤气中可燃成分增加，则空气不足，烟道废气中含氧量减小。所以，仅按煤气与空气的比例来控制，将受到煤气成分波动的影响。为了减小或消除煤气成分波动的影响，采取控制烟道废气成分的办法来校正因煤气成分波动而造成的影响。如果煤气成分中可燃成分增加，烟道废气中含氧量减小，则应自动增加空气量；如果煤气中可燃成分减少，烟道废气中含氧量增加，则应自动减少空气量。这样用烟道废气中含氧量可自动校正由于煤气成分波动而造成空气过剩或不足的影响。

在煤气燃烧时，要求炉顶温度不要过高，以免烧坏炉顶，如果炉顶温度过高了，即超过了规定值，应自动增加空气量，以便降低炉顶温度，这一过程也是通过自动控制系统实现的。

烟道废气温度也是煤气燃烧质量的一个重要指标。如果废气温度太高，将会带走大量热量，降低了燃料利用率。如果烟道废气温度超过规定值，则应自动减少煤气量，这一过程也是通过自动控制系统实现的。

为了使煤气流量稳定，在控制系统中还采用了煤气压力自动控制系统，使煤气压力稳定在规定的数值上。

以上就是热风炉煤气燃烧自动控制系统所应考虑到的问题。下面就控制系统中各部分做一简要说明（见图 11-2）。

（1）煤气与空气的比例控制。通过差压变送器 $1\left(\dfrac{\Delta P_1}{B}\right)$ 和 $2\left(\dfrac{\Delta P_2}{B}\right)$ 及开方器分别取得煤

气流量与空气流量的 4～20mA DC 电流信号，送入比例给定器，如果煤气与空气的比例正好等于规定的数值，则调节器 1($DTL_1$) 的输出不变，电动执行器不动作。如煤气与空气的比例不等于规定的数值，则调节器 1 的输出发生变化，电动执行器动作，开大或关小空气管道上阀门开度，直到煤气与空气的比例达到规定的数值为止，这是一个比值控制系统。

（2）烟道废气中含氧量的控制。通过磁氧分析器和毫伏转换器取得的 4～20mA DC 电流信号输入到调节器 2($DTL_2$) 中，与含氧量的给定值相比较，发出校正信号送入调节器 1 中，如果含氧量大于给定值，校正信号使电动执行器动作，使空气管道阀门朝关小的方向动作，由于空气量减少，烟道含氧量减少，直到含氧量稳定在给定值为止。反之，如果烟道废气中含氧量小于给定值，校正信号使电动执行器动作，使空气量增加，烟道废气中含氧量增加，直到稳定在给定值为止。这样通过控制烟道废气含氧量就可以减小或消除因煤气成分波动造成的影响。

（3）炉顶温度控制。通过安装在热风炉炉顶的热电偶和温度变送器取得 4～20mA DC 的电流信号，通过报警接点 1（炉顶温度低于规定值时报警接点 1 断开，炉顶温度高于规定值时接点 1 接通）输入到调节器 2 中，产生一个校正信号送入调节器 1 中，使电动执行器动作，开大空气管道阀门开度，增加空气量，炉顶温度便开始降低，当炉顶温度低于规定值时，报警接点 1 断开，校正信号终止。

（4）烟道废气温度控制。通过安装在烟道上的热电偶和温度变送器取得 4～20mA DC 电流信号，通过报警接点 2（废气温度高于规定值时接通，低于规定值时断开）输入到电动执行器中，使之关小煤气管道阀门开度，煤气量减少，废气温度降低，直到废气温度低于规定值，报警接点 2 断开。在燃烧开始阶段或操作中需要改变煤气量时，可通过电流给定器给出 4～20mA DC 电流信号，直接控制电动执行器，实现远距离手动控制。

（5）煤气压力控制。通过安装在煤气管道上的取压管和压力变送器取得 4～20mA DC 电流信号，送入调节器与煤气压力给定值相比较，根据偏差情况调节器给出控制信号，驱动电动执行器，改变煤气管阀门开度，直到煤气压力达到给定值为止。

## 11.2　炼钢生产过程仪表检测和控制

大型氧气顶吹转炉炼钢生产过程，工艺参数检测与控制系统如图 11-3 所示。

这些工艺参数检测与控制仪表大部分安装在值班室内供炼钢操作人员使用，有一部分安装在炉前操作室，还有一部分安装在现场。

### 11.2.1　供氧系统检测和控制

#### 11.2.1.1　氧气流量检测与控制

控制氧气流量是控制吹炼的重要方法之一，因此需要精确地测量和控制氧气流量。氧气流量是通过安装在氧气管道上的节流装置和流量变送器将流量转换成 4～20mA DC 电流信号。由于压力、温度对流量有影响，故采用了压力、温度补偿装置，经演算器运算后得到实际氧气流量信号，一方面送至显示仪表指示和记录，另一方面将流量信号送至调节器与流量给定值相比较，根据比较结果，调节器给出调节信号，驱动执行机构，改变阀门开度，从而保证氧气流量为给定值。

由于氧气顶吹转炉在吹炼过程中需要经常降枪和提枪以便于取样、测量和倒渣，这就

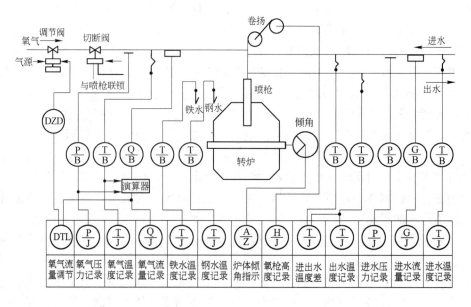

图 11-3　氧气顶吹转炉炼钢生产过程工艺参数检测与控制系统图

要求降枪时送氧，提枪时快速切断氧气，所以在调节阀后面装有切断阀。切断阀的位置只有两个，提枪时切断阀全关，降枪时切断阀全开。切断阀和氧气喷枪提升机构自动联锁，当氧枪进入炉内一定深度时便自动打开切断阀，提起氧枪时便自动关闭切断阀。切断阀动作要迅速，关闭要严密，工作要可靠。

### 11.2.1.2　氧气压力检测与控制

在国内有些工厂采取恒氧压操作，吹炼过程中通过控制氧气压力来进行操作。压力检测与控制系统如图 11-4 所示。

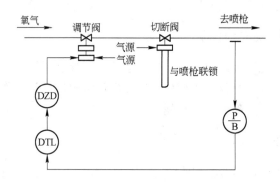

图 11-4　氧气压力检测与控制系统

通过安装在氧气管道上的取压管和压力变送器取得 4～20mA DC 的氧气压力信号，将它送至调节器与氧气压力给定值相比较，根据偏差情况，调节器给出调节信号，驱动执行机构改变氧气管道阀门开度，从而控制氧气压力为规定值。

### 11.2.1.3　喷枪冷却水各参数的检测

喷枪冷却水的供应是保证喷枪在炉内高温下正常工作的必要条件，一般采用压力为

1200～1500kPa 的高压水。除了对冷却水的压力进行检测外，还要对冷却水进出水温度及温度差、冷却水流量进行测量。当出水温度超过规定时喷枪就有烧坏的危险，应立即发出警报。冷却水流量的测量是通过安装在管道上的节流装置，流量变送器取得 4～20mA DC 电流信号，送至显示仪表指示和记录。冷却水压力的测量是通过安装在管上的取压管和压力变送器取得 4～20mA DC 电流信号，送至显示仪表指示和记录。冷却水温度是通过安装在管道上的热电阻和热电阻温度变送器，把进出水温度转换成 4～20mA DC 电流信号，送至显示仪表指示和记录。当冷却水压力低于规定值，出水温度高于规定值，进出水温度差高于规定值，都会发出警报。

### 11.2.1.4　喷枪高度检测与控制

喷枪高度直接影响炉内造渣，脱碳速度和提温速度，是炼钢操作的一个十分重要的参数。直接用标尺指示喷枪高度，用电气设备人工控制是一种最简单的办法，但准确度不高。在喷枪卷扬机上安装一套脉冲发生器，用一套接收装置在操纵室内计量喷枪高度，同时对喷枪提升和下降位置，氧气切断阀开闭，实行联锁和自动控制。这种方法精度较高，显示明确，操作方便，特别是可以与计算机配合直接由计算机控制。

## 11.2.2　烟气除尘系统检测和控制

### 11.2.2.1　炉口微差压检测与控制

未燃法除尘回收煤气是比较经济合理的，虽然各厂采用的除尘系统不尽相同，但未燃法湿式除尘大致如图 11-5 所示。除尘系统主要由两级文氏管构成，在这种情况下，为了保证除尘是在未燃情况下进行，并能回收较高质量的煤气，一般都设有炉口微差压检测与控制装置。

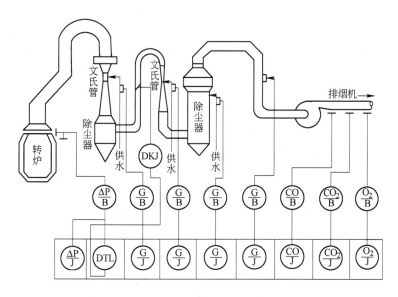

图 11-5　烟气除尘系统工艺参数检测与控制

通过安装在炉口固定罩处的取压管，测量出炉口内烟气的压力值，再通过安装在炉口固定烟罩处的另一取压管测量出该处的大气压力值，将二者之差引入微差压变送器，将微差压转换成 4~20mA DC 电流信号，一方面送至显示仪表指示和记录，另一方面送至调节器与给定值相比较，根据比较结果，调节器给出调节信号，驱动电动执行器改变文氏管出口处阀门开度，从而保持炉口微差压为规定值。

### 11.2.2.2 回收煤气成分分析

回收煤气含氧量的分析，对于保证煤气回收系统的安全是十分重要的，所以除尘系统设有煤气含氧量的自动分析装置以监视煤气回收系统中可能出现的爆炸性气氛。

煤气回收系统一般是根据煤气中一氧化碳含量来决定回收还是放空的，所以还设有一氧化碳自动分析装置。

根据煤气中一氧化碳、二氧化碳含量和煤气流量，可以求出炉内钢液的脱碳速度，在操作稳定的情况下，脱碳速度对判断吹炼终点具有一定的价值，所以还设有一氧化碳，二氧化碳自动分析装置，通过安装在管道上的节流装置，流量变送器，把煤气流量转换成 4~20mA DC 的电流信号，送至显示仪表指示和记录。

### 11.2.2.3 供水系统参数的检测

湿法除尘中水的供应是保证除尘质量的必要条件，因此对主要除尘器——文氏管的供水量和供水压力都安装有自动检测装置，通过安装在供水管道上的节流装置和流量变送器，把供水流量转换成 4~20mA DC 电流信号，送至显示仪表指示和记录。

## 11.2.3 原料系统检测和控制

随着氧气顶吹转炉炼钢工艺自动化水平的提高，原料系统的自动称量也基本上实现了自动化。

铁水的称量是通过安装在混铁炉下出铁处的电子秤实现的。在混铁炉出铁过程中就能及时称量并根据要求的铁水质量控制混铁炉出铁，可以严格按照要求供应铁水，也可以采用天车电子秤实现铁水自动称量。

散装料如石灰、萤石、矿石、铁皮、焦炭等是由炉顶料仓供给的，它不仅能完成自动称量任务，而且还可以对所需料量进行自动控制，其检测与控制系统如图 11-6 所示。通

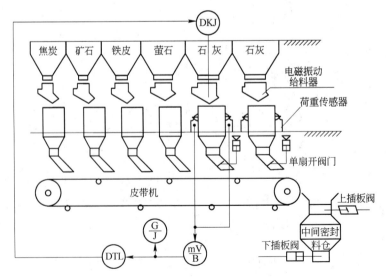

图 11-6 散料自动称量与控制系统

过安装在料仓上的荷重传感器，将散料质量转换成相对应的电压信号，经变送器转换成 4～20mA DC 电流信号，一方面送至显示仪表进行指示和记录，另一方面送至调节器与给定值相比较，根据比较结果，调节器发出调节信号，驱动执行机构改变电磁振动给料器下面料口的开度，从而保证了散料的质量为规定值。

### 11.2.4 钢水终点温度和终点碳量的检测

#### 11.2.4.1 钢水终点温度的测量

应用快速微型浸入式热电偶测量钢水温度是可靠并且准确度较高的一种方法。这种方法的缺点是不能连续测量，测温时需倒下转炉。

连续测温是目前普遍被人们重视的一种方法。研究最多的是在靠近炉底的炉墙中嵌入一个热电偶，热电偶的保护管用硼化锆或其他高级耐火材料制成。热电偶是钨铼铂-铂或其他耐高温热电偶。由于高温下钢液具有强烈的侵蚀能力，所以这种测量方法的关键是延长热电偶保护管的寿命和改进更换方法。

副枪测量可以连续也可以不连续，连续测量和嵌入式相似，只是热电偶不是安装在炉墙上，而是安装在水冷的副枪上，更换热电偶较为方便，但要增加一套副枪设备。

#### 11.2.4.2 钢水终点碳量测量

结晶法定碳是国内应用较为广泛的一种钢水终点碳量测量方法。测量时间短、准确度较高、设备简单、操作方便。结晶定碳法的基本原理是根据钢液的开始结晶温度随着钢液含碳量的增加而降低。用热电偶测出钢液的温度曲线，当钢液冷却发生相变时放出热量，使冷却曲线在此处出现一段等温线，根据此等温线的温度，可以在铁-碳平衡图上找出钢液的含碳量。

### 11.2.5 连续铸锭系统检测和控制

#### 11.2.5.1 结晶器冷却水温度差的测量

结晶器冷却水温度差的测量系统如图 11-7 所示。通过安装在结晶器冷却水进出水管道上的热电阻和热电阻温度变送器，将温度转换成 4～20mA DC 的电流信号，送入减法器得到温差信号，送至显示仪表指示和记录，同时送至冷却水流量控制系统对其串级整定。

#### 11.2.5.2 结晶器钢水液面的检测与控制

结晶器钢水液面一般采用放射性同位素钴[60]或铯[137]作为射线源，用探测器接收从射线源来的 γ 射线透过量，将其放大作为液面信号送至显示仪表指示和记录。

#### 11.2.5.3 结晶器冷却水流量的检测与控制

通过安装在结晶器冷却水进水管道上的节流装置或电磁流量计将冷却水流量转换成 4～20mA DC 电流信号，一方面送至显示仪表指示和记录，另一方面送至调节器与冷却水进出温度差一起进行串级控制。

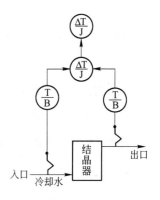

图 11-7　结晶器冷却水
温差测量

#### 11.2.5.4 二次冷却水流量的检测与控制

二次冷却水部分包括水环、一段、二段、三段、四段等几部分，如图 11-8 所示。在这个控制系统里，被控的水流量通过节流装置或电磁流量计和流量变送器转换成 4～20mA DC 电流信号，与钢坯拉速信号（钢坯拉速信号由测速发电机发出 0～110V 电压信号经限流电阻 $R_{调流}$ 转换成 4～20mA DC 电流信号）和给定信号（即在拉速暂停时，要求保持的冷却水流量信号）在调节器中综合比较，根据比较结果，调节器给出调节信号，经电-气转换器，将 4～20mA DC 电流信号转换成 20～100kPa（0.2～1kgf/cm²）的气压信号，驱动薄膜调节阀，改变冷却水管道阀门开度，从而使冷却水流量达到规定值。

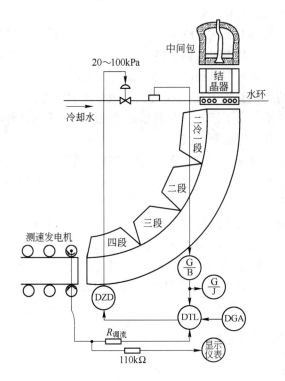

图 11-8　二次冷却水流量检测与控制

在二次冷却水流量控制系统中加一定值信号是为了满足生产工艺的要求，当拉速信号为零时，即当连铸过程中出现故障暂停时，能使水环仍保持一个固定的冷却水流量。

不同钢种对水的流量要求不同，也就是在一定的拉速下，要求的水流量是不同的，因此只需调整电阻 $R_{调流}$ 的电阻值，使输入到调节器的电流有所改变，就能起到调节水流量的要求。

## 11.3　轧钢生产过程仪表检测和控制

轧钢生产所用加热设备的形式很多，其加热方法也很不相同，对各种加热设备的热工参数检测与控制不能以一种设备来概括，仅以连续加热炉、均热炉为例加以说明。

### 11.3.1　连续加热炉检测和控制

连续加热炉在各轧钢车间得到广泛应用，这是因为它可以加热各种断面、各种形式的钢坯和小型钢锭，可以连续加热，连续装出料，并且机械化和自动化程度较高。

连续加热炉的形式也是多种多样的，按炉温分布和炉膛形状，可分为二段、三段和多段式连续加热炉。连续加热炉的特点是负荷不随时间而改变，只有炉子生产能力改变时，才需要改变热制度，这个特点有利于热工过程的自动化。

连续加热炉所用燃料有煤、煤气和重油，我国一些大型轧钢车间所用的加热炉一般采用煤气或重油作燃料，这对加热炉热工过程也是有利的。

**11.3.1.1　加热炉温度检测与控制**

加热炉所用重油喷嘴形式根据风油比控制方法分为两种，一种是喷嘴本身可以实现风油比控制，如 B 型喷嘴；一种是喷嘴本身不能实现风油比控制，如 C 型喷嘴、K 型喷嘴。根据喷嘴形式，加热炉温度检测与控制系统也有两种形式。

**A　喷嘴本身可以实现风油比控制的系统**

喷嘴本身可实现风油比控制的系统如图 11-9 所示。以均热段炉温自动控制为例，感温元件热电偶产生的热电势经温度变送器，把温度信号转换成 4 ~ 20mA DC 的电流信号，一方面送至温度显示仪表指示和记录供操作人员参考，另一方面送至调节器，与温度给定值相比较，根据比较结果调节器发出调节信号驱动执行机构，改变比例喷嘴阀的开度，增加或减少供油量，空气量同时按比例相应地增加或减少，待热电偶测得的实际温度与调节器中温度给定值相等时，偏差为零，调节器的输出稳定在某一数值上，执行机构停止动作，比例喷嘴在一定开度下工作，控制系统恢复平衡状态；这样就可以使均热段炉温基本上保持在规定值上，或按某一预先规定的速度升温、降温或保温。加热段温度的控制与均热段完全相同。

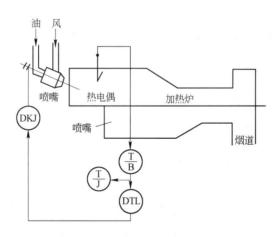

图 11-9　加热炉温度检测与控制系统（一）

**B　喷嘴本身不能实现风油比控制的炉温控制系统**

喷嘴本身不能实现风油比控制的炉温控制系统如图 11-10 所示。由于喷嘴本身不能实现风油比控制，所以采取在风油管道上实现风油比控制。以均热段为例，感温元件热电偶产生的热电势经温度变送器把温度信号转换成 4 ~ 20mA DC 电流信号，一方面送至温度显示仪表进行指示和记录，供操作人员参考，另一方面送至调节器与温度给定值相比较，根据比较结果，调节器给出调节信号驱动执行机构，改变重油管道上阀门开度。在改变重油流量的同时，必须按比例地改变空气量。空气管道上节流装置产生的差压经流量变送器，把空气流量信号转换成 4～20mA DC 的电流信号，一方面送至流量显示仪表进行指示和记录，供操作人员参考，另一方面送至比率设定器（或分流器），控制风油比，使比率设定器的输出与重油流量为规定的比例，送入空气流量调节器。同时重油管道上的流量计根据重油流量的大小产生 4～20mA DC 电流信号，也送至空气流量调节器中，重油和空气按规定的比例相比较后，调节器给出一个调节信号驱动执行机构，改变空气管道阀门开度，这样便可实现炉温与风油比的自动控制。此控制系统是一个串级比例控制系统。

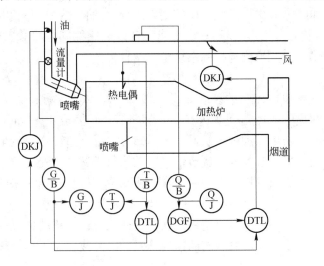

图 11-10　加热炉温度检测与控制系统（二）

有一些轧钢车间采用步进式加热炉，为了提高温度控制质量，采取并列串级控制系统，如图 11-11 所示。

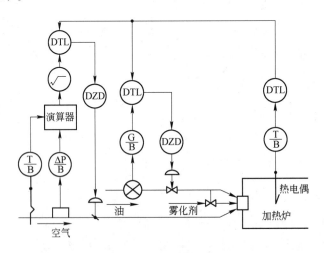

图 11-11　加热炉温度并列串级控制系统

在稳定情况下，炉内温度维持在给定值上不变，某一时刻由于某种扰动的作用，系统的稳定状态受到破坏，从而开始了控制过程。如果扰动来自重油压力的波动，则在初始阶段先影响重油流量，而炉温暂时不变，即重油流量调节器的给定值不变，但重油流量变送器送来的流量信号变了，于是重油流量调节器按其偏差给出调节信号，经电-气转换器把

4～20mA DC 电流信号转换成 20～100kPa（0.2～1kgf/cm²）的气压信号，驱动薄膜调节阀，改变重油管道阀门开度，这个控制过程就是定值控制系统。重油流量由于控制的结果逐渐向原来的给定值接近，与此同时重油流量的变化通过温度对象逐渐影响炉温，但幅值比单回路要小得多，从而使温度调节器的输出发生变化，使重油流量调节器的给定值成为一个变参数，此后，重油流量调节器按控制过程中重油流量测量值与变化的给定值之差进行控制，在重油流量变化的同时，重油燃烧所需的空气流量按串级控制系统进行控制。如果扰动来自进出料而使炉温波动，温度调节器输出发生变化，重油流量调节器跟踪这一变化的给定值而动作，给出相应的调节信号，驱动执行机构，改变重油管道阀门开度，直到炉温稳定在给定值上为止。图 11-11 中重油雾化所需要的空气或蒸汽是靠重油与空气或蒸汽的差压自动吸入的。

### 11.3.1.2 炉内压力检测与控制

控制炉内压力是控制炉气成分和保证正常操作的一个很重要的手段。炉内压力过大，热损失大，恶化操作环境。如果是负压，吸入冷空气，造成钢的氧化。所以一般要求炉内压力控制在 20～30Pa 大小为宜。纵向压力梯度为 1.25Pa/10cm。

炉内压力检测与控制系统如图 11-12 所示。一般是控制均热段炉膛压力来实现整个炉膛压力的自动控制。均热段炉顶压力经导压管输入到微差压变送器中，经微差压变送器将炉顶压力转换成 4～20mA DC 电流信号，一方面送至显示仪表进行指示和记录，供操作人员参考，另一方面送至调节器与压力给定值相比较，根据比较结果，调节器给出调节信号，驱动执行机构，改变烟道闸板开度，从而达到炉膛压力自动控制的目的。如果供给燃料量增加了，则燃料燃烧生成的废气量增加，炉膛压力随之增加，此时炉内压力高于给定值，调节器给出调节信号，驱动执行机构，使烟道阀门开度增大，烟道阻力减小，排气量增加，炉内压力减小，直至压力为规定值为止。

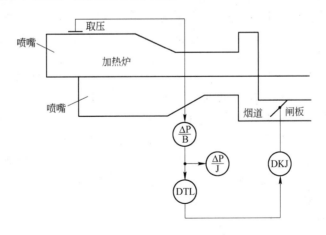

图 11-12　炉膛压力检测与控制系统

## 11.3.2　均热炉热工参数检测和控制

大型钢锭都是在均热炉内加热的。均热炉的类型很多，所用燃料也不一样，下面介绍应用较为广泛的单侧上烧嘴燃油均热炉热工参数检测与控制系统，如图 11-13 所示。

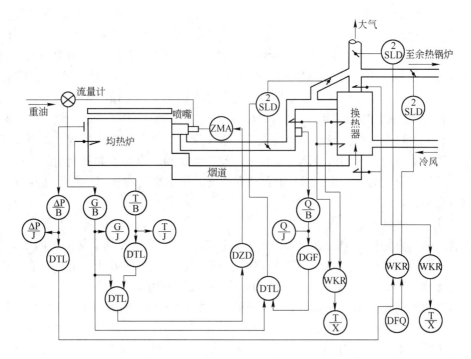

图 11-13　单侧上烧嘴均热炉热工参数检测与控制

### 11.3.2.1　均热炉温度检测与控制

为了提高调节质量，均热炉温度控制系统采取串级控制系统。通过安装在侧墙的热电偶取得温度信号，经温度变送器，转换成 4 ~ 20mA DC 的电流信号，一方面送至显示仪表进行指示和记录，另一方面送至主调节器与温度给定值相比较，根据比较结果，调节器给出调节信号送至副调节器作为副调节器的给定值。在副调节器中，与重油实际流量相比较，根据比较结果，副调节器给出调节信号，经电-气转换器，将 4 ~ 20mA DC 电流信号转换成 20 ~ 100kPa（0.2 ~ 1kgf/cm²）的气压信号，驱动执行机构，改变喷嘴针阀开度，达到控制炉温的目的。例如均热炉温度高于给定值，则主调节器给出调节信号，将减小副调节器的流量给定值，副调节器由于给定值的减小，将给出调节信号，使重油喷嘴针阀开度减小，炉温逐渐降低，直至炉温等于给定值为止。此时主调节器偏差为零，调节器输出电流信号不变。由于重油流量减少，副调节器实际流量信号减小，直至等于主调节器的输出信号为止。如果因为重油压力变化引起重油流量变化，则副调节器根据偏差进行控制，这样就减小了炉内温度波动的幅值，提高了调节质量。

在改变重油流量的同时，必须按比例改变空气量。通过安装在空气管道上的节流装置，取得差压信号，经流量变送器，转换成 4 ~ 20mA DC 的电流信号，一方面送至显示仪表进行指示和记录，另一方面送至比率设定器，控制风油比，使比率设定器的输出与重油流量成为规定的比例，送入空气流量调节器与重油流量信号相比较，根据比较结果，空气流量调节器给出调节信号，驱动执行机构，改变空气管道阀门开度，从而达到重油与空气的比例自动控制。空气管道与放风管道联锁，开大空气管道阀门，相应关小放风管道阀门；反之，关小空气管道阀门，则相应开大放风管道阀门。

### 11.3.2.2　炉膛压力检测与控制

炉内压力过大，一方面会引起炉盖烧坏事故，另一方面将使钢锭上部温度过高，下部温度过低，造成钢锭上下温度不均匀；炉内压力过低，将吸入大量冷空气，增加钢锭的氧化，一般要求控制在 20 ~ 30Pa 为宜。

在安装热电偶炉墙一侧有取压孔，用 2 英寸（1 英寸 = 2.54cm）管取压，在炉墙外侧安有补偿管，将此微差压信号引入微差压变送器，转换成 4 ~ 20mA DC 电流信号，一方面送至显示仪表进行指示和记录，另一方面送至调节器与压力给定值相比较，根据比较结果，调节器给出调节信号，驱动执行机构，改变排烟管道阀门的开度，从而达到炉膛压力自动控制的目的。例如燃油量增加时，炉内压力随之增加，送入调节器的压力信号相应增加，使调节器给出调节信号，驱动执行机构，开大排烟管道上阀门开度，由于排烟量增加了，炉膛压力就相应降低，直至炉内压力为规定值为止，同时还设有手动操作器，可以分别直接遥控排烟管道阀门开度和放散管道阀门开度。

### 11.3.2.3　空气预热器温度检测系统

为了确保空气预热器正常运行，设有热风温度检测装置，空气预热器上部温度和下部温度检测装置以及烟道废气温度检测装置，分别供操作人员参考。为了避免温度过高烧毁预热器，有时还有保护装置。

## 复习思考题

11-1　高炉本体检测控制哪些参数，为什么要检测控制这些参数？

11-2　送风系统检测控制哪些参数，为什么要检测控制这些参数？

11-3　热风炉系统控制项目有哪些，它们与生产的关系如何？

11-4　转炉炼钢供氧系统控制项目有哪些，它们与生产的关系如何？

11-5　结合图 11-6 说明散料自动称量的工作原理。

11-6　连铸系统检测控制项目有哪些，采用的方法是什么？

11-7　轧钢生产检测控制项目有哪些，采用的方法是什么？

# 第4篇 计算机监控与操作

## 12 单回路控制与简单计算机控制

### 12.1 单回路控制系统简述

如图 12-1 所示控制系统，由被控对象、检测元件、变送器、控制器和执行器（控制阀）等构成，只具有一个闭合回路，称这样的系统称为单回路控制系统。这种控制系统结构简单，故也称为简单控制系统。

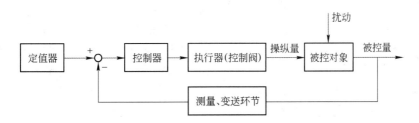

图 12-1 单回路控制系统方框图

单回路控制系统是工业生产中使用最普遍的一种控制系统，常见的温度、流量、压力和液位等参数的控制大都采用这种形式。在选择控制方案时，只有在简单控制系统不能满足生产过程控制的要求时，才考虑采用两个回路以上组成的复杂控制系统。

### 12.2 最简单的计算机控制系统

将前面介绍过的单闭环反馈控制系统中的控制器（调节器）用计算机来代替，就构成了计算机控制系统，其基本框图如图 12-2 所示。

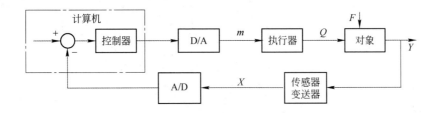

图 12-2 计算机控制系统基本框图
$m$—控制量；$Y$—被控量；$Q$—操作量；$F$—扰动量

控制系统中引入计算机，就可以充分利用计算机强大的算术运算、逻辑运算及记忆等功能，运用计算机指令系统，编出符合某种控制规律的程序。计算机执行这样的程序，就能实现被控参数的控制。在计算机控制系统中，程序是无形的，通常称为软件，而设备是有形的，通常称为硬件。在常规控制系统中，系统的控制规律由硬件决定，改变控制规律必须变更硬件，而计算机控制系统中控制规律的改变只需改变软件编排就可以了。

计算机控制系统中输入输出信号都是数字信号，因此在这种控制系统中，输入端必须加 A/D 转换器，将模拟信号转换为数字信号，在输出端必须加 D/A 转换器，将数字信号转换为模拟信号。

从本质上讲，计算机控制系统的控制过程可归结为实时数据采集、实时决策和实时控制三个步骤。三个步骤不断重复就会使整个系统按照给定规律进行工作，同时也可以对被控变量及设备运行状况进行监督、超限报警及保护。对计算机来讲，控制过程的三个步骤，实际只是执行输入操作、算术逻辑运算、输出操作。上面是从一个单闭环反馈控制系统的角度来介绍计算机控制系统。

## 12.3　计算机控制与常规控制比较

计算机控制系统相对于连续控制系统而言，其主要特点有：

（1）结构上的特点。连续系统中的主要装置均为模拟部件，而计算机控制系统必须包含有数字部件——计算机，目前测量装置和执行机构多数为模拟部件，所以计算机控制系统通常是模拟和数字部件的混合系统。若系统中全是数字部件，则称为全数字控制系统。

（2）信号形式上的特点。连续系统中各点信号均为连续模拟信号，而计算机控制系统中有多种信号形式，它除有连续模拟信号以外，还有离散模拟，离散数字，连续数字等信号形式。

（3）工作方式上的特点。在连续控制系统中，一个控制回路配有一个控制器，而计算机控制系统中一个控制器（数字计算机）经常可以同时为多个控制回路服务。它利用依次巡回的方法实现多路串行控制。为了节约巡回时间，充分发挥硬件作用，常采用分时并行控制，即在同一时间内，计算机、A/D 与 D/A 三个部件针对三个不同回路均在工作。随着微型计算机的迅猛发展，大型计算机控制系统纷纷问世，它们采取分散和集中相结合的多层次控制。在分层控制中，基层控制回路常采用控制器和被控对象一一对应的关系，而在高层都是采用一对多的方式，这时就需要考虑分时控制问题。

计算机控制系统的控制规律是由数字计算机的软件实现的，许多在模拟控制系统中不能或者很难实现的控制策略都可容易地实现，因此随着计算机的不断发展，它的优点已越来越突出。目前看来较明显的优点是：

（1）计算机控制系统的功能很强。数字计算机所具有的丰富易变的逻辑判断能力和大容量的信息存贮单元等特性，使它有能力实现极复杂的控制规律，如对于多输入、多输出系统实现多重决策，多种工作状态的转换等任务，都是可以的。而这些任务若要用模拟控制器来实现就很困难了。

（2）计算机控制系统的功能/价格比值高，而且灵活性和适应性强。对连续控制系统来说，控制规律越复杂，所需要的硬件也往往越多越复杂。模拟硬件的成本几乎和控制规律复杂程度成正比。若要修改控制规律，一般非改变硬件结构、参数不可。而在计算机控制系统中，由于计算机是一个可编程的智能元件，修改一个控制规律，无论是复杂的，还是简单的，一般只需修改软件，而硬件结构几乎无需作根本的变化。

从图 12-1 与图 12-2 比较，可以看出，它们的测量变送、驱动执行装置是一致的。测量变送环节已在检测仪表中有所叙述，而驱动执行装置，包括执行器和调节阀门等，将在下面介绍。

## 12.4　执行器

### 12.4.1　概述

执行器是过程控制系统中驱动执行装置的组成部分，它的作用是接收控制信号，并转换成直线位移或角位移来改变调节阀的流通面积，以改变被控参数的流量，控制流入或流出被控对象的物料或能量，从而实现对过程参数的自动控制，使生产过程满足预定的要求。

执行器安装在现场，直接与工艺介质接触，通常在高温、高压、高黏度、强腐蚀、易结晶、易燃易爆、剧毒等场合下工作，如果选用不当，将直接影响过程控制系统的控制质量，或者使整个控制系统不能可靠工作，甚至造成严重事故。

执行器按所驱动的能源来分，有电动执行器、气动执行器、液动执行器三大类产品。电动执行器能源取用方便，动作灵敏，信号传输速度快，适合于远距离的信号传送，便于和电子计算机配合使用。但电动执行器一般来说不适用于防火防爆的场合，而且结构复杂，价格贵。

气动执行器是以压缩空气作为动力能源的执行器，具有结构简单、动作可靠、性能稳定、输出力大、成本较低、安装维修方便和防火防爆等优点，在过程控制中获得最广泛的应用。但气动执行器有滞后大、不适于远传的缺点，为了克服此缺点，可采用电-气转换器或阀门定位器，使传送信号为电信号，现场操作为气动，这是电-气结合的一种形式，也是今后发展的方向。

液动执行器的推力最大，但由于各种原因目前在工业生产过程自动控制系统中使用不广。因此，本章仅介绍常用的电动执行器和气动执行器。

### 12.4.2　电动执行器

#### 12.4.2.1　电动执行器的作用

电动执行器是电动调节系统中的一个重要组成部分。它接收来自电动调节器输出的 4~20mA DC 信号，并将其转换成为适当的力或力矩，去操纵调节机构，从而达到连续调节生产过程中有关管路内流体的流量。当然，电动执行器也可以调节生产过程中的物料、能源等，以实现自动调节。

电动执行器是由电动执行机构和调节机构两部分组成，其中将电动调节器来的控制信号转换成为力或力矩的部分叫做电动执行机构，而各种类型的调节阀或其他类似作用的调节设备则统称调节机构。调节机构使用得最普遍的是调节阀，它与气动执行器用的调节阀完全相同。

#### 12.4.2.2　电动执行器的工作原理

接收 4~20mA DC 信号的电动执行器，是以两相异步伺服电动机为动力的位置伺服机构，根据配用的调节机构的不同，输出方式有直行程、角行程和多转式三种类型，各种电动执行机构的构成及工作原理完全相同，差别仅在于减速器不一样。

图 12-3 所示为电动执行机构的组成框图，它由伺服放大器和执行机构两部分组成。执行机构又包括两相伺服电动机、减速器和位置发送器。

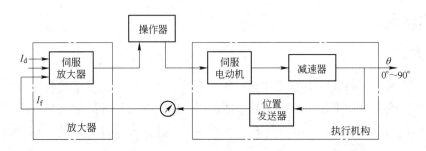

图 12-3　电动执行机构框图

伺服放大器的作用是综合输入信号和反馈信号，并将该结果信号加以放大，使之有足够大的功率来控制伺服电动机的转动。根据综合后结果信号的极性，放大器应输出相应极性的信号，以控制电动机的正、反运转。

伺服电动机是执行器的动力装置，它将电功率变为机械功率以对调节机构做功。但由于伺服电机转速高，满足不了较低的调节速度的要求，输出力矩小带动不了调节机构，故必须经过减速器将高转速、小力矩转化为低转速大力矩的输出。

位置发送器的作用是输出一个与执行器输出轴位移成比例的电信号，一方面借电流来指示阀位，另一方面作为位置反馈信号至输入端，使执行器构成一个位置反馈系统。

来自调节器的电信号 $I_d$ 作为伺服放大器的输入信号，与位置反馈信号 $I_f$ 进行比较，其差值（正或负）经放大后去控制两相伺服电动机正转或反转，再经减速器减速后，使输出产生位移，即改变调节阀的开度（或挡板的角位移）。与此同时，输出轴的位移又经位置发送器转换成电流信号 $I_f$，作为反馈信号，被返回到伺服放大器的输入端。当反馈信号 $I_f$ 与输入信号 $I_d$ 相等时，电动机停止转动，这时调节阀的开度就稳定在与调节器输出信号 $I_d$ 成比例的位置上。

如输入电信号增加，则输入信号与反馈信号的差值为正极性，伺服放大器控制电动机正转；相反，输入电流信号减小，则差值信号为负，伺服放大器控制电动机反转，即电动机可根据输入信号与反馈信号差值的极性产生正转或反转，以带动调节机构进行开大或关小阀门。

在实际控制系统中，执行器根据调节器的调节信号去控制阀门，要求执行器的正转或反转能反映调节器偏差信号的正负极性。为此在系统投入自动运行前，用手动操作控制，使被调参数接近给定值，而调节阀处于某一中间位置。由于调节器的自动跟踪作用。在手动操作时已有一相应的输出电流，其大小为 4~20mA DC 中的某一数值。故当系统切换到自动后，若偏差信号为正，则调节器输出电流增加，执行器的输入信号大于位置反馈信号，电动机正转，反之，偏差信号为负，调节器输出电流减小，电动机反转。所以电动机的正反转是受偏差信号极性控制的。

下面我们对电动执行机构的两个部分伺服放大器和执行机构分别进行介绍。

### 12.4.2.3  伺服放大器

伺服放大器是由前置磁放大器、触发器，可控硅主回路及电源等部分组成。如图12-4所示为伺服放大器的原理框图。

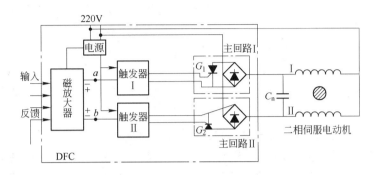

图12-4  伺服放大器原理方框图

伺服放大器有三个输入通道和一个反馈通道，可以同时输入三个输入信号和一个反馈信号，以满足复杂控制系统的要求。一般简单控制系统中只用一个输入通道和一个反馈通道。

前置级磁放大器是一个增益很高的放大器，来自调节器的输入信号和位置反馈信号在磁放大器中进行比较，当两者不相等时，放大器把偏差信号进行放大，根据输入信号与反馈相减后偏差的正负，在放大器 $a$、$b$ 两点产生两位式的输出电压，控制两个晶体管触发电路中一个工作，一个截止。使主回路的可控硅导通，两相伺服电动机接通电源而旋转，从而带动调节机构进行自动控制。可控硅在电路中起无触点开关作用。伺服放大器有两组开关电路，即触发器与主回路有两套，各自分别接收正偏差或负偏差的输入信号，以控制伺服电动机的正转或反转。与此同时，位置反馈信号随电动机转角的变化而变化，当位置反馈信号与输入信号相等时，前置放大器没有输出，伺服电机停转。

### 12.4.2.4  执行机构

执行机构由两相交流伺服电机、位置发送器和减速器组成。执行机构方框图如图12-3所示。

#### A  伺服电机

伺服电机是执行机构的动力部分，它是由冲槽硅钢片叠成的定子和鼠笼转子组成的两相伺服电动机。定子上具有两组相同的绕组，通过移相电容使两相绕组中的电流相位相差90°，同时两相绕组在空间也差90°，因此构成定子旋转磁场。电机旋转方向，取决于两相绕组中电流相位的超前或滞后。

#### B  减速器

伺服电动机转速较高，输出转矩小，转速一般为 600～900r/min，而调节机构的转速较低，输出转矩大，输出轴全行程（90°）时间一般为25s，即输出轴转轴转速为0.6r/min。因此伺服电动机和调节机构之间必须装有减速器，将高转速、低转矩变成低转速、高转矩，伺服电动机和调节机构之间一般装有两级减速器，减速比一般为（1000～1500）:1。

减速器采用平齿轮和行星减速机混合的传动机构。其中平齿轮加工简单，传动效率高，但减速器体积大，行星减速机构具有体积小、减速比大，承载力大、效率高等优点。

　　C　位置发送器

　　位置发送器是根据差动变压器的工作原理，利用输出轴的位移来改变铁芯在差动线圈中的位置，以产生反馈信号和位置信号。为保证位置发送器稳定供压及反馈信号与输出轴位移呈线性关系，位置发送器的差动变压器电源采用 LC 串联谐振磁饱和稳压，并在发送器内设置零点补偿电路，从而保证了位置发送器良好的反馈特性。

　　角行程电动执行器的位置发送器通过凸轮和减速器输出轴相接，差动变压器的铁芯用弹簧紧压在凸轮的斜面上，输出轴旋转 0°～90°，差动变压器铁芯轴向位移，位置发送器的输出电流为 4～20mA DC。

　　直行程电动机执行器的位置发送器与减速器之间的连接和调整是通过杠杆和弹簧来实现的，当减速器输出轴上下运动时，杠杆一端依靠弹簧力紧压在输出轴的端面上，使差动变压器推杆产生轴向位移，从而改变铁芯在差动变压器线圈中的位置，以达到改变位置发送器输出电流的目的。

　　D　操作器

　　操作器是用来完成手动自动之间的切换、远方操作和自动跟踪无扰动切换等任务。根据它功能的不同分为三种类型：

　　（1）有切换操作、阀位指示、跟踪电流指示和中途限位；

　　（2）有切换操作、阀位指示和跟踪电流；

　　（3）有切换操作、阀位指示和跟踪电流，但无跟踪电流指示。

　　随着自动化程度的不断提高，对电动执行机构提出了更多的要求，如要求能直接与计算机连接、有自保持作用和不需数模转换的数字输入电动执行机构，伺服电动机采用了低速电机后，有利于简化电动执行机构的结构，提高性能，以及进一步推广。

## 12.4.3　气动执行器

　　气动执行器是指以压缩空气为动力源的一种执行器。它接收气动调节器或电-气转换器、阀门定位器输出的气压信号，改变控制流量的大小，使生产过程按预定要求进行，实现生产过程的自动控制。

　　气动执行器由气动执行机构和调节机构（调节阀）两部分组成，如图 12-5 所示。

　　气动执行机构是气动执行器的推动部分，它按控制信号的大小产生相应的输出力，通过执行机构的推杆，带动调节阀的阀芯使它产生相应的位移（或转角）。

　　调节阀是气动执行器的调节部分，它与被控介质直接接触，在气动执行机构的推动下，阀芯产生一定的位移（或转角），改变阀芯与阀座间的流通面积，从而达到调节被控介质流量的目的。

　　气动执行机构有薄膜式执行机构、活塞式执行机构、长行程执行机构和滚筒膜片式执行机构等。在工

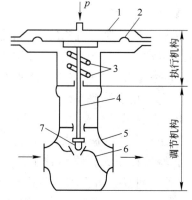

图 12-5　气动执行器示意图

1—上盖；2—膜片；3—平衡弹簧；4—阀杆；
5—阀体；6—阀座；7—阀芯

程上，气动薄膜式执行机构应用最广。

气动薄膜式执行机构由膜片、推杆和平衡弹簧等部分组成。它通常接受 $0.2 \times 10^5 \sim 1.0 \times 10^5 \text{Pa}$ 的标准压力信号，经膜片转换成推力，克服弹簧力后，使推杆产生位移，按其动作方式分为正作用和反作用两种形式。输入气压信号增加时推杆向下移动称正作用；输入气压信号增加时推杆向上移动称反作用。与气动执行机构配用的气动调节阀有气开和气关两种：有信号压力时，阀门开启的叫气开式；而有信号压力时，阀门关闭的叫气关式。气开、气关是由气动执行机构的正、反作用与调节阀的正、反安装来决定的。在工业生产中口径较大的调节阀通常采用正作用方式的气动执行机构。

气动执行机构的输出是位移，输入是压力信号，平衡状态时，它们之间的关系称为气动执行机构的静态特性，即

$$pA = KL$$

$$L = \frac{pA}{K} \tag{12-1}$$

式中　$p$——执行机构输入压力；

　　　$A$——膜片的有效面积；

　　　$K$——弹簧的弹性系数；

　　　$L$——执行机构的推杆位移。

当执行机构的规格确定后，$A$ 和 $K$ 便为常数，因此执行机构输出的位移 $L$ 与输入信号压力 $p$ 成比例关系。当信号压力 $p$ 加到薄膜上时，此压力乘上膜片的有效面积 $A$，得到推力，使推杆移动，弹簧受压，直到弹簧产生的反作用力与薄膜上的推力相平衡为止。显然，信号压力越大，推杆的位移也即弹簧的压缩量也就越大。推杆的位移范围就是执行机构的行程。气动薄膜执行机构的行程规格有 10mm、16mm、25mm、40mm、60mm、100mm 等，信号压力从 $0.2 \times 10^5 \text{Pa}$ 增加到 $1.0 \times 10^5 \text{Pa}$，推杆则从零走到全行程，阀门就从全开（或全关）到全关（或全开）。

### 12.4.4　智能执行器简介

随着微电子技术、大规模集成电路以及超大规模集成电路的迅猛发展，微处理器被引入到控制阀中，使控制阀操作智能化、功能多样化，继而出现了智能执行器。

智能执行器是智能仪表中的一种。它有电动和气动两类，每类又有多个品种。一般智能执行器的基本功能是信号驱动和执行，内含控制阀输出特性补偿、PID 控制和运算、阀门特性自检验和自诊断功能。由于智能执行器备有微机通信结构，它可与上位控制器、变送器、记录仪等智能仪表一起联网，构成控制系统。

A　智能执行器特点

智能电动执行器按控制电源可分为单相和三相两大类，主要有如下特点：

（1）主要技术指标先进，超过以往的 DDZ-Ⅱ、Ⅲ型电动执行器，工作死区、基本误差、回差等指标已达到很高水平。

（2）采用了微处理器技术和数字显示技术，以智能伺服放大器取代传统的伺服放大器，以数字式操作器取代原有的模拟指针式操作器，具有自诊断、自调整和 PI 调节功能，

功能强大，使用方便。

（3）增加了流量特性软件修正。使一种固有特性的控制阀可以拥有多种输出特性，使不能进行阀芯形状修正的阀也可改变流量特性，使非标准特性修正为标准特性。该功能将改变长期以来靠阀芯加工修正特性的现状。

（4）采用了电制动技术和断续调节技术，对具有自锁功能的执行机构可以取消机械摩擦制动器，大大提高了整机的可靠性。

B　主要技术指标

输入信号：0~10mA DC；4~20mA DC；RS~232。

位置发送信号：0~10mA DC；4~20mA DC；1kΩ电位器。

输入通道：2个（电隔离）。

基本误差：≤±1%（单相）；≤±2.5%（三相）。

死区：≤0.5%。

特性修正：固有特性——标准直线；

　　　　　固有特性——等百分比。

主要功能：工作方式选择、故障诊断与报警、电制动、PI调节。

C　工作原理

现以单相智能电动执行器为例，其方框结构如图12-6所示。由图可以看出：来自上位控制器或变送器的模拟信号，经处理后进入智能伺服放大器，智能伺服放大器中的微处理器定时检测该输入信号和位置反馈信号。当接收上位控制信号且不进行修正时，微处理器比较两个信号，一旦信号不平衡，偏差超出要求值，即发出控制信号，经放大隔离后驱动智能伺服放大器中的功率晶闸管，使其导通带动电动机转动，进而控制阀门开度，同时微处理器也将表示阀门开度的位置信号转换成相应的脉冲量发往操作器的显示器。操作人员可从数字操作器上观察阀门开度。

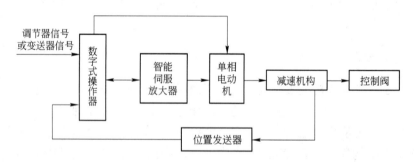

图12-6　单相智能电动执行器的结构

当接收变送器信号进入PI调节工作方式时，微处理器是将变送器信号与给定值进行比较，并按预先设置好的产生PI进行计算并发出控制信号，控制阀门开度，直至两个信号达到平衡。

当进入特性修正工作方式时，微处理器将不再是仅比较两种信号是否相等，而是对信号按预先设置的特性参数进行计算，使输入信号与阀门位移呈要求的非线性关系。这样就使得改变控制阀流量特性变得很方便，为改善系统的稳定性提供了新的方法。

　　三相智能电动执行器采用了智能单相电动执行器的主体部分，其对输入信号的处理、特性修正、故障诊断等都是一样的。只是对输出信号的处理和控制软件做了些改动。智能伺服放大器的输出进入三相功率转换器，由其转换成三相功率输出，再驱动三相伺服电动机工作。

　　D　控制阀流量特性修正

　　控制阀的种类、形状千差万别，其特性也各不相同。对一台控制阀来说，一旦加工、装配好，其位移与流量、压差的关系就固定下来了。如果用传统的电动执行器，只能如实的复现原控制阀的固有特性。智能电动执行器通过微处理器的计算、修正，可以相对改变控制阀的流量特性。

　　实现控制阀特性修正的基本原理是：输入控制阀的固有特性和所要达到的标准特性的必要参数，计算出达到标准特性时阀门的实际开度。通过修正可使控制阀的一种流量特性变为多种，使其固有特性不通过加工改变阀门形状就可修正到所需的理想特性。

## 12.5　调节阀

　　调节阀是一种主要调节机构，它安装在工艺管道上直接与被测介质接触，使用条件比较恶劣，它的好坏直接影响控制质量。

### 12.5.1　工作原理

　　从流体力学的现象来看，调节阀是一个局部阻力可以变化的节流元件，由于阀芯在阀体内移动，改变了阀芯与阀座之间的流通面积，即改变了阀的阻力系数，使被控介质的流量相应改变，从而达到调节工艺参数的目的。根据能量守恒原理，对于不可压缩流体，可以推导出调节阀的流量方程式：

$$Q = \frac{A}{\sqrt{\xi}} \sqrt{\frac{2(p_1 - p_2)}{\rho}} \tag{12-2}$$

式中　　$Q$——流体通过阀的流量；

　$p_1$，$p_2$——进口端和出口端的压力；

　　　$A$——阀连接管道的截面积；

　　　$\rho$——流体的密度；

　　　$\xi$——阀的阻力系数。

　　当 $A$ 一定，$(p_1 - p_2)$ 不变时，流量仅随阻力系数而变化。阻力系数主要与流通面积（即阀的开度）有关，也即改变阀门的开度，就改变了阻力系数，从而达到调节流量的目的，阀开得越大，阻力系数越小，则通过的流量将越大。

### 12.5.2　种类

　　根据不同的使用要求，调节阀多种多样，各具不同特点，其中主要的有以下几种类型，如图 12-7 所示。

　　A　直通单座阀

　　直通单座阀阀体内只有一个阀芯和阀座，如图 12-7（a）所示。其特点是泄漏量小（甚

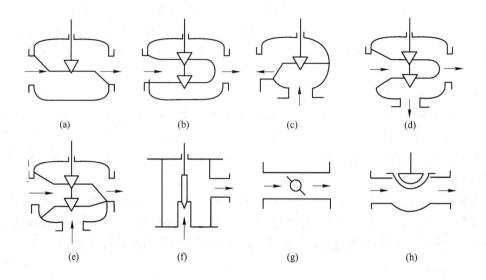

图 12-7　调节阀的主要类型示意图

（a）直通单座阀；（b）直通双座阀；（c）角形阀；（d）三通分流阀；

（e）三通合流阀；（f）高压阀；（g）碟阀；（h）隔膜阀

至可以完全切断）和不平衡力大。因此，它适用于泄漏要求严的场合。

B　直通双座阀

直通双座阀阀体内有两个阀芯和阀座，如图 12-7（b）所示。双座阀的阀芯采用双导向结构，只要把阀芯反装，就可以改变它的作用形式。因为流体作用在上、下两阀芯上的不平衡力可以相互抵消，因此双座阀的不平衡力小。但上、下阀芯不易同时关闭，故泄漏量较大。双座阀适用于两端压差较大的、泄漏量要求不高的场合，不适用于高黏度和含纤维的场合。

C　角形阀

角形阀阀体为角形，如图 12-7（c）所示。其他方面的结构与单座阀相似，这种阀流路简单、阻力小、阀体内不易积存污物，所以特别有利于高黏度、含悬浮颗粒的流体控制，从流体的流向看，有侧进底出和底进侧出两种，一般采用底进侧出。

D　三通阀

三通阀阀体有三个接管口。适用于三个方向流体的管路控制系统，大多用于热交换器的温度调节、配比调节和旁路调节。在使用中应注意流体温度不宜过大，通常小于150℃，否则会使三通阀产生较大应力而引起变形，造成连接处泄漏或损坏。

三通阀有三通分流阀［如图 12-7（d）所示］和三通合流阀［如图 12-7（e）所示］两种类型。三通合流阀为流体由两个输入口流进、混合后由一出口流出；三通分流阀为流体由一口进，分为两个出口流出。

E　高压阀

高压阀是专为高压系统使用的一种特殊阀门，如图 12-7（f）所示，使用的最大公称压力在 $320 \times 10^5$ Pa 以上，一般为铸造成型的角形结构。为适应高压差，阀芯头部可采用硬质合金或可淬硬钢渗铬等，阀座则采用可淬硬渗铬。

F　碟阀

碟阀又称翻板阀，如图 12-7(g)所示。适用于圆形截面的风道中，它的结构简单，特别适用于低压差大流量且介质为气体的场合，多用于燃烧系统的风量控制。

G　隔膜阀

隔膜阀采用了具有耐腐蚀衬里的阀体和耐腐蚀的隔膜代替阀的组件，由隔膜起控制作用，如图 12-7(h)所示。这种阀的流路阻力小，流通能力大，耐腐蚀，适用于强腐蚀性、高黏度或带悬浮颗粒与纤维的介质流量控制。但耐压、耐高温性能较差，一般工作压力小于 $10^6$ MPa，使用温度低于 150℃。

### 12.5.3　流量特性

调节阀的流量特性，是指介质流过阀门的相对流量与阀门相对开度之间的关系，即

$$\frac{Q}{Q_{max}} = f\left(\frac{l}{L}\right) \tag{12-3}$$

式中　$\dfrac{Q}{Q_{max}}$——相对流量，即某一开度的流量与全开流量之比；

$\dfrac{l}{L}$——相对开度，即某一开度下的行程与全行程之比。

从过程控制的角度来看，流量特性是调节阀主要的特性，它对整个过程控制系统的品质有很大影响，不少控制系统工作不正常，往往是由于调节阀的特性特别是流量特性选择不合适，或者是阀芯在使用中受腐蚀、磨损使特性变坏引起的。

由式（12-2）可知，流过调节阀的流量不仅与阀的开度（流通截面积）有关，还受调节阀两端压差的影响。当调节阀两端压差不变时，流量特性只与阀芯形状有关，这时的流量特性就是调节阀生产厂家提供的特性，称为理想流量特性或固有流量特性。而调节阀在现场工作时，两端压差是不可能固定不变的，因此，流量特性也要发生变化，我们把调节阀在实际工作中所具有的流量特性称为工作流量特性或安装流量特性。可见相同理想流量特性的调节阀，在不同现场、不同条件下工作时，其工作流量特性并不完全一样。

A　理想流量特性

在调节阀前后压差一定的情况下得到的流量特性，称之为理想流量特性，它仅取决于阀芯的形状。不同的阀芯曲面可得到不同的流量特性，它是一个调节阀所固有的流量特性。

在目前常用的调节阀中，有三种典型的固有流量特性，即直线流量特性、对数（或称等百分比）流量特性和快开流量特性，其阀芯形状和相应的特性曲线如图 12-8 和图 12-9 所示。

a　直线流量特性

直线流量特性是指调节阀的相对流量与阀芯的相对位移成直线关系，其数学表达式为

$$\frac{d\left(\dfrac{Q}{Q_{max}}\right)}{d\left(\dfrac{l}{L}\right)} = K \tag{12-4}$$

式中　$K$——调节阀的放大系数。

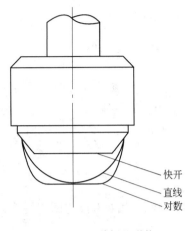

图 12-8　三种阀芯形状

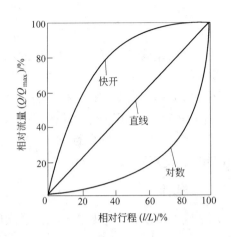

图 12-9　理想流量特性曲线

直线流量特性的调节阀在小开度工作时，其相对流量变化太大，控制作用太强，容易引起超调，产生振荡；而在大开度工作时，其相对流量变化小，控制作用太弱，易造成控制作用不及时。

b　对数（等百分比）流量特性

对数流量特性是指阀杆的相对位移（开度）变化所引起的相对流量变化与该点的相对流量成正比。其数学表达式为

$$\frac{\mathrm{d}\left(\dfrac{Q}{Q_{\max}}\right)}{\mathrm{d}\left(\dfrac{l}{L}\right)} = K\left(\frac{Q}{Q_{\max}}\right) = K_{\mathrm{V}} \tag{12-5}$$

可见，调节阀的放大系数 $K_{\mathrm{V}}$ 是变化的，它随相对流量的变化而变化。

从过程控制来看，利用对数（等百分比）流量特性，在小开度时 $K_{\mathrm{V}}$ 小，控制缓和平稳；在大开度时 $K_{\mathrm{V}}$ 大，控制及时有效。

c　快开流量特性

这种特性在小开度时流量就比较大，随着开度的增大，流量很快达到最大，故称为快开特性。快开特性的数学表达式为

$$\frac{\mathrm{d}\left(\dfrac{Q}{Q_{\max}}\right)}{\mathrm{d}\left(\dfrac{l}{L}\right)} = K\left(\frac{Q}{Q_{\max}}\right)^{-1} \tag{12-6}$$

快开特性的阀芯形状为平板形，其有效行程为阀座直径的 $\dfrac{1}{4}$，当行程增大时，阀的流通面积不再增大，就不能起控制作用。

B　工作流量特性

在实际使用时，调节阀安装在管道上，或者与其他设备串联，或者与旁路管道并联，因而调节阀前后的压差是变化的。此时，调节阀的相对流量与阀芯相对开度之间的关系称

为工作流量特性。

a 串联管道的工作流量特性

调节阀与其他设备串联工作时，如图 12-10 所示，调节阀上的压差是其总压差的一部分。当总压差 $\Delta p$ 一定时，随着阀门的开大，引起流量 $Q$ 的增加，设备及管道上的压力将随流量的

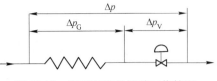

图 12-10 调节阀串联管道工作情况

平方增长，这就是说，随着阀门开度增大，阀前后压差将逐渐减小。所以在同样的阀芯位移下，实际流量比阀前后压差不变时的理想情况要小。尤其在流量较大时，随着阀前后压差的减小，调节阀的实际控制效果变得非常迟钝，如果图 12-10 中用线性阀，其理想流量特性是一条直线，由于串联阻力的影响，其实际的工作流量特性将变成如图 12-11(a) 所示向上缓慢变化的曲线。图中 $Q_{max}$ 表示串联管道阻力为零调节阀全开时的流量；$S$ 表示调节阀全开时阀前后压差 $\Delta p_{Vmin}$ 与系统总压差 $\Delta p$ 的比值，$S = \dfrac{\Delta p_{Vmin}}{\Delta p}$。由图 12-11 可知，当 $S = 1$ 时，管道压降为零，调节阀前后压差等于系统的总压差，故工作流量特性即为理想流量特性。当 $S < 1$ 时，由于串联管道阻力的影响，流量特性产生两个变化：一个是阀全开时流量减小，即阀的可调范围变小；另一个是使阀在大度时的控制灵敏度降低。随着 $S$ 的减小，直线特性趋向于快开特性，对数特性趋向于直线特性，$S$ 值越小，流量特性的变形程度越大。在实际使用中，一般希望 $S$ 值不低于 $0.3 \sim 0.5$。

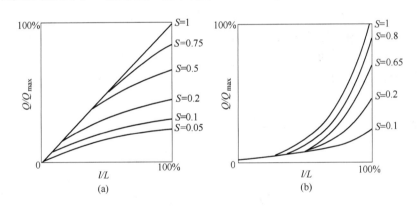

图 12-11 串联管道调节阀的工作流量特性
(a) 直线阀；(b) 对数阀

b 并联管道时的工作流量特性

在现场使用中，调节阀一般都装有旁路阀，如图 12-12 所示，以便手动操作和维护。

并联管道时的工作流量特性如图 12-13 所示，图中 $S'$ 为阀全开时的工作流量与总管最大流量之比。

如图 12-13 所示，当 $S' = 1$ 时，旁路阀关闭，工作流量特性即为理想流量特性。随着旁路阀逐渐打开，$S'$ 值逐渐减小，调节阀的可调范围也将大大下降，从而调节阀的控制能力大大下降，影响控制效果。根据实际经验，$S'$ 的值不能低于 $0.8$。

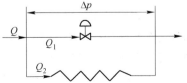

图 12-12 并联管道工作情况

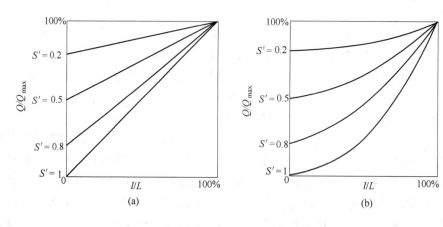

图 12-13　并联管道时调节阀工作流量特性
（a）直线阀；（b）对数阀

### 12.5.4　流通能力

通过控制阀的流量与阀芯及阀座的结构尺寸，阀两端的压差，流体的种类、温度、黏度、密度等因素有关。为了比较各种大小不同的阀门所能流过的介质流量，引入了流通能力的概念。

流通能力 $C$ 的定义是：当控制阀全开，阀两端压差为 $9.81 \times 10^4 \mathrm{Pa}$，流体的密度为 $1000 \mathrm{kg/m^3}$ 时，每小时流经控制阀的流量值，以 $\mathrm{m^3/h}$ 或 $\mathrm{t/h}$ 计。例如，一个 $C$ 值为 40 的阀，表示此阀两端压差为 $9.81 \times 10^4 \mathrm{Pa}$ 时，每小时能通过 $40\mathrm{m^3}$ 的水量。显然，流通能力表明了控制阀在规定条件下所能通过的最大介质流量，因此它是选用控制阀时的主要参数。

对不可压缩流体，根据流通能力 $C$ 的定义，由式（12-2）可得到

$$Q = C \sqrt{\frac{\Delta p}{\rho}} \qquad (12\text{-}7)$$

其中

$$C = 1.1 \times 10^{-2} \frac{D_\mathrm{g}^2}{\sqrt{\zeta}} \qquad (12\text{-}8)$$

式中　$Q$——流量，$\mathrm{m^3/s}$；

$\Delta p$——控制阀两端的压差，$\mathrm{Pa}$；

$\rho$——流体密度，$\mathrm{kg/m^3}$；

$D_\mathrm{g}$——控制阀的公称通径，$\mathrm{m}$；

$\zeta$——阀的阻力系数。

方程式（12-7）中流通能力 $C$ 也可称为流量系数，其值取决于控制阀的公称通径 $D_\mathrm{g}$ 和阻力系数 $\zeta$。阻力系数 $\zeta$ 主要是由阀体的结构所决定。因此，对于相同口径不同结构的控制阀，它们的流通能力也不一样。对同一个控制阀，流体的流动方向不同（阻力系数即变化），也会引起 $C$ 值的不同。生产厂所提供的流通能力 $C$ 为正常流向时的数值。一般在反向使用时，不仅流量特性畸变，而且流通能力也会变化。各类控制阀正常流向在阀体上

均有箭头标志。从式（12-7）可知，当生产工艺中流体的密度已知，所需的流量 $Q$ 和压差 $\Delta p$（根据配管情况，由总压降减去管路损耗求出）决定后，就可确定阀门的流通能力 $C$（见表12-1），然后依据阀门制造厂的规格来确定阀的口径。

**表 12-1  流通能力 $C$ 值计算实用公式**

| 流 体 | | 压差条件 | 计 算 公 式 | 采 用 单 位 |
|---|---|---|---|---|
| 液体 | | | $C = 313.21\dfrac{Q}{\sqrt{\dfrac{\Delta p}{\rho}}}$ 或 $C = 313.21\dfrac{M}{\sqrt{\Delta p\rho}}$ 当液体黏度在 20 里斯托克斯（$20 \times 10^{-6}\,\text{m}^2/\text{s}$）以上时，须对 $C$ 值进行校正 | $Q$—体积流量，$\text{m}^3/\text{h}$；$M$—质量流量，$\text{t/h}$；$\Delta p$—阀前后压差，Pa；$\rho$—液体密度，$\text{g/cm}^3$ |
| 气体 | 一般气体 | 当 $p_2 > 0.5p_1$ 当 $p_2 \leqslant 0.5p_1$ | $C = 0.26316Q_0\sqrt{\dfrac{\rho_0 T}{\Delta p(p_1 + p_2)}}$ $C = 82.423Q_0\sqrt{\dfrac{\rho_0 T}{p_1}}$ | $Q_0$—标准状态下气体流量，$\text{m}^3/\text{h}$（0℃，101325Pa）；$\rho_0$—标准状态下气体密度，$\text{kg/m}^3$（0℃，101325Pa）；$T$—阀前气体绝对温度，K；$\Delta p$—调节阀前后压差，Pa；$p_1, p_2$—调节阀前、后压力，Pa(绝对压力) |
| | 高压气体 | 当 $p_2 > 0.5p_1$ 当 $p_2 \leqslant 0.5p_1$ | $C = 0.26316Q_0\sqrt{\dfrac{\rho_0 T}{\Delta p(p_1 + p_2)}\sqrt{z}}$ $C = 82.423Q_0\dfrac{\sqrt{\rho_0 T}}{p_1}\sqrt{z}$ | $z$—气体在阀前状态的压缩因子，可查有关图表 |
| 蒸汽 | 饱和水蒸气 | 当 $p_2 > 0.5p_1$ 当 $p_2 \leqslant 0.5p_1$ | $C = 19.576M_s\sqrt{\dfrac{1}{\Delta p(p_1 + p_2)}}$ $C = \dfrac{M_s}{1.4067 \times 10^{-4}p_1}$ | $M_s$—蒸汽流量，$\text{kg/h}$；$\Delta p$—阀前后压差，Pa；$p_1, p_2$—阀前、阀后压力，Pa(绝对压力)；$\Delta t$—水蒸气过热温度，℃ |
| | 过热水蒸气 | 当 $p_2 > 0.5p_1$ 当 $p_2 \leqslant 0.5p_1$ | $C = 19.576M_s\dfrac{1 + 0.0013\Delta t}{\sqrt{\Delta p(p_1 + p_2)}}$ $C = \dfrac{M_s(1 + 0.0013\Delta t)}{1.4067 \times 10^{-4}p_1}$ | |

### 12.5.5  调节阀安装

调节阀的合理安装，对保证其在控制系统中起到良好的控制作用十分重要。调节阀在安装时，一般应注意以下几点：

（1）调节阀应当垂直安装在水平管道上，若必须倾斜或水平安装时应加支撑。阀的前后应有大于 10 倍管径长度的直管道。

（2）流体的流向应与阀体上的标志相一致。

（3）安装地点应便于维护检修，并应设有旁路（即副线），如图12-14所示。图12-14（a）两个切断阀与调节阀装在一根管线上，缺点是难以装卸，占空间大。图12-14（b）安装方式布置比较紧凑，占空间小，便于装卸。

（4）当调节阀口径小于管道口径时，应采用锥形管相接（一般为使阀的控制作用显著，管道口径都大于控制阀的口径）。

（5）在环境温度过低的情况下工作时，调节阀应加伴热管。

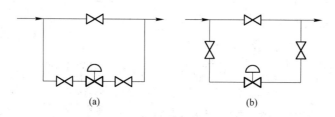

图 12-14　调节阀安装示意图

（a）切断阀与调节阀装于同一管线上；（b）切断阀与调节阀分开安装

## 12.6　电-气转换器及阀门定位器

### 12.6.1　电-气转换器

由于气动执行器具有一系列的优点，绝大部分使用电动调节仪表的控制系统也使用气动执行器。为使气动执行器能够接受电动调节器的命令，必须把电动调节器输出的标准电流信号转换为标准气压信号。这个工作就是由电-气转换器完成的。

电-气转换器是电动单元组合仪表中的一个转换单元，它能将电动控制系统的标准信号（$0 \sim 10\text{mA DC}$ 或 $4 \sim 20\text{mA DC}$）转换成气动控制系统的标准气压信号（$0.2 \times 10^5 \sim 1.0 \times 10^5 \text{Pa}$ 或 $0.4 \times 10^5 \sim 2.0 \times 10^5 \text{Pa}$），通过它可以把电动和气动两类仪表沟通起来，组成混合系统，以发挥各自的优点。它也可用来把电动调节器的输出信号经转换后用以驱动气动执行器，或将来自各种电动变送器的输出信号经转换后送往气动调节器。

从原则上说，电-气转换器是前面学过的压力变送器的逆运用。它也是基于力平衡原理工作的。电-气转换器的工作原理图如图 12-15 所示。

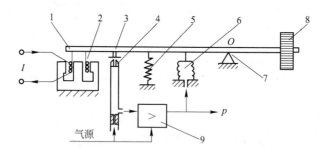

图 12-15　电-气转换器原理图

1—杠杆；2—线圈；3—挡板；4—喷嘴；5—弹簧；
6—波纹管；7—支撑；8—重锤；9—气动放大器

由电动调节器送来的电流 $I$ 通入线圈 2，该线圈能在永久磁钢的气隙中自由地上下移动。当输入电流 $I$ 增大时，线圈与磁铁产生的吸力增大，使杠杆 1 做逆时针转动，并带动安装在杠杆 1 上的挡板 3 靠近喷嘴 4，改变喷嘴和挡板之间的间隙。

当挡板 3 靠近喷嘴 4 时，喷嘴挡板机构的背压升高，这个压力经过气动功率放大器 9 的放大，产生输出压力 $p$，作用于波纹管 6，对杠杆产生向上的反馈力，它对交点 $O$ 形成的力矩与电磁力矩相平衡，构成闭环系统，于是，输出压力信号与输入的电流信号成比例，这样 $0 \sim 10\text{mA DC}$ 或 $4 \sim 20\text{mA DC}$ 的电流信号就转换成了 $0.2 \times 10^5 \text{Pa} \sim 1.0 \times 10^5 \text{Pa}$ 或 $0.4 \times 10^5 \sim 2.0 \times 10^5 \text{Pa}$ 的气压信号，该信号用来直接推动气动执行器的执行机构或做较远距离的传送。

图 12-15 中，弹簧 5 可用来调整输出零点；移动波纹管的安装位置可调整量程，量程细调可调节永久磁钢的磁分路螺钉；重锤 8 用来平衡杠杆的质量，使其在多种安装位置都能准确地工作。这种转换器的精度一般为 0.5 级。

### 12.6.2 阀门定位器

#### 12.6.2.1 阀门定位器的作用

工业企业中自动控制系统的执行器大都采用气动执行器，12.4.3 节中介绍过气动执行器，阀杆的位移是由薄膜上的气压推力与弹簧反作用力平衡来确定的。执行机构部分的薄膜和弹簧的不稳定性和各可动部分的摩擦力（例如为了防止阀杆引出处的泄漏，填料总要压得很紧，致使摩擦力可能很大），以及被调节流体对阀芯的作用力，被调节介质黏度大或带有悬浮物、固体颗粒等对阀杆移动所产生的阻力，都会影响执行机构与输入信号之间的准确定位关系，影响气动执行器的灵敏度和准确度。因此在气动执行机构工作条件差或要求调节质量高的场合，都在气动执行机构前加装阀门定位器。阀门定位器与气动执行机构配套使用原理框图如图 12-16 所示。

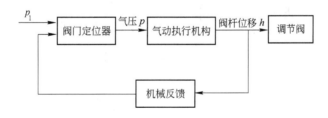

图 12-16　阀门定位器与气动执行器配合框图

由图可知阀门定位器与气动执行器配合使用，阀门定位器接受由电-气转换器转换的调节器的输出信号，去控制气动执行器；当气动执行器动作时，阀杆的位移 $h$ 又通过机械装置负反馈到阀门定位器，因此，阀门定位器和执行器组成一个气压-位移负反馈闭环系统。

由于阀门定位器与气动执行器构成一个负反馈闭环系统，因而不仅改善了气动执行器的静态特性，使输入电流与阀杆位移之间保持良好的线性关系；而且改善了气动执行器的动特性，使阀杆移动速度加快，减少了信号的传递滞后。如果使用得当，可以保证调节阀的正确定位，从而大大提高调节系统品质。归纳起来，阀门定位器主要应用于以下几个方面：

（1）增加执行机构的推力；

（2）加快执行机构的动作速度；

（3）实现分程调节；

（4）改善调节阀的流量特性；

（5）实现复合调节；

（6）改变调节阀的作用形式。

### 12.6.2.2 阀门定位器的结构与工作原理

阀门定位器主要由接线盒组件、转换组件、气路组件及反馈组件四部分组成。

接线盒组件包括接线盒、端子板及电缆引线等零部件。转换组件的作用是将电流信号转换成气压信号。它由永久磁钢、导磁体、力线圈、杠杆、喷嘴、挡板及调零装置等零部件组成。气路组件由气路板、气动放大器、切换阀、气阻及压力表等零部件组成。它的作用是实现气压信号的放大和"自动"/"手动"切换等。反馈组件是由反馈机体、反馈弹簧、反馈拉杆及反馈压板等零部件组成。它的作用是平衡电磁力矩，使定位器的输入电流与阀位间呈线性关系，所以，反馈组件是确保定位器性能的关键部件之一。

定位器整个机体部分被封装在涂有防腐漆的外壳中，外部部分应具有防水，防尘等性能。

图 12-17 为阀门定位器的工作原理示意图。

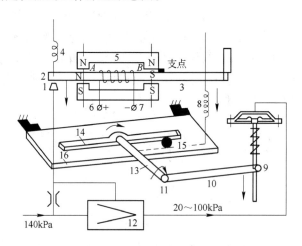

图 12-17 阀门定位器简化原理图

1—喷嘴；2—挡板；3—杠杆；4—调零弹簧；5—永久磁钢；6，7—线圈；8—反馈弹簧；9—夹子；10—拉杆；11—固定螺钉；12—放大器；13—反馈轴；14—反馈压板；15—调量程支点；16—反馈机体

由调节器来的 4 ~ 20mA DC 电流信号输入线圈 6、7，使位于线圈之中的杠杆 3 磁化。因为杠杆位于永久磁钢 5 产生的磁场中。因此，两磁场相互作用，对杠杆产生偏转力矩，使它以支点为中心偏转。如信号增加，则图中杠杆左侧向下运动。这时固定在杠杆 3 上的挡板 2 便靠近喷嘴 1，使放大器背压升高，经放大输出气压作用于执行器的膜头上，使阀杆下移。阀杆的位移通过拉杆 10 转换为反馈轴 13 和反馈压板 14 的角位移。再经过调量程支点 15 使反馈机体的运动，固定在杠杆 3 另一端上的反馈弹簧 8 被拉伸，产生了一个负反馈力矩（与输入信号产生的力矩方向相反），使杠杆 3 平衡，同时阀杆也稳定在一个相应的确定位置上，从而实现了信号电流与阀杆位置之间的比例关系。

阀门定位器除了能克服阀杆上的摩擦力、消除流体作用力对阀位的影响，提高执行器的静态精度外；由于它具有深度负反馈，使用了气动功率放大器，增加了供气能力，因而还可提高调节阀的动态性能，加快执行机构的动作速度。另外，在需要的时候，可通过改变机械反馈部分凸轮的形状，修改调节阀的流量特性，以适应调节系统的控制要求。

## 12.7 智能控制阀简介

智能化仪表的开发和应用，促使人们开始考虑能否通过了解控制阀自身工作过程中的流量、压差、开度的变化及其流量特性情况，并及时加以调整，来获得良好的调节性能。这就要求控制阀必须智能化，于是作为最新一代的智能仪器——智能控制阀就在 20 世纪 90 年代被开发出来。

### 12.7.1 智能控制阀结构

一个智能控制阀的构成大体为：
（1）带有微处理器及智能控制软件的控制器；
（2）用于提供反馈信号和诊断信号的传感器；
（3）信号变换器；
（4）I/O 及通信接口；
（5）执行机构；
（6）阀体。

这些部件组装在一起，并集常规仪表的检测、控制、调节等功能形成一套完整的智能仪器结构。

### 12.7.2 智能控制阀的特点

（1）具有智能控制功能。可按给定值自动进行 PID 调节，控制流量、压力、差压和温度等多种过程变量，还可支持串级控制方式等。

（2）具有保护功能。无论电源、气动部件、机械部件、控制信号、通信或其他方面出现故障时，都会自动采取保护措施，以保证本身及生产过程安全可靠。如装有后备电池，当外电源掉电时能自动用后备电池驱动执行机构，使阀位处于预先设定的安全位置。当管线压力过高或过低时会自动采取应急措施。

（3）具有通信功能。智能控制阀采用数字通信方式与主控制室相连。主控制室送出的可寻址数字信号通过电缆被智能控制阀接收，阀内的微处理器根据收到的信号对阀进行相应的控制。在通信方面，智能控制阀允许操作人员在远地对其进行检测、整定和修改参数或算法等。

（4）具有诊断功能。智能控制阀的阀体和执行机构上装有传感器，是专门用于故障诊断的。在电路方面也设置了各种监测功能。微处理器在运行中连续地对整个装置进行监视，一旦发现问题，立即执行预定的程序，自动采取措施并报警。

（5）一体化结构。智能控制阀把整个控制回路装在一个现场仪器中，使控制系统的设计、安装、操作和维护大为简化。

## 复习思考题

12-1　比较说明单回路控制与简单计算机控制的主要区别。

12-2　电动执行器由哪几部分组成，各组成部分的作用是什么？

12-3　气动执行器有什么特点？

12-4　简述电动执行器的构成原理，伺服电机的转向和位置与输入信号有什么关系？

12-5　伺服放大器如何控制电机的正反转？

12-6　什么是调节阀的流量特性？

12-7　电气转换器的作用是什么？

12-8　试述阀门定位器的作用和适用场合。

# 13 计算机控制在工业生产中的典型应用

## 13.1 工业控制计算机系统的组成

### 13.1.1 计算机控制系统硬件组成

计算机控制系统硬件组成如图 13-1 所示。主要由控制计算机和生产过程组成，而控制计算机又可分为主机、外部设备和过程控制通道等部分。

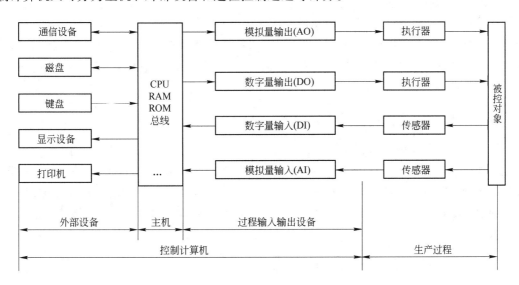

图 13-1 计算机控制系统硬件组成

#### 13.1.1.1 主机

主机由 CPU 和内存储器（RAM 和 ROM）通过系统总线连接而成，是整个控制系统的核心。它按照预先存放在内存中的程序指令，由过程输入通道不断地获取反映被控对象运行工况的信息，按照程序中规定的控制算法，或操作人员通过键盘输入的操作命令自动地进行信息处理、分析和计算，并做出相应的控制决策，然后通过过程输出通道向被控对象及时地发出控制命令，以实现对被控对象的自动控制。

#### 13.1.1.2 外部设备

计算机的外部设备有四类：输入设备、输出设备、外存储器和网络通信设备。

（1）输入设备。最常用的有键盘，用来输入（或修改）程序、数据和操作命令。鼠标也是一种常见的图形界面输入装置。

（2）输出设备。通常有 CRT、LCD 或 LED 显示器、打印机和记录仪等。它们以字符、图形、表格等形式反映被控对象的运行工况和有关的控制信息。

（3）外存储器。最常用的是磁盘（包括硬盘和软盘）、光盘和磁带机。它们具有输入和输出两种功能，用来存放程序、数据库和备份重要的数据，作为内存储器的后备存储器。

（4）网络通信设备。用来与其他相关计算机控制系统或计算机管理系统进行联网通信，形成规模更大、功能更强的网络分布式计算机控制系统。

### 13.1.1.3　过程 I/O 通道

过程 I/O 通道，简称过程通道。被控对象的过程参数一般是非电物理量，必须经过传感器（又称一次仪表）变换为等效的电信号。为了实现计算机对生产过程的控制，必须在计算机与生产过程之间设置信号的传递、调理和变换的连接通道。过程输入/输出通道分为模拟量和数字量（开关量）两大类型。

### 13.1.1.4　生产过程

生产过程包括被控对象及其测量变送仪表和执行装置。测量变送仪表将被控对象需要监视和控制的各种参数（如温度、流量、压力、液位、位移、速度等）转换为电的模拟信号（或数字信号），而执行器将过程通道输出的模拟或数字控制信号转换为相应的控制动作，从而改变被控对象的被控量。检测变送仪表，电动和气动执行机构，电气传动的变流，直流驱动装置是计算机控制系统中的基本装置。

## 13.1.2　计算机控制系统软件组成

计算机控制系统软件包括系统软件和应用软件。系统软件一般包括操作系统、语言处理程序和服务性程序等，它们通常由计算机制造厂为用户配套，有一定的通用性。应用软件是为实现特定控制目的而编制的专用程序，如数据采集程序、控制决策程序、输出处理程序和报警处理程序等。它们涉及被控对象的自身特征和控制策略等，由实施控制系统的专业人员自行编制。

# 13.2　计算机在过程控制中的典型应用

计算机控制系统与其所控制的对象密切相关，控制对象不同，其控制系统也不同。根据应用特点、控制方案、控制目的和系统构成，计算机控制系统大体上可分为巡回检测数据处理系统、操作指导控制系统、直接数字控制系统、监督控制系统、集散控制系统、现场总线控制系统和计算机集成制造系统等。其中，有的资料将巡回检测数据处理系统与操作指导控制系统合称为数据采集系统（DAS）。

## 13.2.1　巡回检测数据处理系统

如图 13-2 所示，巡回检测数据处理系统是计算机测量与控制系统应用最早、最广的类型，计算机将生产过程被控对象检测传感器送来的模拟信号，按一定的次序巡回地经过采样，经 A/D 转换器转换成数字信号，然后送入计算机。微型计算机对这些输入量实时地进行数据处理，同时进行显示和打印输出，当参

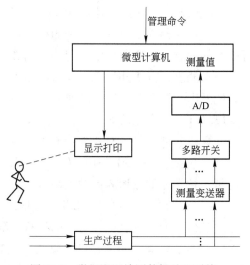

图 13-2　微机巡回检测数据处理系统

数值越限时，自动报警，主要对生产过程起监视和记录参数变化的作用。

### 13.2.2 操作指导控制系统

操作指导控制系统的简化框图如图 13-3 所示。该系统中微型计算机不仅通过显示、打印、报警系统提供生产现场资料和异常情况的报警，而且按事先安排好的控制算法对检测所得的参数进行处理，求出输入输出关系，进行生产过程的质量检查和运行方法的计算，再与标准要求进行比较，然后进行打印或显示，操作者可根据结果通过控制台来干预和管理生产过程。

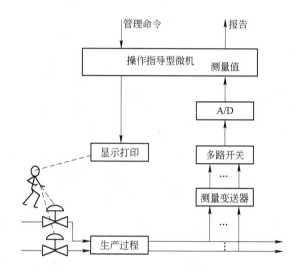

图 13-3　微机操作指导控制系统原理

微机操作指导控制系统的优点是比较简单、安全可靠，特别对于未摸清控制规律的系统更适用。其缺点是仍要人工进行操作，故操作速度不能太快，而且不能同时操作几个回路。

微机巡回检测数据处理系统与微机操作指导控制系统都不直接参与生产过程控制，不会直接对生产过程产生影响。

### 13.2.3 直接数字控制系统（DDC）

直接数字控制系统是一种多路数字调节系统，是在巡回检测和数据处理基础上发展起来的，是计算机用于过程控制最普通的一种形式，其工作原理如图 13-4 所示。

其控制过程可以简述为：生产现场的多种工况参数，经输入通道顺序地采样和模/数转换后，变成数字量信息送给计算机。计算机则根据对应于一定控制规律的控制算式，用数字运行的方式，完成对工业参数若干回路的比例、积分、微分（PID）计算和比较分析，并通过操作台显示、打印输出结果，同时将运算结果经输出通道的数/模转换、输出扫描等装置顺序地将各路校正信息送到相应的执行器，实现对生产装置的闭环控制。该控制系统的特点是：

（1）计算机的运算和处理结果直接输出作用于生产过程。

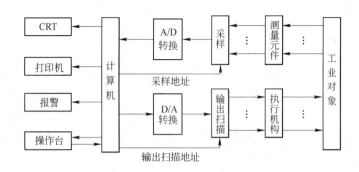

图 13-4　DDC 控制系统原理图

（2）计算机可以代替多个模拟调节器，很经济。

（3）速度快、灵活性大、可靠性高、可以实现多回路的 PID 控制，而且只要改变程序就可以实现各种比较复杂的控制。

### 13. 2. 4　监督控制系统（SCC）

微机监督控制系统中，计算机按照描述生产过程的数学模型，计算出最佳给定值送给模拟调节器或 DDC 计算机，最后由模拟调节器或 DDC 计算机来控制生产过程，从而使生产过程处于最优工作情况。SCC 系统较 DDC 系统更接近生产变化实际情况，它不仅可以进行给定值控制，同时还可以进行顺序控制、最优控制以及自适应控制等，它是操作指导和 DDC 系统的综合与发展。

微机监督控制系统是一个两级控制系统，即由两级调节过程组成。一般地，其结构有两种，即 SCC + 模拟调节器（如图 13-5 所示）与 SCC + DDC 控制系统（如图 13-6 所示）两种形式。

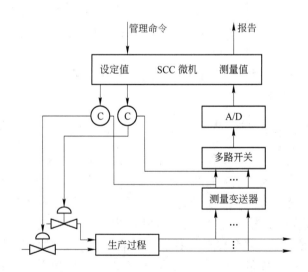

图 13-5　SCC + 模拟调节器控制系统原理图

在 SCC + 模拟调节器控制系统中，SCC 监督计算机的作用是收集检测信号及管理命令，然后按照一定数学模型计算后，输出给定值到模拟调节器。此给定值在模拟调节器中

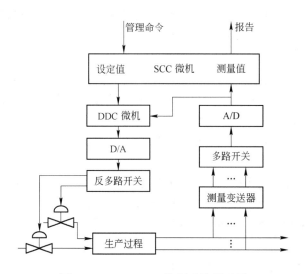

图 13-6　SCC + DDC 控制系统原理图

与检测值进行比较，得到的偏差值经模拟调节器计算后输出到执行机构，以达到调节生产过程的目的。这样系统就可以根据生产工况的变化，不断地改变给定值，达到实现最优控制的目的，而一般的模拟系统是不能随意改变给定值的。因此，这种系统特别适合于老企业的技术改造，既用上了原有的模拟调节器，又实现了最佳给定值控制。

SCC + DDC 控制系统是两级计算机控制系统，一级为监督级 SCC，用来计算最佳给定值。直接数字控制器 DDC 用来把给定值与测量值进行比较，其偏差由 DDC 进行数字控制计算，然后经 D/A 转换器和多路开关分别控制各个执行机构进行调节。与 SCC + 模拟调节系统相比，其控制规律可以改变，用起来更加灵活，而且一台 DDC 可以控制多个回路，使系统比较简单，其特点主要有：

（1）比 DDC 系统有着更大的优越性，可接近生产的实际情况。

（2）当系统中模拟调节器或 DDC 控制器出现故障时，可用 SCC 系统代替调节器进行调节，因此大大提高了系统的可靠性。

计算机控制在工业控制中的的典型应用，除上述应用外，还有集散控制系统、PLC 控制系统、现场总线控制系统、智能控制等。

## 13.3　冶金企业常用典型控制

### 13.3.1　计算机集散控制（DCS）

集散控制系统（DCS）的核心思想是"集中管理、分散控制"，DCS 的体系结构如图13-7 所示。

它一般由四个基本部分组成，即系统网络、现场控制站、操作员站和工程师站。其中现场控制站、操作员站和工程师站都是由独立的计算机构成（这些完成特定功能的计算机被称为节点），它们分别完成数据采集、控制、监视、报警、系统组

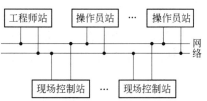

图 13-7　典型的 DCS 系统结构

态、系统管理等功能。它们通过系统网络连接在一起，成为一个完整统一的系统，以此来实现分散控制和集中监视、集中操作的目标。

现场控制站的功能首先是将各种现场发生的过程量进行数字化，并储存在存储器中，形成一个与现场过程量一致的、能一一对应的、并按实际运行情况实时地改变和更新的现场过程量的实时映像；其次将本站采集到的实时数据通过系统网络送到操作员站、工程师站及其他现场控制站，以便实现全系统范围内的监督和控制；同时现场控制站还可接受操作员站、工程师站下发的信息，以实现对现场的人工控制或对本站的参数设定。

操作员站是处理一切与运算操作有关的人机界面功能的网络节点。其主要功能是为系统的运行提供人机界面（监控画面），使操作员及时了解现场运行的状态、参数的当前值以及是否有异常情况等。操作员站除了可以监视控制系统本身各个设备的运行状态，同时还可以提供系统的管理功能。

工程师站是对 DCS 进行离线配置、组态工作和在线监督、控制的网络节点。其主要功能是提供对 DCS 进行组态、配置组态软件，并在 DCS 在线运行时实时地监视 DCS 网络上各个节点的运行情况，使 DCS 随时处在最佳工作状态。

DCS 的组态包括硬件组态和软件组态两部分。硬件组态是对一个集散控制系统中的所有设备，包括操作站、控制站、I/O 站以及网络等进行配置，生成相应的数据文件；而软件组态则是进行应用软件的开发，包括流程画面编辑、历史库与报表生成、控制功能的实现等，如图 13-8 所示。

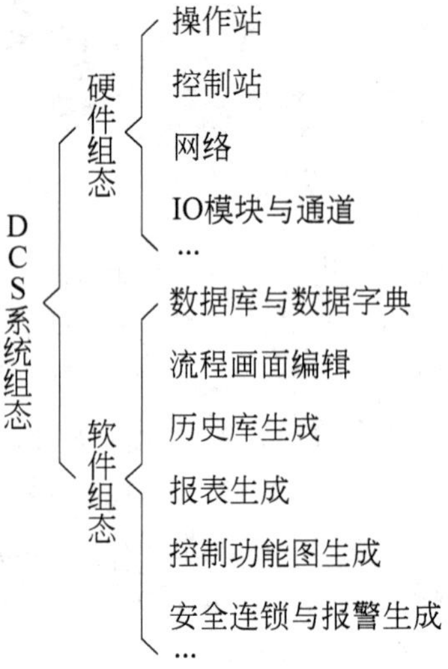

计算机系统的组态是利用系统厂家提供的专门组态软件实现的。

图 13-8 DCS 的组态

图 13-9 为常用的集散控制计算机系统的框图，这是一个分布式三级控制系统。其中，MIS 是生产管理级，SCC 是监督控制级，DDC 是直接数字控制级。而生产管理级又可分为企业管理级、工厂管理级和车间管理级，因此该系统实际上是分布式五级管理控制系统。

第一级为企业级。这一级负责企业的综合管理，如对生产计划、经营、销售、订货等进行总决策。同时要了解分析本行业的经营动向，管理财政支出、预算和决算，以及向各工厂发布命令，接收各工厂发来的各种汇报信息，实现全企业的总调度。

第二级为工厂管理级。这一级负责本厂的综合管理，如本厂的生产计划、人员调度、协调各车间的生产、技术经济指标的核算、仓库管理以及上下级沟通联系（执行企业命令，向下级发布命令）等。

第三级为车间管理级。这一级负责本车间内各工段间的生产协调、作业管理、车间内的生产调度，并且沟通上下级的联系（执行工厂管理级的命令，对下一级监控级进行监督指挥）。

第四级为监控级（SCC）。这一级负责监督指挥下一级 DDC 的工作。根据生产工具工艺信息，按照数学模型寻找工艺参数的最优值，自动改变 DDC 级的给定值，以实现最优

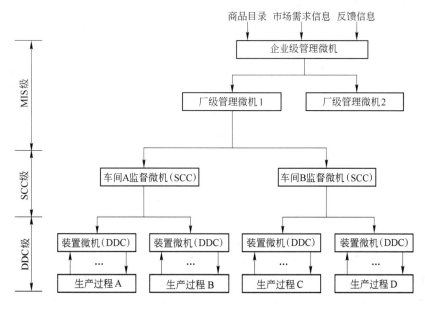

图 13-9　集散计算机控制系统

控制。

第五级为直接数字控制级（DDC）。这一级对生产过程直接进行闭环最佳控制。

可见，集散控制系统（DCS）是采用分散控制、集中操作、分级管理、分而自治和综合协调的设计原则，把系统从上而下分为过程控制级、控制管理级、生产管理级等若干级，形成分级分布式控制。以微机为核心的基本控制器实现地理上和功能上的分散控制，同时又通过高速数据通道将各个分散点的信息集中起来送到监控计算机和操作站，以进行集中监视和操作，并实现高级复杂的控制。这种控制系统使企业的自动化水平提高到了一个新的阶段。

近年来，微型计算机得到广泛应用，使分布式多级控制系统发生很大变化，如 SCC 与 DDC 两级多采用微型计算机，而 MIS 级多采用多功能计算机。一般企业级多采用大、中型计算机。在生产过程控制方面已普遍采用以微型机为基础的多级集散控制系统，即最低一级用微处理机或微机作直接控制，每一台微机管理几个回路（这是分散的），同时再用一台主控计算机（小型或微机）来管理若干台微机（这是集中的）。采用这样的系统可以实现从简单到复杂的调度，兼顾了集中型和分散型两者的优点，从而达到最佳控制。

### 13.3.2　现场总线控制系统（FCS）

集散控制系统（DCS），在处理能力和系统安全性方面明显优于集中系统。由于 DCS 使用了多台计算机分担了控制的功能和范围，处理能力大大提高，并将危险性分散。DCS 在系统扩充性方面比集中式控制系统更具有优越性。系统要进行扩充，只要根据需要增加所需的节点，并修改相应的组态，即可实现系统的扩充。但这些年来，随着传感器技术、通信技术、计算机技术的发展，传统的 DCS 却日益显露出它的不足，例如：开放性差、分散不够，需要大量信号电缆及无法监控现场一次仪表设备，传输信号仍采用 4～20mA DC

的模拟信号等。因此以工业现场总线（field bus）为基础，以 CPU 为处理核心，以数字通信为变送方式的新一代过程控制系统——现场总线控制系统（FCS：field bus control system）应运而生。

现场总线，按照国际电工委员会 IEC/SC65C 的定义，是指安装在制造或过程区域的现场装置之间以及现场装置与控制室内的自动控制装置之间的数字式、串行和多点通信的数据总线。其主要特征是采用数字式通信方式取代设备级的 4 ~ 20mA（模拟量）/24V DC（开关量）信号，使用一根电缆连接所有现场设备。以现场总线为基础而发展起来的全数字控制系统称为现场控制系统（FCS）。

现场总线是安装在生产过程区域的现场设备/仪表与控制室内的自动控制装置/系统之间的一种串行、数字式、多点双向通信的数据总线。现场总线是以单个分散的数字化、智能化的测量和控制设备作为网络节点，用总线相连接实现相互交换信息，共同完成自动控制功能的网络系统与控制系统。

现场总线使得现场仪表之间、现场仪表和控制室设备之间构成网络互联系统，实现全数字化和双向、多变量数字通信。控制功能可由过去的控制室设备完全转变为由智能化的现场仪表来承担。控制功能分散得比较彻底，能组成大型的开放式控制系统，进而实现从最高决策层到最低设备层的综合管理和控制，实现网络集成全分布式控制。

现场总线控制系统的核心是现场总线。根据现场总线基金会（FF：fieldbus foundation）的定义，现场总线是连接现场智能设备与控制室之间的全数字式、开放的、双向的通信网络。其系统结构如图 13-10 所示。

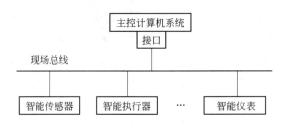

图 13-10　现场总线系统结构

现场总线的节点是现场设备或现场仪表，如传感器、变送器、执行器等。但不是传统的单功能现场仪表，而是具有综合功能的智能仪表。如温度变送器不仅具有温度信号变换和补偿功能，而且具有 PID 控制和运算功能。现场设备具有互换性和互操作性，采用总线供电，具有本质安全性。

现场总线控制系统 FCS 代表了新的控制观念——现场控制。它的出现对 DCS 作了很大的变革。主要表现在：

（1）信号传输实现了全数字化，从最底层逐层向最高层均采用通信网络互联。

（2）系统结构采用全分散化，废弃了 DCS 的输入/输出单元和控制站，由现场设备或现场仪表取而代之。

（3）现场设备具有互操作性，改变了 DCS 控制层的封闭性和专用性，不同厂家的现场设备既可互联也可互换，并可以统一组态。

（4）通信网络为开放式互联网络，可极其方便地实现数据共享。

（5）技术和标准实现了全开放，面向任何一个制造商和用户。

与传统的集散控制系统 DCS 相比较，新型的全数字控制系统的出现，将能充分发挥上层系统调度、优化、决策的功能，更容易构成 CIMS 系统并更好地发挥其作用。其次，新型的全数字控制系统将降低系统投资成本和减少运行费用，仅系统布线、安装、维修费用可比现有系统减少约三分之二，节约电缆导线约三分之一。如果系统各部分分别选择合适的总线类型，会更有效地降低成本。

### 13.3.3 可编程控制器（PLC）

PLC 可编程控制器是随着计算机技术的进步逐渐应用于生产控制的新型微型计算机控制装置。最早是用来替代继电器等来实现继电接触控制，因此称为可编程逻辑控制器（programmable logic controller，简称 PLC）。随着计算机技术的研究与开发，其功能逐步扩展，已经不仅仅局限于逻辑控制，因此，又被称为可编程控制器，并曾一度简称为 PC（programmable controller），但由于与个人计算机的 PC 冲突，又被重新称为 PLC。

#### 13.3.3.1 可编程控制器基本组成

从结构上分，PLC 分为固定式和组合式（模块式）两种。固定式 PLC 包括 CPU 板、I/O 板、显示面板、内存块、电源等，这些单元组合成一个不可拆卸的整体，如图 13-11 所示。

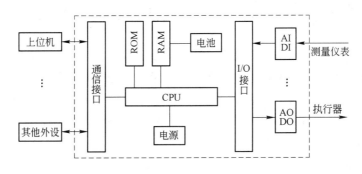

图 13-11　一体化 PLC 结构示意图

模块式 PLC 包括 CPU 模块、I/O 模块、内存模块、电源模块、底板或机架，这些模块可以按照一定规则组合配置，如图 13-12 所示。

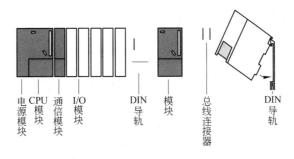

图 13-12　模块化 PLC 结构示意图

A　CPU

CPU 是 PLC 的神经中枢，是系统运算、控制中心，它主要完成以下任务：

（1）接收现场输入设备的状态与数据，并存储在相应的寄存器中。

（2）完成用户程序规定的逻辑与数学运算。

（3）用处理结果更新有关标志位或输出寄存器内容，并完成输出控制、数据通信以及其他功能；此外，还需由 CPU 完成整个系统的诊断、故障报警与指示等。

B　存储器

存储器用来存储程序与数据。它包括以下三个区域：

（1）系统程序存储区。本区存放着相当于计算机操作系统的系统程序，包括监视程序，管理程序，命令解释程序，功能子程序，系统诊断程序等，并固化在 EPROM 中。

（2）系统 RAM 存储区。包括 I/O 映像区以及各类软设备（如各种逻辑线圈、中间寄存器、定时计数器等）存储器区域。

（3）用户程序存储区。存放用户编制的应用程序。

CPU 速度和存储器容量是 PLC 的重要参数，它们决定着 PLC 的工作速度、I/O 数量及软件容量等，因此限制着控制规模。

C　通信单元

PLC 都具有通信联网能力，由通信单元模块完成此功能。通过它，PLC 之间、PLC 与上位计算机以及其他智能设备之间能够交换信息，可以组成非常复杂的控制系统，并可与上位机相连。多数 PLC 具有 RS-232 接口，还有一些内置有支持各自通信协议的接口。

D　输入输出（I/O）

输入输出是连接计算机与生产现场的桥梁，I/O 模块构成了 PLC 控制系统的过程通道，I/O 模块集成了 PLC 的 I/O 电路，其输入暂存器反映输入信号状态，输出点反映输出锁存器状态。输入模块将实际电信号变换成数字信号进入 PLC 系统，输出模块相反。I/O 模块可以与 CPU（含存储器）放置在一起，俗称本地 I/O，也可以放置在很远的地方，与 CPU 通过网络相连，也称作远程 I/O。除了通用 I/O，PLC 还可以配置特殊 I/O 模块，如热电阻、热电偶、计数等模块。

E　电源

PLC 电源用于为 PLC 各模块的集成电路提供工作电源。同时，有的还可为输入或输出电路提供 24V 的工作电源。电源输入类型有：交流电源（220V AC 或 110V AC），直流电源（常用的为 24V DC）。

除了以上这些主要部分，PLC 系统通常还配有编程设备、人机界面（如触摸屏或组态软件等）以及输入输出设备（如条码阅读器、打印机等）等设备。

13.3.3.2　可编程控制器的工作过程

PLC 的工作过程一般可分为三个主要阶段：即输入采样阶段，程序执行阶段和输出刷新阶段，如图 13-13 所示。

图 13-13　PLC 的工作过程

A 输入采样阶段

PLC 的工作方式是扫描。在输入采样阶段，PLC 按顺序读入所有输入信号（开关通、断或数值），并存入输入映像寄存器，采样结果在本工作周期内不会改变。接着转入程序执行阶段。

B 程序执行阶段

PLC 按先左后右、先上后下的顺序对每条指令进行扫描，并分别从输入映像寄存器和输出映像寄存器中"读入"需要的信息，然后进行运算、处理，运算结果再存入输出映像寄存器中。输出映像寄存器的内容会随着程序执行的进程而变化，在程序执行完毕之前不会送到输出端口上。

C 输出刷新阶段

在所有指令执行完毕后，PLC 将输出映像寄存器中的数据送到输出锁寄存器中，驱动用户设备，这才是可编程序控制的实际输出。

此外，在输入扫描过程之后，CPU 将会进行系统的自检测以及与有关设备（如编程器、上位机或其他 PLC）进行数据交换。

PLC 重复地执行由上述三个阶段构成的工作周期。机型不同，工作周期时间也不同，一般为几十毫秒。如果超出预定时间，WDT（watch dog timer）将会复位 PLC，以免系统瘫痪。

### 13.3.3.3 可编程控制器的发展趋势

PLC 以其结构紧凑、功能简单、速度快、可取性高、价格低等优点，获得广泛应用，已成为与 DCS 并驾齐驱的主流工业控制系统。目前以 PLC 为基础的 DCS 发展很快，PLC 与 DCS 相互渗透、相互融合、相互竞争，已成为当前工业控制系统的发展趋势，逐渐成为占自动化装置及过程控制系统最大市场份额的产品。从 PLC 的发展趋势看，PLC 已成为今后工业自动化的主要手段，PLC 正朝以下方向发展：

（1）低档 PLC 向小型、简易、廉价方向发展，使之能更加广泛地取代继电器控制。

（2）中、高档 PLC 向大型、高速、多功能方向发展，使之能取代工业控制计算机的部分功能，对大规模、复杂系统进行综合性的自动控制。

（3）大力开发智能模块。智能模块是以微处理器为基础的功能部件，它们的 CPU 与 PLC 的 CPU 并行工作，占用主机的 CPU 时间少，有利于提高 PLC 的扫描速度和完成特殊的控制要求。

（4）可靠性进一步提高。随着 PC 进入过程控制领域，对可靠性的要求进一步提高。硬件冗余的容错技术将进一步应用。

（5）编程语言的高级化。

（6）控制与管理功能一体化。PLC 将广泛采用计算机信息处理技术、网络通信技术和图形显示技术，使 PLC 系统的生产控制功能和信息管理功能融为一体。

## 13.4 智能控制

### 13.4.1 智能控制的发展

计算机技术快速的发展和巨大的进步、工业过程的日趋复杂、大型化，对工程控制提出了新的更高的要求。经典控制理论和现代控制理论在实际应用中遇到不少难题，影响到它们的推广和应用。

智能控制（intelligent control，IC）是 20 世纪 80 年代出现的一个新兴的科学领域，它是继经典控制理论方法和现代控制理论方法之后的新一代控制理论方法，是控制理论发展的高级阶段。它主要用来解决那些传统方法难以解决的复杂系统控制问题。

智能控制就是指具备一定智能行为的系统，是人工智能、自动控制与运筹学三个主要学科相结合的产物。也可以说是以自动控制理论为基础，应用拟人化的思维方法、规划及决策实现对工业过程最优化控制的先进技术。智能控制具有学习功能、适应功能和组织功能等特点。

目前，智能控制系统研究的主要内容有：专家控制系统、模糊控制和神经网络控制三种形式。它们可以单独使用，也可以结合起来应用；既可应用于现场控制，也可以用于过程建模、优化操作、故障诊断、生产调度和经营管理等不同层次。本节简单介绍前两种控制系统的原理、构成与应用。

### 13.4.2　专家控制系统

专家控制又称为基于知识的控制或专家智能控制。也就是将专家系统的理论和方法与控制理论和方法相结合，应用专家的智能技术指导工程控制，使得工程控制达到专家级控制水平的一种控制方法。

#### 13.4.2.1　专家系统

专家系统主要指的是一种人工智能的计算机程序系统，这些程序内部含有大量的某个领域专家水平的知识与经验，能够利用人类专家的知识和解决问题的经验方法来处理该领域的各种问题。尤其是在无算法解决的问题，和经常需要在不完全、不确定的知识信息基础上做出结论的问题等方面表现出了知识应用的优越性和有效性。简而言之，专家系统是一个模拟人类专家解决领域问题的计算机程序系统。

专家系统的主要功能取决于大量的知识及合理完备的智能推理机构。系统的基本结构如图 13-14 所示。由图可知，知识库和推理机是专家系统中两个主要的组成要素。

知识库主要由规则库和数据库两部分组成。规则库存放着作为专家经验的判断性知识，例如表达建议、推断、命令、策略的产生式规则等，用于问题的推理和求解。而数据库用于存储表征应用对象的特性、状态、求解目标、中间状态等数据，供推理和解释机构使用。

知识库通过"知识获取"机构与领域专家相联系，实现知识库的建立和修正更新，以及知识条目的查询、测试、精炼等。

推理机实际上是一个运用知识库中提供的两类知识，基于某种通用的问题求解模型进行自动推理、求解问题的计算机软件系统，它包含一个解释程序，用于检测和解释知识库中的相应规则，决定如何使用判断性

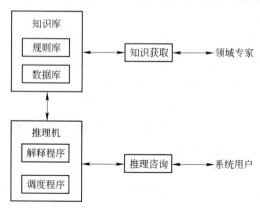

图 13-14　专家系统的基本结构

知识推导新知识，还包括一个调度程序，用于决定判断性知识的使用次序。推理机的具体构造取决于问题领域的特点、专家系统中知识表示方法。

专家系统是通过某种知识获取手段，把人类专家的领域知识和经验技巧移植到计算机中，模拟人类专家推理决策过程，求解复杂问题的人工智能处理系统。专家系统具有以下基本特征：专家系统是具有专家水平的知识信息处理系统；专家系统对问题求解具有高度的灵活性；专家系统采用启发式和透明的求解过程；专家系统具有一定的复杂性和难度。按专家系统求解问题的性质可分为解释型、预测型、诊断型、设计型、控制型、规划型、监视型、决策型和调试型几大类。

### 13.4.2.2　专家控制系统

专家控制系统的设计规范是建立数学模型与知识模型相结合的广义知识模型，它的运行机制是包含数值算法在内的知识推理，是控制技术与信息处理技术的相结合。因此，专家控制系统是人工智能与控制理论方法和技术相结合的典型产物。

专家控制系统总体结构如图 13-15 所示。从图可知，专家控制系统由数值算法库、知识库系统和人-机接口与通信系统三大部分组成。系统的控制器主要由数值算法库、知识库系统两部分构成。其中数据算法库由控制、辨识和监控三类算法组成。控制算法根据知识库系统

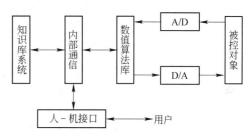

图 13-15　专家控制系统结构

的控制配置命令和对象的测量信号，按 PID 算法或最小方差算法等计算控制信号，每次运行一种控制算法。辨识算法和监控算法为递推最小二乘算法和延时反馈算法等，只有当系统运行状况发生某种变化时，才往知识库系统中发送信息。知识库系统包含定性的启发式知识，用于逻辑推理、对数值算法进行决策、协调和组织。知识库系统的推理输出和决策通过数值算法库作用于被控对象。

专家控制把控制系统看作基于知识的系统，系统包含控制系统的知识，按照专家系统知识库的构造，有关控制的知识可以分类组织，形成数据库和规则库。

（1）数据库。数据库中主要包括事实、证据、假设和目标几部分内容。

（2）规则库。规则库中存放着专家系统中判断性知识集合及组织结构。对于控制问题中各种启发式控制逻辑，一般常用产生式规则表示：

IF（控制局势）　　　THEN（操作结论）

其中，控制局势即为事实、证据、假设和目标等各种数据项表示的前提条件，而操作结论即为定性的推理结果。在专家控制中，产生式规则包括操作者的经验和可应用的控制与估计算法、系统监督、诊断等规则。

## 13.4.3　模糊控制

模糊控制是一种应用模糊集合、模糊语言变量和模糊逻辑推理知识，模拟人的模糊思维方法，对复杂系统实施控制的一种智能控制系统。模糊理论是由美国著名的控制理论学者扎德（L. A. Zadeh）教授于 1965 年首先提出，英国伦敦大学教授马丹尼 1974 年研制成功第一个模糊控制器，并用于锅炉和蒸汽机的控制，从而开创了模糊控制的历史。

模糊控制器系统基本构成如图13-16所示。其系统构成与其他控制系统的主要区别仅在于它的控制器是由模糊数学、模糊语言形式的知识表示和以模糊逻辑为基础，采用计算机控制技术构成的模糊控制器。

模糊控制器的构思是吸收了人工控制时的经验，人们搜集各个变量的信息，形成概念，如温度过高、稍高、正好、稍低、过低等五级或更多级，然后依据一些推理规则，决定控制决策。由图13-16可知模糊控制器由模糊化、模糊推理、知识库和清晰化四个功能块组成。模糊控制系统设计问题，实际上就是模糊控制器的输入过程、模糊推理、知识库和各清晰化四部分的设计问题。

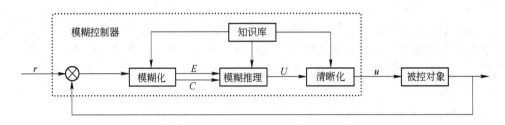

图13-16　模糊控制系统的基本结构

### 13.4.3.1　模糊化

模糊化（Fuzzification）的作用是将输入的精确量转换成模糊化量，输入值的模糊化是通过论域的隶属度函数实现的。

### 13.4.3.2　模糊推理

模糊推理是模糊控制器的核心，它是利用知识库的信息和模糊运算方法，模拟人的推理决策的思想方法，在一定的输入条件下激活相应的控制规则给出适当的模糊控制输出。

### 13.4.3.3　清晰化

清晰化的作用是将模糊推理得到的控制量（模糊量）变换为实际用于控制的清晰量。它包含两个方面的内容：

（1）将模糊的控制量经清晰化变换成表示在论域范围的清晰量。

（2）将表示在论域范围的清晰量经标度变换变成实际的控制量。较常用的清晰化方法有：最大隶属度方法、面积重心法和中位数法。

### 13.4.3.4　知识库

知识库中包含了具体应用领域中的知识和要求的控制目标。它通常由数据库和模糊控制规则库两部分组成。

（1）数据库。数据库提供论域中必要的定义，包括各语言变量的隶属度函数，模糊空间的量化级数、量化方式及比例因子等。

（2）规则库。它主要包括用模糊语言变量表示的一系列控制规则，它们反映了控制专家的经验和知识。规则的形式很像计算机程序设计语言中常用的条件语句，是由一系列IF-THEN型模糊条件句所构成。

模糊控制器的输出通常是控制作用的增量 $\Delta u$，选取增量 $\Delta u$ 的优点是：

（1）虽然模糊控制器的推理规则往往不是线性的，却类似积分与比例控制作用，有利于消除余差。

（2）不会产生积分饱和现象。

模糊集和模糊控制的概念，不仅可以用在基层控制级，也可以用在先进和优化控制以及调度、计划和决策等层次。

## 复习思考题

13-1 试叙述计算机控制系统的硬件组成与软件组成。

13-2 什么是直接数字控制系统（DDC），它的控制特点是什么？

13-3 什么是监督控制系统（SCC），与DDC比较有何区别？

13-4 什么是集散型控制系统（DCS），通常分哪几级进行控制？

13-5 什么是现场总线技术，它的特点是什么？

13-6 什么是专家控制系统？

13-7 什么是模糊控制？

# 14 冶金生产计算机分级控制

## 14.1 生产自动化简介

1958 年，钢铁工业首次利用电子计算机，最开始也是用于高炉。计算机需要更多信息和输出控制的要求，致使仪表、电控和计算机紧密结合，初期的一体化系统随即出现。

20 世纪 60 年代末，日本人在新日铁君津厂实现 AOL 系统，至此确立了多级计算机系统 CIMS（computer integrated manufacturing systems，计算机集成制造系统）的雏形，形成管理控制一体化系统。

20 世纪 70 年代中，微型机工业化，以微机为核心的 PLC 发展，代替了传统的硬线逻辑系统，至此电力传动逐渐改为 PLC 控制；另外，PPC（programmable process controller，可编程序过程控制器，我国业内习惯称为集散系统）出现，并也逐渐代替模拟式仪表用于数据采集和自动控制。

到 20 世纪 80 年代初，PLC 已发展成为功能齐全，抗干扰能力高，使用面向用户语言，具有带显示器和连接打字机功能的控制器；PPC 已发展为有近百种模块，可供过程量控制和处理的控制器。此外，还开发了操作员操作显示装置，其内存较大，显示功能极强，可分级显示，易于显示工艺流程的参数以及易懂、易看、易解析的画面。

当今钢铁厂的自动化系统已成为基本上在中控室集中操作，以大型图像监视器监视全厂情况，由计算机控制与组织生产而达到高效、高产、高质、低耗目标的综合管理控制一体化系统。

与发达国家的高炉自动化水平相比，我国高炉自动化水平正快速发展，并逐步缩小与其差距，然而还应清醒地看到差距仍然存在，主要表现在：我国高炉自动化所用的关键设备和技术大多都是引进的，硬件如最基本的 PLC、DCS 和过程控制与管理计算机几乎全部是引进的，电气传动的先进调速装置、电力电子器件除晶闸管外都是引进的，晶闸管调速装置虽然已国产化，但是关键的电子调节器也是引进的，而发达国家，如日本、德国、美国、英国、法国、瑞典等主要自动化硬件产品很少引用其他国家的。我国高炉的数学模型以前是从日本引进，现在则是从芬兰或奥地利（奥钢联）引进。

虽然非高炉炼铁已有多年的历史，但直接还原炼铁的工业化是从 20 世纪 60 年代才开始的，特别是熔融还原炼铁还未大规模工业化。而且由于高炉炼铁技术经济指标好、工艺简单且可靠、产量大、效益高、能耗低，这种方法生产的铁占世界铁总产量的 90% 以上，因此，炼铁自动化的研究、发展与应用都集中在高炉，非高炉炼铁的自动化主要集中在满足生产操作所需。

## 14.2 冶金生产自动化的分级控制

1989 年，美国普渡（Purdue）大学 Williams 教授提出 Purdue 模型，将流程工业自动化系统自下而上分为过程控制、过程优化、生产调度、企业管理和经营决策五个层次。国际标准化组织 ISO 在其技术报告中将传统冶金企业自动化系统分为 L0 ~ L5 的递级结构，如图 14-1 所示，其中，L1～L5 为冶金企业信息化建设的主要内容。

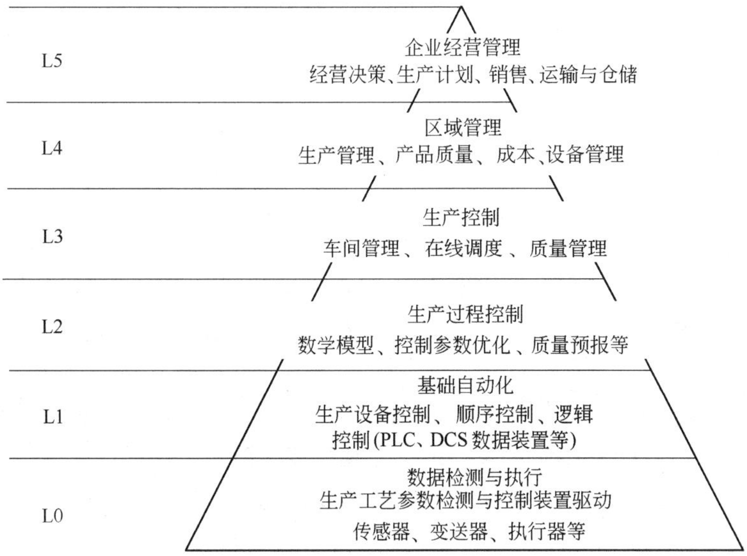

图 14-1　传统冶金自动化系统的构成和分级

在图 14-1 所示的递级结构中，L1～L3 面向生产过程的控制，强调的是信息的时效性和准确性；L4、L5 面向业务管理，强调的是信息的关联性和可管理性。

（1）企业经营管理级（L5），主要完成销售、研究和开发管理等，负责制定企业的长远发展规划、技术改造规划和年度综合计划等。

（2）区域管理级（L4），负责实施企业的职能、计划和调度生产，主要功能有生产管理、物料管理、设备管理、质量管理、成本消耗和维修管理等。其主要任务是按部门落实综合计划的内容，并负责日常的管理业务。

（3）生产控制级（L3），负责协调工序或车间的生产，合理分配资源，执行并负责完成企业管理级下达的生产任务，针对实际生产中出现的问题进行生产计划调度，并进行产品质量管理和控制。

（4）生产过程控制级（L2），主要负责控制和协调生产设备能力，实现对生产的直接控制，针对生产控制级下达的生产目标，通过数据模型优化生产过程控制参数。

（5）基础自动化级（L1），主要实现对设备的顺序控制、逻辑控制及进行简单的数学模型计算，并按照生产过程控制级的控制命令对设备进行相关参数的闭环控制。

（6）数据检测与执行级（L0），主要负责检测设备运行过程中的工艺参数，并根据基础自动化级指令对设备进行操作。执行级根据执行器工作能源的不同，可分为电动执行机构、液压执行机构和气动执行机构，如交直流电动机、液压缸、气缸等。

目前，我国冶金生产过程计算机控制系统一般分为三级，即生产控制级（L3）、过程控制级（L2）和基础自动化级（L1）。

（1）生产控制级（L3）的基本任务是编制本厂生产计划，也包括协调上游及下游厂间的生产以及进行原料库管理及成品库管理。

（2）过程控制级（L2）的基本任务是面对整个生产线，并通过数学模型进行各个设备的设定计算，也包括为设定计算服务的跟踪、数据采集、模型自学习以及打印报表、人机界面、历史数据存储、报警等。

（3）基础自动化级（L1）的基本任务是顺序控制、设备控制和质量控制。

### 14.2.1　生产控制级

20 世纪 70 年代前，钢铁企业生产管理系统的建设目标主要是进行工序管理优化，即建设生产级控制系统。

20 世纪 80 年代以来，围绕着节能而出现的连铸坯的热送、热装和直接轧制三种工艺，将炼钢、连铸到轧钢的各工序在高温下直接连接，集成一体，进行同期化生产。这一阶段建设的生产管理系统主要是进行工序间衔接集成，生产控制级系统开始支持热送、热装生产组织。

20 世纪 90 年代，通过对炼钢→连铸→热轧的集成生产管理方法进行研究和开发，实现了炼钢→连铸→热轧的一体化生产管理。尤其是连铸连轧生产线的生产控制级系统，实现了炼钢、连铸、热轧工序的同步管理与实时调度，充分发挥了生产线的效益。

生产控制级系统有如下特点：

（1）生产控制级系统是冶金自动化系统的重要组成部分，它是衔接企业管理级系统（L4）和过程控制级系统（L2）的桥梁，实现了过程控制信息的时效性与生产管理信息关联性的匹配。生产控制级系统将上级系统下达的生产管理计划转换为可由现场执行的生产控制指令，并实时采集现场生产实绩信息，将之整合为上级管理系统所需的面向业务管理的生产实绩。

（2）实现工序管理优化。生产控制级系统对所管理的车间或工序的资源进行优化和调度，根据上级管理系统下达的生产计划并结合本车间或工序的实时情况，合理分配资源并优化作业顺序，以降低生产成本；或者按生产计划要求进行资源的使用优化，以保证计划的执行和生产过程物流的顺畅。

（3）对生产现场进行实时动态调度。生产级控制系统对工序或车间进行实时物流跟踪，监控设备的运行情况和计划执行情况。当生产过程中发生任何影响正常生产的情况，生产控制级系统将根据现场实际情况，由计算机自动或人机交互方式对生产过程进行实时调度，以使生产过程物流顺畅，并保证产品的交货周期，优化生产资源的利用。

（4）作为现场生产作业指挥中心。生产控制级系统一般是企业中各工序的生产作业指挥中心，生产现场作业调度人员和操作人员通过生产控制级系统将生产指令下达给相应的岗位或执行机构，同时实时采集生产过程中各相关信息，并将信息传递给生产现场的信息需求者，以利于他们根据生产实际情况进行操作。

### 14.2.2　过程控制级

#### 14.2.2.1　过程控制级系统的硬件组成

过程控制级系统的硬件由服务器、外部设备、网络通信设备、人机界面（HMI, human machine interface，也称人机接口）设备等构成。

服务器是过程控制级计算机系统的核心硬件。冶金自动化的工程一般具有周期长、投资大的特点。因此，应该选择水平先进、生产周期长的计算机硬件，以延长系统的运转时间，减少更新升级的次数；在能够满足生产过程和工艺发展需要的前提下，追求较高的性价比；要考虑到系统的可扩展性，为增加新的硬件提供便利的条件，为开发新的应用软件留有余地；要考虑到软件开发和维护手段方面，因为计算机硬件一旦发生故障就会造成停产，带来较大的经济损失。所以在进行系统配置时，除了对各种系统技术功能和使用性能指标合理评价外，还要把系统的可靠性放在首位。

外部设备简称为"外设"，是计算机系统中输入、输出设备（包括外存储器）的统称，对数据和信息起着传输、转送和存储的作用，是计算机系统中的重要组成部分。外设一般包括显示器、鼠标、键盘、调制解调器、打印机等。

HMI（人机界面）设备是安装在各个操作室和计算机室的计算机。通过 HMI，操作人员可以了解过程控制级的有关信息以及输入必要的数据和命令。

过程控制级计算机系统的通信网络比较简单，一般采用以太网连接，光口通信速度为 1000MB/s，电口通信速度为 10MB/s、100MB/s、1000MB/s 自适应。

### 14.2.2.2 过程控制级系统的软件组成

过程控制级计算机的软件由系统软件、中间件（又称支持软件）、应用软件构成。

系统软件是面向计算机的软件，与应用对象无关。系统软件一般包括以下内容：操作系统、汇编语言、高级语言、数据库、通信网络软件、工具服务软件。系统软件中的主要部分是操作系统。操作系统是裸机之上的第一层软件，它是整个系统的控制管理中心，控制和管理计算机硬件和软件资源，合理地组织计算机工作流程，为其他软件提供运行环境。过程控制级系统常采用的操作系统有 Open VMS（针对 Alpha 计算机）、WindowsNT/2000、Unix 等。

中间件是介于系统软件和应用软件之间的软件。支持软件是一种软件开发环境，是一组软件工具集合，它支持一定的软件开发方法或者按照一定的软件开发模型组织而成。

过程控制级计算机的应用软件是实时软件。实时软件是必须满足时间约束的软件，除了具有多道程序并发特性以外，还具有实时性、在线性、高可靠性等特性。实时性，即如果没有其他进行竞争 CPU（central processing unit，中央处理器），某个进程必须能在规定的响应时间内执行完；在线性，即计算机作为整个冶金生产过程的一部分，生产过程不停，计算机工作也不能停；高可靠性，即可避免因为软件故障引起的生产事故或者设备事故的发生。

### 14.2.2.3 生产过程数字模型

对于现实世界的一个特定对象，为了一个特定的目的，根据特有的内在规律做出一些必要的简化假设，运用适当的数学工具可得到一个数学结构。数学模型则是由数字、字母或其他数学符号组成的，描述现实对象数学规律的数学公式、图形或算法。

数学模型具有以下特点：

（1）模型的逼真性和可行性。一般来说，总是希望模型尽可能地逼近研究对象。但是一个非常逼真的模型在数学上常常是难以处理的；另外，越逼真的数学模型常常越复杂。所以，建模时往往需要在模型的逼真性与可行性之间做出折中和抉择。

（2）模型的渐进性。稍微复杂一些的实际问题的建模通常不可能一次成功，要经过建模过程的反复迭代，包括由简到繁，也包括删繁就简，以获得越来越满意的模型。

（3）模型的鲁棒性。模型的结构和参数常常是由模型假设及对象的信息（如观测数据）确定的，而假设不可能特别准确，观测数据也是允许有误差的。一个好的数学模型应该具有下述意义的鲁棒性：当模型假设改变时，可以导出模型结构的相应变化；当观测数据有微小改变时，模型参数也只有相应的微小变化。

（4）模型的可转移性。模型是现实对象抽象化、理想化的产物，它不为对象的所属领域所独有，可以转移到其他领域，例如，在生态、经济、社会等领域内建模就常常借用物理领域中的模型。这种属性显示了模型应用的广泛性。

（5）模型的非预制性。虽然已经发展了许多应用广泛的数学模型，但是实际问题是多种多样的，不可能要求把各种模型做成预制品以供人们在建模时使用。

（6）模型的条理性。从建模的角度考虑问题可以促使人们对现实对象的分析更全面、更深入、更具条理性，这样，即使建立的模型由于种种原因尚未达到实用的程度，对问题的研究也是有利的。

（7）模型的局限性。模型的局限性具有两方面的含义：

1）由数学模型得到的结论虽然具有通用性和精确性，但是因为模型是现实对象简化、理想化的产物，所以一旦将模型的结论应用于实际问题就回到了现实世界，那些被忽视、简化的因素必须重新考虑，于是结论的通用性和精确性只是相对的、近似的。

2）由于受人们认识能力和科学技术发展水平的限制，还有不少实际问题很难得到具有实用价值的数学模型。一些内部机理复杂、影响因素众多、测量手段不够完善、技艺性较强的生产过程，如冶炼过程，常常需要开发专家系统与建立数学模型相结合，才能获得较满意的应用效果。

数学模型可以按照不同的方式分类。按照模型的表现特性，可分为确定性模型和随机性模型（取决于是否考虑随机因素的影响）、静态模型和动态模型（取决于是否考虑时间因素引起的变化）、线性模型和非线性模型（取决于模型酝酿关系）、离散模型和连续模型；按照建模的目的，可分为描述模型、预报模型、优化模型、决策模型、控制模型等。

### 14.2.3 基础自动化级

基础自动化级从过程控制级接收设定数据，经过相应的运算处理后再下达给传动系统和执行机构。而且，基础自动化级还要从仪器仪表采集实时数据并反馈给过程控制级，以便于过程控制级进行自学习和统计处理。

#### 14.2.3.1 基础自动化级的控制器

基础自动化级所采用的控制器多种多样，如智能化控制仪表、可编程控制器（PLC，programmable logic controller）、通用工控机、专用计算机、DCS（distributed control system，分布式控制系统，也被称为集散控制系统）控制器、各种总线型控制器等，我国冶金工业现场大量使用的基础自动化级数字控制器主要是 PLC。

可编程控制器是一台计算机，它是专为工业环境应用而设计制造的计算机。可编程控制器具有如下特点：

（1）采用模块化结构，便于集成。

（2）I/O（input/output，输入输出）接口种类丰富，包括数字量（交流和直流）、模拟量（电压、电流、热电阻、热电偶等）、脉冲量、串行数据等。

（3）运算功能完善，除基本的逻辑运算、浮点算术运算外，还有三角运算、指数运算、定时器、计数器和 PID（proportion integration differentiation，比例积分微分）运算等。

（4）编程方便，可靠性高，易于使用和维护。

（5）系统便于扩展，与外部连接极为方便。

（6）通信功能强大，配合不同通信模块（以太网模块、各种现场总线模块等）可以与各种通信网络实现互联。

（7）通过不同的功能模块（如模糊控制模块、视觉模块、伺服控制模块等）还可完成更复杂的任务。

### 14.2.3.2　基础自动化级通信

基础自动化级通信具有通信类型多、实时性好、稳定性高、数据量少、连接设备多等特点。

串行通信是最常见的通信方式。它是指通信的发送方和接收方之间数据信息的传输是在单根数据线上，以每次一个二进制的 0 或 1 为最小单位进行传输。串行通信的特点是数据按位顺序传送，最少只需一根传输线即可完成，成本低；但传输速度慢。串行通信的距离可以从几米到几千米。RS-232、RS-422 与 RS-485 都是串行数据接口标准。

以太网是目前应用最广泛的一种网络。以太网是开放式广域网，可以用于复杂和广泛的、对实时性要求不高的通信系统。工业上使用的以太网称为工业以太网，它符合国际标准 IEEE 802.3，使用屏蔽同轴电缆、屏蔽双绞线和光纤等几种通信介质。由于工业现场环境比较恶劣，电磁干扰很强，因此对通信电缆的屏蔽性能要求很高，普通的屏蔽已经无法满足需要，必须使用专业屏蔽电缆。其拓扑结构可以是总线型、环型或星型，传输速率为 10MB/s、100MB/s、1000MB/s。目前工业上一般用 100MB/s，采用电气网络时，两个终端间最大距离为 4.6km，如果使用光纤可达几十千米。

在工业控制系统中，以太网可以用于区域控制器之间或控制级之间，或与人机界面之间的通信。

现场总线是应用于生产现场、在微机化测量与控制设备之间实现双向串行多节点数字通信的系统，是一种开放的、数字化的、多点通信的底层控制网络。

目前，世界上许多控制系统集成和制造商都采用超高速网络来满足高速控制和高速数据交换的要求。它不占用 CPU 时间，也无需其他软件支持，是工业领域中一种最先进的、最快速的、实时的网络解决方案。具有代表性的是美国 GE VMIC 公司的"内存映象网"和德国西门子公司的"全局数据内存网"两种超高速网络。

随着现场总线技术的发展，基于总线技术的远程 I/O 逐渐发展起来。几乎世界上所有的 PLC 和控制器的集成制造商都推出了各自的适用于不同现场总线的网络接口模板。根据总线形式不同，可以配置不同的网络接口模块，而 I/O 模块是通用的，不受总线类型的限制，因此可以将不同总线的 I/O 信号都接入到同一个主控制器中。

现在许多智能仪表也都可以配置网络接口模板，如编码器、调节阀、流量计等，可以直接经过现场总线网络与主控制器建立连接，克服了模拟信号易受环境干扰的问题，并解决了测量值和反馈值的精确传输问题。

这些总线 I/O 产品的体积都比较小，而且在设计时就考虑到维护的方便性，在现场不用拆线就可以更换故障模块。为了适应工业现场的恶劣环境，许多现场总线 I/O 产品的防护等级都可以达到防尘、防水、抗振动、抗电磁干扰的 IP67 标准。有些还具有自诊断功能，可以向系统发出诊断信息，帮助技术人员进行排障和查错。

目前世界上比较典型的几种远程 I/O 产品有西门子公司的 ET200 系列（包括 ET200B、ET200M、ET200L、ET200X 等几种），GE 公司的 Versa Max、Field Control、I/O Block 等系列。另外，还有一些专业生产制造现场总线产品的公司，如德国的图尔克公司等。

### 14.2.3.3　人机界面

人机界面（HMI）的采用是现代计算机控制系统的一个主要特点。它采用大屏幕高分辨率显示器显示过程工艺数据，画面内容丰富，可以动态地显示数字、棒图、模拟表、趋势图等，结合键盘、触摸屏、鼠标器、跟踪球等设备，使得生产现场的操作工人、维护人员和技术人员可以方便地进行操作。HMI 一般具有下列功能：

（1）操作员可以在任意时刻通过 HMI 监视生产过程的有关参数，包括过程变量、基准值、控制器输出值和反馈值等。

（2）具有过程数据的实时显示和历史记录功能。

（3）能够完成系统报警显示功能。

（4）应用多媒体技术使得画面更加生动活泼，还可以提供语音功能。

### 14.2.3.4　液压传动控制

如图 14-2 所示，液压伺服系统的工作原理是把输入信号（一般为机械位移或电压）与被控制量的反馈信号进行比较，将其差值传送给控制装置，以变更液压执行元件的输入压力或流量，使负载向着减小信号偏差的方向动作。

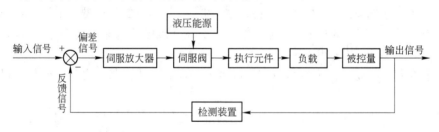

图 14-2　液压伺服系统方框图

液压伺服系统通常由以下几部分组成：

（1）控制装置（伺服放大器和伺服阀等）。接收输入信号和反馈信号，通过比较、放大和转换后变成液压参量，对执行元件进行控制。

（2）执行装置（液压缸或发动机）。接受控制驱动负载。

（3）反馈装置（检测装置）。通过传感器（位移、速度、压力或力传感器）将被控制量检测出来，通过放大校正后反馈到输入端去。

（4）能源装置（定量泵站或变量泵站）。为系统提供驱动负载所需的功率。

## 14.2.4　冶金生产计算机控制的分类和基本特点

### 14.2.4.1　冶金生产计算机控制的分类

冶金生产过程按其工艺流程特点，可以分成冶炼生产过程和轧钢生产过程。冶金生产过程按控制方法可分为两大类过程：

（1）以热工系统为基本控制对象或以数据采集调度及热工参数控制为基本内容的

"慢过程"，属于这一类的有原料准备、炼铁、炼钢及连铸过程。

（2）以机电液压系统为基本控制对象及以快速闭环控制为基本内容的"快过程"，属于这一类的是轧钢生产过程，特别是带钢冷、热连轧生产线。

上述两大类过程所采用的计算机控制系统（主要是其基础自动化级）是完全不同的，这是由上述两大类生产过程所具有的不同特点所决定的。

#### 14.2.4.2　冶金生产计算机控制的基本特点

冶金生产过程按控制对象可分为冶炼和轧钢两大类过程，这两大类过程计算机控制具有不同的特点。

**A　冶炼过程计算机控制的基本特点**

冶炼过程计算机控制的基本特点如下：

（1）由于对象是热工系统，惯性大，控制相对来说较慢，数据采集及调度也不需要快，其控制周期为 300~500ms，因此可称为"慢过程"。

（2）热工系统往往要求控制系统可靠性高，不仅需采用冗余系统，在 I/O 上还必须留有人工设定的能力。

（3）毫伏级模拟信号较多，控制机构往往是阀门等。

（4）冶炼过程计算机控制系统基本上属于仪表控制系统范畴。

**B　轧钢过程计算机控制的基本特点**

轧钢过程计算机控制的基本特点如下：

（1）要求快速控制。由于控制对象是机电、液压系统，因此要求快速控制，现代轧机设备控制及工艺参数控制周期一般为 6~20ms，液压位置控制或液压恒压力控制系统要求控制回路的周期小于 10ms，机电设备控制或工艺参数自动控制（厚度、宽度等）周期则也应小于 20ms（温度控制周期可以适当放慢）。这和以热工参数（温度、压力、流量）为主的生产过程相比，控制周期快 20~40 倍。

（2）控制功能众多而且集中。以带钢热连轧精轧机组为例，7 个机架总共有将近 55 个控制回路，因此要求采用多控制器、多处理器结构。

（3）功能间相互影响。例如，当自动厚度控制系统调整压下控制厚度时，必将使轧制力变化，从而改变轧辊弯曲变形而影响辊缝形状，最终影响出口断面形状和带钢平直度（板形）。而当自动板形控制系统调整弯辊控制断面形状及平直度时，必将改变辊缝形状而影响出口厚度。

（4）多个功能需共享输入和输出模块。例如，AGC 和 APC（automatic position control，自动位置控制）都是输出控制信号控制电动压下或液压压下。

前两个特点要求系统采用处理能力强的快速 CPU，并采用多 CPU 控制器及多控制器系统；而后两个特点则要求系统具有快速通信能力。因此，具有快速处理能力，将是配置轧钢，特别是带钢热连轧分布式计算机控制系统所需考虑的特点，由此必将构造出一类配置特殊的计算机控制系统。

## 14.3　高炉炼铁生产工艺及分级控制

### 14.3.1　高炉炼铁生产工艺简述

高炉炼铁是把铁矿石还原成生铁的冶炼过程。

高炉炼铁的大致冶炼过程是：铁矿石、焦炭和熔剂从高炉炉顶装入，热风从高炉下部风口鼓入，随着风口前焦炭的燃烧，炽热的煤气流高速上升。下降的炉料受到上升煤气流的加热作用，首先蒸发吸附水，然后被缓慢加热至 800～1000℃。铁矿石被炉内煤气 CO 还原，直至进入 1000℃ 以上的高温区，转变成半熔的黏稠状态，在 1200～1400℃ 的高温下进一步还原，得到金属铁。金属铁吸收焦炭中的碳，进行部分渗碳之后，熔化成铁水。铁水中除含有 4% 左右的碳，还含有少量的 Si、Mn、P、S 等元素。铁矿石中的脉石也逐步熔化成炉渣。铁水和炉渣穿过高温区焦炭之间的间隙滴下，积存于炉缸，再分别由铁口和渣口排出炉外。

在高炉各区域进行的上述各种物理化学变化，总称为高炉冶炼过程。这个过程是在高炉这一封闭体系中同时不断地进行着的。因此，高炉是固相、液相，气相三相共存的反应装置。

高炉是一个竖立的炉体。其本体结构包括炉基、炉壳、炉衬、冷却设备及金属结构。高炉设备除本体外，还有以下附属设备：上料设备、装料设备、送风设备、煤气除尘设备、喷吹设备和环境集尘设备。图 14-3 为高炉生产设备流程简图。

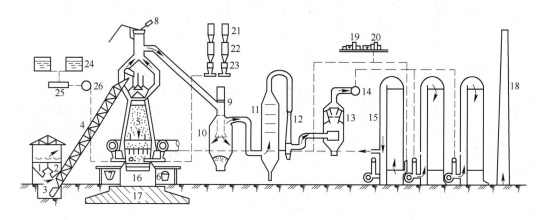

图 14-3　高炉生产设备流程简图

1—贮矿槽；2—焦仓；3—料车；4—斜桥；5—高炉本体；6—铁水罐；7—渣罐；8—放散阀；
9—切断阀；10—除尘器；11—洗涤塔；12—文氏管；13—脱水器；14—净煤气总管；
15—热风炉（三座）；16—炉基基墩；17—基座；18—烟囱；19—蒸气透平；
20—鼓风机；21—煤粉收集罐；22—储煤罐；23—喷吹罐；
24—储油罐；25—过滤器；26—油加压泵

高炉炼铁的原料主要有铁矿石（包括人造富矿）、熔剂和燃料。一般冶炼 1t 生铁需要 1.5～2.0t 铁矿石，0.4～0.6t 焦炭，0.2～0.4t 熔剂。为了实现高炉的高产、优质、长寿和低消耗，应向高炉提供品位高、强度好、粒度适宜、有害杂质少、性能稳定和数量足够的原料。原料是保证高炉正常有效生产的物质基础。

### 14.3.2　高炉冶炼生产的过程控制级

#### 14.3.2.1　高炉炼铁计算机控制系统的主要功能

高炉计算机控制系统的主要功能有原料数据处理、炉顶控制和布料控制、炉体控制和热风炉自动控制。

高炉所用的原料（矿石、烧结矿和球团矿、焦炭）在进入装料系统之前，应先分析一下它的各种成分指标。为此，首先要对原料进行数据处理；其次，应对每种原料的库存量进行监视预报处理，以便提出新的进料方案和生产计划。装配称料系统是按工艺要求进行各种料的配比，其中称料子系统是重要的计量过程，各种料配好后可进入装配料过程。有料钟和无料钟的高炉均需一个闭环的布料控制系统和炉顶的辅助控制系统。对于无料钟的高炉系统，应当进行炉中料顶表面参数监视、测量并反馈到布料系统，进行定位布料。炉体控制系统是关键部分，它的测量点特别多，有众多的温度点、炉压、各种炉内成分分析等工艺参数均要被监视和反馈给炉体控制系统；另外，炉体工况的数学模型既有理论难度又需要大量生产实际的统计知识，还要有实用的控制效果验证。热风炉是钢铁厂的能耗大户，热风炉过程控制得好坏直接影响高炉生产。热风炉自动控制的主要内容是燃烧控制和换炉控制，对废气、氧含量、最佳燃烧进行控制。其数学模型由煤气流量计算模型、拱顶温度模型和废气温度模型等子模型组成。

高炉炉况控制的主要特点有：

（1）高炉的生铁冶炼过程是在密闭状态下进行的，过程参数大多不能直接观测，只能间接测量过程的输入、输出变量，通过这些变量来间接认识冶炼过程，建立炉况模型。

（2）生铁冶炼是一个在高温下进行的复杂的物理、化学与气体动力学过程，不均匀性与非线性都比较大。

（3）过程时间常数非常大，不能采用常规的反馈控制方法，需要采用预报、前馈等先进的控制理论。

（4）影响高炉冶炼的过程变量多，在生产中要结合许多操作人员的知识和经验进行综合判断，以提高炉况控制的准确性。

高炉冶炼过程是个大滞后、多变量、非线性、分布参数多的复杂控制系统，从而决定了高炉炉况控制的复杂性和多样性。

### 14.3.2.2  高炉数学模型

高炉数学模型的出发点是把高炉过程和热风炉状态以工艺或控制理论描述，算出操作量以进行在线控制或操作指导，它是高炉操作优化的主要手段和过程自动化级的灵魂。

目前高炉常用的主要数学模型有：数据有效性和可靠性检验模型、配料计算与优化数学模型、炉热判定模型、高炉炉况预测数学模型、无料钟布料控制数学模型、热风炉控制数学模型、软熔带形状推断数学模型、高炉操作预测模型、热风炉操作预测模型。

**A  数据有效性和可靠性检验模型**

数据有效性和可靠性检验模型对数学模型来说是至关重要的，不准确的数据可能导致数学模型得出荒谬的结果，因此对数据的有效性（研究指出，它主要是检测仪表系统造成的误差）、可靠性和一致性要进行检验。

**B  配料计算与优化数学模型**

由于生铁的成本大部分取决于原料，故合理配料是降低成本的主要途径。人工计算不仅费时，而且当操作改变时要很快并合理地改变配料是困难的，但用线性规划和电子计算机则可很容易地获得最佳的、成本最低的原料配比。

**C  炉热判定模型**

　　炉热判定模型是新日铁于 20 世纪 70 年代开发的（现仍沿用，某钢 1 号高炉已引进并在 1 ~ 3 号高炉使用）。它包括 6 个子模型，共输入 25 个量，如喷煤量，压缩空气流量、温度和湿度，送风流量以及加湿前后的湿度、温度和压力，焦炭成分，炉顶煤气成分，铁水温度、硅含量以及成分，每批料中焦比、石灰石装入量和碳含量，矿渣比，生铁生成量，炉尘量，风口前端温度，操作动作量等。

　　炉热判定模型的 6 个子模型包括：炉热指数计算模型、根据炉热指数建立的铁水硅含量和铁水温度预报模型、根据高炉过去操作响应建立的铁水硅含量和铁水温度预报模型、基准动作单位数计算模型、基准动作单位数修正模型以及实际动作量计算模型。

　　D　高炉炉况预测数学模型

　　高炉炉况预测数学模型大致有两类：第一类以 Reichardt 的分段热平衡计算为代表，最早有法国钢铁研究院的高炉数学模型，但它仅在高炉操作稳定时有效，在炉况不正常时不适用；第二类是以多个参数判断炉况，初期有 1962 年美国内陆钢铁公司的高炉数学模型，它计算 6 个表征炉况的指数，借此进行炉况综合判断，近年来发展成用理论推断炉内状况并与实践经验评价相结合，从而把各参数定量化来综合判断，这种方法在实践中可获得比较好的结果。第二类模型发展迅速并已实用化，这类模型有日本川崎钢铁公司（川崎制铁）的炉况判定系统（GO-STOP）、新日铁的高炉操作管理系统（AGOS）、高炉冶炼状态预测模型（BRIGHT），日本钢管福山厂的不稳定状态炉况预测系统（FLAG）、炉况诊断系统（PILOT）。有人曾尝试运用现代控制理论（如系统辨识理论、多输入输出理论）来预测炉况，但均未能实用化。

　　GO-STOP 高炉炉内管理系统，是以高炉工艺机理和操作经验相结合的方法建立的。它采用八大参数，即全炉透气性、局部透气性、炉料下降状态、炉顶煤气状态、炉顶煤气分布、炉子热状态、炉体温度和炉缸渣铁残留量的水准；和四类参数，即风压、各层炉身压力、炉热指数、炉顶煤气 CO 和 $N_2$ 浓度。据它们的变动值进行综合判断得出炉况的"好""注意"或"坏"的结论，以便操作人员及时采取措施。

　　炉况的此类预测模型应用较多，主要有日本川崎、新日铁、钢管福山厂。以日本川崎钢铁公司为例：炉况判定方法如下：

　　第一步，总透气性测定值与经验设定边界值比较得出"好""注意"或"坏"；

　　第二步，将各参数（八大、四类）测定值按公式计算后，与相应边界值比较，得出"好""注意"或"坏"；

　　第三步，按基准和变动综合判断，并与边界值比较判定"好""注意"或"坏"。

　　如高炉计算机应用"专家诊断"软件，可根据"专家"给出的操作建议，执行操作。

　　E　无料钟布料控制数学模型

　　使用无料钟炉顶的高炉通常是采用改变溜槽倾角的方法，使物料布落在预定的料环位置上以达到希望的煤气流分布。可利用理论计算方法，也可采用开炉前实测法以获得倾角与落料位置之间的关系。卢森堡 PW 公司推荐按等容积和等高度计算，将高炉料面分为 11 个料环，每个料环对应一个溜槽倾角。因高炉料面高度会变化，所以按三个料线考虑，在布料控制系统中存有反映三个高度的料环位置（编号 1 ~ 11）和对应倾角的表格以备选用。上述 11 个料环位置的划分是按矩形截面、等容积、等高度计算来确定的。

　　现在发达国家的高炉大都运用数学模型进行布料，国内也进行许多研究和实践。目前数学模型有两类：一类是仅计算炉料落下轨迹，预测布料及下降情况，以此作为操作员的操作依据和指导；另一类是进一步执行闭环控制。

F    热风炉控制数学模型

热风炉控制数学模型有多种，各公司观点不尽相同。但总的一点是保护设备，并要使送风的炉子加热到规定能量水准而设定所需的煤气流量，以获得最经济条件。

G    软熔带形状推断数学模型

软熔带的位置和形状与炉况密切相关，它不仅制约着高炉内气、液、固体的流动状态，而且影响着炉内的传热、传质，对高炉操作极为重要。由于直接测量软熔带位置和形状有困难，多采用间接检测后运用数学模型推断的方法。高炉炉内反应区分布如图14-4所示。

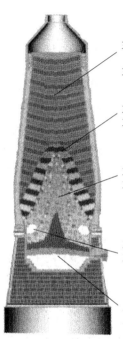

块状区
主要特征：焦与炭呈交替分布层状，皆为固体状态
主要反应：矿石间接还原，碳酸盐分解反应

软熔区
主要特征：矿石呈软熔状，对煤气阻力大
主要反应：矿石直接还原，渗碳、焦炭气化反应

滴落区
主要特征：焦炭下降，其间夹杂渣铁液滴
主要反应：非铁元素还原，脱硫、渗碳、焦炭气化反应

焦炭回旋区
主要特征：焦炭做回旋运动
主要反应：鼓风中的氧和蒸汽与焦炭及喷入的辅助燃料发生燃烧反应

炉缸区
主要特征：渣铁相对静止，并暂存于此
主要反应：最终的渣铁反应

图14-4    高炉炉内反应分布示意图

推算软熔带位置和形状的数学模型一般有静压模型和热模型两种。静压模型是根据测量炉壁静压力建立的数学模型。热模型是根据测量炉顶径向的煤气温度和煤气成分，来计算炉内温度分布的数学模型。

推算软熔带位置和形状的静压模型使用高炉气体流动模型，预先用回归方法确定了软熔带根部位置与炉壁静压力之间的关系式，然后通过测量炉壁静压力的分布，判断软熔带根部的位置，并推算出软熔带的位置和形状。推算软熔带位置和形状的热模型，由决定炉顶的边界条件和根据这种边界条件计算炉内的温度分布两部分组成。

H    高炉操作预测模型

在高炉操作中，希望稳定、节能降耗、提高出铁合格率，但实际中往往要根据当时的条件改变操作，这就需要预测改变操作对炉况、利用系数、燃料比以及其他冶炼指标的影响以便决策，即需要模拟高炉现象来求解。这类模型有从日本引进的高炉操作预测模型、瑞典钢铁公司的 KTH 高炉模拟和预报模型，芬兰罗得洛基高炉的炉身模拟也是使用 KTH 模型。

I 热风炉操作预测模型

热风炉操作预测模型给操作者提供一种手段，当高炉操作中某些操作因子（冷风温度、送风温度等）发生变化时，通过该模型的离线计算可以预测由于其变化而引起的格子砖温度分布变化，计算出应投入的煤气量；也可通过本模型评价现行热风炉操作的热效率，或定量地掌握改善的效果；还可通过该模型反映热风炉余热回收设备和混合煤气等情况。

### 14.3.3 高炉炼铁生产基础控制级

#### 14.3.3.1 高炉炼铁生产检测内容

高炉是密闭机组，高炉检测内容包括以下几个方面：炉内状况检测、渣铁状态检测、各风口热风流量分布检测、热风温度检测、风口及冷却壁等漏水的检测、高炉炉衬和炉底耐火材料烧损检测、焦炭水分检测和煤粉喷吹量检测。

A 炉内状况检测

炉内状况检测包括：料线检测、料面形状检测、炉喉温度检测、炉喉煤气流速检测、料面上炉料粒度检测、高炉炉顶煤气成分分析、炉身静压力检测、风口前端温度测量、风口回旋区状况监测。

（1）料线检测。现代高炉均装有 2~5 根探尺，装料时由卷扬机将其提起，检测时其被下放或随料面自然下降，探尺的位移信号经自整角机接收器，带动记录仪表指针进行记录，或经脉冲发生器，送 DCS 进行处理。此外，还设有另一套自整角机，用于观测下料速度。由于自整角机接收器有跟随误差，为此近年来采用 S/D 变换方式，即直接把自整角机转角（料线值）变换成数字量以指示料线值，经时间处理后还可输出下料速度值，这种仪表还设有最高、最低料线等报警功能。

（2）料面形状检测。为了测量整个料面形状，通常采用机械式、微波式、激光式和放射线式四种方法。料面仪在设计时充分考虑了辐射的防护问题，因此不会对进行短暂作业的操作人员造成危害。

（3）炉喉温度检测。一般在沿炉喉料面上半径方向的不同部位装设热电偶以测量径向各点温度，一般在高炉四个方向各装一根，其中一根稍长，可以测量中心温度，这种装置称为十字测温装置。炉顶十字测温装置能使高炉工长了解炉内煤气流分布的状况，指导高炉操作。但在生产实践中也发现一些弊端，如：安装在炉喉的十字测温杆阻挡了下落的炉料，使料面上形成了十字形沟槽，影响高炉布料圆周的均匀性；十字测温装置测量的是料面以上煤气流的温度，由于煤气流在上升过程中发生混合，与料面对应位置的温度有差别；十字测温装置不仅存在温度变化的滞后问题，而且只能测量炉喉两条直径上的温度分布情况，不能检测其他位置的状况；此外，十字测温装置设备庞大，安装维护困难，设备费和维修费用较高。因此，近年来大多使用红外摄像的热成像仪来测量炉顶料面温度分布。

（4）炉喉煤气流速检测。炉喉煤气流速检测仪表主要有三种，即皮托管、煤气流速仪、超声波煤气流速仪。

(5) 料面上炉料粒度检测。料面上炉料粒度检测采用粒度仪系统。粒度仪除了可检测料面上炉料粒度分布以外，还有以下几种用途：监测料面形状，检测高炉中心有无流态化现象发生，监视高炉中心部位红热焦炭的状况。

(6) 高炉炉顶煤气成分分析。高炉炉顶煤气成分通常为 $\varphi(H_2) = 1\% \sim 2\%$，$\varphi(CO) = 20\% \sim 30\%$，$\varphi(CO_2) = 15\% \sim 20\%$，$\varphi(N_2) = 50\% \sim 60\%$；温度为 $150 \sim 300°C$，含尘量为 $5 \sim 10g/m^3$。一般分析出煤气中 $CO_2$、$CO$ 和 $H_2$ 的含量即可了解炉内反应情况。红外线分析仪可确定炉顶煤气中 $CO$ 和 $CO_2$ 的含量，还可利用连续采样的气体色谱分析仪周期测定煤气中 $CO$、$CO_2$、$H_2$、$N_2$ 的含量，或者采用质谱法分析高炉煤气。炉喉煤气成分分布直接反映炉内不同直径处的反应，故常在大型高炉炉喉的料面下径向插入（或固定安装）采样探杆，采集、分析炉内气样。

(7) 炉身静压力检测。在高炉不同高度测量炉身静压力可以较早得知炉况变化，并能较准确地判断局部管道和悬料位置，以便及时采取措施。现代高炉一般在 $3 \sim 5$ 个水平面上装设 $2 \sim 4$ 个取压口，以测量炉身静压力。炉身静压力检测的主要困难在于取压口不可靠，因为该处不仅高温、多粉尘且易结焦堵塞。

(8) 风口前端温度测量。高炉炉缸热状态难以直接测量，故利用嵌入高炉风口前端上部沟槽里的镍铬-镍硅铠装热电偶来测量风口前端附近的热状态，根据该风口水箱壁前端温度，按统计回归公式可求出对应的风口区域温度。

(9) 风口回旋区状况监测。在风口窥视孔前设置工业电视或亮度计，可在中控室远程控制使该装置沿轨道移动，并可选择任一风口进行检测，经数据处理，分析吹入燃料量和黑色区面积之间的关系，可以得出喷吹燃烧好坏的评价以及风口前焦粒直径分布和焦炭状态等信息。

(10) 测量炉内状况的各种探测器。为了了解炉内状况，还要测量炉内轴向和径向各个水平的煤气成分、温度等参数，以便为改善高炉操作提供依据。在高炉的各个部位装设可移动的探测器，平时在炉外，约每班检测一次，或在需要时插入炉内进行检测。测量炉内状况的各种探测器有：炉喉径向探测器、炉身径向探测器、炉顶垂直探测器、炉腹探测器、风口探测器、三维探测器。

**B 渣铁状态检测**

渣铁状态检测包括：炉渣流量检测、铁水温度检测、鱼雷罐车液面检测、铁水硅含量检测、鱼雷罐车及铁水罐等砌体形状检测、混铁车车号监测和炉缸铁水液位检测。

**C 各风口热风流量分布检测**

风口前回旋区情况、煤气流分布以及砌体局部烧损，均与各风口进风流量是否均衡密切相关。现代大型高炉都设有连续检测各风口进风量的装置。图 14-5 给出了常用的几种各送风支管流量的测量方法。

喷嘴法是前苏联于 20 世纪 50 年代开发的，它使用耐热钢制成喷嘴以测量各支管热风流量。

**D 热风温度检测**

热风温度检测的传统方法是使用铂铑-铂热电偶，但由于其风温越来越高而难以适应。因此，国外使用辐射高温计来测量热风温度，但热风管内热风温度分布与管道、耐火砌体

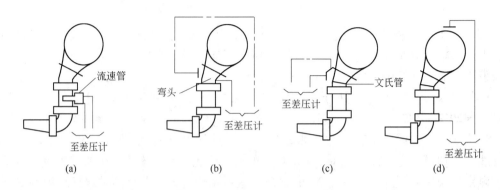

图 14-5　各送风支管流量的测量方法

（a）流速管或涡轮流量计法；（b）弯头法；（c）文氏管或喷嘴法；（d）差压法

厚度和热传导系数等有关。此外，为了测得真实温度还需测量离开砖体表面一定距离的温度。为此，德国西门子公司使用对准砖，该砖设在热风管内，用辐射高温计测量砖表面温度，从而获得与热风真实温度一致的温度。

E　风口及冷却壁等漏水的检测

风口及冷却壁等漏水的检测包括风口破损诊断和炉身冷却系统破损诊断。大型高炉有 20～40 个风口，若风口破损，水便会流入炉内，可能发展成重大事故。风口冷却水流量大、速度快，故风口前端易发生针孔状破损，这是人眼所难以观察到的，必须借助于高精度的仪表才能发现风口初期的微量漏水。以往曾经使用过冷却水温度上升法、气体捕集法、监视炉顶氢气含量法、音响法以及分析排水中 CO 含量法，但效果都不好。现在采用的，也是最有效的方法是如图 14-6 所示的冷却水进出口流量差法，用其来监视流量差及出口水量，且低于下限时报警。所用设备有两种：其一是电磁流量计，但一般采用特殊双管电磁流量计，它把两个电磁流量计并在一起，使用同一磁路、同一供电电源以抵消电压波动和其他影响，最近由于计算机技术的进步和仪表精度的提高，许多补正可在计算机中进行，从而趋向于使用单独的电磁流量计；其二是使用卡尔曼流量计来测量进出口水量差，以进行风口检测。

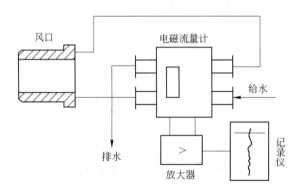

图 14-6　采用冷却水进出口流量差法的风口检漏系统

由于炉身冷却水箱数量很多，难以采用测量进出水流量差的方法来判断炉身水箱是否漏水。目前，可用测量水中 CO 含量的方法进行监视，把冷却水箱分成多列并装设多个分析器，以便判定漏水部分；也可用补充水量的方法，当补充水量超过某一极限流量时视为漏水。

F　高炉炉衬和炉底耐火材料烧损检测

高炉炉衬和炉底耐火材料烧损检测最初采用同位素法和热电偶法，但由于埋入传感器数量有限，难以检测出局部侵蚀。为此，利用红外摄像机或热场传感器测出整个炉体中各异常部位并绘成温度曲线，根据测出数值进行热传导运算，求出各处侵蚀情况。

我国某钢 1 号高炉在炉身、炉底表面装设 166 个热电偶测量温度，以此来监视砌体烧损情况，并使用多路转换器以减少测量线路的电缆芯数。有的钢厂还使用 SHM 法监测高炉炉缸侵蚀情况，它实质上是装设多层热电偶监视温度，例如该厂 1 号高炉从第 5 层炭砖开始到第 10 层炭砖为止，装设 6 层共 44 个测温点，而 3 号高炉则装设 7 层共 78 个测温点以监视温度，并利用能量守恒定律和有关边界条件以及热参数建立相应的节点有限差分方程，利用计算机通过迭代法算出各部位的温度，然后根据傅里叶传热基本方程画出高炉炉缸 1150℃的等温线，从而绘出炉缸受侵蚀形貌。

G　焦炭水分检测

焦炭水分一般是用中子水分计来测量的，但由于焦炭堆积密度变化，仪表运算精度差。日本钢铁公司开发的新型焦炭水分计原理如图 14-7 所示，采用 $^{252}$Cf 射源，其中子与 γ 射线的平均能量为 2MeV，水分测量范围为 0 ~ 15%，密度为 0 ~ 1g/cm$^3$。当装载焦炭容积厚度在 1000mm 以下时，料斗壁厚在 9mm 以下，接收器与料斗间隙约为 100mm，测量精度为 ±0.5%。

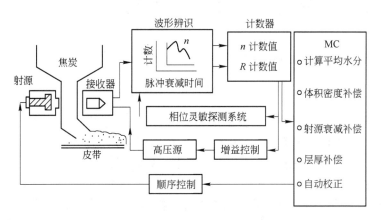

图 14-7　日本钢铁公司开发的新型焦炭水分计原理

H　煤粉喷吹量检测

现代高炉都喷吹煤粉等以降低焦比，有的喷吹煤粉，有的喷吹重油或重油与煤粉的混合物。对于前者喷吹量的检测属于气、固两相流量测量，对于后者则为液、固两相流量测量。对于喷吹煤粉总量的测量，采用电子秤法已经得到解决；但对于喷进各风口支管的两相流量的测量，则是目前各国致力于解决的问题。下列几种装置已获得小范围内的应用：

（1）利用超声多普勒效应，测量油和煤粉混合物流量的装置。

（2）电容相关法单支管煤粉流量计。

（3）电容噪声法单支管煤粉流量计。

14.3.3.2　高炉炼铁生产主要控制内容

A　高压操作控制

高压操作自动控制系统图，如图14-8所示。（书中以后的教学内容中，将涉及多处自动控制系统图，图中常用图形符号和表示参数的文字符号，请参阅本书附录）其功能如下：

（1）放散自动控制。当炉顶压力超过报警上限时，自动报警；当超过报警定值10%、15%、20%时，分别将相应的放散阀自动开启并泄压。

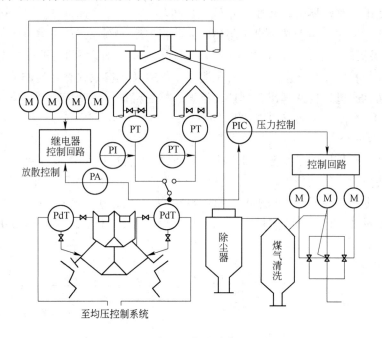

图14-8　高压操作自动控制系统

（2）炉顶压力控制。炉顶压力控制系统是一个负反馈系统，由于炉顶压力很高，煤气管道直径很大，调节阀是成组式的（即由3~5个阀组成）。由于煤气含尘量大，除取压口采用连续吹扫以外，还在炉顶、上升管和除尘器三处取压，并用手动或高值选择器选择最高压力作为控制信号。

（3）均排压自动控制。胶带输送机首先将原料送入上料斗存储。原料要进入高炉必须首先克服上料斗与称量料斗之间的差压，因而上密封阀开启之前先要将称量料斗中的煤气放掉，称为排压。排压时，排出的煤气经旋风除尘及均压煤气回收设施进行再回收，在放散管上设有压力计，当压力低于设定值时，发出回收结束指令；在放散管上同时也设有压力开关，当压力接近大气压时接点闭合，发出放散结束指令。排压以一次回收、二次放散方式工作。

放散结束指令送电控系统，打开上密封阀。上密封阀打开后，原料进入称量料斗，关闭上密封阀。原料要进入高炉还必须克服称量料斗与高炉之间的差压，因而下密封阀开启之前再将煤气充入称量料斗中，称为均压。在密封的称量料斗中充入半净煤气进行一次均压，由于半净煤气经过清洗后压力低于炉顶原煤气压力，故均压到一定程度后即充氮气进行二次均压。二次均压调节采用自力式调节阀，以炉顶煤气上升管的压力代替炉内压力，设定为控制压力。当煤气上升管压力与称量料斗之间的差压低于设定值时，发出均压结束信号，送电控系统打开下密封阀。均压时，均压煤气经旋风除尘器后进入料斗，将排压时沉积的灰尘强制吹回料斗中。另外，二次均压也可以转为定时控制，即充氮气一定时间后发出均压结束信号，在均压、排压过程中，电控系统将根据仪表发出的指令进行电控阀的开闭控制。

（4）无料钟炉顶监控。无料钟炉顶压力控制系统与一般料钟炉顶相同，其均压系统也类似，只是用闸阀代替大、小钟而已。并罐无料钟炉顶是左、右料罐轮流工作，故其程控系统有所不同。无料钟炉顶是用可旋转且角度可调的溜槽布料，因而布料灵活、均匀，可实现环形布料、螺旋布料、扇形布料、定点布料等多种方式。为此，溜槽分别由两台电动机驱动，一台使溜槽旋转，另一台使溜槽成不同的倾角，并分别配置有旋转自动控制系统（控制转速和位置）和倾角位置自动控制系统，且采用 PLC 或电子计算机进行设定和控制。在布料方式已经确定的情况下，重要问题是要对料流调节阀的开度进行控制，以保证其放料不致过早放空或到程序完结时仍未排净。现在大多用自学习系统来控制其开度，当设定某一开度时，若布料程序完结而炉料不是正好排净，则自学习系统会修正下次布料时料流调节阀的开度。炉料是否放空是由声响检测仪或同位素料位计来测定的。第三代无料钟炉顶由于其结构足以准确称量料斗中炉料的质量，可以按质量（加上压力影响补正）来确定排料状况并控制料流调节阀的开度，例如单环布料，在溜槽转动时，计算机将检查炉料是否按规定减少并在单环完结时正好放完，如果不是其将修正料流调节阀的开度。由于并罐无料钟炉顶的两罐不在炉子中心线上，对布料有影响，故新一代无料钟炉顶是串罐形式。

B　热风炉检测控制

热风炉的作用是把鼓风加热到要求的温度，它是按"蓄热"原理工作的热交换器。在燃烧室里燃烧煤气，高温废气通过格子砖并使之蓄热，当格子砖充分加热后，热风炉就可改为送风。此时，有关的燃烧各阀关闭，送风各阀打开，冷风经格子砖而被加热并送出。高炉一般配有 3~4 座热风炉，在单炉送风时，两座或三座热风炉在加热，一座在送风，轮流更换；在并联送风时，两座在加热，两座在送风。

热风炉自动控制包括下列几项：

（1）冷风湿度和富氧控制。冷风湿度和富氧控制系统如图 14-9 所示。冷风湿度和富氧自动控制系统均是串级控制系统，各有一个流量自动控制回路，而其定值则由总风量经过比率设定器来设定，即喷入蒸汽量和氧量与风量成比例。对于湿度，冷风管道还装有氯化锂湿度计，其与湿度控制器 MIC 相连。当湿度偏离规定值时，则修正蒸汽控制系统以保持鼓风中湿度恒定。在蒸汽和氧气管道里分别设有压力控制器，以保证两者压力稳定。富氧自动控制系统还设有自动切断装置，当送风量或风压过低时，该装置自动切断氧流，并把管道中残余氧放出，用氮气自动吹除。

（2）热风温度控制。从鼓风机来的风温为 150~200℃，经过热风炉的风温可高于1300℃，而高炉所需的热风温度为 1000~1250℃，而且温度必须稳定。单炉送风时，其温度控制根据混风调节阀配置的不同而异，有两种方式，一种是控制公用混风调节阀的位置，如图 14-10（a）所示，改变混入的冷风量以保持所需的热风温度。另一种是控制每座热风炉的混风调节阀，如图 14-10（b）所示，用一台风温控制器切换工作，不送风的热风炉其

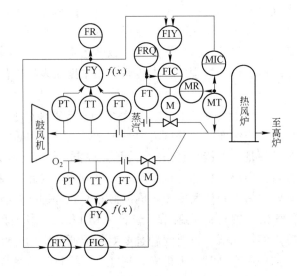

图 14-9　冷风湿度和富氧自动控制系统

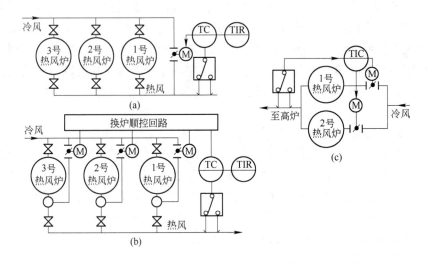

图 14-10　热风温度自动控制系统

（a）带公用混风调节阀的单炉送风；（b）每个热风炉带混风调节阀的单炉送风；（c）热关联送风

混风调节阀的开度由手动设定器设定。并联送风也有两种方式，即热并联和冷并联。一般先送风的炉子输出风温较低，而后送风的炉子输出风温较高，故在热并联时，调节两个炉子的冷风调节阀以改变两个炉子输出热风量的比例，即可维持规定的风温，如图 14-10（c）所示。在冷并联时，两个炉子的冷风调节阀全开，与单炉送风类似，控制混风管道的混风调节阀开度以改变混入冷风量，可保持风温稳定。在实际高炉中都设计成可进行多种选择，既能单炉送风又能并联送风。

（3）热风炉燃烧控制。热风炉燃烧控制系统主要包括拱顶温度控制、废气温度控制、空燃比控制和废气中氧含量分析。

C　煤气（干法）净化除尘检测控制

目前工业应用的干法煤气除尘方法有两种，即布袋除尘和电气除尘，下面以布袋除尘为例进行介绍。

布袋除尘器具有除尘效率高、运行稳定、节能、投资省、生产运行费用低和环保等优点。布袋除尘器的除尘效率在99%以上，阻力损失小于500Pa，净煤气含尘量可达到5mg/$m^3$以下。布袋除尘器的高效率和低压力损失是毋庸置疑的，但其目前主要用于小型高炉（国内350$m^3$级以下高炉的煤气除尘，90%以上采用布袋除尘技术），虽然一些1000～2000$m^3$高炉也在试用布袋除尘器，经过改进和完善，其运行效率大幅度提高，但其仍未能在大型高炉煤气除尘中占主导地位，主要原因在于设备的可靠性和对高炉操作参数变化的不适应性两方面。

布袋除尘系统由重力除尘器、温度调节器和布袋箱体组成。温度调节器是为了保证布袋除尘器能够正常地工作而对煤气温度进行控制，一般要求进入布袋前的煤气温度高于80℃、低于200℃。因此，在重力除尘器与布袋箱体之间设置了煤气升降温调节器。其工作原理是：当煤气温度低时，利用高炉自身净煤气燃烧以加热散热管，再将热量传给煤气达到升温的目的；当煤气温度过高时，利用风机鼓冷风以冷却散热管，使煤气温度降低，有些厂也采用喷雾降温的方法。对于小高炉，煤气经过重力除尘器后一般温度不会过高，故大都不设温度调节器。

布袋箱体有多个，如图14-11所示，其工作原理是：含尘煤气进入布袋，布袋以其微细的织孔对煤气进行过滤，煤气中的尘粒附着在织孔和布袋上，并逐渐形成灰膜，当煤气通过布袋和灰膜时得到净化，随着过滤的不断进行，黏附在布袋上的灰尘增厚，为使黏附在布袋上的灰尘脱落，将净煤气从与含尘煤气相反的方向引入布袋进行反吹，反吹（近年来又发展为脉冲振动除尘法）后的灰尘降落在吊挂布袋的箱体中，经灰斗、卸灰及输灰装置排出外运。

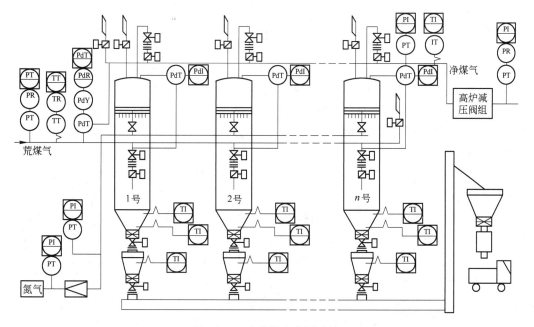

图 14-11 布袋除尘监测系统

布袋除尘的控制包括监测和反吹两大部分。布袋除尘监测参数包括：荒煤气温度和压力，荒煤气和净煤气之间的压差，氮气总管减压阀前、后压力，净煤气总管压力和温度，减压阀组后净煤气总管压力，布袋箱体进、出口煤气之间的压差，箱体灰斗料位（即积灰高度，通过测温来表示），中间灰仓料位等。

此外，还设有煤气管路粉尘检漏装置。每个布袋箱体和煤气出口总管各设一个检漏探头，共用一台数据处理及显示器组成检漏系统，本装置由国内内蒙古电力研究所生产，并于 1995 年 8 月 8 日由呼和浩特市环保监测中心站对该检测仪进行检测对比，监测取样点设在 1 号箱体上，共进行了三次破袋和多次反吹试验。从检测数据可以看出，一旦净煤气粉尘含量超过报警值（10mg/m³），检漏仪立即发出声光报警，表示"布袋已破"。该煤气布袋除尘系统自动连续检漏仪在呼和浩特炼铁厂经过一年多的实际运行，已基本达到了安全、及时、准确检测布袋运行状况的要求，而且实现了操作者在操作室就能发现破袋的目标，改善了检测条件，提高了煤气质量。

## 14.4　转炉炼钢生产工艺及分级控制

在炼钢生产工艺流程中，转炉（或电炉）→炉外精炼→连铸已成为普遍的生产工序模式。

### 14.4.1　氧气顶吹转炉炼钢生产简述

#### 14.4.1.1　炼钢的基本任务

炼钢就是通过冶炼降低生铁中的碳并去除有害杂质，再根据对钢性能的要求加入适量的合金元素，使之成为性能优良的钢。

炼钢的基本任务可归纳如下：

（1）脱碳。在高温熔融状态下进行氧化熔炼，把生铁中的碳氧化降低到所炼钢种要求的范围内，这是炼钢过程一项最主要的任务。

（2）去磷和去硫。把生铁中的有害杂质磷和硫降低到所炼钢号的规格范围内。

（3）去气和去非金属夹杂物。把熔炼过程中进入钢液中的有害气体（氢和氮）及非金属夹杂物（氧化物、硫化物和硅酸盐等）排除掉。

（4）脱氧与合金化。把氧化熔炼过程中生成的对钢质有害的过量的氧（以 $FeO$ 形式存在）从钢液中排除掉；同时加入合金元素，将钢液中的各种合金元素的含量调整到所炼钢种的规格范围内。

（5）调温。按照冶炼工艺的需要，适时地提高和调整钢液温度到出钢温度。

（6）浇注。把冶炼好的合格钢液浇注成一定尺寸和形状的钢锭、连铸坯或铸件，以便下一步轧制成钢材或锻造成锻件。

氧气转炉炼钢法是当今国内外最主要的炼钢法。氧气顶吹转炉示意图如图 14-12 所示。

氧气顶吹转炉炼钢法是水冷氧枪自炉口垂直伸入炉内，直接向熔池吹入高速氧流，将铁水中的碳、硅、锰、磷、硫氧化到所炼钢号的规格内，并利用铁水的物理热和元素氧化放出的热量获得熔炼所需的高温，无需外部热源的一种炼钢方法。

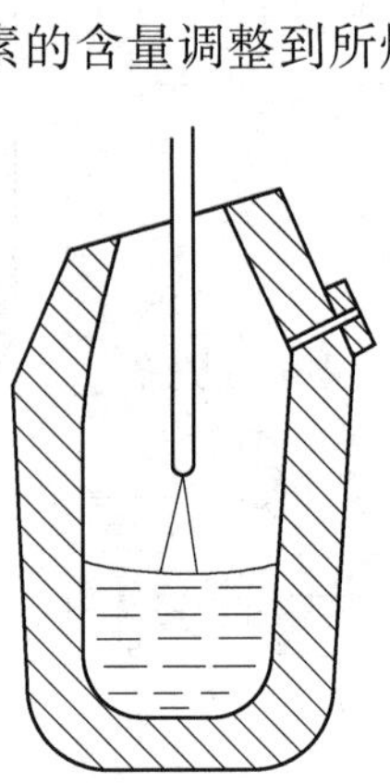

图 14-12　氧气顶吹转炉示意图

### 14.4.1.2 氧气顶吹转炉构造及主要设备

A 转炉构造

转炉构造主要包括炉壳、托圈、耳轴及倾动机构，如图14-13所示。

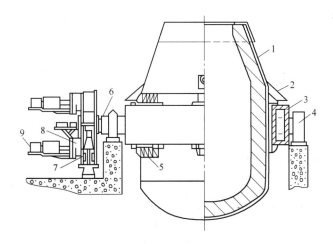

图14-13    转炉炉体结构和倾动机构示意图

1—炉壳；2—挡渣板；3—托圈；4—轴承及轴承座；5—支撑系统；

6—耳轴；7—制动装置；8—减速机；9—电机及制动

（1）炉壳。炉壳由锥形炉帽、圆筒形炉身及球形炉底三部分组成。各部分由钢板成型后再焊接成整体。为防止炉帽变形，设有水冷炉口。

（2）托圈。托圈与炉壳相连，主要作用是支撑炉体，传递倾动力矩。大、中型转炉托圈一般用钢板焊成箱式结构，可通水冷却。托圈与耳轴连成整体。

（3）耳轴。转炉工艺要求炉体应能正反旋转360°，在不同操作期间，炉体要处于不同的倾动角度。为此，转炉设有旋转耳轴，一侧耳轴与倾动机构相连而带动炉子旋转。耳轴和托圈用法兰、螺栓或焊接等方式连接成整体。

（4）倾动机构。倾动机构由电动机和减速装置组成。其作用是倾动炉体，以满足兑铁水、加废钢、取样、出钢和倒渣等操作的要求。该机构应能使转炉炉体正反旋转360°并能在启动、旋转和制动时保持平稳，能准确地停在要求的位置上，安全可靠。

B 供氧设备

供氧设备主要有供氧系统、氧枪及其升降装置。

（1）供氧系统。氧气由制氧车间经管道送入球罐，然后经减压阀、调节阀、快速切断阀送到氧枪。

（2）氧枪。氧枪也称为喷枪，它担负着向熔池吹氧的任务。因其在高温条件下工作，故采用循环水冷的套管结构，由喷头、枪身及接头三部分组成，如图14-14所示。

（3）氧枪升降装置。氧枪在吹炼过程中需要频繁升降，因此，要求其升降机构应有合适的升降速度，并可变速，且升降平稳、位置准确、安全可靠。除与氧气切断阀有联锁装置外，还应有安全联

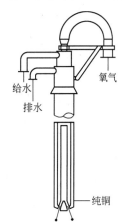

图14-14    氧枪结构

锁装置，当出现异常情况（如氧压过低、水压低等）时应能自动提升氧枪。此外，还设有换枪装置，以保证快速换枪。

### 14.4.1.3 氧气顶吹转炉吹炼工艺

顶吹转炉冶炼操作分单渣法和双渣法。

A 单渣法吹炼工艺

单渣法就是在吹炼过程中只造一次渣，中途不扒渣、不放渣，直到终点出钢。单渣法的优点是操作简单，易于实现自动控制，熔炼时间短和金属收得率高。其缺点是脱磷、脱硫能力较差，所以适用于吹炼磷、硫、硅含量较低的铁水或对磷、硫含量要求不高的钢种。

通常将冶炼相邻两炉钢之间的间隔时间（从装入钢铁料至倒渣完毕）称为一个冶炼周期。一个冶炼周期一般为 20~40min。单渣法冶炼周期由装料、吹炼和出钢三个阶段组成。

（1）装料期。先将上一炉的炉渣倒净，检查炉体，进行必要的补炉和堵好出钢口，然后开始装料，一般先装入废钢，之后再兑入铁水。

（2）吹炼期。摇正炉体，下降氧枪并同时加入第一批渣料（石灰、萤石、氧化铁皮、铁矿石），其量为总渣量的 1/2~2/3。当氧枪降至开氧点时，氧气阀自动打开，调至规定氧压，开始吹炼。根据吹炼期金属液成分、炉渣成分和熔池温度的变化规律，吹炼期又可大致分为吹炼前期、吹炼中期和吹炼后期。

1）吹炼前期：也称为硅、锰氧化期或造渣期，此期大约在开吹后的 4~5min 内。本期主要是硅、锰、磷的氧化，初渣的形成并乳化起泡。开吹后 3min 左右，硅、锰就氧化到很低含量，继续吹氧则不再氧化，而锰在后期稍有回升的趋势。

2）吹炼中期：也称为碳氧化期。大约在碳的质量分数达到 3.0%~3.5% 时进入吹炼中期，此时脱碳反应剧烈，碳焰长而白亮（因 CO 气体自炉口喷出时与周围空气相遇而发生氧化燃烧）。这时应供氧充足，并分批加入铁矿石和第二批造渣材料，防止炉渣"返干"（即炉渣中 FeO 含量过低，有一部分高熔点微粒析出而使炉渣变黏稠）而引起严重的金属喷溅。

3）吹炼后期：也称拉碳期。当碳的质量分数小于 0.3%~0.7% 时，进入吹炼后期。本期钢液含碳量已大大降低，脱碳速度明显减弱，火焰短而透明。若炉渣碱度高，流动性又好，仍然能去除磷和硫。

吹炼后期的任务，是根据火焰状况、吹氧数量和吹炼时间等因素，按所炼钢号的成分和温度要求确定吹炼终点。当碳含量符合所炼钢种的要求时即可提枪停止吹炼，即"拉碳"。

出钢温度（模铸）一般比钢的熔点高 70~120℃，即高碳钢为 1540~1580℃、中碳钢为 1580~1600℃、低碳钢为 1600~1640℃。连铸的出钢温度一般比模铸的出钢温度高。

判定出钢终点后，提枪停氧，倒炉，进行测温取样。根据测定和分析结果决定出钢或补吹。

每炉钢的纯吹炼（吹氧）时间约为 15~20min。

（3）出钢期。出钢时倒下炉子，先向炉内加入部分锰铁，然后打开出钢口并进行挡渣出钢（避免回磷和回硫）将钢水放入钢水包。出钢期间进行钢液的脱氧和合金化，一般在钢水流出总量的四分之一时开始向钢液中加入铁合金。至流出总量的四分之三以前全部加完。根据是镇静钢还是沸腾钢以及当时钢水的沸腾情况，向钢包内加入适量的锰铁或硅铁，并用铝（锭）使钢液最后脱氧。

钢水放完，运走钢水包后，将炉渣倒入渣罐中。至此为一炉钢的冶炼操作过程，即一个冶炼周期。

B　双渣法吹炼工艺及其特点

双渣法是在冶炼过程中需倒出或扒出部分炉渣（约 1/2～2/3），然后重新加渣料造渣。其关键是选择合适的倒渣时机。一般在渣中含磷量最高、含铁量最低时倒渣最好。该法适用于磷、硫、硅含量高的铁水或优质钢和低磷中、高碳钢，以及需在炉内加入大量易氧化元素的合金钢的冶炼。

此法的优点是脱磷、硫效率高，能避免大渣量引起的喷溅。

### 14.4.2　转炉炼钢生产过程控制级

随着炼钢工艺的不断发展，尤其是铁水预处理、炉外精炼及连铸工艺等的飞速进步，单凭操作人员的经验炼钢已经不能满足生产的需要。尤其是为了提高钢材的产量与质量，协调整个炼钢工艺的生产，在转炉生产过程中投入过程控制系统更为重要。由于计算机网络硬件技术的不断提高，过程控制系统的硬件设备也在不断更新。

#### 14.4.2.1　计算机的控制范围

转炉过程计算机系统可以完成整个转炉生产过程的管理与控制，并协调转炉和连铸的生产。其基础自动化系统与过程计算机连接，实现具体生产指令的下达和指令执行情况的反馈，以达到生产过程的最优控制。转炉过程计算机的控制范围一般从铁水预处理开始，经转炉吹炼、炉外精炼，与连铸过程计算机系统进行通信，使转炉与连铸匹配，以协调全场的生产。其生产过程一般由连铸向转炉反推，即转炉车间接到来自连铸的制造命令，由调度制定出钢计划并输入过程计算机。转炉操作室根据调度命令，向铁水及废钢系统提出各种申请，然后根据钢种、铁水和废钢的具体情况决定其原料的配比，期间要经过铁水及废钢的成分、质量、温度等信息的处理；吹炼过程中启动标志模型，进行实时地检测跟踪；到达吹炼终点时，指挥副枪测试，读取化验成果，然后进行铁合金的计算，最后将全部冶炼数据进行收集整理，形成生产报表及数据分析表。

#### 14.4.2.2　转炉过程控制系统的功能

转炉过程控制系统的主要任务是根据控制对象的数据流安排相应的人机接口，使操作人员能够监视和管理所有控制的过程，并进行必要的数据输入输出，从而达到过程控制的目的。

转炉过程控制系统按功能可分为以下多个子系统，各厂根据需要可有取舍。

A　炼钢控制子系统

炼钢控制子系统为过程控制系统的核心，负责炼钢过程的计算机控制。由操作人员输入必要的数据后，启动冶炼模型对炼钢过程进行控制，以达到自动炼钢的目的。以一个炼钢周期为例，炼钢控制子系统的执行过程为：

（1）确认计划数据，包括熔炼号、计划钢种、出钢量、出钢时间，以及各种操作方案。

（2）由基础自动化级采集并由操作人员确认实际装入铁水量、铁水温度、铁水成分、废钢量、废钢种类、是否有副枪、是否有底吹、氧枪操作方案和下料操作方案，然后启动副原料计算模型，由二级计算机计算出冶炼所需的各种副原料量、吹氧量、底吹方案等。

（3）由操作人员确认计算结果，二级计算机向基础自动化级各子系统发出降枪方案的设定点和第一批料的设定点以及底吹方案。

（4）按点火按钮，降枪吹氧进入计算机控制方式。如果确认有副枪操作则进入步骤（5），否则进入步骤（6）。

（5）吹氧量达到副枪检测点时，氧枪自动提升或者氧气自动减小流量，副枪降枪开始测试；测试结束时，启动主吹校正模型对终点的吹氧量等进行校正；确认计算结束后，降枪吹氧，进入碳温动态曲线画面，对最后吹炼阶段进行监视。

（6）达到终点，如果无副枪，则进行倒炉、取样、化验，转步骤（9）。

（7）进入"临界"终点画面，确认是否进行补吹，若补吹则进入步骤（8），否则进入步骤（9）。

（8）启动补吹校正技术模型，计算校正时所需的参数，确认结束，降枪吹氧后返回步骤（6）。

（9）倒炉出钢，加合金，溅渣补炉，确定最终生产数据。

（10）如果本炉次控制成功，则调用模型参数修正子程序、热损失常量和氧气收得率，实现自学习功能。

B 转炉调度子系统

由调度人员根据日生产计划和本系统提供的生产信息（包括连铸生产情况、转炉的设备状况等），安排单座转炉的生产计划，完成一次加料模型计算，下达铁水、废钢需求。该项功能主要由操作人员根据计算机提供的信息，由人工操作来完成。

转炉调度子系统需要向操作人员提供以下信息：

（1）连铸生产状况，包括钢包质量、铸机拉速、浇注钢种、浇注时间等。

（2）转炉生产情况，包括吹氧时间、枪位、下料量以及转炉处于修炉、正常吹炼、设备故障等。正常吹炼分为准备吹炼、主吹、补吹、吹隙、溅渣。设备故障分为转炉本体、下料系统、烟气净化及冷却装置、煤气回收系统故障等。

（3）钢包准备情况，包括炉后有无钢包等。操作人员根据连铸与转炉的实际生产情况，便可下达单座转炉的生产计划。

（4）计划格式，包括熔炼号、钢种、出钢量、出钢时间。计划编排后，即可下达至转炉炼钢控制子系统。本系统也允许操作人员对已制定的计划进行增加、修改、删除，以适应生产需要。

（5）附加功能，包括提供钢种表，供操作人员参考；提供报表查询和打印的功能，供管理使用；根据生产计划中的出钢量、钢种以及铁水成分和温度启动主原料计算模型，模型计算的结果经确认后，送至铁水站、废钢站准备主原料。

C 铁水管理子系统

铁水管理子系统的主要功能是采集由化验处理子系统传来的数据，将其存档并传至其他系统，如炼钢控制系统、调度子系统。铁水管理子系统的数据主要是铁水信息，如铁水编号、铁水成分、铁水温度、铁水质量和采集时间。

D 废钢管理子系统

废钢管理子系统的功能是采集废钢质量、废钢种类等信息，根据操作要求，将本炉使用的废钢质量、废钢种类等信息经终端通知操作室，并收集废钢的实际使用情况。

E 合金管理子系统

根据出钢量、出钢钢种及化验成分启动合金计算模型，按最终钢成分计算出所需合金的品种及数量，并交操作人员确认。同时，搜集每炉钢合金料的实际使用情况（包括合金种类和质量）并存入数据库中，供自学和打印报表使用。

F 打印报表系统

根据生产工艺的要求和管理统计工作的需要，转炉打印报表系统主要完成三类报表的功能，即转炉过程记事、转炉熔炼记录和转炉生产过程日报表。

（1）转炉过程记事。在冶炼过程中，各种副原料的加料时间、加料质量、加料种类、氧枪高度、氧气流量、氧压、氧累积量、吹氧时间等。报表信息以事件发生的时间先后为序排列，记事的多少随着冶炼复杂程度的变化而发生变化。全部数据的采集和打印工作不受人为影响，此报表是对生产冶炼过程的再现和回忆。

（2）转炉熔炼记录。这一报表是对生产中各道工序的详细记录，报表信息覆盖整个炼钢生产过程，其格式和信息是固定的。采集来源分两类，一类是由人工输入，另一类是由现场采集的信号经过程序计算得到的。

（3）转炉生产过程日报表。此报表主要包括每个炉次副原料和合金料的加料种类和数量、氧气消耗量、吹氧时间以及班次、熔炼号。汇总信息包括：铁水消耗量、废钢消耗量、各种副原料消耗量、合金消耗量、氧气消耗量、氮气消耗量、氩气消耗量、副枪探头消耗量及测成率等。

G 数据通信系统

数据通信系统负责数据之间的通信，包括与基础自动化级（L1）通信、内部各站之间通信和与生产管理级通信。

从基础自动化级（L1）上传的数据包括：

（1）氧枪数据。包括氧压、氧流量、氧量、吹氧时间、氧枪位置、是 A 枪还是 B 枪工作、吹氮有关数据。

（2）副枪数据。包括钢水化学成分、温度、熔池高度。

（3）烟气净化数据。包括汽包水位、风机有关数据。

（4）底吹数据。包括吹入气体的流量、压力、累积量和切换时间。

（5）其他数据。包括铁水成分、钢水成分、温度、铁水质量、煤气回收有关数据、下料质量、合金料质量和种类、实际下料批次、熔炼号等。

从过程控制级（L2）下载的数据包括：氧枪操作方案、底吹控制方案、副原料下料控制方案、副枪测试命令。

14.4.2.3 采用数学模型控制转炉炼钢的工艺要求

因数学模型控制与本厂工艺条件密切相关，故要求工艺满足如下条件：

（1）保证铁水成分、温度、废钢及副原料条件处于数学模型调试前规定的范围内。

（2）入炉前铁水应进行扒渣处理。

（3）数学模型要根据铁水入炉时成分、温度的估计值计算铁水、废钢的装入量，因此在铁水脱硫前应测温取样，以得到这些估计值。

（4）脱硫后取铁样化验，入炉前在兑铁包内进行铁水测温，数学模型根据铁水成分、温度计算造渣料的使用量。

（5）对废钢进行分类，数学模型对不同种类的废钢应使用不同的成分数据。

（6）控制废钢装入量和废钢规格，以确保废钢在副枪测试前完全熔化。

（7）对于石灰等副原料应有最新成分分析，对于成分等指标波动不大的物料可采用平均值作为指标。

（8）保证测温化验设备、氧流表等仪表以及各种电子秤计量准确。

（9）副枪的测试精度为：温度 $\Delta t \leqslant \pm 10℃$，$\Delta w[\mathrm{C}] \leqslant \pm 0.02\%$。

（10）保持炉体热状态稳定。

（11）保证吹炼中无强烈喷渣、非计划停吹等异常情况发生。

（12）采用计算机控制冶炼的钢种，按出钢时的钢水碳含量分为4组，每组至少收集100炉数据，根据控制实验获得的数据确定模型参数。

（13）用户提供的设备原料数据应包括工厂设计说明书，主要设备的运行测试报告，技术操作规程，各种原料的数据，石灰石、废钢、铁矿石等物料的冷却效果，装入炉内的硅铁、焦炭等辅助燃料的发热效果，主要工序的作业时间分配，钢种表，操作方案，连铸参数，化验数据，称量设备，人员表，故障、耽搁表。

### 14.4.3　转炉炼钢生产基础控制级

转炉炼钢生产基础自动化级的功能主要包括对氧枪、副枪、副原料、高位料仓皮带上料、顶吹、底吹、煤气回收、余热锅炉等子系统进行检测和控制，并可以集中监视和操作。下面以氧枪系统为例，介绍基础控制级内容。

转炉氧枪系统包括：氧枪供水系统，氧枪供氧系统，氧枪供氮系统，主、备氧枪换枪横移系统，氧枪位置控制系统，氧枪安全系统。

#### 14.4.3.1　氧枪供水系统

转炉吹炼过程中，氧枪要下降到环境恶劣的炉内，它不仅要受到钢水、炉气和炉渣的高温辐射作用，还要经受钢液和炉渣对氧枪的冲刷和黏结。所以，氧枪枪体必须通过高压循环冷却水进行冷却。由于氧枪长时间工作，枪头部位会受到不同程度的侵蚀，时常发生冷却水泄漏到炉内的现象，量大时会影响到转炉的安全。因此，氧枪供水系统监控程序应具有如下功能：

（1）氧枪漏水自动检测，轻度漏水预警提示。

（2）结合转炉炼钢的生产工艺，当氧枪漏水重度报警时将氧枪提到氮封口以上，同时关闭工作氧枪进水阀口，延迟3s后再关出水阀口。

（3）氧枪冷却水进水、回水压力检测，低于报警设定值时报警显示，将氧枪自动提到等候点。

（4）氧枪冷却水进水流量检测，低于报警设定值时报警显示，将氧枪自动提到等候点。

（5）氧枪出水温度检测，高于报警设定值时报警显示，将氧枪自动提到等候点。

（6）氧枪冷却水进、出水流量差检测，高于报警设定值时报警显示，将氧枪自动提到等候点。

#### 14.4.3.2　氧枪供氧系统

氧气压力和供氧流量是影响转炉炼钢质量、产量、炉龄和性能的主要参数，必须同时稳定地控制氧气压力和流量，才能满足转炉冶炼工艺的要求。氧气顶吹转炉供氧用的水冷喷枪，其主要结构包括枪尾、枪身和枪头。枪尾有适当的接头与氧气管道和进、出冷却水管道相连。此水冷喷枪有分隔开的氧气和水的内通道，为三个固定同心管，外管固定于枪尾和枪头上。

供氧系统自动控制一般采用两级减压的方式，第一级减压由压力调节阀完成，第二级减压是通过流量调节阀实现的。因此，供氧系统的基础级控制共有总管一次压力调节和氧气流量控制调节两个控制回路。为保证在吹炼过程中有稳定的氧压和氧量，应该调节总管压力，并保持总管压力恒定。总管一次压力调节，是将阀后氧压力信号经压力变送器送至PLC，通过程序 PI 模拟调节器来调节阀的开度，使阀后压力稳定在工艺要求的范围内。氧气流量控制调节就是对流量调节阀的开度实施 PID 调节。氧流量检测通常采用孔板和压差变送器。为了提高氧流量监测精度，必须进行温度补正，补正后的氧气流量、氧气累计值均在人机界面 HMI 上显示出来。

#### 14.4.3.3　氧枪供氮系统

供氮系统包括溅渣氮气的状态监控和氮封阀的控制。溅渣氮气阀包括前氮气支管球阀、氮气支管快切阀和氮气放散阀，如图 14-15 所示。系统要对溅渣氮气阀前、后支管压力进行检测，对总支管流量进行PID 调节。转炉出钢后，需要溅渣护炉。在工作站上选择吹氮气方式时，氮气放散阀自动关闭后，氮气支管球阀主动开启，氧枪下降；当氧枪下降到开氮位置时，氧枪前氮气支管快切阀自动打开，开始溅渣，并打开对应的料仓；溅渣时间到，氧枪自动提升，当氧枪升到关闭氮气位置时，氮气支管快切阀自动关闭。

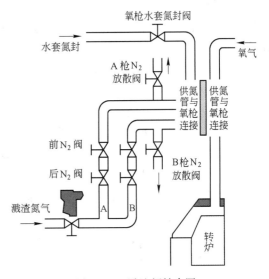

图 14-15　溅渣阀结合图

#### 14.4.3.4　主、备氧枪换枪横移系统

转炉吹炼设两支氧枪，一支在工作位，一支在备用位。换枪时，先由氧枪横移小车将主氧枪横移到备用位，再将备用氧枪换到工作位，并用定枪销锁定。

PLC 控制主氧枪与备用氧枪自动更换的过程为：将主氧枪及备用氧枪均提至换枪点以上，转动操作台上主、备两枪选择开关（或在 HMI 进行氧枪横移操作）；控制程序自动拔起定枪销，将在位枪移出炉口至备用位，并将不在位枪移到炉口位；氧枪横移到位后，将定枪销插入，完成换枪功能。此过程也可以在机旁操作箱和中央操作室维修画面上手动操作。

#### 14.4.3.5　氧枪位置控制系统

氧枪位置控制系统是由升降小车、导轨、卷扬机、横移装置、钢丝绳滑轮以及氧枪高度指示标尺等组成。转炉控制系统的关键是氧枪定位，在氧枪电动机轴头设位置极限开关，对上、下极限和等候点等关键位置做硬保护。

### 14.4.3.6　氧枪安全系统

为使氧枪安全运行，氧枪的动枪安全联锁是十分重要的。根据冶炼工艺要求，控制程序应该设置如下几个安全联锁。

（1）氧枪自动提升到等候点联锁，出于安全考虑，将氧枪提升并停到一个固定的高度以上，一般是等候点。

（2）下列情况如有一个出现，则氧枪停止上升：

1）变频系统故障。

2）氧枪钢绳张力报警。

3）转炉不在"0"位。

4）氧枪电动机联锁错误。

5）氧枪超上限报警，不能提枪。

6）氧枪超下限报警，不能降枪。

（3）防止氧枪回火安全联锁。

（4）氧枪事故提枪。一方面考虑无配重枪，在不停电的系统事故状态下，要保证设备及人员安全所设置的手动提枪；另一方面考虑在停电的系统事故状态下，要保证设备及人员安全所设置的手动提枪。

### 14.4.3.7　转炉氧枪系统的控制方式

转炉氧枪系统的控制方式有四种，分别为自动方式、半自动方式、手动方式和维修方式。

（1）自动方式。自动方式是接收二级计算机计算静态模型所得的枪位、氧气流量、氧气流量累计的氧步设定值，结合吹炼方案，将其以表格形式存于特定的存储区中且可随时调看，并根据此表所形成的曲线进行各参数的设定执行，如果在冶炼过程中枪位需临时微调，可按动操作台的"上升"、"下降"按钮进行调整，然后程序按氧步继续执行。计算机方案下载后，经冶炼操作人员确认后方可执行；在自动方式下介入全部动枪联锁，动枪联锁包含提枪至等候点联锁和不动枪联锁，并提示报警；根据操作台按钮（"开始吹炼"按钮）及上位机枪位设定值，通过枪位差与速度曲线的运算给出动枪控制输出值，驱动变频（或直流晶闸管）传动系统动枪；根据模型计算或人工测量的数据，修改氧枪喷头到钢水液面的相对值；根据上位机的吹炼终点氧累积设定值自动提枪，也可人工将其转到手动方式下提枪；副枪下降测试或测温取样后，根据副枪测试或化验结果启动补吹模型或直接出钢；总、支管氧气流量的温压补正及 PID 调节自动投入，实时检测总、支管及在位枪的氧气压力，压力超限报警。

（2）半自动方式。半自动方式是脱离二级过程计算机的自动控制方式，此时，氧枪系统按照基础级计算机内存的冶炼方案由 HMI（人机界面）监控，对氧枪枪位、氧气流量按氧步控制自动执行。其间枪位可使用操作台按钮微调，冶炼方案应由操作人员按工艺要求提出，并根据实际冶炼需要由操作人员修改（方案修改界面设置操作口令）；根据方案表中最后氧步的氧累积量自动提枪，也可根据冶炼具体情况手动干预提枪。

（3）手动方式。手动方式是在 HMI（人机界面）上随机设定氧枪喷头到钢水液面的相对值，氧气流量按最后设定值执行。由副枪或人工测得实际熔池液面，在非吹炼情况下通过工作站输入实测液面值，操作人员根据经验，设定氧枪喷头到液面的相对高度，设定时有安全限定锁保护。当程序判断所输入的熔池液面值或氧枪喷头到液面的相对高度不合理时，设定无效，并发出"输入数值超限"的提示信息。数值初步设定完成后，按动"到吹炼点"按钮，氧枪自动下降到设定位置停止，吹炼过程中介入全部动枪联锁及安全保护联锁；吹炼结束时，操作工根据具体情况按动操作台上的"到等候点"按钮，氧枪自动提至等候点。

（4）维修方式。维修方式含有脱机控制的机旁箱操作和 HMI 的单体调试，操作台"开关氧"按钮可以开关在位枪的切断阀，且显示切断阀的开、关及报警状态。在维修方式下解除全部动枪联锁，只保留超上极限不能提枪和至下极限不能降枪的报警。由于溅渣补炉要求低枪位，故也可在维修方式下操作。

## 14.5  炉外精炼生产工艺及分级控制

### 14.5.1  炉外精炼生产工艺简述

炉外精炼是把转炉（或电炉中）所炼的钢水移到另一个容器中（主要是钢包）进行精炼的过程，也称二次炼钢或钢包精炼。

炉外精炼把传统的炼钢分成两步，第一步称为初炼，在氧化性气氛下进行炉料的熔化、脱磷、脱碳和主合金化；第二步称为精炼，即在真空、惰性气氛或可控气氛下进行脱氧、脱硫、去除夹杂、夹杂物变性、微调成分、控制钢水温度等。20 世纪 60 年代以来，各种炉外精炼方法相继出现，目前在世界范围内这一技术已经得到了飞速发展。

炉外精炼在现代化的钢铁生产流程中已成为一个不可缺少的环节，尤其将炉外精炼与连铸相结合，是保证连铸生产顺行、扩大连铸品种、提高铸坯质量的重要手段。

各种炉外精炼方法的工艺各不相同，其共同的特点是：有一个理想的精炼气氛，如真空、惰性气体或还原性气体；采用电磁力、吹惰性气体的方法搅拌钢水；为补偿精炼过程中钢水温度下降的损失，采用电弧、等离子、化学法等加热方法。

与连铸相匹配的钢包精炼，其作用在于提高铸坯质量和保证连铸工艺的稳定性。选择合适的炉外精炼方法，是提供质量合格钢水的重要手段。

究竟采用哪种炉外精炼法应根据工厂条件和对产品质量的要求，建立不同的生产工艺流程，举例如下：

（1）对于与大型转炉相匹配的板坯、大方坯、圆坯连铸机，要求提供优质钢水，生产无缺陷铸坯，可采用转炉→RH→连铸或转炉→RH + 喂丝→连铸工艺。在生产超低碳钢（碳含量小于 0.0015%）或超低硫钢（硫含量小于 0.001%）时，可采用 LF 炉与真空处理并用工艺，以达到最佳效果。考虑到节省投资，也可采用 CAS-OB（composition adjustments by sealed argon-oxygen blowing，成分调整密封吹氩吹氧）精炼炉工艺。

（2）对于与小型转炉相配合、以生产普碳钢为主的小方坯、矩形坯连铸机，一般采用钢包吹氩或钢包喂丝技术，基本上就能满足连铸工艺和铸坯质量的要求。

目前炉外精炼有多种形式，得到广泛应用的有：真空循环脱气（RH）法、LF 钢包精炼炉法、真空吹氩脱气（VD）法、真空吹氧脱碳精炼炉（VOD）法、钢包喷粉法、喂丝法、氩氧精炼炉（AOD）法等。

下面以 RH、LF 精炼法和 VD 法为例讨论。

### 14.5.1.1 RH 精炼法

RH 法又称真空循环脱气法，主要适合氧气转炉炼钢厂或超高功率电弧炉炼钢厂。RH 法基本原理如图 14-16 所示。

钢液脱气是在砌有耐火材料内衬的真空室内进行。脱气时将浸入管（上升管、下降管）插入钢水中，当真空室抽真空后钢液从两根管子内上升到压差高度。根据气力提升泵的原理，从上升管下部约 1/3 处向钢液吹氩等驱动气体，使上升管的钢液内产生大量气泡核，钢液中的气体就会向氩气泡扩散，同时气泡在高温与低压的作用下，迅速膨胀，使其密度下降。于是钢液以约 5m/s 的速度，呈喷泉状喷入真空室后，钢液被飞溅成极细微粒，而得到充分脱气。脱气后由于钢液密度相对较大而沿下降管流回钢包。实现了钢包—上升管—真空室—下降管—钢包的连续循环处理过程。

RH 技术的优点是：

（1）反应速度快，适于大批量处理，生产效率高，常与转炉配套使用。

（2）反应效率高，钢水直接在真空室内进行反应。

（3）可进行吹氧脱碳和二次燃烧进行热补偿，减少处理温降。

（4）可进行喷粉脱硫，生产超低硫钢。

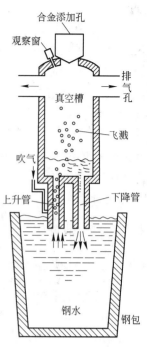

图 14-16 RH 法原理图

### 14.5.1.2 LF 精炼法

LF（ladle furnace）法是日本大同特殊钢公司于 1971 年开发的，是在非氧化性气氛下，通过电弧加热、造高碱度还原渣，进行钢液的脱氧、脱硫、合金化等冶金反应，以精炼钢液。为了使钢液与精炼渣充分接触，强化精炼反应，去除夹杂，促进钢液温度和合金成分的均匀化，通常从钢包底部吹氩搅拌。它的工作原理如图 14-17 所示。钢水到站后将钢包移至精炼工位，加入合成渣料，降下石墨电极插入熔渣中对钢水进行埋弧加热，补偿精炼过程中的温降，同时进行底吹氩搅拌。它可以与电炉配合，取代电炉的还原期，能显著地缩短冶炼时间，使电炉的生产率提高。也可以与氧气转炉配合，生产优质合金钢。同时，LF 还是连铸车间，尤其是合金钢连铸车间不可缺少的钢液成分、温度控制及生产节奏调整的设备。

LF 法因设备简单，投资费用低，操作灵活和精炼效果好而成为钢包精炼的后起之秀，

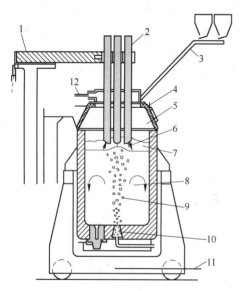

图 14-17 LF 法示意图

1—电极横臂；2—电极；3—加料溜槽；4—水冷炉盖；5—炉内惰性气氛；6—电弧；7—炉渣；8—气体搅拌；9—钢液；10—透气塞；11—钢包车；12—水冷烟罩

在我国的炉外精炼设备中已占据主导地位。

由于常规 LF 法没有真空处理手段，如需要进行脱气处理，可在其后配备 VD 或 RH 等真空处理设备。或者在 LF 原设备基础上增加能进行真空处理的真空炉盖或真空室，这种具有真空处理工位的 LF 法又称为 LFV 法［ladle furnace + vacuum（真空）］。

### 14.5.1.3　VD 法简述

钢包真空脱气法（vacuum degassing）简称为 VD 法。它是向放置在真空室中的钢包里的钢液吹氩精炼的一种方法，其原理如图 14-18 所示。日本又称为 LVD 法（ladle vacuum degassing process）。

最早的真空脱气设备即为现在人们将其称为 VD 的炉外精炼设备，这种真空脱气设备主要由钢包、真空室、真空系统组成，基本功能就是使钢水脱气。但这种设备存在一个特别明显的问题，就是钢水没有搅拌和加热。

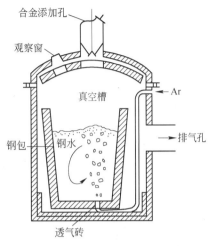

图 14-18　VD 钢包真空脱气的工作原理

A　VD 精炼工艺及效果

VD 炉的一般精炼工艺流程：吊包入罐→启动吹氩→测温取样→盖真空罐盖→开启真空泵→调节真空度和吹氩强度→保持真空→氮气破真空→移走罐盖→测温取样→停吹氩→吊包出站。VD 真空脱气法的主要工艺参数包括真空室真空度、真空泵抽气能力、氩气流量、处理时间等。

通过 VD 精炼，钢中的气体、氧的含量都降低了很多，夹杂物评级也都明显降低。这个结果说明，这种精炼方法是有效的。但是应当指出的是，使用当今系统的炉外精炼方法得到的钢质量比单独采用 VD 精炼要好得多。

B　LF 与 RH、LF 与 VD 法的配合

为了实现脱气，与 LF 配合的真空装置主要有两种：RH 和 VD。目前日本倾向于 80t 以上的转炉或电炉采用 LF + RH 炉外精炼组合，因为钢包中钢渣的存在并不影响 RH 操作，所以 LF 与 RH 联合在一个生产流程中使用是恰当的。小于 80t 转炉或电炉采用 LF + VD 炉外精炼组合（钢包作为真空钢包使用）。与 LF + RH 相比，由于渣量太大，LF + VD 的脱气效果略差一些。VD 的形式又有两种：一种是真空盖直接扣在钢包上，称为桶式真空结构；另一种是钢包放在一个罐中的，称为罐式真空结构。LF + RH 和 LF + VD 法如图 14-19 所示。

## 14.5.2　炉外精炼过程自动化

### 14.5.2.1　炉外精炼过程控制级的功能

炉外精炼过程控制自动化级的功能主要有以下几个方面：

（1）试验分析和数据处理。由全厂分析中心计算机把各种原料（合金等投入物）的分析结果，以及全厂分析计算机、精炼炉前快速分析或转炉电炉计算机的钢水成分送炉外精炼过程控制计算机，后者做合理性的检查后，将其存入原料分析值文件并由 CRT 自动

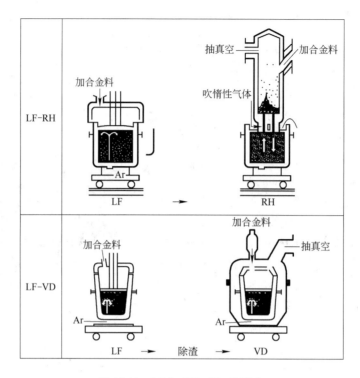

图 14-19　LF 与 RH、VD 的配合

显示。

（2）数据采集。数据采集大多由基础自动化级进行并经网络上传给过程机，其中包含某些手动输入数据。数据大致有以下四类：

1）原始数据，如炉外精炼的转炉炉次，钢水温度、质量、成分等。

2）处理过程中及处理后的数据，如炉外精炼 RH 真空处理装置的环流氩气、炉气成分、排气量和温度，处理后的钢水温度和成分等。

3）数学模型所需数据，包括手动输入数据。

4）打印报表所需数据。

数据采集和处理分定周期和非定周期两种。定周期数据采集和处理是以 1min 或更短时间为周期，采入数据后，进行瞬时值累计处理（10min、1h、8h、1 天、1 月等）。瞬时值处理包括仪表故障状态监视、平滑化、热电偶断线检查和输入处理、量程单位数据变换以及超低检测等，并做成累计文件、瞬时值文件、每分钟系列文件等。非定周期数据采集和处理是由过程中断信号或设定来启动的，并进行和瞬时值类似的处理。

（3）跟踪。跟踪的内容包括炉外精炼的转炉炉次、钢水参数、出钢时间、对炉外精炼的要求等。

（4）生产指令的接收与发布。内容包括接收生产管理级（L3）或转炉计算机有关管理系统的钢水生产计划调度信息，发布处理时间、目标成分、精炼方式等命令，进行短期计划的编制、修改，LF 炉的加热指令、功率设定、变压器的抽头确定，钢水处理控制（合金化、脱氧、脱硫）等。

（5）生产操作管理。内容包括各个料仓料位和库存量管理、合金称量和加入管理、处理时间管理等。

（6）模型运算、优化与人工智能的应用。

14.5.2.2 炉外精炼过程控制数学模型

A RH真空精炼数学模型

RH处理的钢种按处理目的分为三类：第一类为轻处理钢，其原理是真空脱气以减少脱氧产物，然后合金化；第二类是深脱碳钢，其原理是要求RH前期真空脱碳到0.003%以下，然后进行合金化；第三类是本处理钢，其原理是利用真空循环条件，通过多次合金微调，将成分控制在很窄的范围内，该类钢种在RH处理时已经脱氧，此时只进行脱气和成分微调。在实际生产中，前两类钢种居多。

RH真空精炼数学模型采用的方法是基于冶金热力学和动力学反应，以物料平衡和热量平衡为依据，结合生产的经验进行修正，得到的实用工艺数学模型。目前，实用化的数学模型主要以静态预报为主，包括预报RH处理过程中的$w[C]$、$w[O]$和温度，进行合金化计算。

RH工艺控制数学模型最典型、最重要的工作是根据钢种要求、钢水的原始条件和RH处理动态实测信息进行计算，预报处理过程状态，提供所需的设定值，并向基础自动化级发送信号，使RH处理在最短时间内准确达到要求的钢水温度和成分。具体功能如下：

（1）在RH处理前，数学模型根据钢水条件进行计算，提供操作指导和各种操作模式的设定值。

（2）在线预报钢水中碳、氧等成分和温度变化，动态显示主要操作参数。

（3）计算达到目标的终点温度以及在降温时所需冷却剂的加入量、在升温时所需铝丸的加入量，动态预报钢水温度。

（4）真空脱碳结束后（或前期循环后），计算并确定脱氧剂及合金加入量的设定值，预报钢水成分。

（5）打印数据报表，进行数据处理。

按以上功能，RH共有5个模型，即操作模式选择和操作指导模型、脱碳模型（主要针对RH处理前期）、合金化模型、温度控制和预报模型、钢水成分预报模型。

模型运行过程如下：钢包达到处理位后启动，当目标钢种、钢水质量、渣层厚度、钢水初始成分、温度等条件具备后，首先操作模式选择和操作指导模型启动计算，同时，脱碳模型、温度控制和预报模型、钢水成分预报模型运行。每隔1min预报钢水碳含量、温度和其他成分（需要加入的冷却剂或发热剂）质量。真空脱碳过程（或前期循环）结束后，合金化模型启动以计算各种合金加入量，最终由温度控制和预报模型、钢水成分预报模型预报达到RH处理终点的钢水成分、温度和总的处理时间。由操作工确认后，结束本炉处理，最后打印汇总本炉数据。

RH过程控制数学模型计算的设定值包括：真空曲线号、真空压力设定值、环流气类型（Ar或$N_2$）、环流气总流量、合金加入量、冷却剂加入量、加铝升温的铝丸量、顶吹氧操作模式等。

B LF炉精炼数学模型

LF炉精炼数学模型包括温度模型、合金模型、渣模型、搅拌模型、脱气模型、脱硫模型、脱碳模型及成分和温度预报模型等。这些模型计算的结果不仅可返回控制LF炉运行，还可以用于分析和预报钢水和渣的成分。

LF 炉精炼数学模型的目的是：通过计算机在线指导 LF 炉的精炼过程，对供电、造渣、调温和合金化等操作参数进行合理的优化计算，向基础自动化级输出工艺操作参数或工艺操作指导参数，并对精炼过程中的钢水成分和温度进行在线静态预报，示踪精炼运行过程，以提高终点成分与温度的命中率，提高产品质量，降低生产成本。其基本功能包括：

（1）输出精炼工艺操作参数或工艺操作指导参数，即根据精炼目的、实际钢水初始条件和连铸工艺要求，提出操作程序和操作参数，包括确定 LF 炉精炼的操作时间、温度制度和供电制度、底吹搅拌工艺制度、造渣制度和熔剂配料计算、成分精炼制度和合金配料计算、碳含量控制、脱氧工艺以及脱硫工艺等。

（2）过程示踪及在线预报，包括钢水成分示踪、渣成分示踪、温度示踪、终点（温度、钢水成分、氧含量等）预报以及材料性能预报等。

（3）数据处理，主要是对生产记录进行统计处理，主要数据库有工艺模式数据库、钢种标准数据库、标准精炼工艺数据库、原材料数据库、精炼操作过程数据库以及精炼历史数据库等。

（4）输出功能，主要有过程显示、终点显示、趋势显示以及打印报表等。

LF 炉炉外精炼的主要数学模型包括合金模型、熔剂模型、搅拌模型、温度模型、脱硫模型、脱气模型、钢水成分预报模型、渣成分预报模型和温度预报模型。

### 14.5.3　炉外精炼基础自动化

#### 14.5.3.1　基础自动化的性质和功能

炉外精炼的基础自动化包括检测驱动级（L0）和设备控制级（L1）。前者包括过程控制用的检测仪表、传感器、变送器、执行器等，以及电气传动的交直流调速装置、电动机控制中心、极限开关等；后者是控制设备，如 PLC、DCS、PCS、工控机、现场总线、接口和显示操作装置以及某些监视和工程师用的人机界面装置等。

基础自动化按其性质来说可分为三部分：

（1）过程量的检测与控制，简称回路控制，即温度、压力、料位等过程量的测控。

（2）电气传动控制，主要是各个电气设备的顺序控制和启、停以及联锁等。

（3）中央监视与操作。

在炉外精炼中，基础自动化的功能大致包括以下几个部分：

（1）数据采集，包括炉外精炼工艺过程中主要参数的检测。

（2）自动控制，即炉外精炼工艺过程中主要工艺参数的自动控制，以达到炉外精炼的最终目标。

（3）电气传动顺序控制，即对炉外精炼所有的电气设备按工艺所要求的顺序进行控制、联锁、启停。

（4）故障报警，包括工艺过程参数的超限报警以及电气、仪表、设备本身的故障报警，而这些报警又分成轻、中、重三度报警。

（5）数据处理，即对精炼过程中所采集的数据进行处理和存储，以供控制、显示和打印用，主要处理包括压差、流量的开方以及温度和压力的补正等运算，消耗按班、日、月的累计计算，以及历史数据的存储趋势记录等一系列的运算显示。

（6）在精炼过程中接收上位机的设定值进行 SPC（设定值控制），包括接收数学模型设定值以及人工智能（如模糊控制、神经元网络等）指令并进行控制。

（7）画面显示，包括在 CRT 上显示工艺流程画面、操作画面、工艺参数趋势曲线、历史数据、图形画面等。

（8）数据记录，包括班报、日报、月报、报警记录以及专门的报表，如合金投入量、喂丝质量等。

（9）数据通信，包括 PLC 之间，PLC 和 DCS 之间，上、下位机之间的通信。

虽然炉外精炼有许多不同的工艺流程，但上述功能都是一样的，只是由于工艺流程不同而导致各项的具体内容不同。

### 14.5.3.2　RH 真空精炼装置基础自动化

RH 真空精炼工艺流程主要分成 7 个系统，即钢包运输系统、钢包处理站、真空系统、真空室加热系统、合金上下料系统、真空室部件修理和更换系统以及真空部件修理和砌造系统。

钢水在 RH 真空处理装置中进行处理是在钢包处理站中进行的，其操作为：从转炉或吹氩站来的钢包通过吊车送到运输车上，并由运输车把钢包移送到处理位置，钢包与运输车一同升起；引导钢水进入真空室中的插入管，气体由氮气换成氩气，插入管进入钢包熔池大于 400mm；启动真空泵（如泵已经启动，则打开吸管阀门），真空室中的压力降低，钢水被吸入真空罐中，由于上升管导入氩气，产生钢水循环；然后人工测温取样，真空室中处理情况将由工业电视进行监视；如果要强制脱碳或化学加热，可通过顶枪向循环钢水中吹氧，达到所需真空度后各种处理就可以进行，例如添加合金料等；真空处理完毕后，钢包下降并移至转盘处，旋转 90°后被吊起，并送连铸设备进行连铸。

通过 RH 真空精炼装置基础自动化的数据采集功能所采集的数据包括：钢包小车、钢包顶升系统的钢包钢水质量；真空室系统的耐火材料内衬温度；真空泵系统的冷凝器冷却水流量、压力和温度以及排水温度、密封缸液位，蒸汽总管流量、压力和温度，蒸汽喷射泵的蒸汽压力，主真空阀后真空度，废气流量、压力和温度，气体冷却器前、后废气温度，气体冷却器温度及冷却隔板排气流量，真空阀前真空度；铁合金系统的各料仓料位，真空料罐真空度；真空室煤气加热系统的主烧嘴煤气、氧气、空气流量和压力，点火烧嘴煤气及压缩空气压力，真空室加热温度，排气烟罩内压力；钢水测温定氧系统的钢水温度和氧含量；真空室插入管吹氩吹氮系统的氩/氮支管流量和压力，氩/氮插入管流量；设备冷却水系统各冷却点的冷却水流量、压力和温度；真空室底及插入管煤气烘烤系统的煤气和空气流量、压力；真空处理水系统的净循环水水位、温度、压力和流量；能源介质系统的压缩空气、氧气、氩气、氮气、焦炉煤气、水等总管流量、压力等。

RH 真空精炼装置基础自动化的自动控制功能包括：主真空阀后真空度控制，真空室加热温度及空燃比控制，排废气烟罩内压力控制，插入管氩气流量控制，铁合金称量控制，氧气、氩气、氮气以及焦炉煤气等总管压力控制，真空室底部烘烤加热温度控制等。

### 14.5.3.3　LF-VD 钢包炉真空精炼基础自动化

LF-VD 钢包炉真空精炼基础自动化系统，其主要功能包括数据采集、自动控制、电气传动顺序控制和故障报警。

LF-VD 钢包炉真空精炼的数据采集主要包括：各料仓的料位测量、称量料斗的称量、搅拌氩气的流量和压力测量、真空系统的真空度监测、冷却水和蒸汽的流量和压力测量、钢水温度测量以及变压器等电气参数（如一次和二次电压、电流、功率以及电能消耗）和抽头位置等电极升降液压系统参数等的测量。

LF-VD 钢包炉真空精炼的自动控制包括：搅拌用氩气流量控制、搅拌时间设定控制、铁合金称量及投入控制等。

LF-VD 钢包炉真空精炼的电气传动顺序控制包括：测温取样、定氧、液位检测装置更换测量头的机械手动作、钢包台车行走位置（包括到真空室吹氩气搅拌、加热升温等工位）、冷却包盖升降、真空系统操作、喂丝机操作、可移动弯头小车动作、合金料投放、各料仓上料、除尘装置动作、扒渣机动作等的顺序控制以及电极升降控制。

LF-VD 钢包炉真空精炼的故障报警包括两大类，即过程参数超限及电气仪表设备本身故障报警。

## 14.6　连铸生产工艺及分级控制

### 14.6.1　连铸生产工艺简述

钢液经过连铸机，连续不断地直接生产钢坯的方法就是连续铸钢法（continuous casting，简称连铸）。用这种方法生产出来的钢坯称为连铸坯。

连铸生产比模铸生产钢锭具有以下优点：

（1）铸坯的切头率比铸锭减少，金属收得率提高 10% ~ 15%，钢的成材率提高 8% ~ 14%，钢的生产成本降低 15% ~ 20%。

（2）连铸和轧钢配合生产，可以节省 70% ~ 80% 的热能消耗，减少初轧设备，车间占地面积减少 30%，节约基建费用 40% 左右。

（3）便于实现机械化、自动化生产，改善劳动条件，提高劳动生产率 30%。

（4）连铸坯组织致密，夹杂少、质量好。

连铸机虽然分类复杂，但其工艺流程基本上是一致的，都是由钢水连续地凝固成钢坯。弧形连铸机的生产流程基本如下：从炼钢炉出来的钢水倒入钢包内，经过二次精炼获得符合连铸温度和成分的钢水，用吊车运到连铸机钢包回转台的受钢位置并旋转到浇注位；钢水通过钢包底部的水口，经过对滑动水口式塞棒的控制将其注入中间包内；中间包水口的位置被预先调好，对准下面的结晶器，通过对中间包滑动水口式塞棒的控制，钢水流入其下端出口由引锭杆封堵的水冷结晶器内，当结晶器下端出口处坯壳有一定厚度时，启动结晶器振动装置；通过引锭杆向下拉拔力的传递，使带有液芯的铸坯通过由若干夹辊组成的弧形导向段，这时铸坯一边下行，一边经受二次冷却区的强制冷却，继续凝固；引锭杆拉出拉坯矫直机，将其与铸坯脱开，当铸坯被完全矫直且凝固后，由切割机将其切成工艺要求的长度；最后，铸坯经过去毛刺机、推钢机、垛板台等一系列操作后，经辊道送到指定地点，这就完成了连续铸钢的一般过程，如图 14-20 所示。

连铸机的主要工艺参数包括连铸机的生产能力、冶金长度、流数、拉坯速度、圆弧半径、作业率以及多炉连浇数。

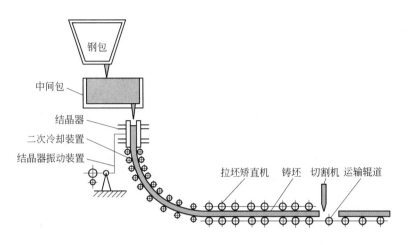

图 14-20　弧形连铸机的生产流程示意图

### 14.6.2　连铸生产过程控制级

14.6.2.1　连铸生产过程控制级控制内容

连铸生产过程控制级计算机对生产过程的控制主要是根据连铸工艺过程连续性的要求，把连铸各工艺段的控制功能联结起来，并不断地发出指令，形成一个完整的自动化连铸生产线。生产过程控制有两种形式，一种是动态模型控制方式，另一种是预设定控制方式。动态模型控制方式是以在线数学模型的运算结果来执行控制，这些数学模型包括根据目标温度进行铸坯温度过程控制的二次冷却模型、漏钢预报模型、最佳切割控制模型、质量异常判别模型等。

连铸生产过程控制级的控制内容主要有结晶器在线调宽控制、电磁搅拌控制、压缩铸造控制和铸坯喷印控制。

A　结晶器在线调宽控制

在多炉钢水连铸时，由于制造命令和钢种不同，铸坯的宽度不一样，为了提高连铸的生产率，保证多炉连浇的顺利进行，要求必须能在浇铸生产过程中自动调节结晶器的宽度。另外，即使是同炉钢水的连铸生产，当热轧计算机过程控制系统发出变更铸坯宽度的要求、需要满足热轧生产过程要求、保证热装热送时，也要求能自动变更结晶器的宽度。若既要保证生产的连续性，又要保证不漏钢和切割时铸坯浪费少，就必须采用生产过程控制级的计算机系统，根据铸造命令、钢种和宽度要求，针对切割的实际情况，对铸造速度、铸坯厚度等因素进行分析、计算、查询和设定控制参数，使之能在满足高速铸造的前提下对结晶器宽度变更实行最佳控制。

B　电磁搅拌控制

为了提高铸坯质量，扩大中心等轴晶带，抑制柱状晶的发展，并减少中心疏松、中心偏析，应利用电磁作用力对连铸生产过程中铸坯内未凝固的钢水部分进行搅拌。对于不同的钢种，铸坯尺寸大小不同，控制电磁搅拌的电流值、周期和频率也都不同，因而对应的控制参数曲线多而复杂，需要生产过程控制级计算机进行处理。生产过程控制级计算机根据铸造命令，检索电磁搅拌控制参数，有效地控制电磁搅拌器的工作，生产出高质量的铸坯。

　　C　压缩铸造控制

　　铸造生产过程中，在铸坯矫直时，铸坯内侧的凝固面上受到很大的压力，铸坯外壳内侧容易发生碎裂，特别是在高速浇注时更为明显。为了提高铸坯的质量，防止出现裂痕，就必须采用生产过程控制级计算机，根据压缩铸造理论分析压辊的压力、铸造速度和二次冷却信息，针对铸流实际的运行情况计算铸坯圆弧内侧所受的拉力，并将其与对应铸造命令规定的拉力允许范围相对比。当超过允许范围时，生产过程控制级计算机又必须快速计算出相应的压辊制动力，使其作用于驱动压辊，从而获得最佳压缩铸造控制，在保证铸坯质量的前提条件下获得较高的铸造速度。

　　D　铸坯喷印控制

　　由于生产管理的需要，铸坯要进行喷印，连铸生产出的每一块铸坯都要给一个编号。连铸生产过程控制级计算机对已切割的铸坯进行跟踪，当电气 PLC 收到"进入喷印辊道"信号时，生产过程控制级计算机就向 PLC 发送铸坯编号并显示在 CRT 画面上，然后由喷印 PLC 控制喷印机进行喷印。喷印结束时，从 PLC 收集喷印的实绩送到生产过程控制级计算机系统。

14.6.2.2　连铸生产过程控制级数学模型

　　在连铸生产过程控制中，主要的数学模型有漏钢预报模型、二次冷却水控制数学模型、质量控制系统模型和最佳切割数学模型。

　　A　漏钢预报模型

　　漏钢预报是 20 世纪 80 年代开始发展起来的一种连铸机结晶器故障诊断和维护技术，通过研究漏钢成因与机理，检测出拉漏的征兆并报警和控制，建立预报数学模型并不断地完善与进步，使用人工智能技术（人工神经元网络）、多模型和多种技术联合以及可视化技术，直接在 CRT 屏幕上显示出结晶器内钢水及铸坯各部分的温度并以不同颜色显示，从而可直接看出结壳情况。从本质上来说，国内外连铸机拉漏预报方法均为常规的模式识别方法。常见方法之一就是对温度上升量、上升速度或上、下热电偶之间温度峰值的转移时间等参数，用统计分析的方法建立铸坯温度的模型，根据由此算得的温度与实测温度的偏差判断是否发生黏结和拉漏。

　　B　二次冷却水控制数学模型

　　建立准确的铸坯凝固过程数学模型，对实现可预测的冷却控制和提高铸坯质量都是很重要的。目前常见的铸坯冷却模型大多是单纯根据传热现象建立的铸坯凝固过程传热偏微分方程模型，然后根据一定的初始条件和边界条件，采用有限的差分法对其求解。然而事实上，这种方法没有考虑液芯中由电磁搅拌和自然对流引起的钢水对流散热，是不正确的。如何补偿液相区和两相区中钢水的对流散热，一直是铸坯凝固过程建模中的一个关键问题。为克服单纯根据传热现象建模的不足之处，可通过综合传热、钢水流动和凝固三种现象来建立铸坯凝固的计算机模拟模型。

　　C　质量控制系统模型

　　质量控制系统用来检查主要的过程变量，产生质量记录，以便进行保证质量的处理。铸坯质量判断数学模型是铸坯质量判断的核心。目前有两种建模方法，即用传统方式建模和用人工智能技术建模。用传统方式建模的方法在本质上是事后分析，其缺点是即使知道某个变量超限，也无法克服其对铸坯造成的不良影响。用人工智能技术建模的方式是近几年才发展起来的，也称为实时质量控制专家系统。其特点：一是用质量预报代替传统的质量检验，从而将质量控制从离线提高到在线状态；二是根据众多工艺参数与各种质量缺陷间的复杂关系计算出铸坯的质量，而不是根据偏差来预报质量，因此超过了统计过程控制对质量控制的水平；三是当连铸生产出现波动时，专家系统可动态修改操作参数，以便调整后步工序来补偿铸坯质量，也就是有在线矫正功能。这一类的模型有一个规则集合模型，包括产品缺陷及其产生原因的专家知识，每一个预测规则都与一个确定因素对应，然后构成一个人工神经网络，并利用取自该用户的时间过程数据来训练它，最后采用最接近邻近值分级，将产品分成无缺陷合格产品或有缺陷不合格产品，对连铸-连轧而言，合格的产品热装或直接轧制，不合格的产品视其程度或作废或进行修理。这一系统的优点在于，它把所有的质量信息集中并归属于系统中，使用者可以把新出现的数据以变量形式输入，系统的推断过程是以规则组成的"黑箱"模型为基础，这些模型不仅包括产品缺陷预测机理，还包括不确定性机理，因而正确性高，便于操作员操作。

D　最佳切割数学模型

连铸机最佳切割的目的是，根据制造命令中对铸坯切割长度的要求进行切割，减少甚至消除大于或小于铸坯切割长度的极限值，使铸坯损失减至最小，以得到最大的金属收得率。现代大型连铸机为了实现最佳切割都使用设定控制方式，即由生产过程控制级计算机做最优切割计算，然后对基础自动化级的 PLC 进行设定控制。其控制方法分为如下四步：

（1）收集对铸坯切割有影响的事件，如已浇注铸坯的总长、异钢种连浇、铸坯宽度的在线调宽、中间包的交换、浸入式水口的破损等；

（2）收集切割实际数据，如切头和取样的切断长度及切断方式、切断机的位置等；

（3）计算出除影响铸坯质量事件以外的切割长度，即良坯长度；

（4）对良坯进行最佳切割计算，把最佳切割的长度送到 PLC 以进行设定切割控制。

## 14.6.3　连铸基础控制级

### 14.6.3.1　连铸生产基础控制级主要控制内容

连铸基础自动化级所完成的控制功能主要有：中间包钢水液位自动控制、连铸开浇自动控制、保护渣加入自动控制、结晶器钢水液位自动控制、结晶器冷却水流量自动控制、二次冷却水自动控制、铸坯定长切割自动控制、电磁搅拌自动控制、中间包干燥与烘烤自动控制以及连铸机水处理自动控制。

A　中间包钢水液位自动控制

中间包钢水液位自动控制是提高铸坯质量、保证顺利浇注的重要手段，把中间包的钢水液面控制在一定高度，可使钢水在中间包内有足够的停留时间，让夹杂物上浮，同时也可以保证钢水从滑动水口或塞棒下水口稳定地流入结晶器，这也是结晶器液位稳定不变的一个先决条件。使用 DCS 的中间包钢水液位自动控制系统，如图 14-21 所示。

中间包钢水液位自动控制的基本控制原理是，用装在中间包小车四个支撑装置上的四个称重传感器，测量中间包的皮重以及钢水进入中间包后的总重，把这些质量信号送至DCS得出净钢水质量，换算成钢水液位高度。把这一高度与设定值作比较，如有偏差则由DCS进行运算，经液压伺服机构或电动执行机构控制滑动水口或塞棒的开口度，以改变流

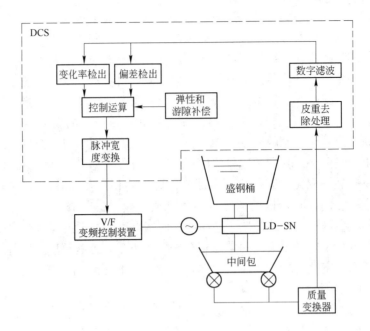

图 14-21  使用 DCS 的中间包钢水液位自动控制系统

入中间包的钢水流量。为使中间包钢水液位保持在一定的高度上，在使用电动执行控制机构时，将使用交流电动机和脉冲宽度调制的 VVVF 变压变频装置供电。

B  连铸开浇自动控制

开浇是连铸生产中一个极其重要的环节，在开浇过程中，结晶器中的钢水液位逐渐升高。拉坯机在浇注初期并不工作，而是当液位达到一定高度后才开始拉坯，而且拉速是按照一定的逻辑关系从一个低于正常拉速的值逐渐增高，直到进入正常浇注为止。开浇的成功与否直接决定着连铸过程是否可以顺利进行，所以连铸机开浇的自动控制可分为两个阶段：第一阶段是把引锭杆插入，然后将钢水浇到结晶器内，引锭杆不动，结晶器内钢水液位以恒速上升直到某个规定的高度，一般为结晶器高度的 70% ~80% ；第二阶段是引锭杆以预先设定的加速度开始往下拉，直到达到预先设定的最终速度为止。在这一过程中，结晶器钢水液位自动控制系统投入运行。

连铸开浇自动控制系统先测量从中间包注入结晶器的钢水质量，然后以物料平衡计算出拉坯必需的最终速度以及所要求的引锭杆加速度，并把这些数据送到夹送辊的驱动装置，以保证拉速与注入结晶器的钢水流量相平衡。

C  保护渣加入自动控制

保护渣在结晶器钢水液面上的均匀加入对于防止钢液表面氧化、吸收上浮非金属夹杂物以及保持铸坯和结晶器良好润滑是必不可少的。为了既使加入保护渣均匀，又能充分利用保护渣，应采用保护渣加入自动控制系统。由于连铸场地的情况不同，该系统有许多种形式，下面介绍的是其中一种——德国曼内斯曼公司制造的保护渣加入自动控制系统。

该系统由加料系统和控制系统组成。加料系统由斜槽加料器、料仓和料仓下面的透气网筛组成。控制系统由气动控制回路和辐射接收器组成。气动控制回路由 PLC 进行控制。辐射接收器为一个热敏元件，接收结晶器液面的热辐射。由于渣层厚度不同，辐射热不同，热敏元件所感受的温度也随之变化，由其中一个测温元件测出；另一个测温元件则测量环境温度。将两者温度做比较，当其偏差大于某规定值时就应改变保护渣的加入量，直到温度偏差正常为止。

D  结晶器钢水液位自动控制

结晶器钢水液位波动不但直接影响铸坯的质量（夹渣、鼓肚和裂纹等），而且会导致浇注过程中发生溢钢和漏钢事故，故结晶器钢水液位自动控制是连铸过程中至关重要的问题。

结晶器钢水液位自动控制系统主要有以下几个方面作用：

（1）可靠的结晶器钢水液位控制系统能使结晶器内保持稳定的、比较高的钢水液位，这样能比较有效地发挥一次冷却的作用，从而能增加连铸机的产量。

（2）结晶器钢水液位的控制可以改进铸坯表面的质量。

E  结晶器冷却水流量自动控制

结晶器冷却水流量的自动控制不仅是保证设备安全运行的一个重要因素，而且对铸坯凝固、外壳厚度和铸坯质量有重要的影响。通常是控制水压使之恒定，这样冷却水流量也就恒定了；或者直接控制冷却水流量使之恒定，但其设定值却是按钢种、拉坯速度、钢水温度以及冷却水进口温度等情况，经由 PLC 和 DCS（或二级过程控制计算机）来设定。

F  二次冷却水自动控制

连铸机二次冷却区铸坯所散失的热量占铸坯在凝固过程中散失总热量的60%，它直接影响铸坯的质量和产量。铸坯从结晶器拉出后，凝固壳较薄，内部还是液芯，需要在二次冷却区继续冷却使之完全凝固。冷却要均匀，才能获得质量良好的铸坯；同时要保持尽可能高的拉速，以获得高的产量。因此，二次冷却的控制是连铸生产的一个重要环节。二次冷却是把二次冷却区分为若干段，而每段又包括若干个回路进行控制，按照一定的工艺要求来达到总体冷却要求。现在一般的连铸机二次冷却区均采用气水冷却，使冷却水在具有一定压力的空气作用下雾化，均匀地喷洒在铸坯表面上，从而达到均匀缓冷的效果，提高铸坯质量。

气水冷却系统由水控制回路和气流量控制回路两支路合成。水控制回路由电磁流量计、控制器（现在大都用 PLC 或 DCS）、截止阀和电动调节阀组成。气流量控制回路由孔板差压变送器、控制器（现在大都采用 PLC 或 DCS）、截止阀和电动调节阀组成。

G  铸坯定长切割自动控制

铸坯定长切割自动控制系统主要由检测装置、控制装置（PLC）、参数输入装置及参数显示装置等几部分组成。

H  电磁搅拌自动控制

电磁搅拌自动控制也是分级控制，即生产过程控制级根据工艺要求的时序，通过数据通信向基础自动化级下达电磁搅拌的执行指示和设定参数。而电磁搅拌的基础自动化级一般由一台单独设置的 PLC 组成，这些设定参数包括电流值、通断时间、搅拌方式和频率，在没有生产过程控制级（L2）计算机的情况下，也可以存储在电磁搅拌的 PLC 中。在电磁搅拌按工艺控制要求启动后，按设定参数对电磁搅拌变频器进行设定和时序控制。

14.6.3.2  连铸生产基础控制级的检测仪表及内容

近年来，铸坯热送、热轧、连铸等新工艺、新技术的出现，对连铸生产中的自动化控制和检测仪表提出了更高的要求。可以说在连铸生产中，能否把设备使用和工艺操作控制在最佳条件，主要取决于过程自动控制和检测仪表的精密程度。

检测设备在检测控制系统中的功能大体可以分为如下几类：

（1）生产过程中参数的检测，常使用检测仪表、变送器或传感器。

（2）信号的变换与调节，常使用变送器、变换器、运算器、调节器等。

（3）控制功能的执行，常使用执行器、运算器、调节阀等。

（4）指示、报警、记录。

连铸机的检测仪表如图 14-22 所示。

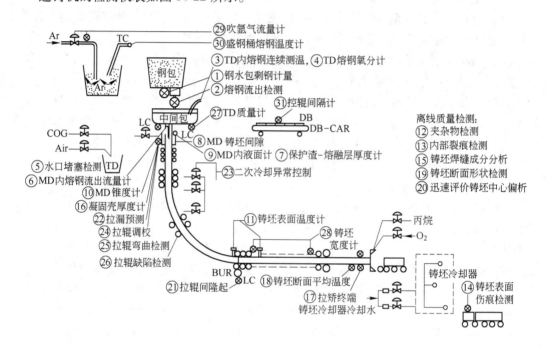

图 14-22　连铸机的检测仪表

检测仪表大致可以分为钢包、中间包、结晶器、二次冷却段及机外五部分。这些检测仪表的安装环境都是很恶劣的，如高温、高粉尘含量、多蒸汽、热辐射等，所以在安装这些检测仪表时，一定要注意环境的改善和选择，以保证检测仪表的正常运行。在选用仪表时一定要根据连铸工艺的要求，保证测量范围、精度、分辨率、动态响应特性等符合要求。根据仪表的特殊性，可将连铸检测仪表分成常规检测仪表和特殊仪表。

**A　常规检测仪表**

常规检测仪表主要包括压力检测仪表、流量检测仪表、液位检测仪表、质量检测仪表、温度检测仪表和拉速检测仪表等。

常用的压力检测仪表有膜片压力表、膜盒式压力表和弹簧管式压力表等。

流量检测主要包括冷却水流量的检测和各种气体的流量检测。常用的冷却水流量的检测仪表可选用电磁流量计、射流式流量计（又称涡流式流量计）等。连铸机气体流量检测仪表一般采用孔板流量计。水处理中的液位检测仪表可分为差压式液位计、超声波式液位计和电容式液位计。一般质量检测都是由电子秤来完成的。

连铸机的温度检测一般分为三个方面，即高温的钢水温度测量、进出水温度测量和铸坯表面温度检测。浇注钢水温度一般在 1600℃ 左右，采用快速热电偶进行测量。进出水温度在正常情况下不会超过 50℃，对它的检测采用热电偶、热电阻即可实现，一般采用热电阻测量比较方便。目前，用于铸坯表面温度检测的仪表有辐射高温计、比色温度计和光纤式高温计等。

拉速的检测可以直接检测铸坯的线速度，例如利用相关法测速度；也可以通过增设测量辊或者利用铸坯的支撑辊先测量辊的转速，再通过转速转换为线速度。测量转速的方法较多，可选用测速发电机、光码盘、光栅、磁电式转速测量装置来实现。

B　特殊仪表

连铸机的特殊仪表主要有：结晶器钢水液位仪、钢渣流出检测仪、凝固厚度测定仪、辊距和辊列偏心度测定仪、结晶器开口度与倒锥度检测仪、铸坯长度测量仪、漏钢预报检测仪、结晶器振动检测仪、非接触式铸坯切割长度检测仪、水口开度检测仪、铸坯表面缺陷检测仪等。

## 复习思考题

14-1　试阐述冶金企业自动化系统 L0～L5 的递级结构。

14-2　叙述高炉炼铁生产计算机控制系统的主要功能和高炉炉况控制的主要特点。

14-3　试描述高炉炉况预测数学模型。

14-4　试说明高炉炼铁生产过程控制级的主要内容。

14-5　结合生产工艺，叙述转炉炼钢生产过程控制级中炼钢控制子系统的执行过程。

14-6　结合生产工艺，叙述转炉炼钢氧枪系统基础控制级的主要内容。

14-7　叙述炉外精炼生产过程控制级的主要功能。

14-8　叙述 RH 真空精炼装置基础自动化的数据采集功能和自动控制功能。

14-9　结合工艺叙述连铸生产过程控制级的功能和控制内容。

14-10　结合工艺叙述连铸生产基础控制级的主要功能。

# 15　冶金生产监控与操作

## 15.1　高炉炼铁监控与操作

### 15.1.1　综述

炼铁是指利用含铁矿石、燃料、熔剂等原燃料通过冶炼生产出合格生铁的工艺过程。高炉炼铁就是从铁矿石中将铁还原出来，并熔炼成液态生铁。高炉冶炼生产具有以下特点：

（1）长期连续生产。高炉从开炉到大修停炉一直不停地连续运转，仅在设备检修或发生事故时才暂停生产（休风）。高炉运行时，炉料不断地装入炉内，下部不断地鼓风，煤气不断地从炉顶排出并回收利用，生铁、炉渣不断地聚集在炉缸定时排出。

（2）规模越来越大。现在已有 $5000m^3$ 以上容积的高炉，日产生铁万吨以上，日消耗矿石近两万吨、焦炭等燃料 5000t。

（3）机械化、自动化程度越来越高。为了准确完成每日成千上万吨原料及产品的装入和排放，为了改善劳动条件、保证安全、提高劳动生产率，要求有较高的机械化和自动化水平。

（4）生产的联合性。从高炉炼铁本身来说，从上料到排放渣铁，从送风到煤气回收，各个系统必须有机地协调联合工作。从钢铁联合企业中各项工作的地位来说，炼铁也是非常重要的一环，高炉休风或减产会给整个联合企业的生产带来严重的影响。因此，高炉工作者都会努力防止各种事故，保证联合生产的顺利进行。

随着炼铁技术的不断进步，高炉生产逐步向大型化、高效化和自动化发展，对高炉检测技术、检测设备、过程自动化控制提出了更高的要求。

#### 15.1.1.1　自动检测在高炉生产中的重要性

自动检测系统是高炉自动化的重要组成部分，控制系统的可靠性及功能配置直接影响高炉重要参数和数据的精确性、可靠性，直接影响高炉生产能力、安全运行、高炉长寿等重要经济指标的实现。因此，在高炉的检测系统中心，必须利用先进的仪表检测设备和可靠的计算机控制系统，且其应当具有性能可靠的分散控制和高度集中监控与管理相结合的特点，充分体现信息技术和计算机应用技术的发展。

#### 15.1.1.2　高炉自动化控制的主要职能

按传统上因控制设备本身的特点，高炉自动化系统可划分为电气、仪表、计算机三大部分系统。随着控制技术和计算机技术的发展，按照高炉控制对象的特点和工艺本身的要求，把高炉各系统的电气传动和逻辑控制、自动检测和调节、数据计算和处理等功能有机结合在一起，组成三电一体化高炉控制系统。

高炉自动化控制系统由可编程序控制器（PLC）和集散控制系统（DCS）组成。它的电控部分完成槽下称重及上料系统的计算、炉顶布料等控制。仪控部分完成对高炉本体、热风炉等各系统数据的采集、显示，以及对压力、温度等的 PID 调节。过程监控计算机完成数据的采集与处理、数据设定、生产工艺流程数据显示、生产过程的操作控制、报表的打印等工作。

### 15.1.2　高炉本体检测控制与操作

#### 15.1.2.1　高炉本体画面介绍

采集到的冶炼过程各传感器的信息数据，进行加工、整理、存储，以画面、趋势、表格等形式通过计算机显示屏显示出来，如图15-1所示。

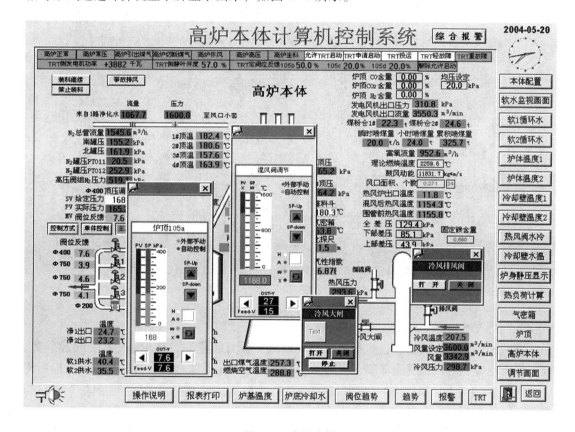

图 15-1　高炉本体

画面形象地展示了工艺流程、设备运行状况及各检测点的测量值。

屏幕的右上角显示系统的时间，屏幕的右侧为画面选择菜单，分别有本体配置、软1循环水、软2循环水、炉体温度、冷却壁温度、热风炉水冷、炉体冷却壁、炉身静压显示、热负荷计算、气密箱、炉顶、高炉本体和调节画面。用鼠标点击控制件可在不同显示画面之间切换，点击后，画面将切换到相应画面，屏幕下侧为控制菜单，菜单有操作说明、报表打印、趋势和报警，用鼠标点击控制件可实现相应功能。

图 15-1 画面，形象地描绘出从冷风经排风阀到热风炉转变为热风，鼓风进入高炉，与焦炭、矿石发生一系列物理化学反应转变为高炉煤气，再经煤气系统重力除尘器、文氏管、脱水器变为净煤气，经高压阀组或 TRT 降压进入煤气总网。图上有各检测点的温度、压力、流量的检测值，如风温、风量、压差、富氧量、炉顶压力、炉顶温度、喷吹量、软

水、净水系统压力、温度、流量值等，点击图上标有的各阀门将弹出相应的操作器，可进行操作，简单方便。

15.1.2.2　高炉工长的日常操作

重要工艺参数的一些趋势变化对高炉工长正确判断高炉进程及相应调剂非常重要，通过点击屏幕下方的"趋势"按钮将弹出如图15-2所示的趋势框画面。

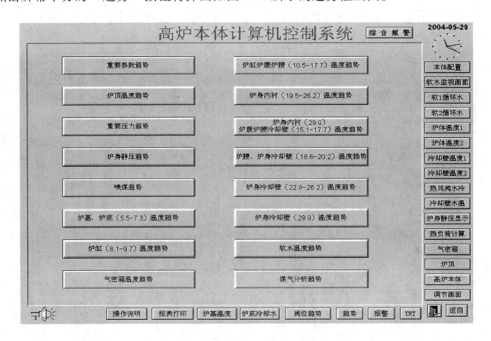

图15-2　趋势框画面

画面上有重要参数趋势、炉顶温度趋势、重要压力趋势、炉身静压趋势、喷煤趋势、煤气分析趋势、高炉各层冷却壁、内衬温度趋势、气密箱温度趋势等控制件。点击控制件将弹出相应趋势图。如点击"重要参数趋势"，将弹出如图15-3所示的重要参数趋势画面。

图中反映了风量、风压、热风温度、透气性指数、下料情况的趋势性变化。图中风量用黄色线显示，风压用绿色线显示，热风温度用浅绿色线显示，可以从图中了解到当前风量、风压、热风温度的使用情况及变化趋势。透气性指数用紫色线显示，是风量和料柱压差的比值指标，综合反映出炉子接受风量能力的情况，因它反映炉况比其他参数的表现来得早、容易觉察，所以是及早发现炉况异常的重要参数。向下的齿状画线为下料情况趋势线，从图中可以了解到小时料速、炉料下降是否顺利等情况，为高炉工长均匀地控制下料、稳定操作提供依据。高炉工长日常调剂举例如下。

A　风量的调节

风量是高炉冶炼中最积极的因素，通常情况下，风量与冶炼强度成正比关系。若焦比不变，风量越大，冶炼强度越高，产量就越高。风量大小的确定要根据高炉生产任务、风量与透气性相适宜及最有利的风速或鼓风动能来综合考虑。风量过大会导致崩料或管道行

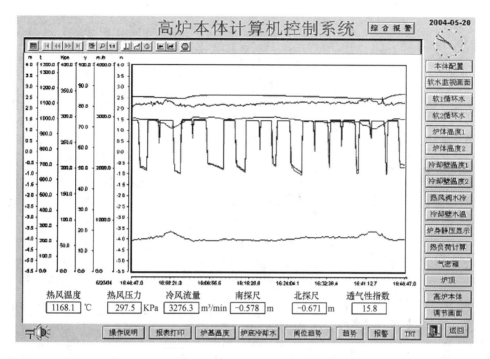

图 15-3　重要参数趋势画面

程，影响高炉寿命；而长期慢风不仅影响产量，还会造成炉缸堆积。所以高炉工长应把日常风量调剂到合适水平，稳定下料，达到要求的料速。

　　风量的调节可点击图 15-1 画面中的"排风阀"，点击后将在图 15-1 上弹出排风阀操作画面，截图如图 15-4 所示。

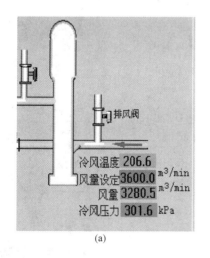

(a)

(b)

图 15-4　排风阀画面
(a) 点击前；(b) 点击后

点击打开按钮减风，点击关闭按钮加风，进行风量调节。

排风阀、冷风大闸、混风阀、炉顶压力调节阀的操作显示画面如图 15-5 所示。

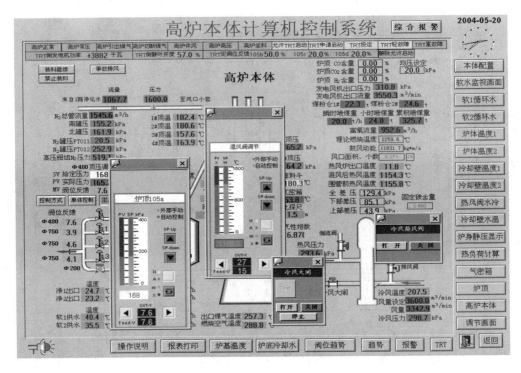

图 15-5 高炉本体操作显示画面

B 风温的调节

提高风温是增煤节焦降低生产成本的重要措施之一。在炉子能够接受、设备允许的条件下，结合喷煤，应将风温使用到热风炉能供应的最高水平。短时间的风温调节对调节炉缸温度、改善生铁质量、保证高炉顺行有很大作用。

风温的调节方法如下。

首先点击图 15-5 高炉本体画面"冷风大闸"，弹出冷风大闸手操画面，如图 15-6 所示。点击打开按钮，这时打了开冷风大闸。然后点击图 15-1 画面"混风阀"，弹出混风阀 PID 操作器画面，如图 15-5 所示，混风阀 PID 操作器画面截图如图 15-7 所示。由控制混风

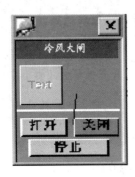

图 15-6 冷风大闸手操画面

图 15-7 混风阀 PID 操作器画面

阀开度进行风温调整。操作器的使用方法与一般仪表手操器的使用方法基本相同：

（1）外部手/自动切换钮旁有两个指示灯，"外部手动"旁指示灯高亮显示，表示当前处于外部的手动状态，"自动控制"旁指示灯高亮显示，表示当前已切换到计算机系统自动控制。

（2）点击显示切换按钮 ，显示框 显示不同的值：红色显示表示风温测定值，绿色显示表示风温给定值。风温给定值的大小一般通过键盘设定。

（3）手动操作。当调节阀位对应给定值时，先点击手/自动切换按钮 。"H"旁的指示灯高亮显示，说明已经切换到内部手动状态，点击阀位给定值，每次点击增大或减小5%，也可通过键盘直接输入，通过改变阀位的开度大小实现风温的调节。

（4）自动调节。再次点击内部的手/自动切换按钮，"A"旁边的指示灯高亮显示，说明已经切换到自动状态，用鼠标单击显示值框，出现闪烁字符输入光标，从键盘键入风温给定值，点击回车。也可通过给定值增大、减小按钮设定。用鼠标直接点击该按钮，风温给定值将会改变。每点一次，给定值增大或减小5%，调节器将自动调节阀位，以达到风温设定的值。

C  高压操作

高压操作是强化高炉冶炼的有效技术措施。它是通过调整煤气系统中高压阀组的开度来改变炉顶煤气压力的，高压操作有利于降低炉内煤气流速和降低料柱煤气阻力损失，有利于抑制焦炭气化反应的进行，改善焦炭的强度和提高间接还原度。在保持相同煤气流速和相同料柱煤气阻力损失条件下，有利增加入炉风量，加速高炉冶炼进程，从而获得增产节焦的效果。

顶压的调节是由控制1个φ400电动阀和3个φ750气动阀组来实现的。

点击图15-1高炉本体画面上"控制方式"，可弹出图15-8画面，可选择其中某个阀为手动或自动调节，组成单体控制或是主从控制。单体控制就是选中其中某个阀为自动调节，其余各阀手动调节，炉顶压力由选中的自动调节阀来完成。主从控制就是选中两个或两个以上调节阀为自动调节，由它们共同完成炉顶压力的控制。阀位有主要调节阀和辅助调节阀之分，图15-8阀门下方的数字1、2、3表示调节阀动作顺序。当主阀全开或全关仍未能达到要求的顶压设定值时，辅助调节阀将打开或关闭，使顶压达到设定值。

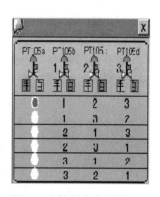

图15-8  控制方式选择画面

顶压的手动调节可通过点击调节阀，弹出如图15-9画面进行调节。调节方法与混风阀的调节类似。

D  装料制度的调节

装料制度是通过改变炉料在炉喉截面分布来调整上升煤气流、改善煤气利用、稳定高炉进程的手段，装料制度与送风制度良好配合，既能保证顺行，又有利提高冶炼强度，最有效地利用煤气热能和化学能。装料制度包括布料方式、料批大小、料线高低。对三个因素的调整组成上部调剂的基本内容。

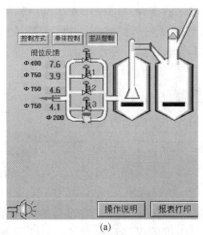 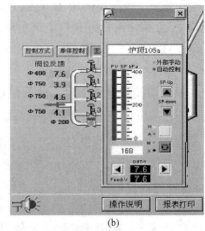

(a)　　　　　　　　　(b)

图 15-9　高压阀组操作画面

（a）点击前；（b）点击后

E　热制度及造渣制度

炉缸热制度和造渣制度既影响煤气流分布，又影响炉缸工作和生铁质量，对炉况顺行也起着重要作用。均匀、稳定的炉温，适宜的炉渣碱度是根据冶炼条件、生铁品种的要求决定的，并且还要考虑降低能耗。生铁含硅量的控制回路如图 15-10 所示。

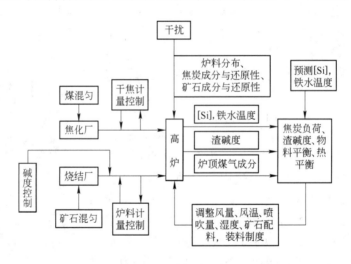

图 15-10　［Si］碱度控制回路图

从图 15-10 上可以看出生铁含硅量的控制应根据生铁品种、原燃料性能和质量、炉子状况、设备状况、操作管理水平等因素决定。

F　装料继续、禁止操作

高炉本体可直接对炉顶料罐进行紧急装料禁止操作。当高炉出现紧急情况时，值班工长可以在高炉本体画面里点击"装料禁止"按钮，此时弹出装料禁止按钮的操作框，如图 15-11 所示，点

图 15-11　装料继续/禁止操作画面

击此按钮装料禁止变为红色，表示禁止装料。情况解除时，同样方法操作装料继续按钮，装料继续变为绿色，表示装料继续。

### 15.1.3    上料系统检测控制与操作

#### 15.1.3.1    上料系统画面介绍

上料系统主要完成上料设备的操作及监控，上料系统监控画面有若干选择菜单，点击上料系统，将弹出上料系统操作画面，如图 15-12 所示。

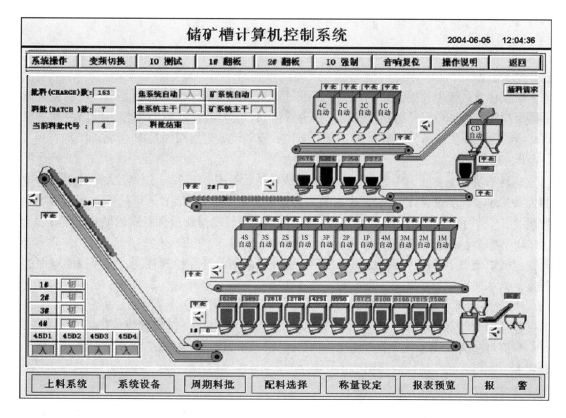

图 15-12    高炉上料系统监控画面

画面形象地描绘出上料系统的工艺流程，设备运行状况及各称量斗称量情况。上料系统工艺流程大致如下：焦炭仓（4 个）和矿石仓（11 个）中的焦炭和矿石经筛分后分别卸入对应的称量斗中，称量斗装满后，发出仓满信号，振动筛停止工作，卸料停止。称料斗内焦炭、矿石处于等待装料状态。上料时，下给料机打开闸板，按装料制度的设定，焦炭和矿石从称量斗顺序地均匀分布在长期运转的皮带机上送到炉顶。

主要设备包括：焦炭仓、矿石仓、焦丁仓、上给料机（振动筛）、称量斗、下给料机、运焦、运矿皮带、主皮带等。

#### 15.1.3.2    日常操作

所有设备的操作分为远程和就地两种方式，且优先权在机旁。在就地方式下，设备只可以在机旁操作箱操作，在远程方式下，操作分为自动和手动两种方式，用鼠标点击设备，在弹出的操作框上可选择手动或自动，如图 15-13 所示。选择自动时，所有设备的启停是由程序根据配料单来自动控制的，无需人为干涉。选择手动时，用鼠标点击操作框上的启动和停止按钮，可启停该设备。

图 15-13　上料设备操作画面

上料系统监控画面下方的选择菜单分别有上料系统，系统设备，周期料，配料选择，称量设备，报表预览，报警等控制键，用鼠标点击相应控制键可切换到相应画面，进行操作。

### 15.1.4　炉顶系统检测控制与操作

#### 15.1.4.1　炉顶检测系统简介

A　炉顶称量系统

炉顶称量系统由传感器、称量变送器、计算机系统组成，检测控制是通过现场设备传感器将检测到的 mV 信号送到变送器，变送器将 mV 信号转换成电流信号，输出给计算机 PLC 系统，计算机将信号进行处理，在画面显示或对设备进行联锁控制。

B　料位检测系统

在料罐装有 γ 射线闪烁料位计，主要由放射源及铅罐、探头、主机三大部分组成。检测控制是通过现场设备探头将检测到的信号送到主机，主机将信号进行处理，发出料罐内物料"空""满"信号，来控制炉顶设备，结束向炉内布料的过程或向料罐内装料的过程。

C　炉顶设备位置检测控制

包括炉顶溜槽倾动、旋转的位置检测控制，料溜阀的开度检测控制，探尺探测料面的控制。

D　气密箱检测系统

包括检测气密箱水冷却回路、氮气密封系统压力、温度、流量及气密箱温度。

炉顶自动调节的各个调节系统都由信号输入、调节输出、阀位反馈、状态跟踪、硬手动操作、执行器、系统供电等组成。

#### 15.1.4.2　炉顶计算机控制系统

炉顶计算机系统包括 CPU 柜、远程 I/O 柜和操作员站，是控制炉顶受料小车，料罐上密封阀，均压放散，均压阀，紧急放散阀，料流阀，料罐下密封阀，探尺，溜槽等设备，按照工艺要求，完成各自相应动作，并对整个过程进行监控的计算机系统。

炉顶操作站主要完成炉顶设备操作和监控。点击炉顶监控操作可弹出炉顶系统监控画面，如图 15-14 所示。画面显示炉顶系统的工艺流程设备的运行状况。

#### 15.1.4.3　生产流程

A　装料流程

炉料经主皮带送至炉顶→移动受料小车准备接受炉料→开放散阀→开上密封阀→开小车闸门开始往罐内装料→通过料尾计检测炉料全部装完→关放散阀→关小车闸门→关上密封阀→开一次均压阀→等待布料。

B　布料的工艺流程

双尺到设定料线→提尺→放溜槽→开下密封阀→溜槽旋转→关一次均压阀→开料流调节阀→按设定角度大小放料→料罐放空→关料流阀→关下密封阀→停溜槽旋转→提溜槽→

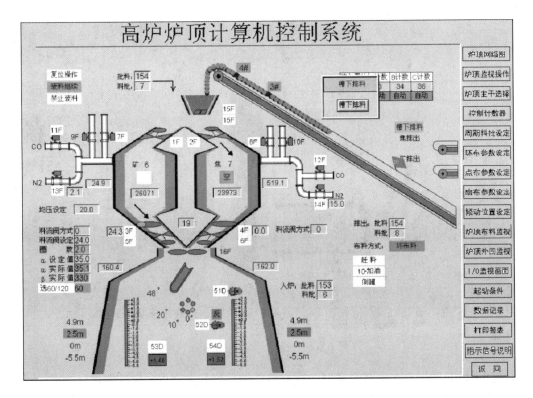

图 15-14　高炉炉顶系统监控画面

放探尺

　　画面右侧有炉顶网络图，炉顶监视操作，炉顶主干选择，控制计数器，周期料批设定，环布参数设定，定点参数设定，扇布参数设定，倾动位置设定，炉顶布料监视，炉顶外圈监视，I/O 监视画面，启动条件，数据记录，打印报表，指示信号说明等控制菜单，点击相应控制键，可切换到相应画面，进行操作。

### 15.1.5　热风炉及送风系统的检测和控制

　　对应于每座高炉，一般设 3~4 座热风炉和 1 座助燃风机房，正常情况下 4 座热风炉同时工作，采用两送两烧，交叉并联送风运行方式，风温使用较低或一座热风炉因故障停用时，可临时采用两烧一送的运行方式。

15.1.5.1　热风炉设备的操作和监控

　　热风炉控制系统主要完成热风炉设备的操作和监控，其操作画面如图 15-15 所示。

　　热风炉设备主要包括助燃空气阀、煤气阀、燃烧阀、支管煤气放散阀、冷风阀、充压、热风阀、烟道阀、废气阀等设备。

　　热风炉检测系统包括高炉煤气总管压力，温度；助燃空气总管压力、温度；冷风总管压力、温度；热风总管压力、温度；拱顶温度、混风温度；炉皮温度、烟气分析、助燃风机出口压力、高炉煤气支管流量、助燃空气支管流量等。

　　所有设备的操作分为远程和就地两种方式，在就地方式下，设备只可以在机旁操作箱操作。在远程方式下，分为屏幕自动和手动两种方式，用鼠标点击设备，在弹出的操作框

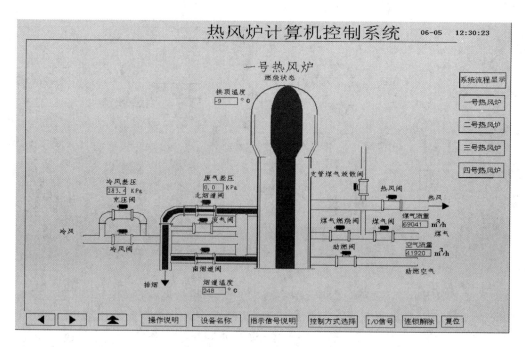

图 15-15　热风炉系统监控画面

上可选择手动自动操作。屏幕自动时，所有设备的启停是由程序自动控制的，无需人为干涉。屏幕手动时，用鼠标点击设备，则弹出一操作框，在操作框上操作，可启停该设备。

在画面上，设备的当前状态和故障由颜色来标识。

### 15.1.5.2　热风炉 I/O 强制画面

热风炉 I/O 强制画面如图 15-16 所示。

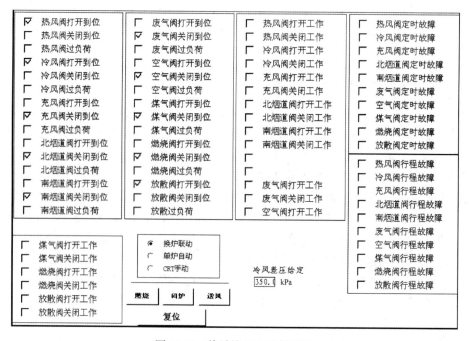

图 15-16　热风炉 I/O 强制画面

强制画面标示出所有设备当前状态。可进行换炉联动、单炉自动、CRT 手动和故障复位操作。

### 15.1.5.3　热风炉换炉操作步骤

热风炉换炉的操作步骤一般如下：

A　燃烧转为送风

（1）关煤气调节阀。

（2）关煤气阀。

（3）关助燃空气调节阀。

（4）关燃烧阀。

（5）关助燃阀。

（6）开支管放散阀及蒸汽阀。

（7）关烟道阀。

（8）通知值班工长。

（9）开冷风旁通阀（充压）待炉内压力充满。

（10）开热风阀、开冷风阀。

（11）关冷风旁通阀。

B　送风转为燃烧

（1）关冷风阀。

（2）关热风阀。

（3）开废气阀、待放净废气后。

（4）开烟道阀。

（5）关废气阀。

（6）关支管放散阀及蒸汽阀。

（7）开助燃阀。

（8）开助燃空气调节阀。

（9）开燃烧阀。

（10）开煤气阀。

（11）少开助燃空气调节阀，正常情况下，不全关，留有一定间隙。

（12）调节煤气与空气配比。

在画面上按步骤点击，可进行热风炉手动换炉操作。

## 15.1.6　煤粉喷吹系统的检测和控制

### 15.1.6.1　煤粉喷吹的意义

喷煤代替昂贵焦炭，有很多优点，集中到一点就是降低吨铁燃料消耗，降低生铁成本，提高效益，高炉喷煤是高炉炼铁技术进步的合理选择，不仅在节焦和增产两方面同时获益，而且这种有机结合也成为一种不可缺少的高炉下部调剂手段。大力提高喷煤量成为炼铁工作者的共同目标。

高炉喷煤工艺流程主要包括原煤储运系统、干燥系统、制粉系统、喷吹系统。工艺流程如图 15-17 所示。

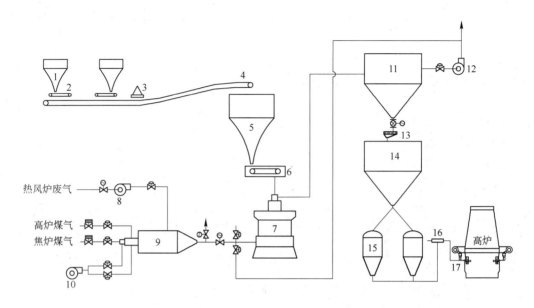

图 15-17 高炉喷吹煤粉工艺流程图

1—配煤槽；2—配煤皮带秤；3—电磁除铁器；4—带式输送机；5—原煤仓；6—给煤机；

7—磨煤机；8—烟气风机；9—干燥炉；10—助燃风机；11—布袋收粉器；12—主风机；

13—煤粉筛；14—煤粉仓；15—喷吹罐；16—分配器；17—喷枪

煤粉喷吹系统的工艺流程：

（1）原煤储运系统。喷吹用煤由汽车或火车运至干煤棚，并在干煤棚分品种储存，然后由桥式抓斗起重机抓取至配煤槽进行配煤，配好后再输送至制粉站原煤仓。

（2）干燥系统。热风炉烟气从热风炉烟气总烟道由引风机抽到干燥炉，与燃烧高炉煤气产生的高温烟气相混合送至磨煤机，对磨煤机产出的煤粉进行干燥。

（3）制粉系统。原煤仓内原煤通过给煤机进入磨煤机，干燥气体从磨煤机进气口进入磨煤机，原煤经磨煤机研磨后，煤粉气固两相流进入布袋收粉器，收集后的煤粉经煤粉筛筛除杂物后进入煤粉仓贮备，净化后的尾气经主风机排入大气。

（4）喷吹系统。煤粉仓煤粉下面设两台或三台带有称量装置的喷吹罐并列布置，一台喷吹罐喷吹时，另一罐准备，通过一根喷煤总管将煤粉送至分配器，由分配器把煤粉均匀地分配到高炉各风口。

### 15.1.6.2 喷煤系统监控画面

高炉喷煤控制系统上位机主要有监控画面，控制方式，趋势画面，参数设定，测温测堵，在画面上用按钮可切换画面，喷煤系统监控画面如图 15-18 所示。

监视画面用于监视整个系统的数据、阀状态以及正在进行的动作。需要观察各设备温度时，用鼠标左键击按钮"温度值显示"，各设备旁显示其温度值，不需要观察时，用鼠标击此按钮，设备旁温度显示消失。当任何一个温度报警时，此按钮变红色闪烁，提醒操作人员采取控制措施。图中每个数据均有注释，说明其意义，需要时用鼠标左键点击"过程值注释"按钮则可显示，不需要时，用鼠标右键击此按钮。每个数据报警时均设有红色闪烁以示提醒。

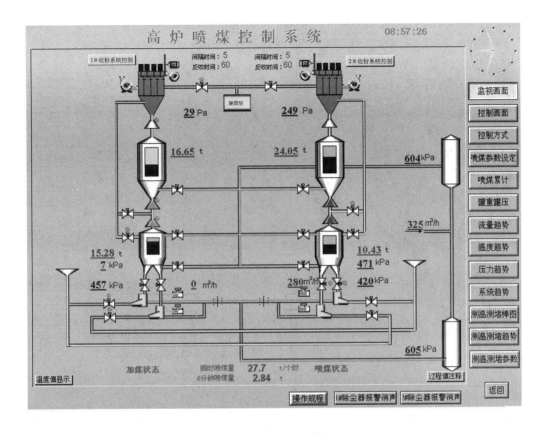

图 15-18　喷煤系统监控画面

各阀状态均有不同表示形式以区分其状态。阀门"✖"变为绿色表示开到位；阀门"✖"变为红色表示关到位；阀门"✖"变为黄色表示动作过程或故障。"🔲"为调节阀；带有红色的阀门"🔲"显示为关；带有绿色的阀门"🔲"显示为开，带有黄色的阀门"🔲"显示为故障。喷煤时，每条管路以颜色表示那条管路通，绿色表示正在喷煤，浅蓝色闪烁表示管路有气没有煤。

### 15.1.6.3　喷煤设备的操作和控制

用鼠标点击图 15-18 中的"控制方式"，弹出图 15-19 喷煤系控制方式画面，在控制方式画面可观察到各设备所处的状态，画面上相应的灯变绿 ●.，表示开到位，画面上相应的灯变红 ● 表示关到位。

输煤、倒罐、喷吹系统操作分为手动、自动、全自动三种操作方式。为了操作安全，每步操作按工艺要求设置了联锁。手动时，在联锁条件下，阀的操作要按工艺要求操作，如果操作错误，系统将弹出错误提示。强制条件下，手动解除联锁，阀之间解除联锁关系。自动时，每列系统各自独立控制，根据操作人员的指令作出相应自动命令，倒罐操作需要人员按指令执行。全自动时，每列罐自动倒罐，不需要人员操作。在半自动下，可对各系统进行单独操作。

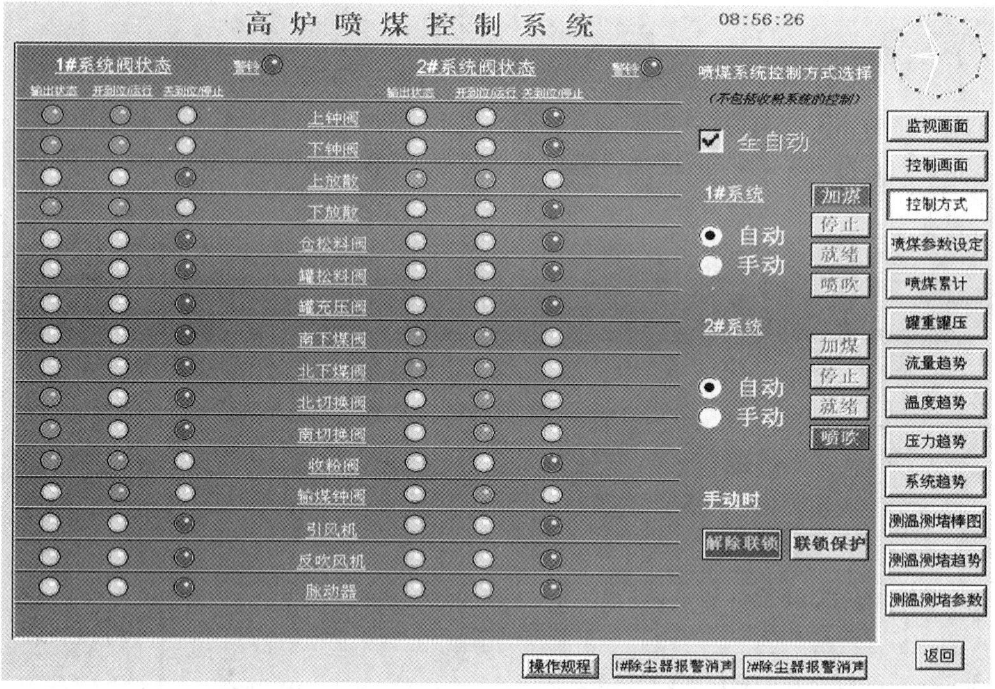

图 15-19　喷煤系控制方式画面

A　收粉系统控制

用鼠标左键点击按钮"1#收粉系统控制"或"2#收粉系统控制",弹出控制框,如图 15-20 所示,可以在选择自动时控制收粉系统的加煤、停止、就绪、喷吹操作。

B　设备的控制(系统"手动"状态时有效)

用鼠标点击要控制的设备,画面上弹出如图 15-21 所示控制框,操作时用鼠标点击"启动"或"停止"按钮,操作完毕后点击控制框的关闭按钮,"☒"。

图 15-20　收粉系统控制对话框

图 15-21　设备控制对话框

C　阀的控制(系统"手动"状态时有效)

鼠标选中阀以后,可以在弹出的操作框 启动 停止 中进行阀位开关操作。

15.1.6.4　喷煤参数设定

参数设定用于对喷吹罐质量及压力的设定。点击画面右侧"喷煤参数设定"弹出喷煤参数设定画面,在画面上可以对喷吹罐煤粉参数、煤粉仓煤粉参数、喷吹压力参数、除尘器参数、气包压力下限参数进行参数的修改与设定。喷煤参数设定画面如图 15-22 所示。

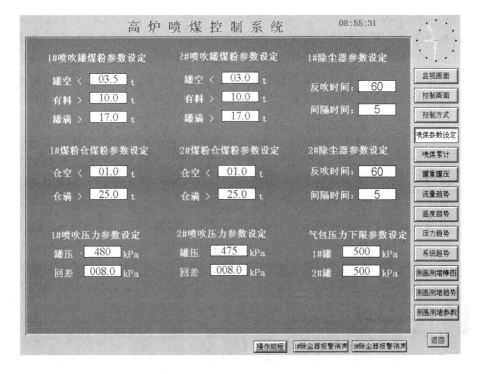

图 15-22  喷煤参数设定画面

**A  喷煤累计画面**

点击画面右侧"喷煤累计"弹出喷煤累计画面，在画面上可以观察到每小时喷煤量、瞬时喷煤量、日累计喷煤量，以便操作人员对喷煤速度进行调剂。喷煤累计画面如图15-23所示。

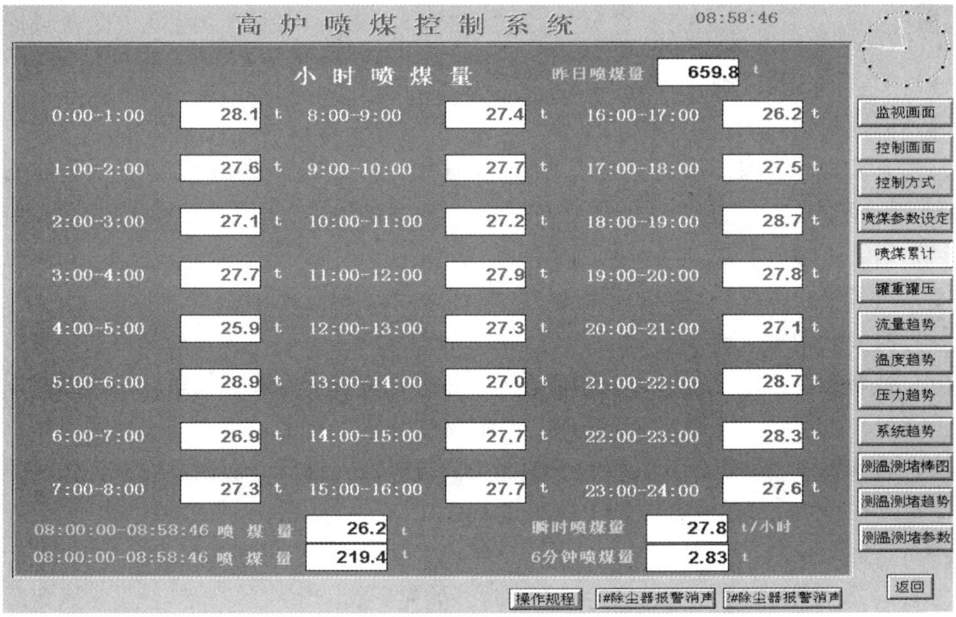

图 15-23  喷煤累计画面

B　测温测堵画面

点击画面右侧"测温测堵"弹出测温测堵画面，通过每支喷枪温度与喷煤总管温度对比，来判定喷枪是否正常喷煤。喷枪温度与喷煤总管温度接近表示喷煤正常，喷枪温度低表示堵枪，在画面上可以观察到每支喷枪温度，以便操作人员对停煤喷煤及时处理。测温测堵画面如图15-24所示。

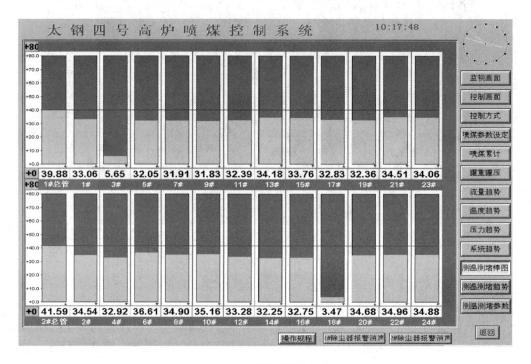

图15-24　测温测堵画面

C　喷吹煤粉技术操作步骤

（1）喷吹前先打开空气大闸，确认空气压力达到要求，各阀门开关到位。

（2）开逆止旋塞阀。

（3）开安全阀，通知喷枪工打开输煤管上球阀，打开喷枪截止阀，通气后将喷枪插入吹管。

（4）打开上罐放散。

（5）打开上罐钟阀。

（6）打开电动输煤球阀。

（7）煤粉袋在指定位置时，关上罐钟阀，放散阀，打开上罐进气阀，打开中间罐、放散阀、蝶阀、钟阀、再打开上罐流化阀，向中间罐装煤。

（8）中间罐煤粉装到指定位置时，关闭中间罐蝶阀、钟阀、放散阀后，打开下罐放散阀、钟阀，打开中间罐流化阀，向下罐装煤。

（9）下罐煤粉装到指定位置时，关闭下钟阀、放散阀。

（10）开下罐充压阀，压力达到指定量时，关充压阀。

然后，开煤粉阀，下罐流化阀，向高炉喷吹煤粉，按照值班工长指定的喷吹量调整煤粉给料器调整喷吹煤粉量。

### 15.1.7　高炉专家系统简介

#### 15.1.7.1　高炉专家系统发展概述

高炉冶炼进行着复杂的冶金物理化学变化，高炉操作状况易受多种参数变化的影响，有难以预测、难以定量表示、难以和其他参数独立出来进行分析等特性。传统的高炉操作主要依赖操作人员的经验分析、判断、处理，由于影响因素错综复杂，往往操作人员很难准确地判断炉况，进而对高炉进行合理控制，常常造成不同的操作人员对同一炉况可能有不同的判断处理。为了对炉况有较正确的判断，帮助操作人员更深刻地理解高炉冶炼现象，更准确地判断炉况特征和决定操作对策，自上世纪 70~80 年代以来世界产钢国家对高炉数学模型和专家系统进行了大量的研究开发工作。

人工智能技术（artifical inteligence）简称 AI，是模拟人的思维方式对客观事物的认识与控制，运用神经网络、模糊理论去辨识客观事物隐含的规律，处理过程复杂的控制问题。高炉专家系统（expert system）简称 ES，是人工智能技术的一个分支，是神经网络、模糊理论在高炉操作中的有效应用，是对高炉数学模型的重要补充和发展，它是在高炉冶炼过程主要参数曲线或数学模型的基础上，将高炉操作专家的经验编写成规则，运用逻辑推理判断高炉冶炼进程，并提出相应的操作建议，在操作人员实践经验不足的情况下，高炉专家系统可以帮助他们改善操作，提高生产效率。国内外高炉生产实践表明，高炉采用专家系统对稳定高炉操作、防止炉况失常，特别是减少铁水成分的波动和降低炼铁能耗有较显著的效果。目前尽管各个国家开发的专家系统各有特色，功能和水平层次不同，但在实际高炉操作中都取得了良好的使用效果，对稳定各班间的操作、提高对高炉运行规律的认识、更准确地判断炉况特征和采取正确的操作与决策起到了积极作用。最终开发能实现闭环自动控制的 ES 或 A I 系统是高炉冶炼自动化的进一步目标。

#### 15.1.7.2　高炉专家系统的构成

（1）在原有的高炉计算机监控系统中配备专用的计算机。

（2）数据的采集与处理在原有的高炉计算机监控系统上完成。

（3）专家系统由若干数学模型和专家知识库推理过程组成计算机智能控制系统。

专家系统按照功能可将计算机系统分为四级，第一级由可靠而精确的仪表、传感器及其控制设备组成，它是实现自动控制系统稳定运行的前提。第二级为基本自动控制系统（BAS），由集散控制系统（DCS）和可编程逻辑控制器（PLC）组成。由一级和二级组成的基础自动化系统，是过程操作的重要工具，它自动地控制高炉过程的基本功能并采集过程数据。处于第三级的高炉监控系统是在若干工艺模型的帮助下，提炼工艺实时数据。通过显示趋势线或报告，向操作者、工长、工程师、高炉管理者及研究人员显示相关信息，以便做出决策，强化工艺的优化。第四级为工作数据系统，是由多台计算机（即工厂的主框架计算机）构成，它们用于作生产计划、规划和管理报告。

通过连接基础自动化系统，高炉监控系统可实时组织并提炼工艺数据，进行数据处理、过程分析。将过程参数变化趋势显示和报告功能结合起来，可准确了解过程状况及其变化趋势。通过处理繁多的原始数据，监控系统可用通俗易懂的条目给炼铁工作者解释高炉过程的现状。监控系统并不直接实施过程控制任务，控制任务通常由基础自动化系统完成。

## 15.2　转炉炼钢监控与操作

氧气转炉炼钢在当前世界上的各种炼钢方法中居主导地位，其主要原料是铁水和废钢，我国大多数转炉钢厂的铁水配比在75%～90%之间。氧气转炉主要工艺目的包括：脱碳、升温、去除杂质（去硫、磷）、脱氧和合金化。

我国大部分钢厂都采用西门子系列的 PLC 来控制炼钢生产过程，用组态软件 WINCC 或 INTOUCH 来检测炼钢生产过程。其中炼钢系统大体可分为三大部分，即转炉系统、汽包系统和风机系统。在每一部分都设有单独的控制系统，它们之间通过 Ethernet 网或 Profbus 网进行数据通讯，以保证联锁，同时在调度室能看到全厂的生产情况。下面以我国某厂为例加以说明。

### 15.2.1　氧枪系统检测控制与操作

氧枪系统是炼钢吹炼系统的主要部分。

15.2.1.1　氧枪操作站的控制画面

氧枪操作站的控制画面，如图 15-25 所示。

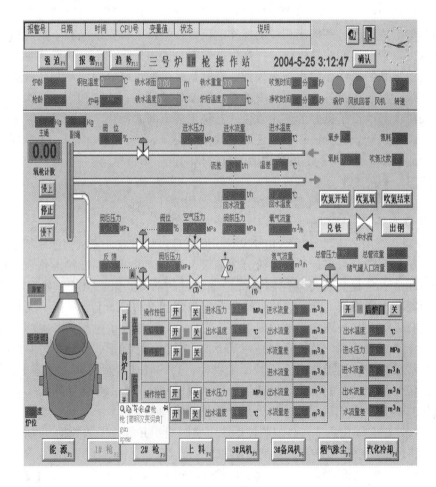

图 15-25　氧枪操作站画面

（1）氧枪操作。用鼠标左键单击氧枪枪身将弹出氧枪操作框，如图 15-26 所示，在操作框中用鼠标左键单击所需按钮即可。B 点值可自行设定，输入数字必须按键盘上 Enter 确认。氧枪左侧有慢上、停止、慢下三个按钮可操作。

（2）吹氮开始按钮。在需要吹氮的情况下，按下吹氮开始按钮，自动下枪到 10m 开氮阀，枪下到 B 点停止。

（3）吹氮结束按钮。需要结束时，按下吹氮结束按钮，自动提枪到 10m 以上关闭氮阀，在 13.5m 停止提枪。

（4）出钢。吹炼完毕后，应按下出钢按钮。

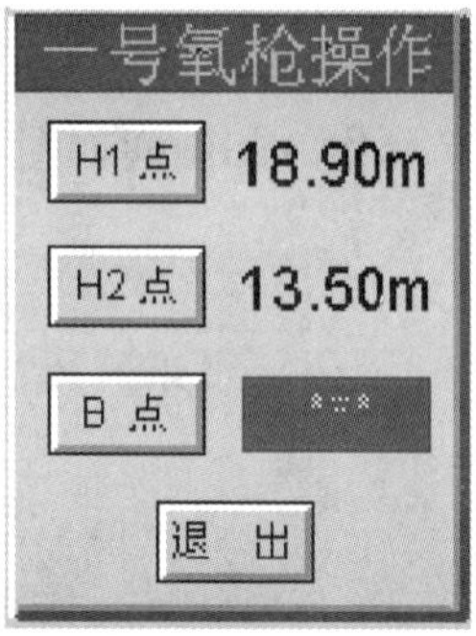

（5）兑铁。准备吹炼前应按下兑铁按钮，风机升速，清有关累计值。

图 15-26　氧枪操作对话框

（6）汽包和风机故障指示灯。用来指示汽包和风机是否有故障。红色：故障；绿色：正常。

15.2.1.2　强迫画面

强迫操作画面，如图 15-27 所示。

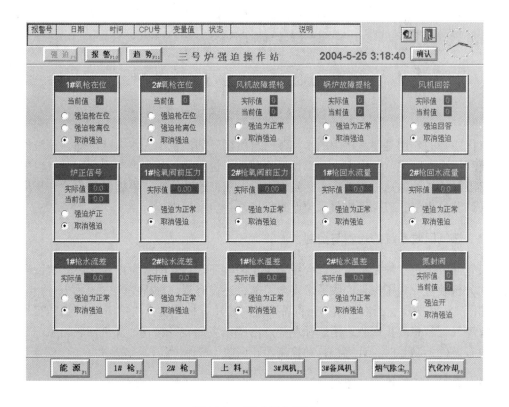

图 15-27　强迫操作画面

在特殊情况下，例如氧枪在位信号、炉正信号等信号不能正确返回，限于多种原因（例如安全），维护人员不能及时处理等，可在确认外围设备正常，并经领导同意的情况下，在画面上对此信号进行强迫，使生产继续进行。

### 15.2.2　汽化冷却系统的检测与控制

汽化冷却画面如图 15-28 所示。

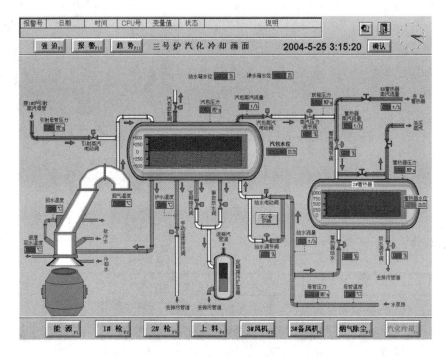

图 15-28　汽化冷却操作画面

汽化冷却的作用是使氧枪中的水和蒸汽自然循环到汽包中，水自然冷却，蒸汽送到别处以便利用，同时往汽包中上水，以保证汽包中水位正常。其主要控制有：待汽包中压力达到上限时，往外输送蒸汽，压力达到下限时，蒸汽输送停止；根据汽包水位和送出的蒸汽量来调节给水量，以保证汽包水位始终保持在一定范围内。

### 15.2.3　煤气回收系统的检测与控制

煤气回收系统一般是根据煤气含量来决定回收还是排放的，所以在回收系统设有氧化碳自动分析装置。为了保证回收系统安全可靠，还设有氧气分析仪。

如图 15-29 所示，当右下角的条件都满足时，用鼠标左键点击"开始回收"按钮，开始回收煤气，若想终止回收，用鼠标左键点击"结束回收"按钮，煤气回收结束。当回收过程中有条件不满足时，计算机自动控制停止回收。

### 15.2.4　原料系统的检测与控制

转炉上料操作站主要包括 8 个高位料仓、8 个挡料闸板、6 个称量料斗、6 个排料电机、氧枪操作部分、氧调节阀开关和氧枪部分模拟量显示等，上料操作站画面如图 15-30 所示。

（1）高位料仓。高位料仓的名称可随时改动，将鼠标指针移动到料仓名称处，当鼠标指针变为 I 字形时单击鼠标左键，高位料仓名称会弹出一个下拉列表，选择需要的名称，

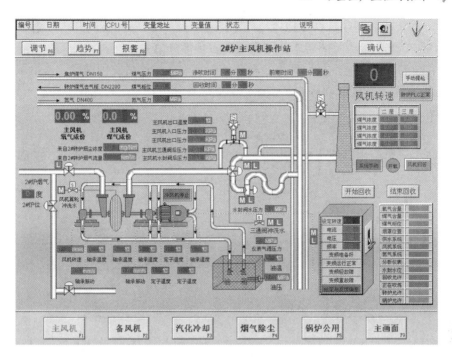

图 15-29  风机操作站画面

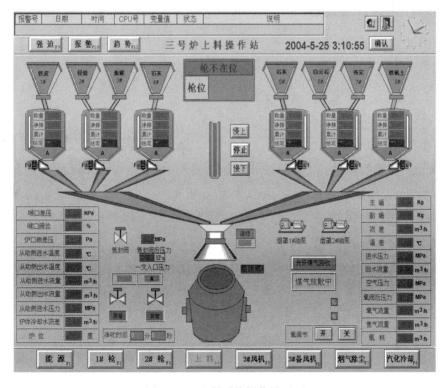

图 15-30  上料系统操作站画面

用鼠标双击该名称或按下键盘 Enter 键即可。

（2）装料闸板。将鼠标移动到高位料斗下方的长方形闸板上，单击鼠标左键，弹出闸板操作框，如图 15-31 所示，可根据需要对闸板进行操作。若闸板为开启状态，则闸板的左半部分消失，若闸板为关闭状态，则闸板的右半部分消失。

（3）称量料斗。将鼠标移动到称量料斗的给定输入框就可使用键盘输入给定值输入完毕后按键盘上 Enter 键进行确认。在称量仓中下部有一小方框，M 代表手动，A 代表自动，单击小方框，则可在手动与自动间切换，显示 A 时，启动相应的排料电机便能完成自动排料。

（4）排料电机。用鼠标左键单击排料电机可弹出排料操作框，如图 15-32 所示，然后进行选择即可。

图 15-31　闸板操作对话框

图 15-32　排料操作对话框

## 15.3　炉外精炼监控与操作

### 15.3.1　RH 法监控画面与操作

RH 法设备操作主要包括真空系统、氧枪控制系统和合金系统。

15.3.1.1　真空系统监控画面与操作

A　真空系统监控画面

真空系统画面如图 15-33 所示。图中 **R RH**、**A 合金**、**T 趋势**、**C 控制**、**L 报警** 为五个快捷控制键，用鼠标双击快捷控制键，可以切换到该画面，也可以直接在键盘上输入以上五个快捷控制键前面的大写字母 R、A、T、C、L，来切换相应画面。**Logon** 和 **Logoff** 为系统进、出口令键。为打印屏幕键，**ACK** 为确认报警键，为系统网络显示。

处理时间表示钢水处理总时间；真空时间表示真空下处理的时间。本炉钢的基本信息包括：炉号、钢种、包号、班号、操作工、钢重和钢水温度。画面中央 C1、C2、C3、C4 分别是蒸汽冷凝器。SVE 是启动泵；S1、S2 是一、二级增压泵；3a、3b，4a、4b 和 5a、5b 是三、四、五级普泵的主泵和辅泵。最下两行是系统若干快捷控制键，只要用鼠标点击快捷控制键就可以切换该系统画面，或在键盘上按快捷控制键代表的功能键来切换系统画面，进行监控和操作。

B　真空系统日常操作

点击图 15-33 画面左侧下方"处理键"，弹出对话框如图 15-34 所示，再点击"开始"键，画面中左侧中部主真空阀 07M01 由转变为，画面左侧下方"真空系统"和"处

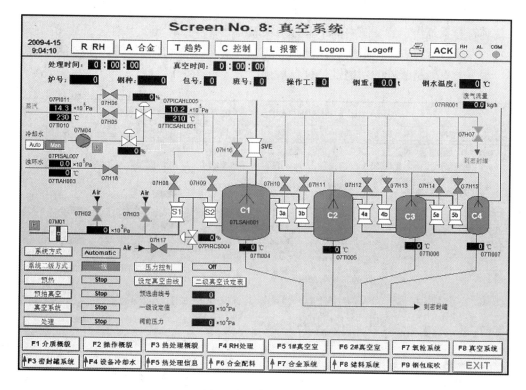

图 15-33　真空系统画面

理"的信号显示，由 Stop 变为 Running，即表示真空
系统启动，真空泵的开启顺序按照预选曲线号的设定进行。根据冶金
效果不同，可以在画面下部 预选曲线号 0 蓝色框内用键盘输入
数字，系统自动调节实现目标真空度，也可以点击"压力控制"键选
择 On，在画面下部 一级设定值 0 ×10²Pa 蓝色框内用键
盘输入要控制的真空度值，实现真空度的自动控制。真空处理结束前，
确认画面下部 阀前压力 0 ×10²Pa 黑色框内数值小于 $65 \times 10^2\mathrm{Pa}$，即
可以点击 15-33 画面上"处理"键，弹出对话框如图 15-34 所示，再
点击"结束"键，画面上主真空阀 07M01 显示为，"真空系统"和"处理"的信号显
示为 Stop，真空泵的蒸汽阀门相继关闭，主真空阀右边的破空阀 07H02、07H03
相继打开，吸入空气，真空罐内恢复大气压，画面右侧上方通往密封罐的水封阀 07H07 也
将打开，即表示真空系统结束。

图 15-34　RH 处理
对话框

### 15.3.1.2　氧枪系统监控画面与操作

A　氧枪系统画面

在键盘上按功能键 F7，切换到氧枪系统画面，如图 15-35 所示。在图中央的上方是氧
枪，枪位就是顶枪与罐底间距离，显示在罐体上。图左侧上方氧枪冷却水"MCW 系统方
式"有两种：一种是自动方式，主要检测内容从左到右依次为冷却水进水流量、冷却水进
出流量差、出水流量、出水温度，如果哪项指标不符合系统给定值，就会自动提枪到事故

位；另一种是手动方式，主要是在故障状态下，给氧枪系统供水，并远程调节以上4项指标，使其符合系统给定值。图右侧中上方是供氧枪的气体：氧气、天然气、氮气，它们依次从右向左通过压力表、流量表、比例调节阀、切断阀后进入氧枪，根据工艺的不同选择气体。图下方右侧是氧枪的功能键"强制脱碳"和"化学升温"。

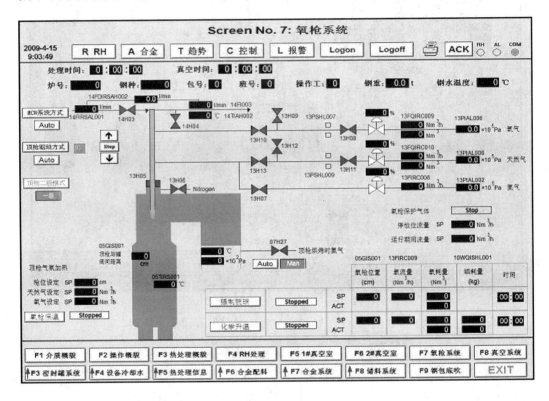

图15-35　氧枪系统画面

**B　氧枪日常操作**

**a　氧枪烘烤作业**

（1）首先点击确认键"ACK"，观察氧枪是否通过氧气和天然气高、低压力系统检测，如果出现报警，应点击氧枪驱动方式"顶枪驱动方式"键，弹出对话框如图15-36所示，点击"手动"，再点击画面上 ↓ 键，系统联锁自动打开反吹氮气（13H06）和氧枪密封胎（13H05），氧枪开始下降，大约下降500mm后，点击 Stop 键，氧枪停止，再点击画面上 ↑ 键，氧枪开始上升，然后点击氧枪驱动方式"顶枪驱动方式"键，弹出对话框如图15-36所示，点击"自动"，氧枪上升到停枪位后，自动停止，由于系统联锁自动关闭反吹氮气（13H06）和氧枪密封胎（13H05），同时打开氧枪保护气体氮气，系统开始自动检测氧气和天然气管道的气密性，大约2min后，氧枪自动检测通过。

（2）枪位在 枪位设定 SP 0 cm 蓝色框内给入，范围为450～

图15-36　氧枪系统
对话框1

650cm。天然气设定在 天然气设定 SP ▉0 Nm³/h 蓝色框内给入，范围 60～200m³/h，根据生产工艺需要给定数值。

（3）点击画面左下方"氧枪保温"键，弹出对话框如图 15-37 所示，点击"启动"，同时画面上"氧枪保温"信号由 Stopped 变为 Running ，表示点火成功，开始烘烤真空罐体。

图 15-37　氧枪系统对话框 2

（4）停止氧枪烘烤罐体时，用鼠标点击"氧枪保温"键，弹出对话框如图 15-37 所示，点击"停止"，"氧枪保温"信号由 Running 变为 finished ，表示氧枪自动关气灭火，开始提枪，到停枪位后，"氧枪保温"信号由 finished 变为 Stopped ，即灭火成功。

b　氧枪强制脱碳和化学升温作业

（1）点击确认键"ACK"，确认氧枪系统正常。

（2）确认画面图 15-33，真空罐内压力 阀前压力 ▉0 ×10²Pa 在 (80～100) ×10²Pa 之间，且通过工业电视观察真空罐内化学反应良好。

（3）根据工艺要求，在图 15-35"强制脱炭"吹氧一栏的蓝色框内用键盘给入氧枪位置设定值、氧流量设定值和耗氧量设定值。

化学升温加铝量按铝氧化学反应公式进行计算后，在"化学升温"一栏铝耗量蓝色框内给入设定值。

满足以上条件后点击画面上"强制脱炭"键，氧枪开始下降，到吹氧位后，开始吹氧，同时画面上"强制脱炭"信号由 Stopped 变为 Running 。点击画面上"化学升温"键，同时画面上"化学升温"信号由 Stopped 变为 Running 。

强制吹氧脱碳和化学升温完毕后，信号由 Running 变为 finished ，表示氧枪吹氧完毕开始上升，到停枪位后，信号由 finished 变为 Stopped ，大约2min后，点击确认键"ACK"，观察氧枪是否检测通过，以便下次使用。

#### 15.3.1.3　合金系统监控画面与操作

A　合金储料系统画面

合金储料系统画面如图 15-38 所示。

上料过程是由自卸汽车将运来的铁合金卸入低位受料仓，经过仓下的电机振动给料器将铁合金送到垂直皮带运输机上，垂直皮带运输机将铁合金垂直提升到料仓平台上的可逆皮带输送机上，可逆皮带输送机在 18 个限位开关的控制下，分别将铁合金送到各自的料仓内。

主要设备有：低位料仓和振动给料器、垂直皮带输送机、可逆配仓带式输送机、2 号皮带运输电机、数码料位检测仪器等。

a　合金上料日常操作

（1）在键盘上按功能键 shift + F6，将弹出图 15-38 画面。点击确认键"ACK"，确认料仓上料系统，如果有报警，该设备显示由 R 变为 L ，表示故障等待处理。

（2）在画面中部下方料仓代码一栏蓝色框内用键盘给入所要加料的仓号（1～18）。

（3）确认操作方式选在远控 Remote 。

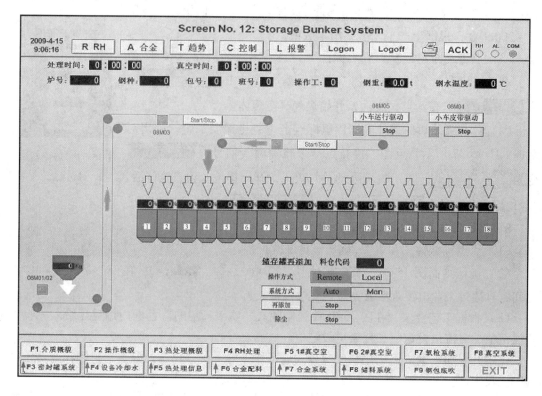

图 15-38 合金储料系统画面

（4）点击"系统方式"键，弹出对话框，如图 15-39 所示，选择上料系统"自动"，"系统方式"信号 Auto 亮。

（5）用鼠标点击"再添加"键，弹出对话框，如图 15-40 所示，点击"启动"键，信号由 Stop 变为 Running 表示上料系统启动，皮带信号也由灰色变为绿色，由于与除尘系统构成联锁，除尘信号也由 Stop 变为 Running 。等低位料仓内料的质量显示为 0kg 时，或高位料仓数码料位仪显示上限位报警时，上料系统将自动停止，同时"再添加"信号也由 Running 变为 Stop ，除尘信号也由 Running 变为 Stop 。

图 15-39 上料系统对话框 1

图 15-40 上料系统对话框 2

b 合金上料手动操作

（1）点击"系统方式"键，弹出对话框，如图 15-39 所示，选择上料系统"手动"，旁边信号 Man 亮，表示可以手动操作。

（2）双击高位料仓小车（08M05）"小车运行驱动"键，小车信号由 Stop 变为 Running ，同时在料仓代码一栏蓝色框内用键盘给入所要加料的仓号，小车将自动对准该料仓。

（3）双击皮带（08M04）"小车皮带驱动"键，皮带信号由 Stop 变为 Running ，再双击 ，皮带（08M04）启动。

（4）双击皮带（08M03） 键，并显示绿色，表示皮带（08M03）启动。

（5）双击振动给料器（08M01/02） 键，并显示绿色，表示振动给料器（08M01/02）启动。这样低位料仓内料将源源不断地送入高位料仓。

（6）确认已经上料完毕，点击"系统方式"，弹出对话框，如图15-39所示，选择上料系统"自动"，旁边信号 Auto 亮，上料系统将自动停止。

B　合金配料

a　合金配料画面

在键盘上按 shift + F6 键可切换到合金配料画面，如图15-41所示。从图上可以看出右侧有20个合金代码，分别对应20个ID号码，手动可输入合金名称，其中代码19是补铝，它代表的是大气压下自动补铝系统，第20个代码99，代表合金中断，它代表此仓在没有料的情况下，可以换仓操作。系统还设有"设定配方"一栏，可以选择混合加料。图中"接受配方"一栏下方，设有"混合加"、"代码"、"设定值"、"实际重量"、"正在称

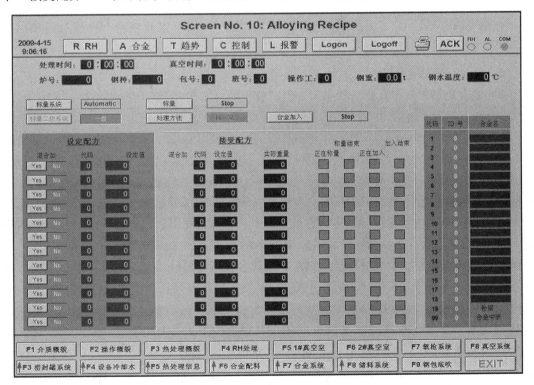

图15-41　合金配料画面

量"、"称量结束"、"正在加入"、"加入结束"等显示窗口。

　　b　合金配料操作

　　（1）在设定配方一栏混合加的项目下，用鼠标点击 Yes 键，则信号由 Yes No 变为 Yes No ，表示要与下面的料混合加入，如果不点击 Yes 键，则表示此料要单独加入。需要几种料混合加入，就依次点击几个 Yes 键。

　　（2）在 Yes No 后面的代码和设定值，用键盘分别在蓝色框内给入料仓号码和料的重量。

　　（3）点击"称量系统"键，在对话框内选择"自动"，旁边信号显示为 Automatic 。

　　（4）点击"处理方法"键，在对话框内选择"清零"，"接受配方"一栏下所有过去记录将被清除。再点击"处理方法"键，在对话框内选择"接受"，在"接受配方"一栏，"混合加"下将出现对应的 ■ ，"代码"和"设定值"下黑色框内将分别自动附入料仓号码和料的重量。

　　（5）点击"称量"键，在对话框内选择"启动"，旁边信号显示为 Running ，表示称量开始。在"接受配方"一栏，"实际重量"下对应的黑色框内显示料的重量，正在称量时信号由 ■ 变为 □ ，当称量结束后，信号由 □ 变为 ■ 。

　　（6）合金化时，点击"合金加入"键，在对话框内选择"启动"，旁边信号显示为 Running ，表示合金化开始。在"接受配方"一栏，正在加入时信号由 ■ 变为 □ ，当加入结束后，信号由 □ 变为 ■ 。在"接受配方"一栏可以监视合金称量过程和加入过程。

　　C　真空状态合金化

　　RH法合金加料需要在真空状态下加料。合金加料需在合金系统画面上进行。

　　a　合金系统画面

　　在键盘上按shift+F7键切换到合金系统画面，如图15-42所示。从画面上可以看出此系统有18个高位料仓，1~6号为中型料仓，7~10号为大型料仓，11~18号为小型料仓。下面分别配有3台称料系统为：1号秤（09WQISHL001）量程为小于1000kg、2号秤（09WQISHL002）量程为小于2500kg、3号秤（09WQISHL003）量程为小于500kg。高位料仓内的料经振动给料器振动，进入称量系统料斗，称料完毕后，通过3号可逆皮带运输机（09M30），进入真空合金料仓，然后根据炼钢工艺要求，在振动给料器（10M05）的振动下，通过下料管和合金溜槽进入钢水，实现合金化。另外还有一套自动补铝系统，只要真空铝料仓内铝的总重小于总容积量的1/3，就可以在大气状态下完成自动补铝作业。

　　b　真空状态下合金化步骤

　　（1）确认合金进入真空合金料斗，点击图15-42画面"真空料斗系统方式"键，弹出对话框如图15-43所示，点击"手动"，下面信号 Auto 变为 Man ，再双击"合金量"，弹出合金菜单，逐条确认合金种类和数量后，点击合金菜单，合金菜单将自动关闭。

　　（2）点击（10H01），弹出对话框，如图15-44画面，点"关闭"键，（10H01）信号

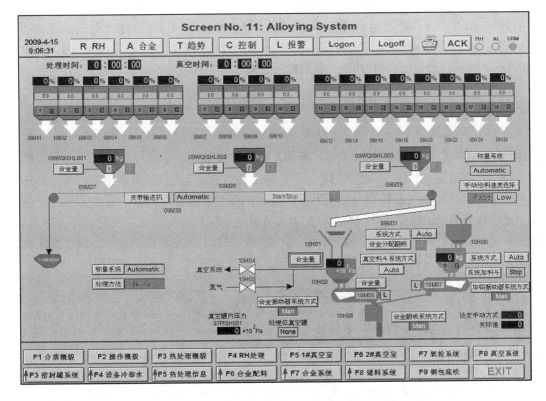

图 15-42　合金系统画面

图 15-43　合金系统对话框 1

图 15-44　合金系统对话框 2

将由上限位转到下限位，表示关闭。

（3）点击（10H04），弹出对话框，如图 15-44 画面，点击"打开"键，阀门由 ![icon] 变为 ![icon] ，表示抽气作业开始，等真空合金料斗内压力表显示小于 $200 \times 10^2 \mathrm{Pa}$ 时，（10H04）将自动关闭。

（4）点击（10H02），弹出对话框，如图 15-44 画面，点击"打开"键，（10H02）信号将由下限为转为上限位，表示打开。同时点击合金翻板（10H08）弹出对话框，如图 15-44 画面，点击"打开"键，（10H08）信号将由 ![icon] 状态变为 ![icon] 状态表示打开。

（5）双击振动给料器（10M05）旁边 ![icon] 键，信号将由白色变为绿色，表示振动给料器启动，这样合金通过下料溜槽加入到钢水中，实现合金化。

通过工业电视监控合金加入过程，等合金加完后，停止振动给料器（10M05），关闭合金翻板（10H08），将真空料斗系统方式改为自动，（10H02）将自动转到下限位，（10H03）阀将自动打开，充入氮气，等真空合金料斗内压力表显示 $900 \times 10^2 Pa$ 时，（10H03）阀将自动关闭，（10H01）自动转到上限位，系统设备恢复到正常状态。

### 15.3.1.4　RH 处理监控画面与操作

#### A　RH 状态画面

键盘上按功能键 F4，切换到 RH 状态画面，如图 15-45 所示。图中提升气体系统 No 2，表示 2 号真空罐在处理位。"系统方式"分自动和手动两种。供气方式中"预选气体"的种类有氮气和氩气，根据钢种工艺选择。其流量设定在蓝色框内给定。在线提升气体的气源有氩气和氮气，只要观察压力表后阀体的颜色，就可以判断，绿色为开，灰色为关。然后一分为三，通过调节阀后，每支小管流量基本保持一样，最后每支小管一分为二，总共 6 支小管通过软管连接，供入上升管，作为提升气体。测温取样系统中，钢水温度和钢水氧含量数值由测温表和定氧表传入。钢包车位置有：接钢位、处理位和交钢位。

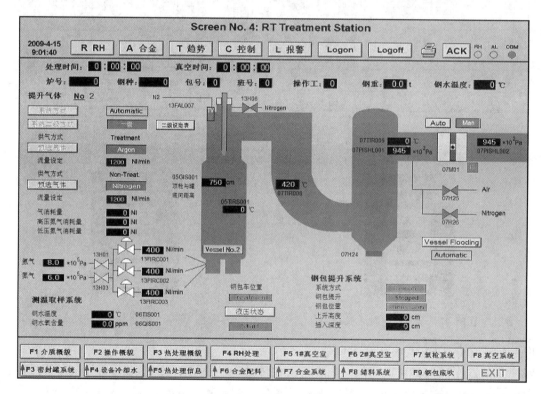

图 15-45　RH 状态画面

#### B　RH 处理操作

点击图 15-45 画面上部 R RH 键，切换到 RH 处理画面，如图 15-46 所示。下面以处理容量 80t 钢包提升式 RH 装置的操作过程为例，说明处理过程。

#### a　处理前的准备工作

（1）电、蒸汽、氮气、氩气、氧气、冷却水的供应。

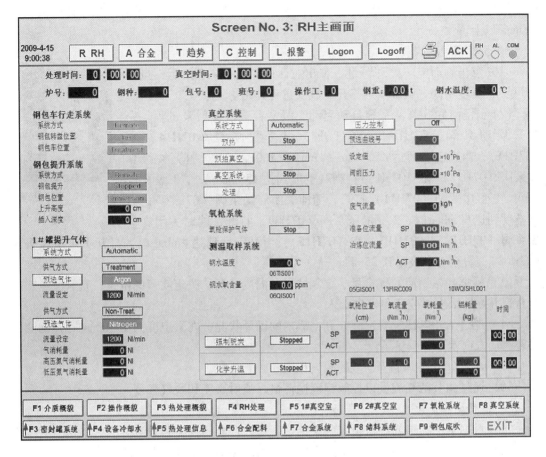

图 15-46　RH 处理画面

（2）停止对真空罐的烘烤，并确认氧枪系统通过压力检测。

（3）检查合金系统所用料的情况和各阀体是否到位。

（4）检查测温表系统，定氧表系统是否正常。

（5）检查钢包车系统限位和行走是否正常。

b　钢水进站处理前工作

（1）确认钢包状况：钢包包边、钢包空间、钢液渣厚。

（2）对钢水进行测温、取样、定氧：温度和氧含量自动上传到画面15-46。测温取样系统使用定氧探头时，应注意定氧探头在钢液中测氧时，应答时间为 5~10s，全程测量时间为 15s 左右；使用前和使用中严禁摔打和撞击，以防探头中氧化锆和石英管断裂，影响测量结果；从测试枪到二次仪表的连接导线要严格屏蔽，防止电磁干扰。二次仪表要有良好的接地；定氧枪进入钢水后，要快、直、稳。

（3）预抽真空作业：点击画面图15-46"预抽真空"键，在弹出对话框时选择"启动"，信号由 Stop 变为 Running ，表示预抽开始。

（4）在操作盘上把钢水包提升到规定位置后，确认提升气体种类，将该气体流量调到 600L/min，并按下插入深度，将插入管插到钢液内，液面一般在插入管法兰盘以下 100mm

处，并且保证插入管插入钢液的绝对深度至少要在 150mm 以上，即插入深度计数值大于 400mm 以上。

c　脱气和脱碳操作

（1）点击画面上"处理"键，弹出对话框如图 15-47 所示，点击"开始"，真空主阀（07M01）打开，脱气过程开始。

（2）画面 15-33 真空系统自动启动 5 级 9 台蒸汽喷射泵过程：先打开启动泵阀（07H16），再打开 5 级真空泵阀（07H14）和（07H15）；当真空度到达 450mbar（1mbar = 100Pa）时，打开 4 级真空泵阀（07H12）和（07H13）；当真空度到达 150mbar 时，3 级真空泵阀（07H10）和（07H11）打开，随即关闭启动泵阀（07H16）；当真空度到达 60mbar 时，2 级增压泵阀（07H09）打开，同时关闭真空副泵阀（07H17）、（07H13）和（07H15）；当真空度到达 4mbar 时，打开 1 级增压泵阀（07H08），直至真空极限 0.25mbar。

图 15-47　RH 处理
对话框

（3）根据到站钢液的碳含量、定氧情况及温度状况，决定吹氧的枪位、吹氧流量和耗氧量，并在画面上对应蓝色框内给入。

（4）通过工业电视观察钢液在真空罐内的循环状况，在真空度为 200mbar 时，钢液的循环流动方向就十分明显了。

（5）通过分析气体了解钢液的脱气程度和脱氧状况。

（6）通过调节氩气流量以控制钢液循环量、喷射高度和脱气强度。

d　脱氧及合金化

（1）根据钢水的工艺要求决定脱氧铝量、加入合金的种类和数量。

（2）加入合金后，要保证一定的循环时间，确保钢水成分和温度均匀。

e　取样、测温

（1）取样、测温在真空处理开始之前进行一次，真空处理 3min 后进行一次测温。以后每隔 10min 进行一次测温，接近终点时，进行取样和测温。

（2）取样、测温要在下降管一侧，且要在钢水以下 300mm 处，以确保钢水温度和钢样有代表性。

f　处理时间

（1）轻处理钢要求 7 个循环以上，才能使钢水达到工艺要求。

（2）本处理钢水要求 10 ~ 15 个循环以上。

g　结束处理

（1）点击画面上"处理"键，弹出对话框如图 15-47 所示，点击"结束"，真空主阀（07M01）关闭。

（2）加足保温剂，落下钢包，开到浇注位。

（3）打印报表，提交系统，结束处理。

（4）关闭冷却水，继续烘烤真空罐，等待下一炉钢的冶炼。

C　RH 法的发展

随着时代的发展，RH 法也在不断地完善，到目前为止，人们的研究方向已由硬件转向软件。比如超低碳钢处理的动态控制技术，其原理是引进了质谱分析仪，通过对炉气中的 CO、$CO_2$、Ar、$N_2$、$O_2$、$H_2O$ 的定量测量，经计算机数学模型计算，来推测钢液中 [C] 含量随时间的变化量，以此来缩短冶炼时间，降低生产成本，实现动态控制。此外脱气控氮、真空度动态控制的模型也在探索阶段。

### 15.3.2　LF 钢包精炼炉炼钢监控画面与操作

#### 15.3.2.1　综述

A　LF 钢包精炼炉概述

LF 炉起初是由日本特殊钢公司于 1971 年研制成功，开发目的是把转炉炼钢后的还原操作移到钢包中进行。其具有投资少、冶金功能强的特点，因此近年来被国内许多钢厂广泛采用。LF 炉是一种特殊的精炼炉，常采用电极埋弧精炼操作，将转炉冶炼完成的钢水送入钢包，再将电极插入钢包钢水上部炉渣内并产生电弧，加入石灰、萤石，用氩气搅拌使钢包内保持较强的还原性气氛，进行埋弧精炼。

B　LF 钢包精炼炉功能

LF 炉在还原性气氛下，通过电弧加热制造三氧化二铝含量较高的高碱度还原渣，并从钢包底部出入氩气，强化精炼反应，进行钢液的深脱氧、深脱硫、脱气、去除夹杂物、合金化等冶金反应，其目的就是精确调整钢水成分温度，提高钢水纯净度，由于其没有固定的生产模式与步骤，所以应在转炉与连铸机之间提供一个缓冲的环节，实现多炉连续浇铸。LF 设备组成如图 15-48 所示。

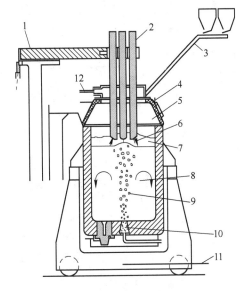

图 15-48　设备组成

1—电极横臂；2—三相电极；3—加料系统；4—炉盖；
5—工作门；6—电极自动调节系统；7—钢液面；
8,9—钢液循环；10—供氩系统；11—钢包车
运行系统；12—除尘系统等设备组成

C　LF 炉自动化控制的主要职能

计算机控制系统主要职能是完成显示本炉钢信息、搅拌模型控制、合金模型控制、温度模型跟踪、钢水成分预报等。

计算机控制系统采用二级系统配合一级画面完成系统运行监测、工艺过程监测、工作方式及控制参数的录入。

#### 15.3.2.2　LF 监控画面与操作

A　前期准备阶段

（1）在主画面生成之前，首先进入准备阶段，查看当前生产计划有三种方式：甘特图和数据列表以及计划关联预熔物。

（2）以数据列表为例，如图 15-49 所示。数据列表画面给出冶炼的钢种、炉次信息，生产计划。选中最上方计划，如选中计划号 nuwos_0，点击画面下方右侧"接管"按钮。

弹出 LF Takeover 窗口，选中当前生产的炉次，如选用 B2608003 炉号，如图 15-50 所

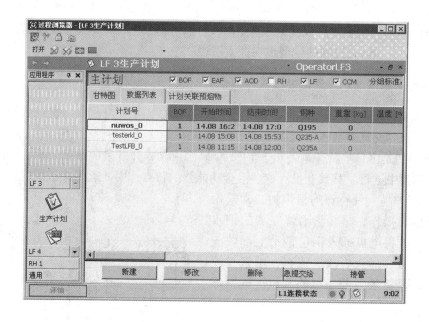

图 15-49 数据列表画面

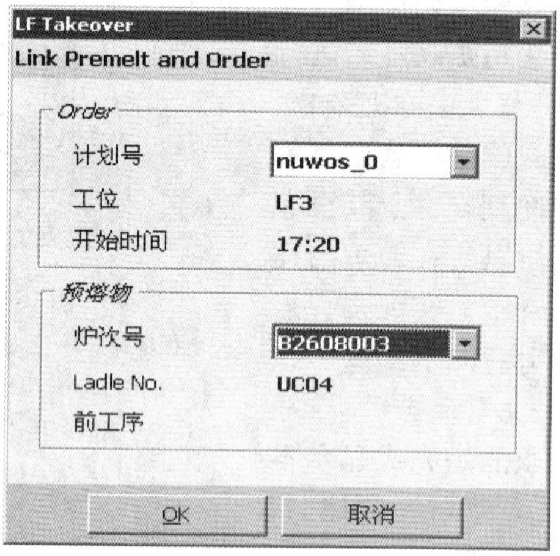

图 15-50 确认画面

示，点击下方"OK"。

进入下一级钢种信息画面。如图 15-51 所示，此时操作员需要对转炉出钢钢种、钢水量、所使用钢包信息进行确认，正常情况下数据填写完毕后，点击画面下方"确认"，弹出 LF 炉在线模型主画面，如图 15-52 所示，画面显示 LF 炉的最主要数据信息（吹氩操作模型、加料操作模型、调温操作模型）。

B　监控画面日常操作

监控画面以 LF 加料操作、调温操作、吹氩操作为主，下面举例说明。

a　加料操作

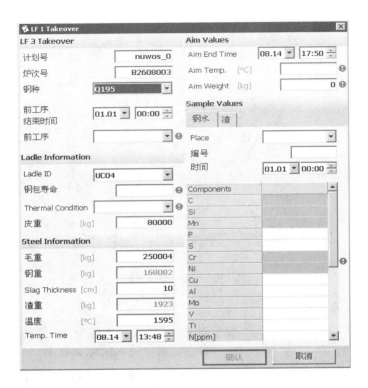

图 15-51　信息画面

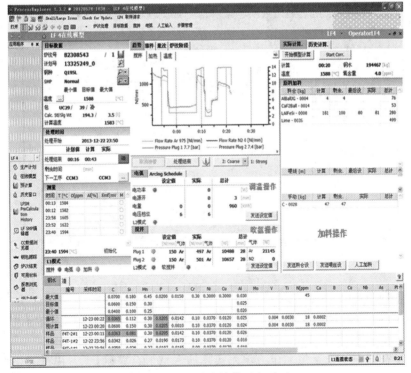

图 15-52　LF 炉在线模型主画面

由图15-52可见，原料操作模型画面如图15-53所示。

图15-53　加料模型画面

合金加入量计算公式为：

$$补加合金加入量 = \frac{钢水量 \times （目标值 - 实际值） \times 100\%}{合金元素含量 \times 元素回收率}$$

模型计算的结果需要操作员确认，操作员根据实际加入料的质量和种类，点击"人工加料"按钮，弹出图15-54。

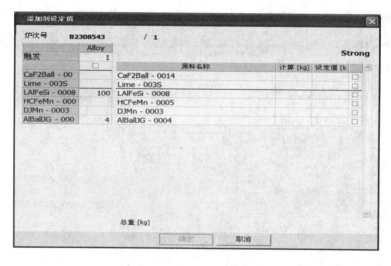

图15-54　加料操作画面

图中原料种类说明：

CaF2Ball 为萤石；Lime 为石灰；LAlFeSi 为硅铁；HCFeMn 为高碳锰铁；DJMn 为电解锰；AlBallJG 为铝丸。

原料质量在图中"设定值"下方填入实际加入量，点"确认"，由计算机控制来完成加料操作。

b　调温操作

由图 15-52 可见，调温操作模型画面如图 15-55 所示。

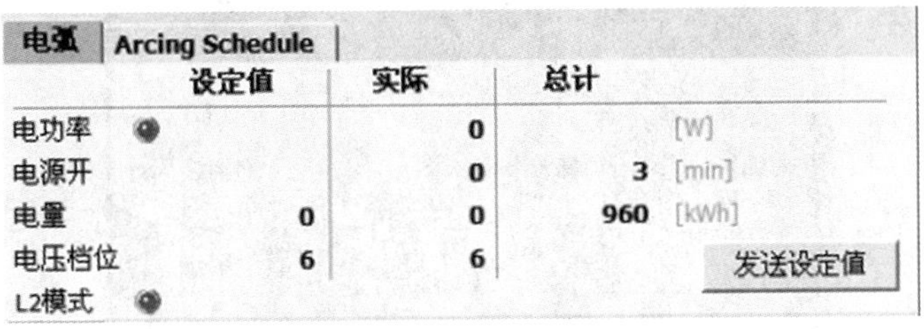

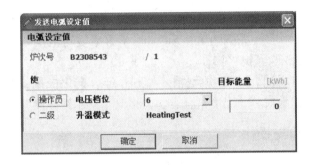

图 15-55　调温模型画面

生产过程中根据所测的钢液温度以及钢种供给连铸所需的温度通过调温模型画面，点击"发送设定值"，弹出如图 15-56 所示的对话框。

图 15-56　电弧设定对话框

此时通过图 15-56 所示画面人工输入电压档位（1~10 档）、在图中"目标能量"下方输入目标电能（kW·h），点击"确定"，开始升温操作，以补偿冶金过程中能量损失。如需降温操作，则通过吹氩搅拌，即可完成钢水的降温，由此控制钢水的温度。

c　吹氩搅拌操作

吹氩搅拌能使钢液成分和温度均匀化，并能促进冶金反应。多数冶金反应过程是相界面反应，反应物和生成物的扩散是这些反应的限制性环节。钢液在静止状态下，夹杂物从钢液中上浮出去，排除速度较慢，这时氩气搅拌给需要上浮的夹杂物及一些有害气体提供一个上浮的基体，从而促进夹杂物的上浮，提高钢水的纯净度。但是不合理的搅拌，如过强的搅拌可以使钢渣卷混，增加钢中夹杂物并且使钢液裸露吸气而增加钢中的氧、氢、氮等有害气体。所以应采用合理的控制搅拌强度。

由图 15-52 可见，吹氩操作模型画面如图 15-57 所示。

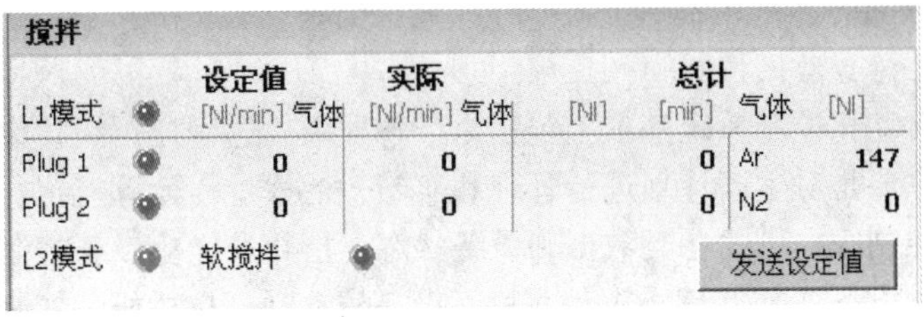

图 15-57　吹氩画面

吹氩搅拌操作，点击图15-57中"发送设定值"，弹出如图15-58所示对话框。

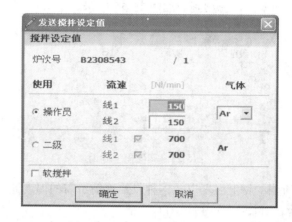

图15-58　流量调节对话框

操作员在如图15-58所示画面中的[NI/min]下方，填写范围30~700NI/min供氩流量，点击"确定"，完成吹氩搅拌操作。

通过上述阐述可以看出，LF炉炉钢精炼过程，经合金化操作、调温操作、吹氩搅拌操作等，完成了调整钢水成分、温度的任务，并提高了钢水纯净度，匹配了连铸节奏。

## 15.4　连铸生产监控与操作

### 15.4.1　综述

#### 15.4.1.1　连铸生产概述

高温钢水，连续不断地浇注成具有一定断面形状和一定尺寸规格的铸坯的生产工艺过程称为连续铸钢。其实质是液态钢经过冷却转变成固态钢的过程。完成这一过程所需要的设备称为连铸成套设备，它主要有机械（包括液压、润滑）设备、"三电"（电气、仪表、计算机）设备、水系统设备、能源介质设备、通信设备、厂房设备、起重机设备、运输车辆、基础设施、环保设备及其他外围设备。

与传统的模注相比，连铸有以下几方面的优越性：

（1）简化了工序，缩短了流程，提高了生产率。

（2）提高了金属收得率。

（3）降低了能源消耗。

（4）生产过程机械化、自动化程度高。

（5）提高了质量，扩大了品种。

#### 15.4.1.2　连铸自动化控制

连铸生产的自动化控制系统基本上包括生产管理级、过程控制级、设备控制级和信息级。生产管理级主要是对生产计划进行管理和实施，指挥过程计算机执行生产任务；过程控制级接收设备控制级提供的各类数据和设备状态，指导和优化设备控制过程；设备控制级指挥现场的各种设备（如塞棒、滑动水口、结晶器振动、拉矫机、切割设备等）按照工艺要求完成相应的生产操作；信息级的主要功能是记录、搜集、统计生产数据供管理人员研究和作出决策。其中，设备控制级和过程控制级自动化最为关键，直接关系到连铸机生产是否顺畅和连铸坯的质量。目前，成熟应用于连铸机的检测和控制的自动化技术主要包括以下几种：

A 大包渣检测技术

当大包到中间包的长水口中央带渣子时，表明大包钢水即将浇完，需尽快关闭大包长水口，否则钢渣会进入中间包中。目前，常用的夹渣检测装置有光导纤维式和电磁感应式。检测装置可与滑动水口的控制装置形成闭环控制，当检测到下渣信号时自动关闭水口，防止渣子进入中间包，从而提高钢水质量。

B 中间包连续测温

测定中间包内钢水温度的传统方法是操作人员将快速测温热电偶插入中间包钢液中，由二次仪表显示温度。热电偶为一次性使用，一般每炉测温 3~5 次，每次使用 2~3 支热电偶。如果采用中间包加热技术，加热过程中需随时监测中间包内钢液温度，则连续测温装置更是必不可少。目前，比较常用的中间包连续测温装置为带有保护套管的热电偶，保护套管的作用是避免热电偶与钢液接触。

C 结晶器液面检测与自动控制

结晶器液面波动会使保护渣卷入钢液中，引起铸坯的质量问题，严重时导致漏钢或溢钢。结晶器液面检测主要有同位素式、电磁式、电涡流式、激光式、热电偶式、超声波式、工业电视法等。其中，同位素式液面检测技术最为成熟、可靠，在生产中采用较多。液面自动控制的方式大致可分为三种类型：一是通过控制塞棒升降高度来调节流入结晶器内钢液流量；二是通过控制拉坯速度使结晶器内钢水量保持恒定；三是前两种构成的复合型。目前，第一种类型在实际生产中使用较广。

D 结晶器热流监测与漏钢预报技术

在连铸生产中，漏钢是一种灾难性的事故，不仅使连铸生产中断，增加维修工作量，而且常常损坏机械设备。黏结漏钢是连铸中出现最为频繁的一种漏钢事故。为了预报由黏结引起的漏钢，国内外根据黏结漏钢形成机理开发了漏钢预报装置，也称为结晶器专家。当出现黏结性漏钢时，黏结处铜板的温度升高。根据这一特点，在结晶器铜板上安装几排热电偶，将热电偶测得的温度值输入计算机中，计算机根据有关的工艺参数按一定的逻辑进行处理，对漏钢进行预报。根据漏钢危险程度的不同，可采取降低拉速或暂时停浇的措施，待漏钢危险消除后恢复正常拉速。采用热流监测与漏钢预报系统可大大降低漏钢频率。

E 二冷水自动控制

同一台连铸机在开浇、浇铸不同钢种以及拉速变化时需要及时对二冷水量进行适当调整。二冷水的自动控制方法主要可分为静态控制法和动态控制法两类。静态控制法一般是利用数学模型，根据所浇铸的断面、钢种、拉速、过热度等连铸工艺条件计算冷却水量，将计算的二冷水数据存入计算机中，在生产工艺条件变化时计算机按存入的数据找出合适的二冷水控制量，调整二冷强度。动态控制法根据二冷区铸坯的实际温度及时改变二冷水量。目前在实际生产中常根据铸坯凝固传热数学模型进行温度推算进而对二冷水量进行调节。

F 铸坯表面缺陷自动检测

连铸坯的表面缺陷直接影响轧制成品的表面质量，热装热送或直接轧制工艺要求铸坯进加热炉或均热炉必须无缺陷。因此，必须进行表面质量在线检测，将有缺陷的铸坯筛选出来进一步清理，缺陷严重的要判废。目前，比较成熟的检测方法有光学检测法和涡流检测法。光学检测法是用摄像机获取铸坯表面的图像，图像经过处理打印出来，操作人员观察打印结果对铸坯表面质量做出判断。涡流检测法是利用铸坯有缺陷部位电导率和磁导率产生变化的原理来检测铸坯的表面缺陷。

G　铸坯质量跟踪与判定

铸坯质量跟踪与判定系统是对所有可能影响铸坯质量的大量工艺参数进行记录、收集与整理，得到不同钢种、不同质量要求的各种产品的工艺数据的合理控制范围，将这些参数编制成数学模型存入计算机中。生产时计算机对浇铸过程的有关参数进行跟踪，根据已储存的工艺参数与质量的关系，对铸坯质量进行等级判定。在铸坯被切割时，可以在铸坯上打出标记，操作人员可根据这些信息对铸坯做进一步处理。

H　动态轻压下控制

轻压下是在线改变铸坯厚度、提高内部质量的有效手段，主要用于现代化的薄板坯连铸中。带轻压下功能的扇形段的压下过程由液压缸来完成，对液压缸的控制非常复杂，需要计算机根据钢种、拉速、浇铸温度、二冷强度等工艺参数计算出最佳的压下位置以及每个液压缸开始压下的时间和压下的速度。

## 15.4.2　连铸生产常用监控画面和操作

### 15.4.2.1　连铸生产主要画面介绍

A　连铸系统控制画面

连铸系统的控制画面如图 15-59 所示。

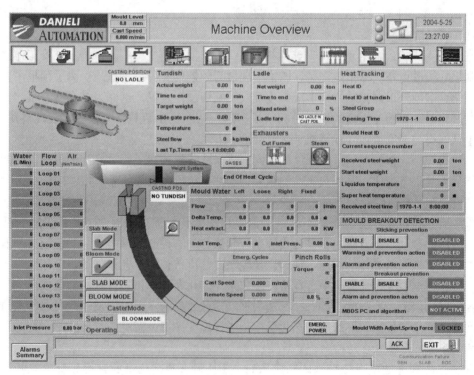

图 15-59　连铸系统画面

a　结晶器冷却水温度差的测量

在连铸结晶器的进水总管和结晶器四个面的出水管上共安装有五个检测水温用的热电阻，根据各个面出水温度与进水温度的温差，来确定结晶器四个面供水是否正常。

b　结晶器钢水液面的检测与控制

结晶器钢水液面一般用放射性元素钴-60来检测，根据液面来自动控制滑动水口的开度，以保证液面正常。

c　结晶器冷却水流量的检测与控制

在结晶器四个面的进水管上都安装有一个调节阀和一个用于检测水流量的电磁流量计，在连铸拉钢时，程序自动控制每个调节阀的开度，以使水流量自动跟踪到设定值。

d　二次冷却水流量的检测与控制

在二冷水的每个段的进水管上都安装有一个切断阀、一个调节阀和一个用于检测水流量的电磁流量计，在连铸拉钢时，切断阀完全打开，程序自动控制每个段上调节阀的开度，以使水流量自动跟踪到每个段的设定值。

B　浇铸综述控制画面

浇铸综述控制画面如图15-60所示。

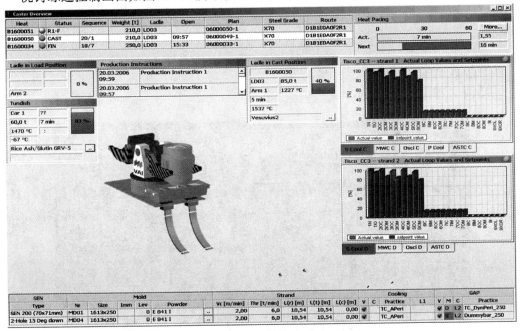

图 15-60　浇铸综述画面

画面中包括浇铸生产列表、大包浇铸位置、中包信息、铸流细节数据、二次冷却水显示、结晶器调宽显示、结晶器振动显示、一冷水显示等内容。

C　报警画面

报警画面如图15-61所示。

画面中可以显示出不同状态下各系统的报警信息，包括大包系统、中包系统、风机系统、振动系统、拉矫系统、切割系统和液压、甘油系统等。

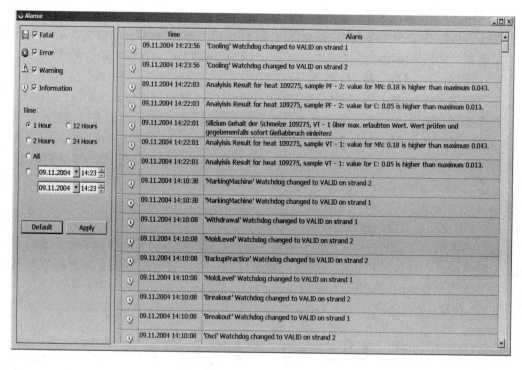

图 15-61　报警画面

D　切割画面

切割画面如图 15-62 所示。

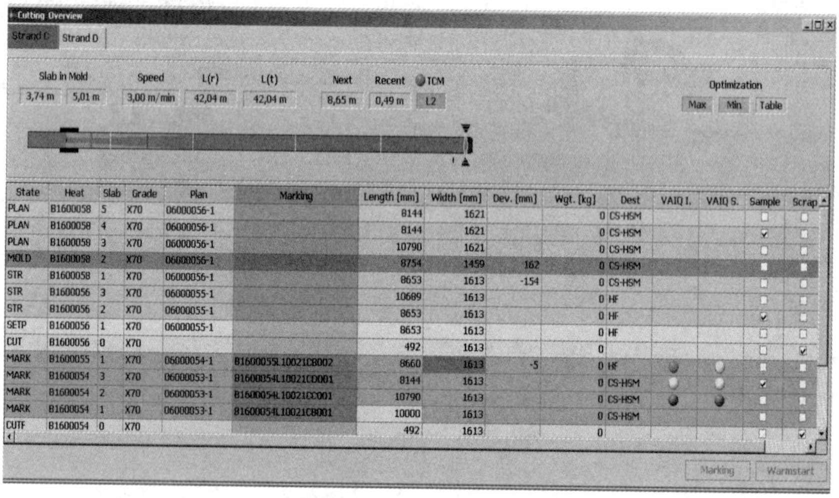

图 15-62　切割画面

切割画面提供铸坯的概况，涉及有关当前的产品，以及下一个铸坯计划和在浇铸中存在的计划等信息。

E　浇铸数据画面

浇铸数据画面如图 15-63 所示。

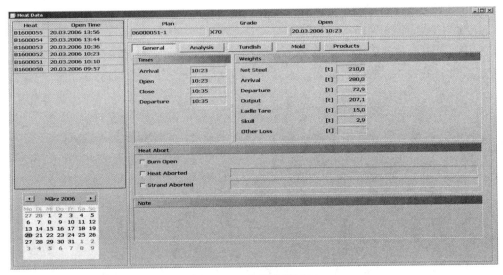

图 15-63　浇铸数据画面

　　浇铸数据画面显示生产过程中的各种数据，包括生产日期、浇铸计划、浇铸炉号、浇铸钢种以及生产断面、规格等数据，这些数据将自动储存在电脑数据库中，便于生产和质量的控制。

15.4.2.2　连铸生产中常用画面的应用

A　一冷泵控制画面

一冷泵控制画面如图 15-64 所示。

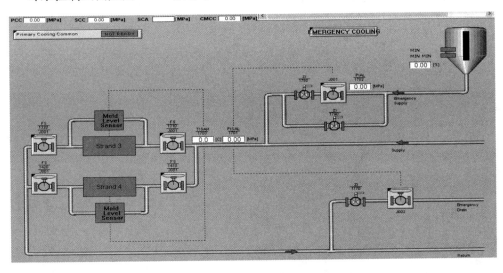

图 15-64　一冷泵控制画面

　　画面中点击各阀门，将弹出操作选择窗口，点击"open"，阀门芯变成绿色，表明阀门打开。确认进水阀门 ▦（FS1310）、回水阀门 ▦（FS1320）阀门芯的颜色均为绿色后，阀门开启，同时确认事故进出水阀门 ▦（J001 和 J002）为关闭状态，此时通知连铸供水部门，启动一冷泵。

B 二冷泵控制画面应用

二冷泵控制画面如图 15-65 所示。

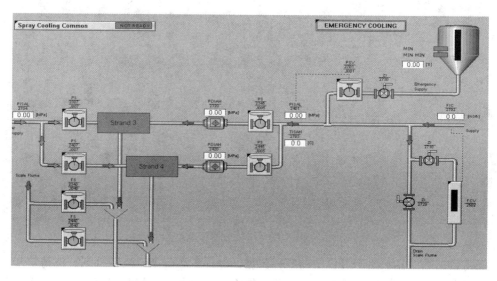

图 15-65 二冷泵控制画面

画面中点击进水阀门 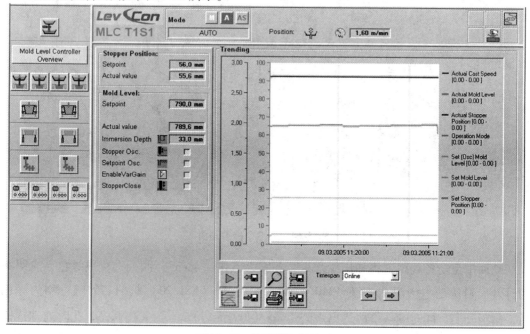（PS2345J005），将弹出操作选择窗口，点击"open"，阀门阀芯变成绿色，表明阀门打开，同时确认事故进水阀门 （PSV2701J001）是关闭状态，此时通知连铸供水部门启动二冷泵。

C 结晶器控制画面应用

结晶器控制画面如图 15-66 所示。

图 15-66 结晶器控制画面

在结晶器控制画面上，点击中包车和铸流的导航按钮，鼠标双击，表示选择了对应的中包车和铸流。在结晶器液位的操作方式按钮中，鼠标双击可选择操作方式"AUTO"（自动）或"MANUAL"（手动）。自动条件满足时，在液位控制画面（见图 15-66）上，将显示结晶器液面曲线画面，它包括设定曲线和实际曲线，另外还会显示浇铸拉速曲线，截图如图 15-67 所示。

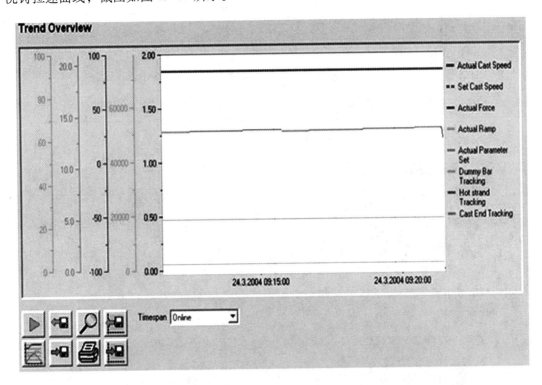

图 15-67　结晶器液面曲线画面

在结晶器控制画面（见图 15-66）上，点击结晶器振动导航按钮，将弹出振动操作模式按钮，点击"AUTOMATIC REMOTE"，弹出"AUTO"（自动）或"MANUAL"（手动），选择振动启动方式，其中自动包括远程自动和就地自动两种方式。

D　主机驱动控制画面应用

主机驱动控制画面如图 15-68 所示。

如图 15-68 所示，在驱动控制按钮上，点击"empty"栏，将出现"维修、准备、浇铸、送引锭"等方式，鼠标双击选择操作方式。选定方式后将自动出现设定速度、实际速度等信息。

E　液压控制画面应用

液压控制画面如图 15-69 所示。

点击导航按钮显示单独的液压包系统，鼠标经过每个单独的液压包系统时，会自动显示每组高压泵的状态，如第一组高压泵没有准备好，显示为：。

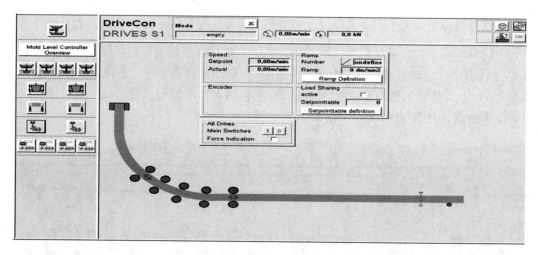

图 15-68 主机驱动控制画面

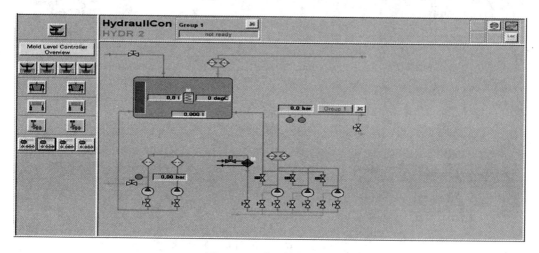

图 15-69 液压控制画面

这时手动启动液压泵，步骤为：（1）确认振动液压泵控制方式在远程，分别点击"高压泵、循环泵、加热器、冷却器"的符号，在弹出的对话框中，将启动方式分别选为"manual"手动方式。（2）确认泵条件满足时，点击循环泵的符号，在弹出的对话框中，点击"on"按钮，启动循环泵。（3）点击高压泵中的任意一台高压泵的符号，在弹出的对话框中，点击"start"按钮，依次启动高压泵。（4）点击加热器的符号，在弹出的对话框中，点击"on"启动加热器。（5）点击冷却器的符号，在弹出的对话框中，点击"on"启动冷却器。

  F 结晶器专家控制画面应用

  结晶器专家控制画面如图 15-70 所示。

  结晶器专家依靠安装在结晶器四面铜板上的热电偶实现结晶器温度检测、漏钢预报、摩擦力检测、热流检测等功能。一般包含多个软件包。

  G 结晶器调宽控制画面应用

  结晶器调宽控制画面如图 15-71 所示。

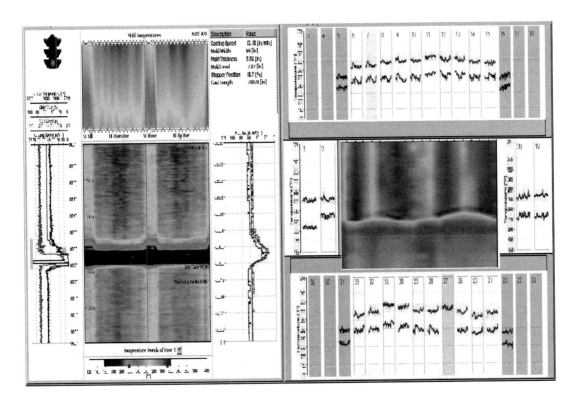

图 15-70  结晶器专家控制画面

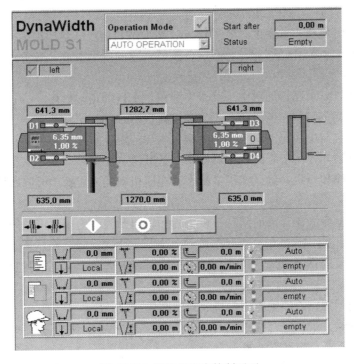

图 15-71  结晶器调宽控制画面

结晶器调宽分为冷态和热态调宽。按照计算模型数据通过编码器指令调整结晶器液压缸，改变结晶器锥度和下口值实现宽度调整。

15.4.2.3　连铸生产作业操作介绍

A　送引锭操作

连铸送引锭分为上装和下装两种方式。上装方式依靠卷扬机将引锭链从结晶器上口装入，主要优点是浇次间准备时间短，前一浇次封顶出坯过程，下一浇次引锭链即可装入，提高了连铸机作业率。下装方式依靠驱动辊将引锭链从二冷区装入结晶器。开浇后，钢水在引锭头部凝固，通过拉矫辊牵引引锭链将铸坯拉出。

B　堵引锭操作

堵引锭操作是连铸生产中一项重要的操作，引锭头堵的好坏直接关系到浇注的成功与否，通过严格的操作并遵守规定，可以避免引锭头封堵造成的生产事故。

a　引锭头停止位置

（1）引锭头停止位置规定为距离结晶器上端 350~450mm。

（2）引锭头与结晶器四壁之间的间隙控制在 4~10mm 范围内。

（3）引锭杆跑偏量即结晶器宽面中心线与引锭杆中心线的距离，不允许超过 10mm。

b　V 形石棉块密封方法

（1）把引锭头固定在结晶器宽面和窄面的中间，用 V 形石棉块将引锭链和结晶器铜板相互固定，先固定外弧，再固定内弧。

（2）以后按外宽面→窄面顺序依次打入。

（3）原则上用 1 块 V 形块，但间隙大时可用 2 块。

（4）V 形石棉块垂直面贴紧铜板表面，若用 2 块时也是要把垂直面贴在铜板面。

c　结晶器内钉屑及冷钢条的摆放

（1）宽面的钉屑投入量厚度为 8~10mm，窄面的钉屑投入量厚度为 10~15mm。

（2）在引锭头上铺好钉屑后，将冷钢条按照一定的要求摆放，准备开浇。

C　开浇操作

（1）确认水口与结晶器的对中，确认中间包与水口的正常烘烤。

（2）确认引锭头堵塞和铸机所有工艺和设备冷却水均在正常状态。

（3）确认钢包与中间包的对中，确认钢包内浇铸温度和浇注钢种。

（4）主控室通知连铸所有岗位，铸机将准备开浇。

（5）检查塞棒和压机，确认在正常状态。在压机上插入压棒，升降塞棒，确认塞棒头与水口孔位置正常。

（6）在打开塞棒气体开关的同时，机长指挥钢包开浇。为控制飞溅先用中流，在飞溅平缓后即用全钢流浇注。

（7）当中间包内钢流面上升到中间包有效高度时，适当控制钢包钢流，防止钢流冻结。

（8）在控制钢包钢流的同时，机长通知中间包水口开浇。

（9）根据经验，中间包开浇钢流大小必须适当，以保证不冲坏引锭头且不冲翻堵引锭头材料，保证工艺要求的出苗时间。

（10）在结晶器钢液面上升过程中，试关塞棒 1~2 次，保证水口关闭可靠。

（11）当结晶器内钢液到达规定高度时，在保证出苗时间的条件下，铸机启动拉坯和振动装置。按工艺规定执行，执行设定起步拉速。

（12）起步拉坯时，待浸入式水口出口被钢液淹没后向结晶器钢液面加保护渣。

（13）控制调节塞棒的氩气。

（14）使用自动液面控制装置时，可在机长发出中间包水口开浇指令时，打开运行开关，进行开浇操作。

D  封顶操作

当钢包钢水浇完时，浇注继续以正常浇注速度进行，直到中间包钢水液面高度降低，这时，浇注速度必须相应地降低，当中间包的钢水浇完 1/2 时，应将浇注速度减少到正常浇注速度的 1/2 ～ 2/3 左右，当中间包钢水高度达到大约 250 ～ 350mm 时，就不再添加保护渣。当中间包钢水下降到大约 200mm 时，就必须将保护渣从结晶器内进行捞渣。当中间包钢水高度达到大约 150mm 时，关闭中间包，连铸机转为蠕动速度，或转到最低拉速并将中间包车开走，此后，马上捞净结晶器钢液面上的渣子。在所有的渣除去之后，再用烧氧管搅动钢液，这一操作要均匀而充分。然后用喷淋水喷在铸坯尾端或结晶器铜板的周围，加快其尾部坯壳的凝固。

E  生产模式转换操作

连铸的主要生产模式有：维修模式、送引锭模式、蠕动模式、检查模式、浇铸准备模式、浇铸模式、浇铸结束模式等。在生产的不同阶段，选用对应的模式，模式的选择一方面可以确认生产条件是否满足；另一方面规范了浇铸操作顺序，避免了操作失误。

## 复习思考题

15-1  如图 15-1 所示，熟悉高炉本体画面，简述画面所展示的工艺流程。

15-2  重要工艺参数的趋势变化，对高炉工长正确判断高炉进程及相应调剂非常重要，试问弹出重要参数趋势画面（见图 15-3），要进行哪些操作？

15-3  分别叙述高炉炼铁生产中，控制风量、风温的操作方法。

15-4  试结合画面叙述高压操作的方法。

15-5  结合图 15-14 高炉炉顶系统监控画面，试叙述装料流程和布料流程。

15-6  如图 15-15 所示热风炉系统监控画面，试按热风炉换炉操作步骤，在画面上进行热风炉（燃烧转送风或送风转燃烧）手动换炉操作。

15-7  氧枪操作站控制画面如图 15-25 所示，试结合画面叙述转炉炼钢生产的吹炼工艺。

15-8  RH 法（真空循环脱气法）真空系统监控画面如图 15-33 所示，试结合画面叙述真空系统的日常操作。

15-9  结合图 15-53、图 15-55、图 15-57，分别叙述钢包精炼炉日常进行加料、调温和吹氩搅拌的操作步骤。

15-10  结合图 15-59 连铸系统画面，叙述连铸生产工艺。

15-11  结合图 15-64 ～ 图 15-66 所示监控画面，分别叙述连铸生产过程中，对一冷泵、二冷泵和结晶器控制所进行的日常操作。

# 附　　录

　　控制系统原理图中的图形符号，是一种设计的语言。了解了这些图形符号，就可看出整个控制方案与仪器设备的布置情况。自动控制中的图例及符号，已有统一规定，并经国家批准予以执行。现将其中常用的一部分列出供参考。

　　（1）控制流程图中常用的图形符号，见附表1。

附表1　控制流程图中常用图形符号

| 内　容 | | 符　号 | 内　容 | | 符　号 |
|---|---|---|---|---|---|
| 常用检测元件 | 热电偶 | | 执行机构形式 | 就地盘内安装 | |
| | 热电阻 | | | 电磁执行机构 | |
| | 嵌在管道中的检测元件 | | | 带弹簧薄膜的执行机构与手轮组合 | |
| | 取压接头（无板孔） | | | 带弹簧的薄膜执行机构与阀门定位器组合 | 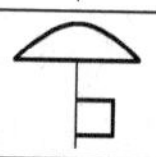 |
| | 孔　板 | | 常用调节阀 | 球形阀、闸阀等直通阀 |  |
| | 文丘里及喷嘴 | | | 角形阀 |  |
| 执行机构形式 | 带弹簧的薄膜执行机构 | | | 蝶阀、风门、百叶窗 | |
| | 不带弹簧的薄膜执行机构 | | | 旋塞、球阀 | |
| | 电动执行机构 | | | 三通阀 | |
| | 活塞执行机构 | | | 其他形式的阀 | |
| 仪表安装位置 | 就地安装 | | 执行机构形式 | 带弹簧的薄膜执行机构 | |
| | 就地安装（嵌在管道中） | | | 带人工复位装置的电磁执行机构 | 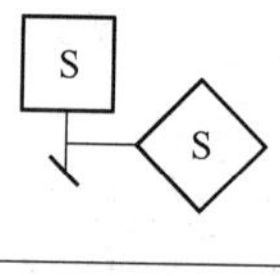 |
| | 盘面安装 | | | | |
| | 盘后安装 | | | 带远程复位装置的电磁执行机构 | 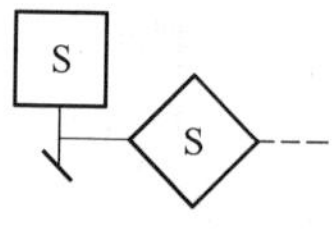 |
| | 就地盘面安装 | | | | |

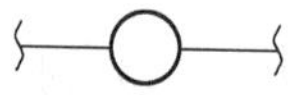

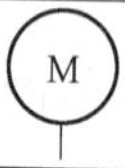

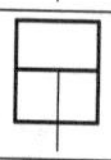

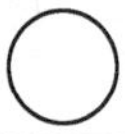

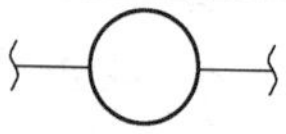

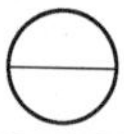

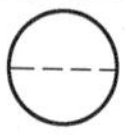

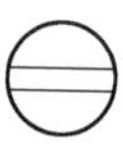

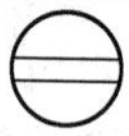

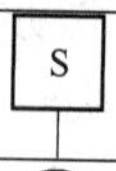

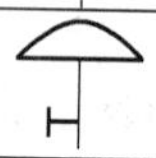

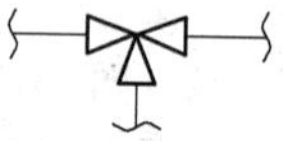

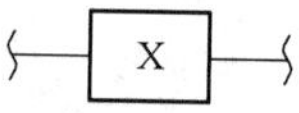

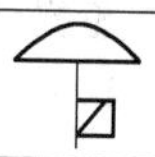

（2）文字符号。表示参数的见附表2，表示功能的见附表3。

**附表2 表示参数的文字符号**

| 参 数 | 文 字 符 号 | 参 数 | 文 字 符 号 |
|---|---|---|---|
| 分 析 | A | 时间或时间程序 | K |
| 电导率 | C | 物 位 | L |
| 密 度 | D | 水分或湿度 | M |
| 电压（电动势） | E | 压力或真空 | P |
| 流 量 | F | 数量或件数 | Q |
| 尺度（尺寸） | G | 速度或频率 | S |
| 电 流 | I | 温 度 | T |
| 功 率 | J | 黏 度 | V |
| 重量或力 | W | 位 置 | Z |

**附表3 表示功能的文字符号**

| 功 能 | 文 字 符 号 | 功 能 | 文 字 符 号 |
|---|---|---|---|
| 指 示 | I | 继动器（运算器等） | Y |
| 控制（调节） | C | 开关或联锁 | S |
| 记 录 | R | 报 警 | A |
| 积分、累计 | Q | 比（分数） | F |
| 操作器 | K | 检测元件 | E |

（3）仪表位号的编制原则及用法说明。对于自动控制流程中的检测仪表、显示仪表和控制器，用圆及在圆中的标注文字符号和数字编号来表示，表示参数及仪表功能的文字符号填在上半圆中，数字编号填在下半圆中，如附图1所示。

附图1（a）表示盘面安装仪表，是一台带指示记录的温度控制器。按规定一台仪表如有指示与记录的功能，则只标记录而不标指示。圆下部的数字则是该仪表在控制流程图上的编号。

附图1（b）表示一台就地安装的压力指示表，其编号为102。

附图1（c）是一台流量继动器，其功用是作为流量的低值选择，圆右上方字母L代表此继动器Y代表一低值选择器，此仪表安装在盘后。

有关图形符号的使用方法，在国家标准GB 2625—1981中，均有详细规定，在此从略。

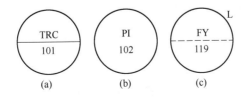

**附图1 仪表功能与数字编号**

（a）盘面安装仪表；（b）就地安装的压力指示表；（c）流量继动器

# 参 考 文 献

［1］黎景全. 轧制工艺参数测试技术［M］. 3 版. 北京：冶金工业出版社，2007.

［2］刘元扬. 自动检测和过程控制［M］. 3 版. 北京：冶金工业出版社，2005.

［3］王玲生. 热工检测仪表［M］. 北京：冶金工业出版社，2004.

［4］刘朝霞，焦相卿. 仪表及自动化入门［M］. 北京：化学工业出版社，2008.

［5］喻廷信. 轧制测试技术［M］. 北京：冶金工业出版社，2002.

［6］李登超. 参数检测与自动控制［M］. 北京：冶金工业出版社，2004.

［7］李福进. 钢铁厂过程测量及控制仪表［M］. 北京：冶金工业出版社，1995.

［8］刘元扬，刘德溥. 自动检测和过程控制［M］. 北京：冶金工业出版社，1980.

［9］乐嘉谦. 仪表工手册［M］. 北京：化学工业出版社，1998.

［10］赵庆炜. 热工技术手册（热工仪表与自动化分册）［M］. 北京：水利电力出版社，1992.

［11］宫毓家等. 冶金仪表与自动调节［M］. 北京：冶金工业出版社，1979.

［12］张李冬. 过程控制技术及其应用［M］. 北京：机械工业出版社，2004.

［13］袁去惑，孙吉星. 热工测量及仪表［M］. 北京：水利电力出版社，1998.

［14］邵裕森. 过程控制及仪表［M］. 上海：上海交通大学出版社，1995.

［15］刘琨. 电动调节仪表［M］. 北京：中国石化出版社，1996.

［16］刘光荣. 自动化仪表［M］. 北京：石油工业出版社，1994.

［17］李高斗. 自动控制及仪表［M］. 武汉：武汉理工大学出版社，2000.

［18］王立萍，胡素影. 冶金设备及自动化［M］. 北京：冶金工业出版社，2010.

［19］马竹梧. 炼铁生产自动化技术［M］. 北京：冶金工业出版社，2006.

［20］刘玉长. 自动控制和过程控制［M］. 4 版. 北京：冶金工业出版社，2010.

［21］王明海. 冶金生产概论［M］. 北京：冶金工业出版社，2011.

［22］何泽民. 钢铁冶金概论［M］. 北京：冶金工业出版社，1989.

# 冶金工业出版社部分图书推荐

| 书　名 | 作　者 | 定价(元) |
|---|---|---|
| 现代企业管理(第2版)(高职高专教材) | 李　鹰 | 42.00 |
| Pro/Engineer Wildfire 4.0(中文版)钣金设计与焊接设计教程 (高职高专教材) | 王新江 | 40.00 |
| Pro/Engineer Wildfire 4.0(中文版)钣金设计与焊接设计教程 实训指导(高职高专教材) | 王新江 | 25.00 |
| 应用心理学基础(高职高专教材) | 许丽遐 | 40.00 |
| 建筑力学(高职高专教材) | 王　铁 | 38.00 |
| 建筑CAD(高职高专教材) | 田春德 | 28.00 |
| 冶金生产计算机控制(高职高专教材) | 郭爱民 | 30.00 |
| 天车工培训教程(高职高专教材) | 时彦林 | 33.00 |
| 工程图样识读与绘制(高职高专教材) | 梁国高 | 42.00 |
| 工程图样识读与绘制习题集(高职高专教材) | 梁国高 | 35.00 |
| 电机拖动与继电器控制技术(高职高专教材) | 程龙泉 | 45.00 |
| 金属矿地下开采(第2版)(高职高专教材) | 陈国山 | 48.00 |
| 磁电选矿技术(培训教材) | 陈　斌 | 30.00 |
| 自动检测及过程控制实验实训指导(高职高专教材) | 张国勤 | 28.00 |
| 轧钢机械设备维护(高职高专教材) | 袁建路 | 45.00 |
| 矿山地质(第2版)(高职高专教材) | 包丽娜 | 39.00 |
| 地下采矿设计项目化教程(高职高专教材) | 陈国山 | 45.00 |
| 矿井通风与防尘(第2版)(高职高专教材) | 陈国山 | 36.00 |
| 单片机应用技术(高职高专教材) | 程龙泉 | 45.00 |
| 焊接技能实训(高职高专教材) | 任晓光 | 39.00 |
| 冶炼基础知识(高职高专教材) | 王火清 | 40.00 |
| 高等数学简明教程(高职高专教材) | 张永涛 | 36.00 |
| 管理学原理与实务(高职高专教材) | 段学红 | 39.00 |
| PLC编程与应用技术(高职高专教材) | 程龙泉 | 48.00 |
| 变频器安装、调试与维护(高职高专教材) | 满海波 | 36.00 |
| 连铸生产操作与控制(高职高专教材) | 于万松 | 42.00 |
| 小棒材连轧生产实训(高职高专教材) | 陈　涛 | 38.00 |
| 自动检测与仪表(本科教材) | 刘玉长 | 38.00 |
| 电工与电子技术(第2版)(本科教材) | 荣西林 | 49.00 |
| 计算机应用技术项目教程(本科教材) | 时　魏 | 43.00 |
| FORGE塑性成型有限元模拟教程(本科教材) | 黄东男 | 32.00 |
| 自动检测和过程控制(第4版)(本科国规教材) | 刘玉长 | 50.00 |